SARKIS MELCONIAN

11ª EDIÇÃO REVISADA

ELEMENTOS DE MÁQUINAS

ENGRENAGENS • CORREIAS • ROLAMENTOS • CHAVETAS
MOLAS • CABOS DE AÇO • ÁRVORES

érica

Av. Paulista, 901, 4º andar
Bela Vista – São Paulo – SP – CEP: 01311-100

SAC | Dúvidas referentes a conteúdo editorial, material de apoio e reclamações:
sac.sets@saraivaeducacao.com.br

DADOS INTERNACIONAIS DE CATALOGAÇÃO NA PUBLICAÇÃO (CIP)
ANGÉLICA ILACQUA CRB-8/7057

Melconian, Sarkis
Elementos de máquinas / Sarkis Melconian. – 11. ed. rev. – São Paulo : Érica, 2019.
384 p.

Bibliografia
ISBN 978-85-365-3041-3

1. Máquinas 2. Peças de máquinas I. Título

18-2153 CDD 621.82
CDU 621-8

Índice para catálogo sistemático: 1. Máquinas : Engenharia mecânica

Diretora executiva Flávia Alves Bravin
Gerente executiva editorial Renata Pascual Müller
Gerente editorial Rita de Cássia S. Puoço
Editora de aquisições Rosana Ap. Alves dos Santos
Editoras Paula Hercy Cardoso Craveiro
Silvia Campos Ferreira
Assistente editorial Rafael Henrique Lima Fulanetti
Produtores editoriais Camilla Felix Cianelli Chaves
Laudemir Marinho dos Santos
Serviços editoriais Juliana Bojczuk Fermino
Kelli Priscila Pinto
Marília Cordeiro

Revisão Julia Pinheiro
Ilustrações e Imagens Acervo pessoal
Capa Tangente Design
Diagramação Ione Franco
Impressão e acabamento Gráfica Paym

11ª edição
4ª tiragem: 2022

CO 3576 CL 642369 CAE 646635

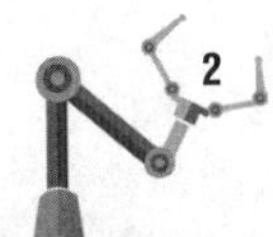

Dedicatória

À memória de meus pais, Minas e Elmas.

À minha esposa Anaid e aos meus filhos Sérgio Minas e Marcos Vinícius.

"Quem procura a sua vida, há de perdê-la; e quem esquecer a sua vida por amor de mim, há de encontrá-la."

Mateus 10-39

Agradecimentos

Agradeço as empresas Rolamentos FAG Ltda., Cabos de Aço CIMAF, GKW Fredenhagen S.A. e Gates do Brasil S.A., que enriqueceram o conteúdo desta obra, autorizando a utilização de seus catálogos.

Em especial, à Mercedes Benz do Brasil S.A. pela possibilidade da conclusão deste trabalho.

Sobre o Autor

Sarkis Melconian possui graduação em Tecnólogo Mecânico, modalidade projeto, pela Faculdade de Tecnologia de São Paulo (FATEC) em 1975 e foi professor de Mecânica no curso esquema I da FATEC, em 1977. Fez pós-graduação em Automação pelo CDT, Escola de Engenharia Industrial, em São José dos Campos (SP), em 1993. É coordenador do Departamento de Projeto de Mecânica (DDM) e do Departamento de Mecânica (DMC) da ETEC Lauro Gomes, além de coordenador de Mecânica Teórica da Instituto Federal de São Paulo (IFSP) e coordenador técnico do curso CQP IV (Senai - Mercedes Benz).

Atuou como professor de Resistência dos Materiais e Elementos de Máquinas das escolas técnicas Walter Belian, Liceu de Artes e Ofícios, ETEC Jorge Street, ETEC Júlio de Mesquita, ETEC Lauro Gomes e Instituto Federal de São Paulo (IFSP).

É também elaborador e revisor de exames de Mecânica da Fundação Carlos Chagas e professor das disciplinas Mecânica Técnica, Resistência dos Materiais, Elementos de Máquinas e Projetos de Sistemas.

Firmou convênios da ETEC Lauro Gomes com a Scania Latino América, a Kolynos do Brasil e a Dana Nakata. Também promoveu o convênio entre a Volkswagem do Brasil e o Centro Universitário Anhanguera de Santo André (UNIA), onde atuou como professor das disciplinas Resistência dos Materiais, Ensaios Tecnológicos, Elementos de Máquinas, Mecânica Técnica, Hidráulica e Pneumática. Além disso, foi professor das disciplinas Resistência dos Materiais, Elementos de Máquinas, Eletropneumática e Hidraúlica da Faculdade de Tecnologia Pentágono (Fapen - Santo André), das disciplinas Resistência dos Materiais, Elementos de Máquinas e Sistemas Fluidomecânicos da Universidade do Grande ABC (UNIABC - Santo André), bem como das disciplinas Elementos de Máquinas e Sistemas Oleodinâmicos e Pneumáticos, Resistência dos Materiais e Mecânica dos fluídos da FMU (SP), das disciplinas Resistência dos Materiais e Elementos de Máquinas (Anhanguera - Brigadeiro) e da disciplina Resistência dos Materiais da FATEC (Santo André).

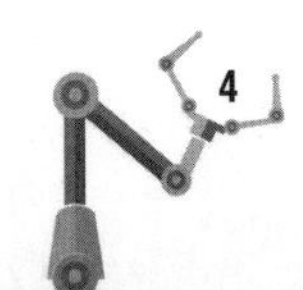

Sumário

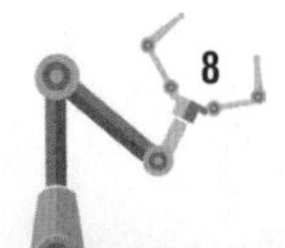

Prefácio

Esta obra de caráter técnico-científico tem por finalidade apresentar, de forma simples, fundamentos de elementos de máquinas.

Seu objetivo básico é atender a estudantes e profissionais técnicos nas diversas modalidades da engenharia (mecânica, eletrotécnica, eletromecânica, hidráulica, mecatrônica, automação etc.).

Salientamos que as unidades pertencem ao Sistema Internacional (SI), precedidas pelos múltiplos ou submúltiplos correspondentes. Torna-se indispensável a análise dimensional para não incorrer em erro. Assim, tem-se a convicção de contribuir firmemente no aprendizado e na aplicação dos fundamentos de elementos de máquinas.

A décima primeira edição revisada inclui novos exercícios.

1 Movimento Circular

1.1 Velocidade Angular (ω)

Um ponto material "P", descrevendo uma trajetória circular de raio "r", apresenta uma variação angular ($\Delta\varphi$) em um determinado intervalo de tempo (Δt).

A relação entre a variação angular ($\Delta\varphi$) e o intervalo de tempo (Δt) define a velocidade angular do movimento.

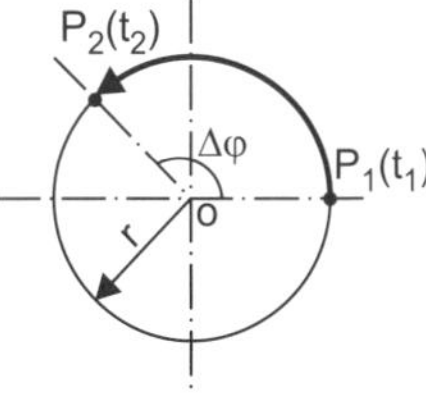

Figura 1.1

$$\omega = \frac{\Delta\varphi}{\Delta t}$$

Em que:

ω - velocidade angular [rad/s]

$\Delta\varphi$ - variação angular [rad]

Δt - variação de tempo [s]

1.2 Período (T)

É o tempo necessário para que um ponto material "P", movimentando-se em uma trajetória circular de raio "r", complete *um ciclo*.

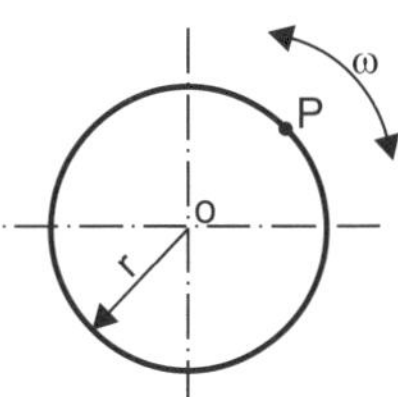

Figura 1.2

$$T = \frac{2\pi}{\omega}$$

Em que:

T - período [s]

ω - velocidade angular [rad/s]

π - constante trigonométrica [3,1415...]

1.3 Frequência (f)

É o número de ciclos que um ponto material "P" descreve em *um segundo*, movimentando-se em trajetória circular de raio "r". A frequência (f) é o inverso do período (T).

Em que:

f - frequência [Hz]

T - período [s]

ω - velocidade angular [rad/s]

π - constante trigonométrica [3,1415...]

$$f = \frac{1}{T} = \frac{\omega}{2\pi}$$

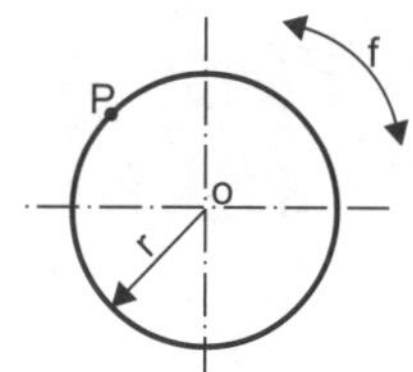

Figura 1.3

1.3.1 Radiano

É o arco de circunferência cuja medida é o *raio*.

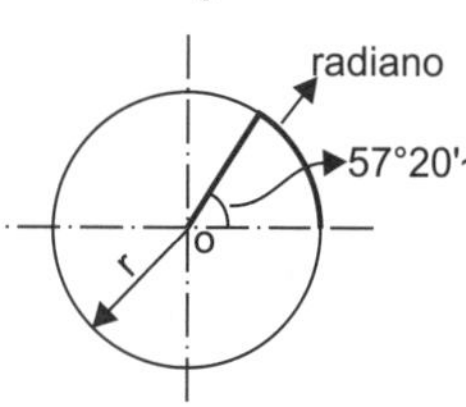

Figura 1.4

1.4 Rotação (n)

É o número de ciclos que um ponto material "P", movimentando-se em trajetória circular de raio "r", descreve em *um minuto*. Desta forma, podemos escrever que: $n = 60f$

Como $f = \frac{\omega}{2\pi}$, tem-se: $n = \frac{60 \cdot \omega}{2\pi}$, portanto $n = \frac{30 \cdot \omega}{\pi}$

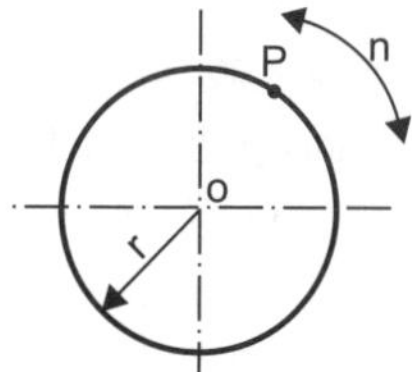

Figura 1.5

Em que:

n - rotação [rpm]

f - frequência [Hz]

ω - velocidade angular [rad/s]

π - constante trigonométrica [3,1415...]

1.5 Velocidade Periférica ou Tangencial (v)

A velocidade tangencial ou periférica tem como característica a mudança de trajetória a cada instante, porém o seu módulo permanece constante.

$$\left|\vec{v_1}\right| = \left|\vec{v_2}\right| = \left|\vec{v_3}\right| = \left|\vec{v_4}\right| = \vec{v}$$

A relação entre a velocidade tangencial (v) e a velocidade angular (ω) é definida pelo raio da peça.

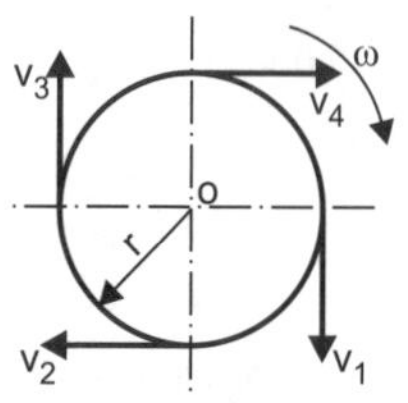

Figura 1.6

$$\frac{v}{\omega} = r\text{, portanto } v = \omega \cdot r$$

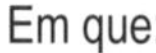

Isolando ω na expressão da rotação, obtém-se:

$$\omega = \frac{\pi \cdot n}{30}$$

Substituindo ω na expressão anterior, obtém-se:

$$v = \frac{\pi \cdot n \cdot r}{30}$$

Em que:

v - velocidade periférica [m/s]

π - constante trigonométrica [3,1415...]

n - rotação [rpm]

r - raio [m]

ω - velocidade angular [rad/s]

Exercício Resolvido

1) A roda da Figura 1.7 possui d = 300mm, gira com velocidade angular $\omega = 10\pi rad/s$

Determinar para o movimento da roda:

a) Período (T)

b) Frequência (f)

c) Rotação (n)

d) Velocidade periférica (V_p)

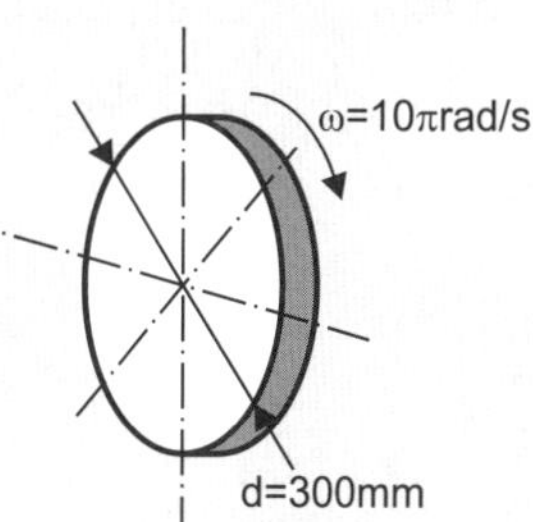

Figura 1.7

Resolução

a) Período da roda (T)

$$T = \frac{2\pi}{\omega} = \frac{2\not{\pi}}{10\not{\pi}}$$

$$T = \frac{1}{5} s = 0{,}2s$$

b) Frequência da roda (f)

$$f = \frac{1}{T} = \frac{1}{\frac{1}{5}} = 5Hz$$

$$f = 5Hz$$

c) Rotação da roda (n)

n = 60f

n = 60 · 5

n = 300rpm

d) Velocidade periférica (V_p)

$$V_p = \omega \cdot r$$

Raio da roda

$$r = \frac{d}{2} = \frac{300}{2} = 150mm$$

$$r = 0{,}15m$$

portanto, $v_p = 10\,\pi \cdot 0{,}15$

$v_p = 1{,}5\,\pi m/s$ ou $v_p = 4{,}71\, m/s$

Exercícios Propostos

1) O motor elétrico da Figura 1.8 possui como característica de desempenho a rotação n = 1740rpm. Determine as seguintes características de desempenho do motor:

a) Velocidade angular (ω)

b) Período (T)

c) Frequência (f)

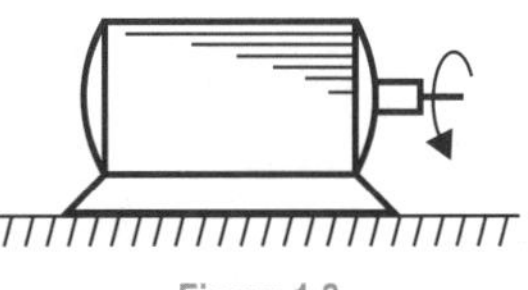

Figura 1.8

Respostas

a) $\omega = 58\pi \text{rad/s}$

b) $T = \frac{1}{29}\text{s}$ ou 0,0345s

c) f = 29Hz

2) O ciclista da Figura 1.9 monta uma bicicleta aro 26 (d = 660mm), viajando com um movimento que faz com que as rodas girem com n = 240rpm. Qual é a velocidade do ciclista? V (km/h).

Figura 1.9

Resposta

$v \cong 30\text{km/h}$

1.6 Relação de Transmissão (i)

1.6.1 Transmissão por Correias

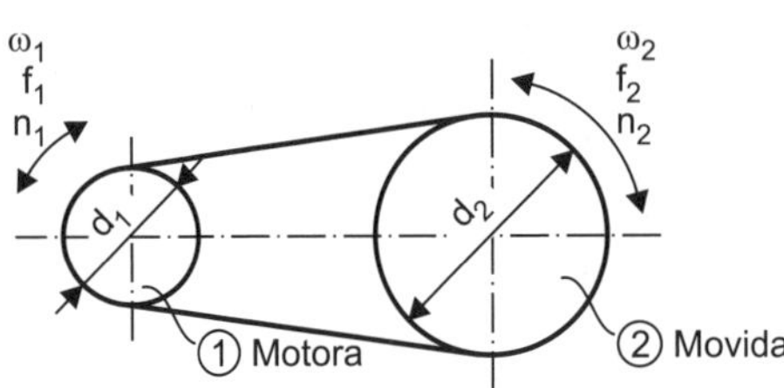

Figura 1.10 – Transmissão redutora de velocidade.

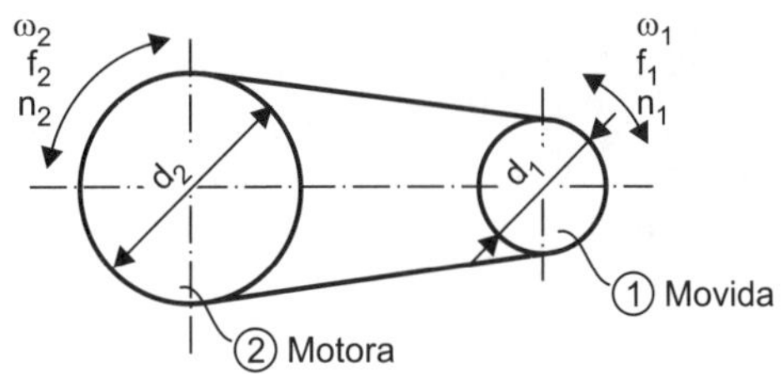

Figura 1.11 – Transmissão ampliadora de velocidade.

$$i = \frac{d_2}{d_1} = \frac{\omega_1}{\omega_2} = \frac{f_1}{f_2} = \frac{n_1}{n_2} = \frac{M_{T_2}}{M_{T_1}}$$

Em que:

i - relação de transmissão [adimensional]

d_1 - diâmetro da polia ① (menor) [m; ...]

d_2 - diâmetro da polia ② (maior) [m; ...]

ω_1 - velocidade angular ① [rad/s]

ω_2 - velocidade angular ② [rad/s]

f_1 - frequência ① [Hz]

f_2 - frequência ② [Hz]

n_1 - rotação ① [rpm]

n_2 - rotação ② [rpm]

M_{T_1} - torque ① [N·m]

M_{T_2} - torque ② [N·m]

Exercício Resolvido

1) A transmissão por correias, representada na Figura 1.12, é composta de duas polias com os seguintes diâmetros, respectivamente:

polia ① motora $d_1 = 100mm$

polia ② movida $d_2 = 180mm$

A polia ① (motora) atua com velocidade angular $\omega = 39\pi rad/s$.

Determinar para transmissão:

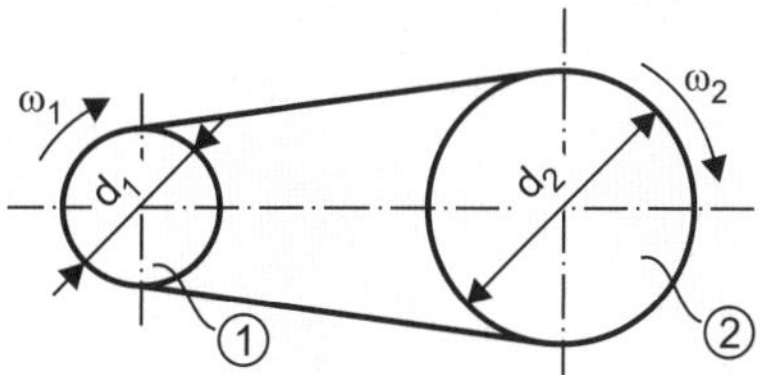

Figura 1.12

a) Período da polia ① (T_1)
b) Frequência da polia ① (f_1)
c) Rotação da polia ① (n_1)
d) Velocidade angular da polia ② (ω_2)
e) Frequência da polia ② (f_2)
f) Período da polia ② (T_2)
g) Rotação da polia ② (n_2)
h) Velocidade periférica da transmissão (v_p)
i) Relação de transmissão (i)

Resolução

a) Período da polia ① (T_1)

$$T_1 = \frac{2\pi}{\omega_1} = \frac{2\pi rad}{39\pi rad/s}$$

$$T_1 = \frac{2}{39}s \text{ ou } T = 0,0512...s$$

b) Frequência da polia ① (f_1)

$$f_1 = \frac{1}{T_1} = \frac{39}{2} = 19,5Hz$$

$$f_1 = 19,5Hz$$

c) Rotação da polia ① (n_1)

$n_1 = 60\ f_1$

$n_1 = 60 \cdot 19{,}5$

$n_1 = 1.170\text{rpm}$

d) Velocidade angular da polia ② (ω_2)

$$\omega_2 = \frac{\omega_1 \cdot d_1}{d_2} = \frac{39\pi \cdot 100}{180}$$

$\omega_2 \cong 21{,}67\pi\text{rad/s}$

e) Frequência da polia ② (f_2)

$$f_2 = \frac{\omega_2}{2\pi} = \frac{21{,}67 \cdot \cancel{\pi}\ \cancel{\text{rad}}/\text{s}}{2 \cdot \cancel{\pi}\ \cancel{\text{rad}}/\text{s}}$$

$f_2 = 10{,}835\text{Hz}$

f) Período da polia ② (T_2)

$$T_2 = \frac{2\pi}{\omega_2} = \frac{2\cancel{\pi}\ \cancel{\text{rad}}}{21{,}67\cancel{\pi}\ \cancel{\text{rad}}/\text{s}}$$

$T_2 = 0{,}0922...\text{s}$

g) Rotação da polia ②

$$n_2 = \frac{n_1 \cdot d_1}{d_2}$$

$$n_2 = \frac{1170 \cdot 100}{180}$$

$n_2 = 650\ \text{rpm}$

h) Velocidade periférica da transmissão (v_p)

$v_p = \omega_1 \cdot r_1$

como $r_1 = \frac{d_1}{2}$, tem-se que

$$v_p = \frac{\omega_1 \cdot d_1}{2} = \frac{39\pi\text{rad/s} \cdot 0{,}1\text{m}}{2}$$

$\boxed{v_p = 1{,}95\pi\text{m/s}}$ ou $\boxed{v_p \cong 6{,}12...\text{m/s}}$

i) Relação de transmissão i

$$i = \frac{d_2}{d_1} = \frac{180\cancel{\text{mm}}}{100\cancel{\text{mm}}}$$

$\boxed{i = 1{,}8}$

1.7 Transmissão Automotiva

1.7.1 Relação de Transmissão i

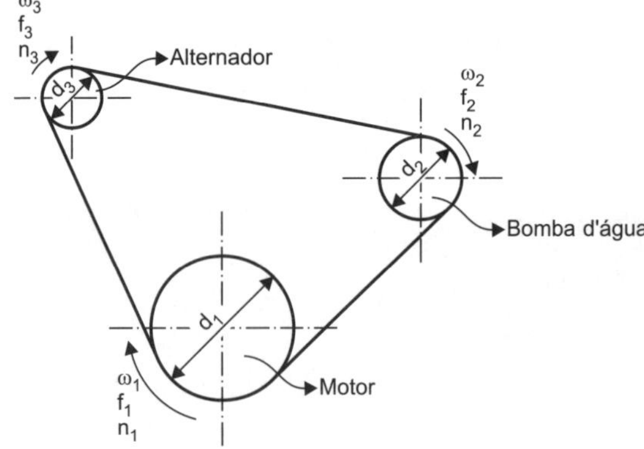

Figura 1.13

Relação de transmissão i_1 (motor/bomba d'água)

$$i_1 = \frac{d_1}{d_2} = \frac{\omega_2}{\omega_1} = \frac{f_2}{f_1} = \frac{n_2}{n_1} = \frac{M_{T_1}}{M_{T_2}}$$

Relação de transmissão i_2 (motor/alternador)

$$i_2 = \frac{d_1}{d_3} = \frac{\omega_3}{\omega_1} = \frac{f_3}{f_1} = \frac{n_3}{n_1} = \frac{M_{T_1}}{M_{T_3}}$$

Relação de transmissão i_3 (bomba d'água/alternador)

$$i_3 = \frac{d_2}{d_3} = \frac{\omega_3}{\omega_2} = \frac{f_3}{f_2} = \frac{n_3}{n_2} = \frac{M_{T_2}}{M_{T_3}}$$

Em que:

i_1 - relação de transmissão (motor/bomba d'água) [adimensional]
i_2 - relação de transmissão (motor/alternador) [adimensional]
i_3 - relação de transmissão (bomba d'água/alternador) [adimensional]
d_1 - diâmetro da polia do motor [mm]
d_2 - diâmetro da polia da bomba d'água [mm]
d_3 - diâmetro da polia do alternador [mm]
ω_1 - velocidade angular da polia do motor [rad/s]
ω_2 - velocidade angular da polia da bomba d'água [rad/s]
ω_3 - velocidade angular da polia do alternador [rad/s]
f_1 - frequência da polia do motor [Hz]
f_2 - frequência da polia da bomba d'água [Hz]
f_3 - frequência da polia do alternador [Hz]
n_1 - rotação da polia do motor [rpm]
n_2 - rotação da polia da bomba d'água [rpm]
n_3 - rotação da polia do alternador [rpm]
M_{T_1} - torque do motor [Nm]
M_{T_2} - torque da bomba d'água [Nm]
M_{T_3} - torque do alternador [Nm]

Exercício Resolvido

1) A transmissão por correias da Figura 1.14 representa um motor a combustão para automóvel, que aciona simultaneamente as polias da bomba-d'água e do alternador.

Dimensões das polias:

$d_1 = 120mm$ [motor]

$d_2 = 90mm$ [bomba d'água]

$d_3 = 80mm$ [alternador]

A velocidade econômica do motor ocorre a rotação n = 2800rpm. Nessa condição, pede-se determinar para as polias:

Polia 1 (motor)

a) velocidade angular (ω_1)

b) frequência (f_1)

Polia 2 (bomba d'água)

c) velocidade angular (ω_2)

d) frequência (f_2)

e) rotação (n_2)

Polia 3 (alternador)

f) velocidade angular (ω_3)

g) frequência (f_3)

h) rotação (n_3)

Características da transmissão:

i) velocidade periférica (v_p)

j) elação de transmissão (i_1) (motor/bomba d'água)

k) relação de transmissão (i_2) (motor/alternador)

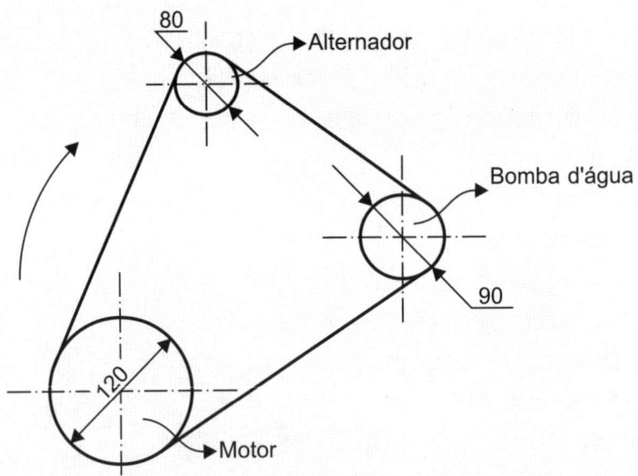

Figura 1.14

Resolução

Polia ① (motor)

a) Velocidade angular (ω_1)

$$\omega_1 = \frac{\pi \cdot n_1}{30} = \frac{\pi \cdot 2800}{30}$$

$$\boxed{\omega_1 = 93{,}33\pi \,\text{rad/s}} \Rightarrow \boxed{\omega_1 = 293{,}2 \,\text{rad/s}}$$

b) Frequência (f_1)

$$f_1 = \frac{\omega_1}{2\pi} = \frac{93{,}33\pi}{2\pi}$$

$$\boxed{f_1 = 46{,}665\text{Hz}}$$

Polia ② (bomba d'água)

c) Velocidade angular (ω_2)

$$\omega_2 = \frac{d_1\,\omega_1}{d_2} = \frac{120 \cdot 93{,}33\pi}{90}$$

$$\boxed{\begin{array}{c}\omega_2 = 124{,}44\pi \,\text{rad/s} \\ \Downarrow \\ \omega_2 = 390{,}94 \,\text{rad/s}\end{array}}$$

d) Frequência (f_2)

$$f_2 = \frac{\omega_2}{2\pi} = \frac{124{,}44\pi}{2\pi}$$

$$\boxed{f_2 = 62{,}22\text{Hz}}$$

e) Rotação (n_2)

$n_2 = 60\, f_2$

$n_2 = 60 \cdot 62{,}22$

$n_2 = 3733{,}2\text{rpm}$

Polia ③ (alternador)

f) Velocidade angular (ω_3)

$$\omega_3 = \frac{d_1 \cdot \omega_1}{d_3} = \frac{120 \cdot 93{,}33\pi}{80}$$

$$\boxed{\omega_3 \cong 140\pi \text{rad/s}} \Rightarrow \boxed{\omega_3 = 439{,}82 \text{rad/s}}$$

g) Frequência (f_3)

$$f_3 = \frac{\omega_3}{2\pi} = \frac{140\pi}{2\pi}$$

$$\boxed{f_3 \cong 70\text{Hz}}$$

h) Rotação (n_3)

$n_3 = 60 \cdot f_3$

$n_3 = 60 \cdot 70$

$n_3 \cong 4200\text{rpm}$

Transmissão:

i) Velocidade periférica (v_p)

$v_p = \omega_1 \cdot r_1$

$v_p = 93{,}33\pi \cdot 0{,}06$

$$\boxed{v_p \cong 5{,}6\pi \text{m/s}} \Rightarrow \boxed{v_p = 17{,}59 \text{m/s}}$$

j) Relação de transmissão (i_1) (motor/bomba d'água)

$$i_1 = \frac{d_1}{d_2} = \frac{120}{90}$$

$i_1 = 1{,}33...$

k) Relação de transmissão (i_2) (motor/alternador)

$$i_2 = \frac{d_1}{d_3} = \frac{120}{80}$$

$i_2 = 1{,}5$

1.8 Relação de Transmissão (i) Polias e Engrenagens

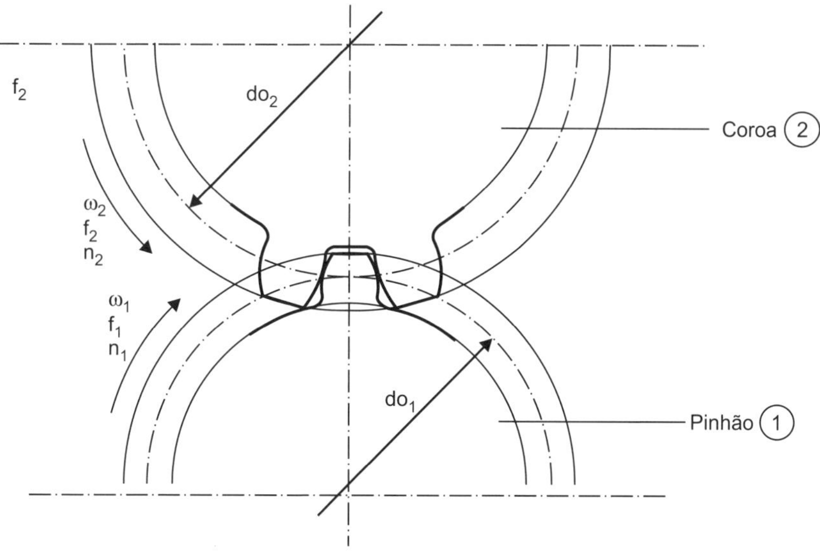

Figura 1.15 – Transmissão por engrenagens.

Diâmetro primitivo da engrenagem: $d_o = m \cdot z$

Em que:

d_o - diâmetro primitivo

m - módulo da engrenagem

z - número de dentes

$$i = \frac{do_2}{do_1} = \frac{\cancel{m} \cdot z_2}{\cancel{m} \cdot z_1} = \frac{\omega_1}{\omega_2} = \frac{f_1}{f_2} = \frac{n_1}{n_2} = \frac{M_{T_2}}{M_{T_1}}$$

Observação!

Para que haja engrenamento entre duas engrenagens, é condição indispensável que os módulos sejam iguais.

Portanto,

$$i = \frac{do_2}{do_2} = \frac{Z_2}{Z_1} = \frac{\omega_1}{\omega_2} = \frac{f_1}{f_2} = \frac{n_1}{n_2} = \frac{M_{T_2}}{M_{T_1}}$$

Em que:

i - relação de transmissão [adimensional]

do_1 - diâmetro primitivo do pinhão ① [m; ....]

do_2 - diâmetro primitivo da coroa ② [m; .....]

Z_1 - número de dentes do pinhão ① [adimensional]

Z_2 - número de dentes da coroa ② [adimensional]

ω_1 - velocidade angular do pinhão ① [rad/s]

ω_2 - velocidade angular da coroa ② [rad/s]

f_1 - frequência do pinhão ① [Hz]

f_2 - frequência da coroa ② [Hz]

n_1 - rotação do pinhão ① [rpm]

n_2 - rotação da coroa ② [rpm]

M_{T_1} - torque do pinhão ① [Nm]

M_{T_2} - torque da coroa ② [Nm]

Redutor de Velocidade

A transmissão será redutora de velocidade quando o pinhão acionar a coroa.

Ampliador de Velocidade

A transmissão será ampliadora de velocidade quando a coroa acionar o pinhão.

2 Torção Simples

Uma peça encontra-se submetida a esforço de torção quando sofre a ação de um torque (M_T) em uma das extremidades e um contratorque (M_T') na extremidade oposta.

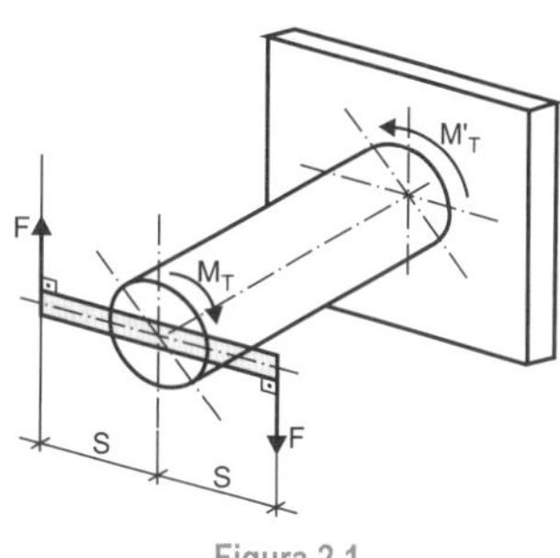

Figura 2.1

2.1 Momento Torçor ou Torque (M_T)

É definido por meio do produto entre a carga (F) e a distância entre o ponto de aplicação da carga e o centro da seção transversal da peça (ver Figura 2.1).

$M_T = 2F \cdot S$

Em que:

M_T - torque (Nm)

F - carga aplicada (N)

S - distância entre o ponto de aplicação da carga e o centro da seção transversal da peça (m)

Exemplo 1

Determinar o torque de aperto na chave que movimenta as castanhas na placa do torno. A carga aplicada nas extremidades da haste é F = 80N. O comprimento da haste é ℓ = 200mm.

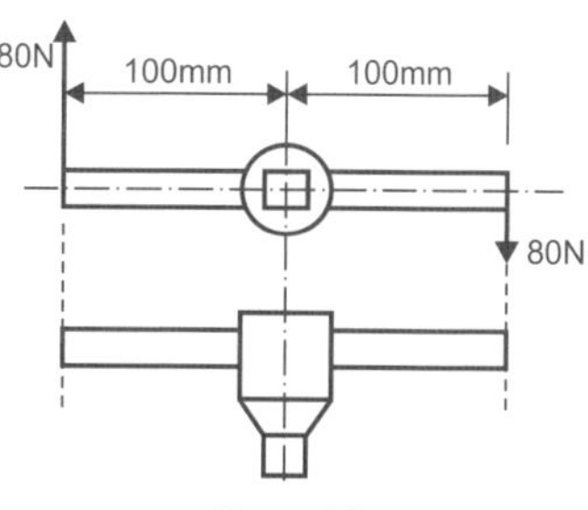

Figura 2.2

Resolução

$M_T = 2Fs$

$M_T = 2 \cdot 80 \cdot 100$

$M_T = 16000\text{Nmm}$

$M_T = 16\text{Nm}$

Exemplo 2

Dada a Figura 2.3, determinar o torque de aperto (M_T) no parafuso da roda do automóvel. A carga aplicada pelo operador em cada braço da chave é F = 120N, e o comprimento dos braços é ℓ = 200mm.

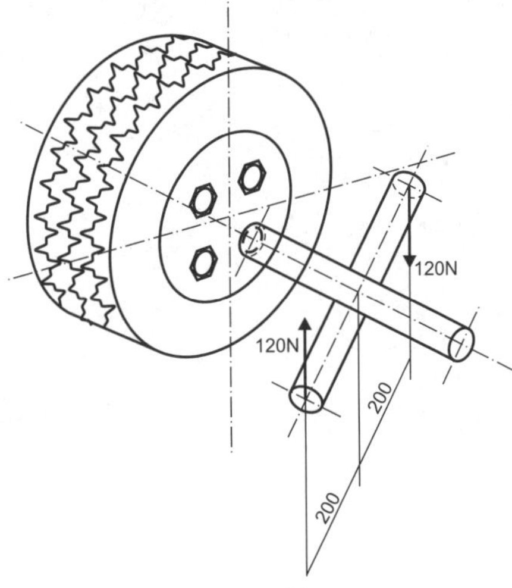

Figura 2.3

Resolução

$M_T = 2F \cdot \ell$

$M_T = 2 \cdot 120 \cdot 200$

$M_T = 48000Nm$

$M_T = 48Nm$

2.2 Torque nas Transmissões

Para as transmissões mecânicas, o torque é definido por meio do produto entre a força tangencial (F_T) e o raio (r) da peça.

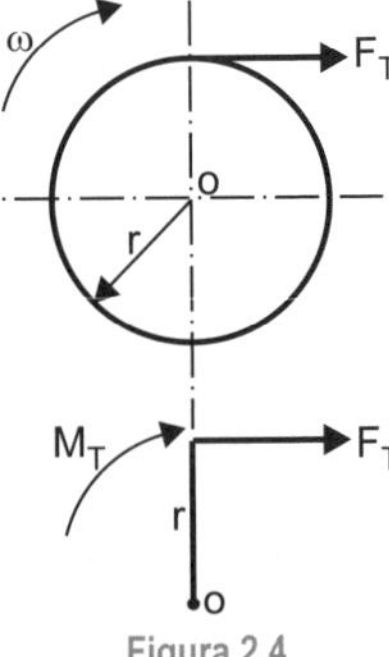

Figura 2.4

$$M_T = F_T \cdot r$$

Em que:

M_T - torque [Nm]

F_T - força tangencial [N]

r - raio da peça [m]

Exemplo 1

A transmissão por correias, representada na Figura 2.5, é composta pela polia motora ① que possui diâmetro $d_1 = 100mm$ e a polia movida ② que possui diâmetro $d_2 = 240mm$. A transmissão é acionada por uma força tangencial $F_T = 600N$.

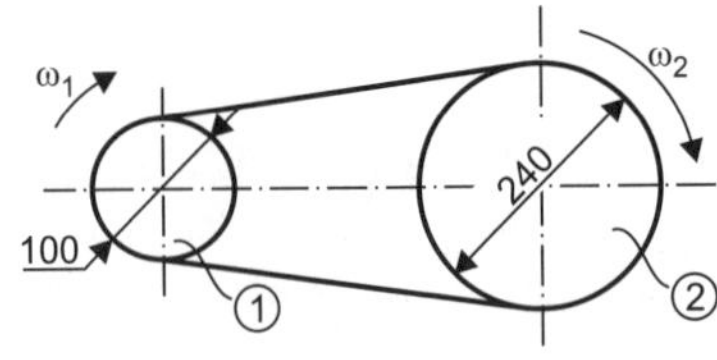

Figura 2.5

Determinar para transmissão:

a) Torque na polia ①

b) Torque na polia ②

Resolução

a) Torque na polia ①

a.1) Raio da polia ①

$$r_1 = \frac{d_1}{2} = \frac{100}{2} = 50mm$$

$\boxed{r_1 = 50mm}$ $\Rightarrow$ $\boxed{r_1 = 0{,}05m}$

a.2) Torque na polia

$M_{T_1} = F_T \cdot r_1$

$M_{T_1} = 600N \cdot 0{,}05m$

$\boxed{M_{T_1} = 30Nm}$

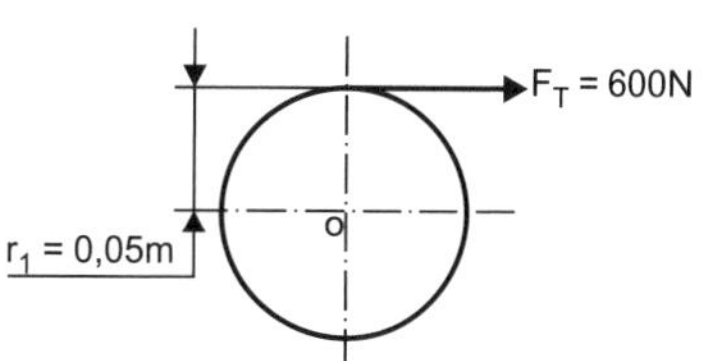

Figura 2.6

b) Torque na polia ②

b.1) Raio da polia ②

$$r_2 = \frac{d_2}{2} = \frac{240}{2} = 120m$$

$\boxed{r_2 = 120mm}$ $\Rightarrow$ $\boxed{r_2 = 0{,}12m}$

b.2) Torque na polia

$M_{T_2} = F_T \cdot r_2$

$M_{T_2} = 600N \cdot 0{,}12m$

$\boxed{M_{T_2} = 72Nm}$

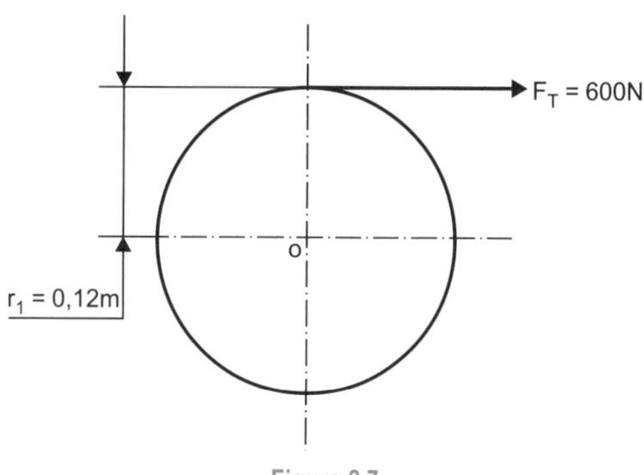

Figura 2.7

2.3 Potência (P)

Define-se por meio do trabalho realizado na unidade de tempo.

Tem-se então:

$$P = \frac{\text{trabalho}}{\text{tempo}} = \frac{\tau}{t}$$

como $\tau = F \cdot s$, conclui-se que: $P = \dfrac{F \cdot s}{t}$

mas $v_p = \dfrac{S}{t}$, portanto, $P = F \cdot v$

No movimento circular escreve-se que: $P = F_T \cdot v_p$

Unidade de $[P]\left[Nm/s = \dfrac{J}{S} = W\right]$ Unidade de potência (P) no SI

W - Watt

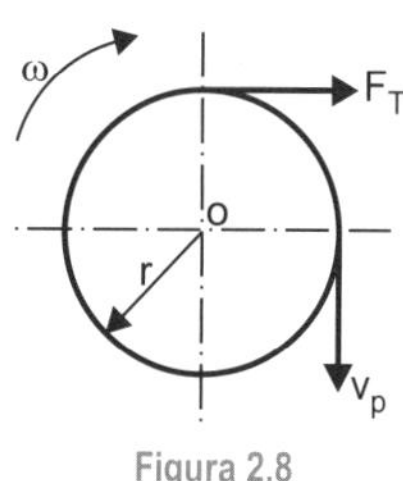

Figura 2.8

Em que:

P - potência [W]

F_T - força tangencial [N]

V_P - velocidade periférica [m/s]

No século XVIII, ao inventar a máquina a vapor, James Watt decidiu demonstrar ao povo inglês a quantos cavalos equivalia a sua máquina. Para isso, efetuou a seguinte experiência: utilizou um cavalo puro sangue (árabe) para elevar a carga Q com a velocidade v = 1m/s (passada do cavalo). Observou que a carga máxima que o cavalo conseguiu deslocar, sem demonstrar fadiga, foi $Q_{máx} = 76$kgf.

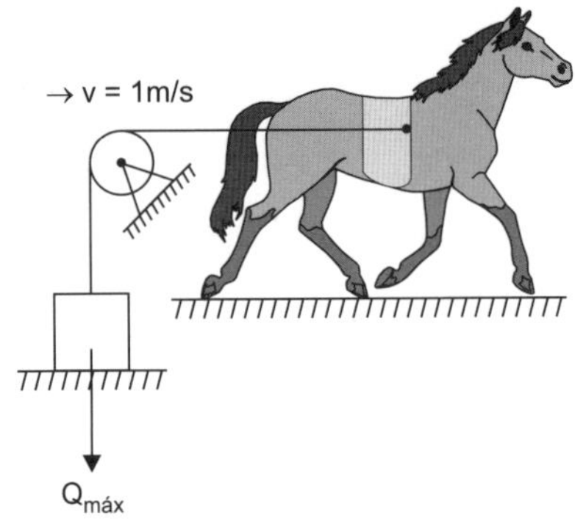

Figura 2.9

$F = Q_{máx} = 76$kgf

Carga máxima que o cavalo elevou com velocidade V = 1m/s.

Resultado em:

$P = F \cdot v$

$P = 76\text{kgf} \cdot 1\text{m/s}$

$P = 76$kgf m/s

Como:

kgf = 9,80665N

$P = 76 \cdot 9{,}80665\text{N} \cdot 1\text{m/s}$

P = 745,... Nm/s, a unidade Nm/s = 1W, homenagem a James Watt, surgiu dessa experiência o hp (*horse power*).

hp = 745,...W - cuja utilização é vedada no SI.

Após algum tempo a experiência foi repetida na França, constando-se que Q = 75kgf.

Resultou daí o cv (cavalo-vapor).

$P = F \cdot v$

$P = 75\text{kgf} \cdot 1\text{m/s}$

$P = 75$kgf m/s

Como kgf = 9,80665N

Conclui-se que:

$P = 75 \cdot 9{,}80665$Nm/s

P = 735,5W temporariamente permitida a utilização no SI.

Relações Importantes

hp = 745,... W (horse power) - vedada a utilização no SI.

cv = 735,5W (cavalo-vapor) - permitida temporariamente a utilização no SI.

> **Observação!**
>
> hp (horse power) é uma unidade de potência ultrapassada que não deve ser utilizada.
>
> cv (cavalo-vapor) é uma unidade de potência cuja utilização é admitida temporariamente no SI.

2.4 Torque × Potência

$P = F_T \cdot v_p$ Ⓘ

$F_T = \dfrac{M_T}{r}$ Ⓘ Ⓘ

$v_p = \omega \cdot r$ Ⓘ Ⓘ Ⓘ

Substituindo as equações ⅡⒾ e ⅢⒾ em Ⓘ, tem-se:

$$P = \frac{M_T}{\cancel{r}} \cdot \omega \cdot \cancel{r}$$

$$P = M_T \cdot \omega$$

$$M_T = \frac{P}{\omega}$$

Como:

$$\omega = \frac{\pi \cdot n}{30}$$

tem-se:

$$M_T = \frac{30}{\pi} \cdot \frac{P}{n} \quad [\text{Nm}]$$

ou

$$M_T = \frac{30 \cdot 000}{\pi} \cdot \frac{P}{n} \quad [\text{Nmm}]$$

Em que:

P - potência [W]

M_T - torque [Nm]

ω - velocidade angular [rad/s]

n - rotação [rpm]

2.5 Força Tangencial (F_T)

$$F_T = \frac{M_T}{r} = \frac{P}{v_p} = \frac{P}{\omega \cdot r}$$

Em que:

F_T - força tangencial [N]

M_T - torque [Nm]

r - raio da peça [m]

P - potência [W]

v_p - velocidade periférica [m/s]

ω - velocidade angular [rad/s]

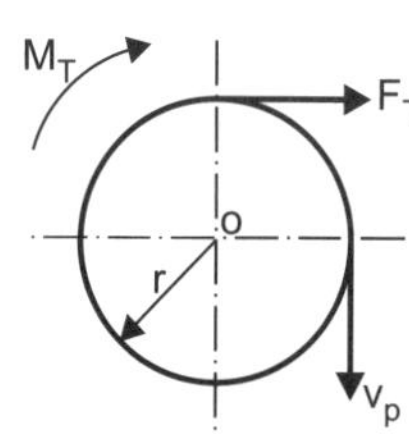

Figura 2.10

Exemplo 1

O elevador da Figura 2.11 encontra-se projetado para transportar carga máxima $C_{máx} = 7000N$ (10 pessoas).

O peso do elevador é $P_e = 1kN$ e o contrapeso possui a mesma carga $C_p = 1kN$.

Determine a potência do motor M para que o elevador se desloque com velocidade constante $v = 1m/s$.

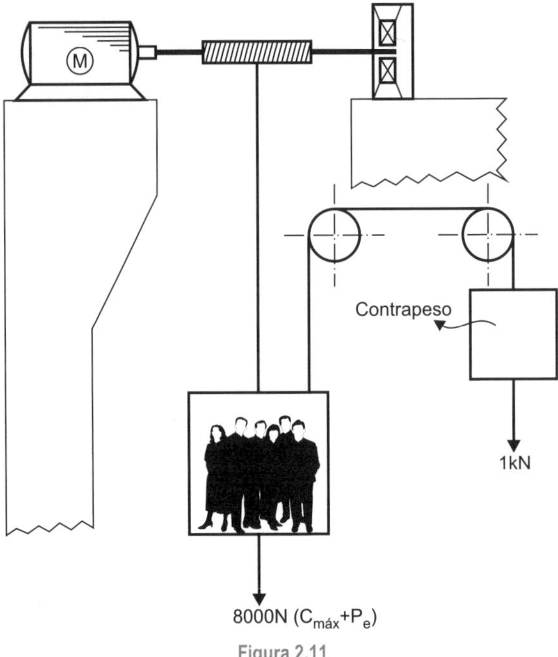

Figura 2.11

Resolução

O peso do elevador é compensado pelo contrapeso, eliminando o seu efeito; portanto, para dimensionar a potência do motor, a carga a ser utilizada é $C_m = 7000N$.

Figura 2.12

Potência do motor (P_{motor})

$$P_{motor} = F_{cabo} \cdot v$$

$$P_{motor} = 7000\ N \cdot 1m/s$$

$$\boxed{P_{motor} = 7000W}$$

Para obter a potência do motor em cv, apenas para efeito comparativo, dividir a potência em watts por 735,5; portanto, tem-se que:

$$P_{cv} \frac{P(w)}{735{,}5} = \frac{7000}{735{,}5} \cong 9{,}5cv$$

O motor a ser utilizado para o caso possui P = 10cv (normalizado mais próximo do valor dimensionado).

Exemplo 2

A Figura 2.13 representa um servente de pedreiro erguendo uma lata de concreto com peso Pc = 200N. A corda e a polia são ideais. A altura da laje é h = 8m, o tempo de subida é t = 20s. Determinar a potência útil do trabalho do operador.

Figura 2.13

1) Carga Aplicada pelo Operador

Como a carga está sendo elevada com movimento uniforme, conclui-se que a aceleração do movimento é nula, portanto:

$F_{op} = F_c = 200N$

F_{op} - força aplicada pelo operador

P_c - peso da lata com concreto

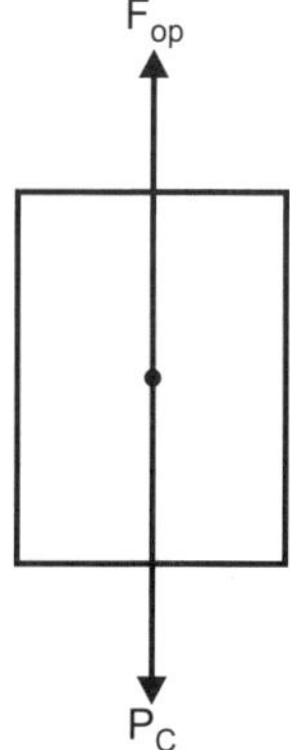

Figura 2.14

2) Velocidade de Subida (v_S)

$$v_S = \frac{h}{t} = \frac{8}{20} = \frac{2}{5} = 0{,}4m/s$$

$v_S = 0{,}4m/s$

3) Potência Útil do Operador

$P = F_{op} \cdot v_s$

$P = 200N \cdot 0{,}4m/s$

$P = 80W$

Exemplo 3

Supondo que, no Exemplo 2,, o operador seja substituído por um motor elétrico com potência P = 0,25kW, determinar:

a) Velocidade de subida da lata de concreto (v_s)

b) Tempo de subida da lata (t_s)

Resolução

a) Velocidade de subida da lata (v_s) $F_s = P_c = 200N$, portanto, a v_s será:

$$v_s = \frac{P_{motor}}{F_{subida}} = \frac{250W}{200N} = \frac{250\frac{\cancel{N}m}{s}}{200\cancel{N}}$$

$$\boxed{v_s = 1{,}25m/s}$$

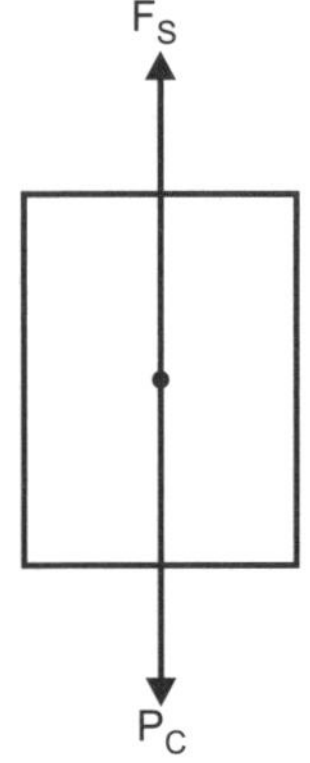

Figura 2.15

b) Tempo de subida da lata (ts)

$$t_s = \frac{h}{t_s} = \frac{8\cancel{m}}{1{,}25\cancel{m}/s}$$

$$\boxed{t_s = 6{,}4s}$$

Exemplo 4

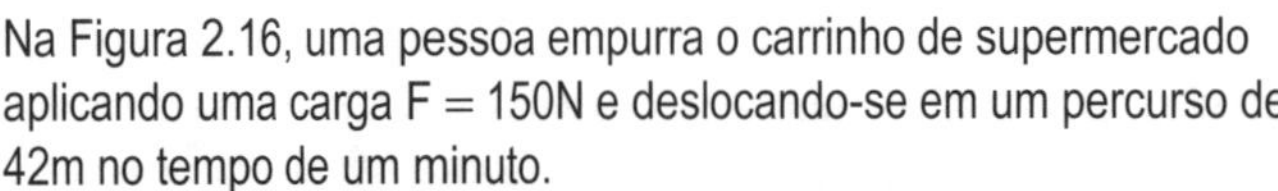

Na Figura 2.16, uma pessoa empurra o carrinho de supermercado aplicando uma carga F = 150N e deslocando-se em um percurso de 42m no tempo de um minuto.

Determinar a potência que movimenta o veículo.

Figura 2.16

Resolução

a) Velocidade do carrinho (v_c)

$$v = \frac{S}{t}$$

como 1 min = 60s, tem-se:

$$v_c = \frac{42m}{60s}$$

$$\boxed{v_c = 0{,}7m/s}$$

b) Potência do veículo

$$P = F \cdot v_c$$

$$P = 150N \times 0{,}7m/s$$

$$\boxed{P = 105W}$$

Exemplo 5

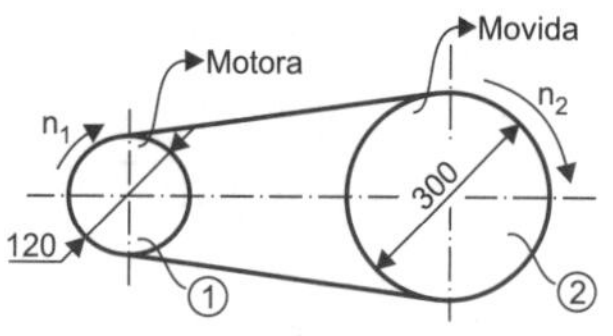

Figura 2.17

A transmissão por correias, representada na Figura 2.17, é acionada por um motor elétrico com potência P = 5,5kW com rotação n = 1720rpm chavetando a polia ① do sistema.

As polias possuem, respectivamente, os seguintes diâmetros:

$d_1 = 120mm$ (diâmetro da polia ①)

$d_2 = 300mm$ (diâmetro da polia ②)

Desprezar as perdas.

Determinar para transmissão:

a) Velocidade angular da polia ① (ω_1)

b) Frequência da polia ① (f_1)

c) Torque da polia ① (M_{T_1})

d) Velocidade angular da polia ② (ω_2)

e) Frequência da polia ② (f_2)

f) Rotação da polia ② (n_2)

g) Torque da polia ② (M_{T_2})

h) Relação de transmissão (i)

i) Velocidade periférica da transmissão (V_p)

j) Força tangencial da transmissão (F_T)

Resolução

a) Velocidade angular da polia ① (ω_1)

$$\omega_1 = \frac{n\pi}{30} = \frac{1720\pi}{30}$$

$$\boxed{\omega_1 = 57{,}33.....\pi rad/s}$$

b) Frequência da polia ① (f_1)

$$f_1 = \frac{n_1}{60} = \frac{1720}{60}$$

$$\boxed{f_1 = 28{,}66...Hz}$$

A rotação da polia ① n_1 é a mesma rotação do motor n = 1720rpm, pois a polia encontra-se chavetada ao eixo árvore do motor.

c) Torque da polia ①

$$M_{T_1} = \frac{P}{\omega_1} = \frac{5500}{57{,}33\pi}$$

$$\boxed{M_{T_1} \cong 30{,}5Nm}$$

d) Velocidade angular da polia ② (ω_2)

$$\omega_2 = \frac{d_1}{d_2} \cdot \omega_1 = \frac{120 \cdot 57,33\pi}{300}$$

$$\boxed{\omega_2 \cong 22,93.....\pi rad/s}$$

e) Frequência da polia ② (f_2)

$$f_2 = \frac{\omega_2}{2\pi} = \frac{22,93\not{\pi}}{2\not{\pi}}$$

$$\boxed{f_2 \cong 11,465Hz}$$

f) Rotação da polia ② (n_2)

$n_2 = 60\ f_2 = 60 \cdot 11,465$

$$\boxed{n_2 = 688rpm}$$

g) Torque da polia ② (M_{t_2})

$$M_{T_2} = \frac{P}{\omega_2} = \frac{5500W}{22,93\pi rad / s}$$

$$\boxed{M_{T_2} \cong 76,3Nm}$$

h) Relação de transmissão (i)

$$i = \frac{d_2}{d_1} = \frac{300}{120}$$

$$\boxed{i = 2,5}$$

i) Velocidade periférica da transmissão (v_p).

A velocidade periférica da transmissão é a mesma da polia ① ou da polia ②, portanto, podemos utilizar:

$v_p = \omega_1 \cdot r_1$ ou $v_p = \omega_2 \cdot r_2$

Optamos por $v_p = \omega_1 \cdot r_1$, obtendo assim:

$v_p = 57,33\pi \cdot 0,06$

$$\boxed{\begin{array}{l} v_p \cong 3,44\pi m/s \\ v_p \cong 10,8m/s \end{array}}$$

Como se pode observar, o raio da polia ① (r_1) foi transformado em (m):

$$r_1 = \frac{d_1}{2} = \frac{120}{2} = 60mm$$

$$\boxed{r_1 = 60 \cdot 10^{-3} m = 0,06m}$$

j) Força tangencial da transmissão (F_T). Por meio de raciocínio análogo ao item anterior, pode-se escrever:

$$F_T = \frac{M_{T_1}}{r_1} = \frac{M_{T_2}}{r_2}$$

Opta-se por uma das relações, obtendo dessa forma:

$$F_T = \frac{30{,}5}{0{,}06} \Rightarrow \boxed{F_T \cong 508{,}3N}$$

Exemplo 6

A transmissão por engrenagens, representada na Figura 2.18, é acionada por intermédio de um motor elétrico que possui potência P = 0,75kW e gira com rotação n = 1140rpm, acoplado à engrenagem ① (pinhão). As engrenagens possuem as seguintes características:

Pinhão ①

Número de dentes

$Z_1 = 25$ dentes

Módulo

m = 2mm

Coroa ②

Número de dentes

$Z_2 = 47$ dentes

Módulo

m = 2mm

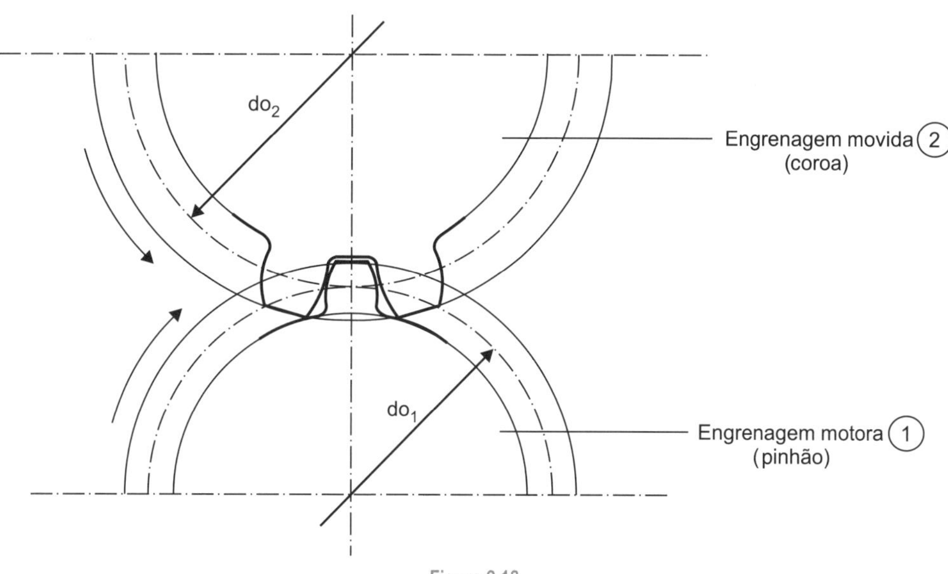

Figura 2.18

Desprezando as perdas, determinar para a transmissão:

a) Velocidade angular do pinhão ① (ω_1)

b) Frequência do pinhão ① (f_1)

c) Torque no pinhão ① (M_{T_1})

d) Velocidade angular da coroa ② (ω_2)

e) Frequência da coroa ② (f_2)

f) Rotação da coroa ② (n_2)

g) Torque na coroa ② (M_{T_2})

h) Relação de transmissão (i)

i) Força tangencial da transmissão (F_T)

j) Velocidade periférica da transmissão (v_p)

Resolução

a) Velocidade angular do pinhão ①

Como a engrenagem encontra-se acoplada ao eixo árvore do motor, conclui-se que a rotação do pinhão é a mesma do motor.

Tem-se então que:

$$\omega_1 = \frac{n_1 \pi}{30} = \frac{1140\pi}{30}$$

$$\boxed{\begin{aligned} \omega_1 &= 38\pi \text{rad/s} \\ \omega_1 &= 119{,}38 \text{rad/s} \end{aligned}}$$

b) Frequência do pinhão ①

$$f_1 = \frac{\omega_1}{2\pi} = \frac{38\cancel{\pi}\ \cancel{rad}\ /\ s}{2\cancel{\pi}\ \cancel{rad}}$$

$$\boxed{f_1 = 19\text{Hz}}$$

c) Torque no pinhão ①

$$M_{T_1} = \frac{P}{\omega_1} = \frac{750\text{Nm}/\cancel{s}}{38\pi\text{rad}/\cancel{s}}$$

Como rad refere-se ao raio da peça e, portanto, não é unidade, podendo ser desprezado, tem-se:

$$\boxed{M_{T_1} \cong 6{,}28\text{N}\cdot\text{m}}$$

d) Velocidade angular da coroa ②

$$\omega_2 = \frac{\omega_1 \cdot Z_1}{Z_2}$$

$$\omega_2 = \frac{38\pi \cdot 25}{47}$$

$$\boxed{\begin{aligned} \omega_2 &\cong 20{,}2\pi \text{rad/s} \\ \omega_2 &\cong 63{,}5 \text{rad/s} \end{aligned}}$$

e) Frequência da coroa ②

$$f_2 = \frac{\omega_2}{2\pi} = \frac{20{,}2\pi \text{rad/s}}{2\pi \text{rad/s}}$$

$$\boxed{f_2 \cong 10{,}1\text{Hz}}$$

f) Rotação da coroa ②

$n_2 = 60\ \ f_2 = 60 \cdot 10{,}1$

$$\boxed{n_2 = 606\text{rpm}}$$

g) Torque da coroa ②

$$M_{T_2} = M_{T_1} \cdot \frac{Z_2}{Z_1}$$

$$M_{T_2} = 6{,}28 \cdot \frac{47}{25}$$

$$\boxed{M_{T_2} \cong 11{,}8\text{Nm}}$$

h) Relação de transmissão (i)

$$i = \frac{Z_2}{Z_1} = \frac{47}{25}$$

$$\boxed{i = 1{,}88}$$

i) Força tangencial da transmissão (F_T)

A força tangencial é a mesma para as duas engrenagens, portanto, podemos utilizar:

$$F_T = \frac{2M_{T_1}}{d_{o_1}} = \frac{2M_{T_2}}{d_{o_2}}$$

d_{o_1} = diâmetro primitivo do pinhão ①

$d_{o_1} = m \cdot z_1$

d_{o_2} = diâmetro primitivo da coroa ②

$d_{o_2} = m \cdot z_2$

Para o caso optamos pelo pinhão ①, tendo, dessa forma:

$d_{o_1} = m \cdot z_1 = 2 \cdot 25 = 50\text{mm}$

$d_{o_1} = 50 \cdot 10^{-3}\text{m} = 0{,}050\text{m}$

portanto,

$$F_T = \frac{2M_{T_1}}{d_{o_1}} = \frac{2 \cdot 6{,}28\text{N}\cancel{\text{m}}}{0{,}050\cancel{\text{m}}}$$

$$\boxed{F_T = 251{,}2\text{N}}$$

j) Velocidade periférica da transmissão (v_p)

Da mesma forma que no item anterior, a velocidade periférica é a mesma para as duas engrenagens, a qual pode ser determinada por meio de:

$$v_p = \omega_1 \cdot r_{o_1} = \omega_2 \cdot r_{o_2}$$

Em que:

$$r_{o_1} = \frac{d_{o_1}}{2} \text{ (raio primitivo do pinhão ①)}$$

$$r_{o_2} = \frac{d_{o_2}}{2} \text{ (raio primitivo da coroa ②)}$$

Optando pelo pinhão ①, tem-se:

$$v_p = \omega_1 \cdot r_{o_1} = \frac{38\pi \cdot 0{,}05}{2}$$

$$v_p = 0{,}95\pi \text{m/s}$$

$$v_p \cong 2{,}98 \text{m/s}$$

Exercícios Propostos

1) A transmissão por correias, representada na Figura 2.19, é acionada pela polia ① por um motor elétrico com potência P = 7,5kW (P ≅10cv) e rotação n = 1140rpm. As polias possuem, respectivamente, os seguintes diâmetros:

d_1 = 120mm (diâmetro da polia ①)

d_2 = 220mm (diâmetro da polia ②)

Determinar para transmissão:

a) Velocidade angular da polia ① (ω_1)

b) Frequência da polia ① (f_1)

c) Torque da polia ① (M_{T_1})

d) Velocidade angular da polia ② (ω_2)

e) Frequência da polia ② (f_2)

f) Rotação da polia ② (n_2)

g) Torque da polia ② (M_{T_2})

h) Velocidade periférica da transmissão (v_p)

i) Força tangencial (F_T)

j) Relação de transmissão (i)

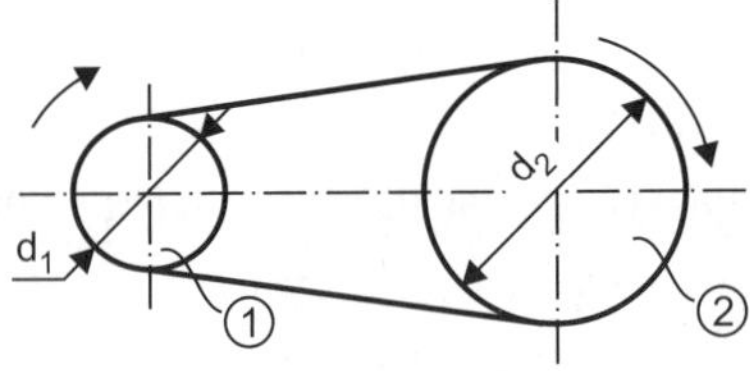

Figura 2.19

Respostas

a) $\omega_1 = 38\pi rad/s$

b) $f_1 = 19Hz$

c) $M_{T_1} = 62,82Nm$

d) $\omega_2 \cong 20,73\pi rad/s$

e) $f_2 \cong 10,36Hz$

f) $n_2 \cong 622rpm$

g) $M_{T_2} \cong 115,2Nm$

h) $v_p = 2,28\pi m/s$

$v_p \cong 7,16m/s$

i) $F_T = 1047N$

j) $i = 1,83$

2) A esquematização da Figura 2.20 representa um motor a combustão para automóvel, que aciona simultaneamente as polias da bomba d'água e do alternador.

As curvas de desempenho do motor apresentam para o torque máximo a potência $P = 35,3kW$ ($P \cong 48cv$), atuando com rotação $n = 2000rpm$. Determine para a condição de torque máximo:

Polia ① (motor)

a) velocidade angular (ω_1)

b) frequência (f_1)

c) torque (M_{T_1})

Polia ② (bomba d'água)

d) velocidade angular (ω_2)

e) frequência (f_2)

f) rotação (n_2)

g) torque (M_{T_2})

Polia ③ (alternador)

h) velocidade angular (ω_3)

i) frequência (f_3)

j) rotação (n_3)

k) torque (M_{T_3})

Características da transmissão:

l) relação de transmissão (i_1) (motor/bomba d'água)

m) relação de transmissão (i_2) (motor/alternador)

n) força tangencial (F_T)

o) velocidade periférica (v_p)

As polias possuem os seguintes diâmetros:

d_1 = 120mm (motor)

d_2 = 90mm (bomba d'água)

d_3 = 80mm (alternador)

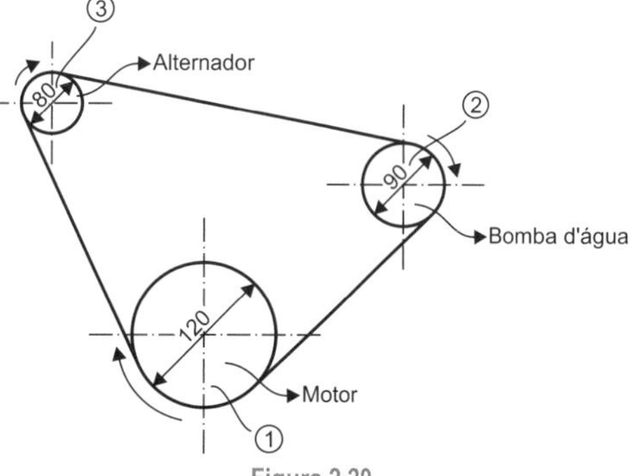

Figura 2.20

Respostas

a) $\omega_1 \cong 66,67\pi rad/s$

b) $f_1 \cong 33,33Hz$

c) $M_{T_1} \cong 168,5Nm$

d) $\omega_2 \cong 88,89\pi rad/s$

e) $f_2 \cong 44,445Hz$

f) $n_2 \cong 2667rpm$

g) $M_{T_2} \cong 126,4Nm$

h) $\omega_3 \cong 100\pi rad/s$

i) $f_3 = 50Hz$

j) $n_3 \cong 3000rpm$

k) $M_{T_3} \cong 112,3Nm$

l) $i_1 = 1,33...$ (relação ampliadora de velocidade)

m) $i_2 = 1,5$ (relação ampliadora de velocidade)

n) $F_T \cong 2808N$

o) $v_p = 4\pi m/s$

$v_p = 12,56m/s$

3) A transmissão por engrenagens, representada na Figura 2.21, é acionada por meio do pinhão ① acoplado a um motor elétrico de IV polos com potência $P = 15kW$ ($P \cong 20cv$) e rotação $n = 1720rpm$.

As características das engrenagens são:

Pinhão (engrenagem ①)

$Z_1 = 24$ dentes (número de dentes)

$m = 4mm$ (módulo)

Coroa (engrenagem ②)

$Z_2 = 73$ dentes (número de dentes)

$m = 4mm$ (módulo)

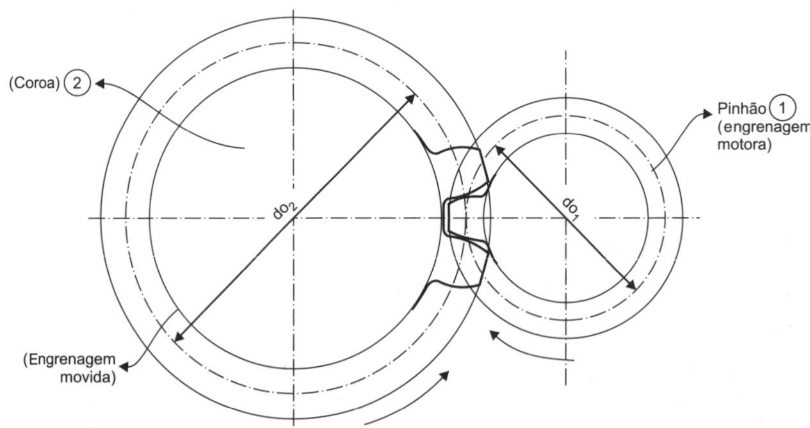

Figura 2.21

Determinar para a transmissão:

Engrenagem ① (pinhão)

a) velocidade angular (ω_1)

b) frequência (f_1)

c) torque (M_{T_1})

Engrenagem ② (coroa)

d) velocidade angular (ω_2)

e) frequência (f_2)

f) rotação (n_2)

g) torque (M_{T_2})

Características da transmissão:

h) velocidade periférica (v_p)

i) força tangencial (F_T)

j) relação de transmissão (i)

Respostas

a) $\omega_1 = 57{,}33\pi rad/s$

b) $f_1 \cong 28{,}67Hz$

c) $M_{T_1} \cong 83{,}3Nm$

d) $\omega_2 \cong 18{,}85\pi rad/s$

e) $f_2 \cong 9{,}42Hz$

f) $n_2 \cong 565rpm$

g) $M_{T_2} \cong 253{,}3Nm$

h) $v_p \cong 2{,}75\pi m/s$

$v_p \cong 8{,}64m/s$

i) $F_T \cong 1735N$

j) $i \cong 3{,}04$

4) O teste de um motor a combustão para veículo apresentou as curvas de desempenho no diagrama a seguir.

Determine para o torque máximo do motor:

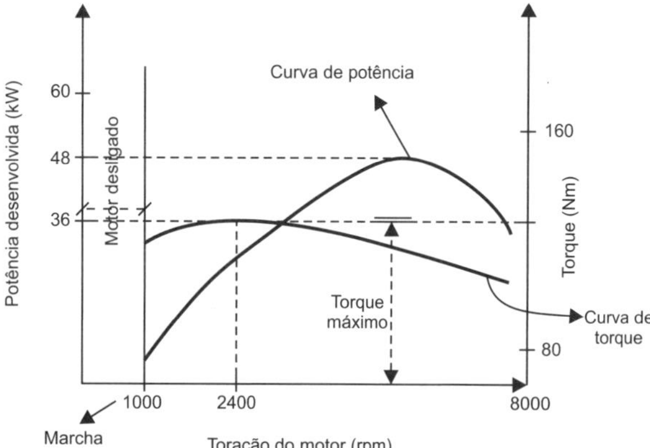

Polia ① (motor)

a) velocidade angular (ω_1)

b) frequência (f_1)

c) potência (P)

d) rotação (n_1)

e) torque (M_{T_1})

Polia ② (bomba d´água)

f) velocidade angular (ω_2)

g) frequência (f_2)

h) rotação (n_2)

i) torque (M_{T_2})

Polia ③ (alternador)

j) velocidade angular (ω_3)

k) frequência (f_3)

l) rotação (n_3)

m) torque (M_{T_3})

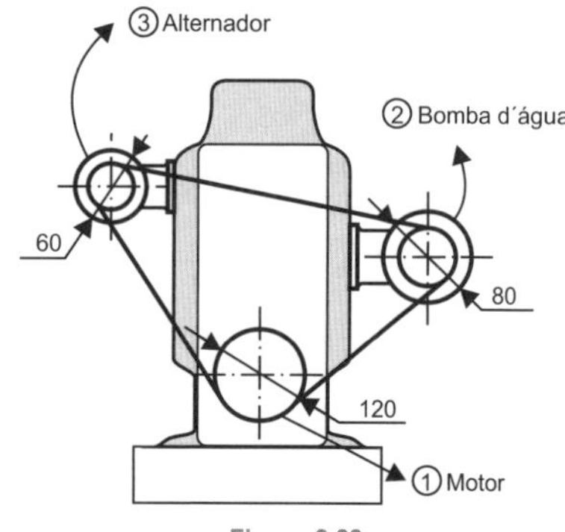

Figura 2.22

Características da transmissão:

n) relação de transmissão (i_1)

o) relação de transmissão (i_2)

p) força tangencial (F_T)

q) relação de transmissão (v_P)

Diâmetro das polias:

$d_1 = 120mm$

$d_2 = 80mm$

$d_3 = 60mm$

Respostas

Polia ①

a) $\omega_1 = 80\pi rad/s$

b) $f_1 = 40Hz$

c) $P = 36kw$ (~49CV)

d) $n_1 = 2400rpm$

e) $M_{T_1} \cong 143,2Nm$

Polia ②

f) $\omega_2 = 120\pi rad/s$

g) $f_2 = 60Hz$

h) $n_2 = 3600rpm$

i) $M_{T_2} \cong 95,5Nm$

Polia ③

j) $\omega_3 = 160\pi rad/s$

k) $f_3 = 80Hz$

l) $n_3 = 4800rpm$

m) $M_{T_3} \cong 71,6Nm$

Características da transmissão ①

n) $i_1 = 1,5$

o) $i_2 = 2$

p) $F_T \cong 2387N$

q) $v_p \cong 2,4\pi m/s$ ou $v \cong 7,54m/s$

3

Rendimento das Transmissões (η)

Em qualquer tipo de transmissão, é inevitável a perda de potência que ocorre nas engrenagens, mancais, polias, correntes, rodas de atrito, originada pelo atrito entre as superfícies, agitação do óleo lubrificante, escorregamento entre correia e polia etc.

Assim, constata-se que a potência de entrada da transmissão é dissipada em parte sob a forma de energia, transformada em calor, resultando a outra parte em potência útil geradora de trabalho.

$P_e = P_u + P_d$

Em que:

P_e - potência de entrada [W; kW;...]

P_u - potência útil [W; kW;...]

P_d - potência dissipada [W; kW;...]

3.1 Rendimento das Transmissões

Tabela 3.1

Tipos de transmissão	Rendimento
Transmissão por correias	
Correias planas	$0,96 \leq \eta_c \leq 0,97$
Correias em V	$0,97 \leq \eta_c \leq 0,98$
Transmissão por correntes	
Correntes silenciosas	$0,97 \leq \eta_{cr} \leq 0,99$
Correntes Renold	$0,95 \leq \eta_{cr} \leq 0,97$
Transmissão por rodas	
De atrito	$0,95 \leq \eta_{ra} \leq 0,98$
Transmissão por engrenagens	
Fundidas	$0,92 \leq \eta_e \leq 0,93$
Usinadas	$0,96 \leq \eta_e \leq 0,98$

Tabela 3.2 – Transmissão por parafuso sem fim

Rosca sem fim (aço bronze)	
1 entrada	$0{,}45 \leq \eta_{psf} \leq 0{,}60$
2 entradas	$0{,}70 \leq \eta_{psf} \leq 0{,}80$
3 entradas	$0{,}85 \leq \eta_{psf} \leq 0{,}97$
Mancais	
Rolamento (par)	$0{,}98 \leq \eta_{m(R)} \leq 0{,}99$
Deslizamento (par) (bucha)	$0{,}96 \leq \eta_{m(b)} \leq 0{,}98$

3.2 Perdas nas Transmissões

A transmissão da Figura 3.1 é acionada por um motor elétrico com potência (P) e rotação (n). As polias possuem os seguintes diâmetros:

d_1 - diâmetro da polia ①

d_2 - diâmetro da polia ②

As engrenagens possuem os seguintes números de dentes:

Z_1 - número de dentes da engrenagem ①

Z_2 - número de dentes da engrenagem ②

Z_3 - número de dentes da engrenagem ③

Z_4 - número de dentes da engrenagem ④

Os rendimentos:

η_c - rendimento da transmissão por correias

η_e - rendimento da transmissão por engrenagens

η_m - rendimento do par de mancais

Exercício Resolvido

1) Determinar as expressões de:

a) Potência útil nas árvores Ⓘ, Ⓘⓘ e Ⓘⓘⓘ

b) Potência dissipada/estágio

c) Rotação das árvores Ⓘ, Ⓘⓘ e Ⓘⓘⓘ

d) Torque nas árvores Ⓘ, Ⓘⓘ e Ⓘⓘⓘ

e) Potência útil do sistema

f) Potência dissipada do sistema

g) Rendimento da transmissão

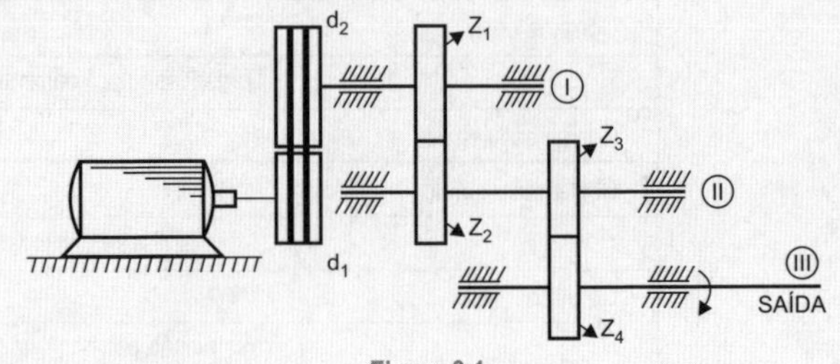

Figura 3.1

Resolução

a) Potência útil nas árvores Ⓘ, Ⓘⓘ e Ⓘⓘⓘ

árvore Ⓘ

$$P_{u_1} = P_{motor} \cdot \eta_c \cdot \eta_m \quad [W]$$

árvore Ⓘⓘ

$$P_{u_2} = P_{u_1} \cdot \eta_e \cdot \eta_m \quad [W]$$

$$P_{u_2} = P_{motor} \cdot \eta_c \cdot \eta_e \cdot \eta_m^2 \quad [W]$$

árvore Ⓘⓘⓘ

$$P_{u_3} = P_{u_2} \cdot \eta_e \cdot \eta_m \quad [W]$$

$$P_{u_3} = P_{motor} \cdot \eta_c \cdot \eta_e^2 \cdot \eta_m^3 \quad [W]$$

b) Potência dissipada/estágio

1º estágio (motor/árvore Ⓘ)

$$P_{d_1} = P_{motor} - P_{u_1} \quad [W]$$

2º estágio (árvore Ⓘ / árvore Ⓘⓘ)

$$P_{d_2} = P_{u_1} - P_{u_2} \quad [W]$$

3º estágio (árvore Ⓘⓘ / árvore Ⓘⓘⓘ)

$$P_{d_3} = P_{u_2} - P_{u_3} \quad [W]$$

c) Rotação das árvores

rotação da árvore Ⓘ

$$n_1 = n_{motor} \cdot \frac{d_1}{d_2} \quad [rpm]$$

rotação da árvore Ⓘⓘ

$$n_2 = n_1 \cdot \frac{Z_1}{Z_2} \quad [rpm]$$

$$n_2 = n_{motor} \cdot \frac{d_1}{d_2} \cdot \frac{Z_1}{Z_2} \quad [rpm]$$

rotação da árvore Ⓘⓘⓘ

$$n_3 = n_2 \cdot \frac{Z_3}{Z_4} \quad [rpm]$$

$$n_3 = n_{motor} \cdot \frac{d_1}{d_2} \cdot \frac{Z_1}{Z_2} \cdot \frac{Z_3}{Z_4} \quad [rpm]$$

d) Torque nas árvores Ⓘ; Ⓘⓘ; Ⓘⓘⓘ

árvore Ⓘ

$$M_{T_1} = \frac{P_{u_1}}{\omega_1} = \frac{30P_{u_1}}{\pi \cdot n_1} \quad [rpm]$$

árvore Ⓘⓘ

$$M_{T_2} = \frac{P_{u_2}}{\omega_2} = \frac{30P_{u_2}}{\pi \cdot n_2} \quad [rpm]$$

árvore Ⓘⓘⓘ

$$M_{T_3} = \frac{P_{u_3}}{\omega_3} = \frac{30P_{u_3}}{\pi \cdot n_3} \quad [rpm]$$

e) Potência útil do sistema

A potência do sistema que produz trabalho é a potência útil da árvore de saída (árvore Ⓘⓘⓘ).

$$P_{u_{sistema}} = P_{u_3} = P_{saída} \quad [W]$$

f) Potência dissipada do sistema

Corresponde à potência pedida na transmissão.

$$P_{d_{sistema}} = P_{motor} - P_{u_3} \quad [W]$$

$$P_{d_{sistema}} = P_{motor} - P_{saída} \quad [W]$$

g) Rendimento da transmissão

$$\eta = \frac{P_{saída}}{P_{entrada}} = \frac{P_{u_{sist}}}{P_{total}}$$

Em que:

P_{motor} - potência do motor [W]

P_{u_1} - potência útil da árvore ① [W]

P_{u_2} - potência útil da árvore ② [W]

P_{u_3} - potência útil da árvore ③ [W]

P_{d_1} - potência dissipada no 1º estágio [W]

P_{d_2} - potência dissipada no 2º estágio [W]

P_{d_3} - potência dissipada no 3º estágio [W]

n_{motor} - rotação do motor [rpm]

n_1 - rotação da árvore ① [rpm]

n_2 - rotação da árvore ② [rpm]

n_3 - rotação da árvore ③ [rpm]

M_{T_1} - torque na árvore ① [Nm]

M_{T_2} - torque na árvore ② [Nm]

M_{T_3} - torque na árvore ③ [Nm]

$P_{u_{sistema}}$ - potência útil do sistema [W]

$P_{d_{sistema}}$ - potência dissipada do sistema [W]

d_1 - diâmetro da polia ① [mm]

d_2 - diâmetro da polia ② [mm]

Z_1 - número de dentes da engrenagem ① [adimensional]

Z_2 - número de dentes da engrenagem ② [adimensional]

Z_3 - número de dentes da engrenagem ③ [adimensional]

Z_4 - número de dentes da engrenagem ④ [adimensional]

η - rendimento da transmissão [adimensional]

A transmissão por engrenagens da Figura 3.2 é composta de um motor elétrico com potência (P) e rotação (n), acoplado a uma transmissão por engrenagens com as seguintes características:

Z_1 - número de dentes da engrenagem ①

Z_2 - número de dentes da engrenagem ②

Z_3 - número de dentes da engrenagem ③

Z_4 - número de dentes da engrenagem ④

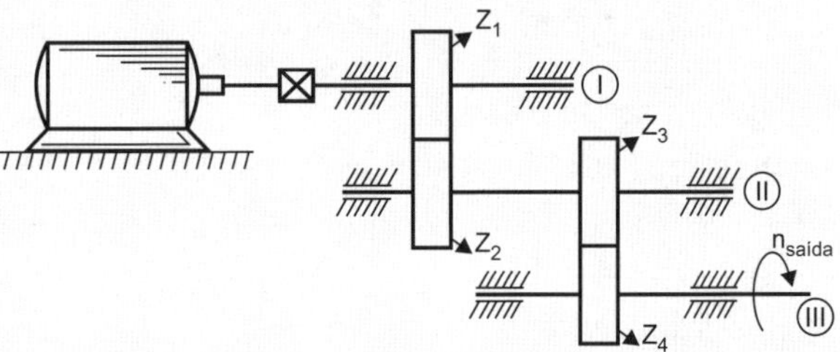

Figura 3.2

Os rendimentos são:

η_e - rendimento de cada par de engrenagens

η_m - rendimento do par de mancais

Determinar as expressões de:

a) Potência útil nas árvores Ⓘ, Ⓘ e Ⓘ

b) Potência dissipada/estágio

c) Rotação das árvores Ⓘ, Ⓘ e Ⓘ

d) Torque nas árvores Ⓘ, Ⓘ e Ⓘ

e) Potência útil do sistema

f) Potência dissipada do sistema

g) Rendimento da transmissão

Resolução

a) Potência útil nas árvores ①, ② e ③

árvore ①

$$P_{u_1} = P_{motor} \cdot \eta_m \quad [W]$$

árvore ②

$$P_{u_2} = P_{u_1} \cdot \eta_e \cdot \eta_m \quad [W]$$

$$P_{u_2} = P_{motor} \cdot \eta_e \cdot \eta_m^2 \quad [W]$$

árvore ③

$$P_{u_3} = P_{u_2} \cdot \eta_e \cdot \eta_m \quad [W]$$

$$P_{u_3} = P_{motor} \cdot \eta_e^2 \cdot \eta_m^3 \quad [W]$$

b) Potência dissipada/estágio

1º estágio (árvore ① /árvore ②)

$$P_{d_1} = P_{u_1} - P_{u_2} \quad [W]$$

2º estágio (árvore ② / árvore ③)

$$P_{d_2} = P_{u_2} - P_{u_3} \quad [W]$$

c) Rotação das árvores ①, ② e ③

rotação da árvore ①

A rotação da árvore ① é a mesma do motor, pois estão ligados por acoplamento.

$$n_1 = n_{motor} \quad [rpm]$$

rotação da árvore ②

$$n_2 = \frac{n_1 \cdot z_1}{z_2} \quad [rpm]$$

rotação da árvore ③

$$n_3 = \frac{n_2 \cdot Z_3}{Z_4} \quad [rpm]$$

$$n_3 = n_1 \frac{Z_1 \cdot Z_3}{Z_2 \cdot Z_4} \quad [rpm]$$

d) Torque nas árvores ① ② e ③

árvore ①

$$M_{T_1} = \frac{P_{u_1}}{\omega_1} = \frac{30P_{u_1}}{\pi \cdot n_1} \quad [rpm]$$

árvore ②

$$M_{T_2} = \frac{P_{u_2}}{\omega_2} = \frac{30P_{u_2}}{\pi \cdot n_2} \quad [rpm]$$

árvore ③

$$M_{T_3} = \frac{P_{u_3}}{\omega_3} = \frac{30P_{u_3}}{\pi \cdot n_3} \quad [rpm]$$

e) Potência útil do sistema

A potência útil do sistema é aquela que produz trabalho, ou seja, a potência da árvore de saída.

$$P_{u_{sistema}} = P_{u_3} = P_{saída} \quad [W]$$

f) Potência dissipada do sistema

É a potência que foi perdida na transmissão.

$$P_{d_{sistema}} = P_{motor} - P_{u_3} \quad [W]$$

$$P_{d_{sistema}} = P_{motor} - P_{saída} \quad [W]$$

g) Rendimento da transmissão

$$\eta = \frac{P_{saída}}{P_{entrada}}$$

Em que:

P_{motor} - potência do motor [W]
P_{u_1} - potência útil da árvore ① [W]
P_{u_2} - potência útil da árvore ② [W]
P_{u_3} - potência útil da árvore ③ [W]
P_{d_1} - potência dissipada no 1º estágio [W]
P_{d_2} - potência dissipada no 2º estágio [W]
P_{d_3} - potência dissipada no 3º estágio [W]
n_{motor} - rotação do motor [rpm]
n_1 - rotação da árvore ① [rpm]

n_2 - rotação da árvore ② [rpm]

n_3 - rotação da árvore ③ [rpm]

M_{T_1} - torque na árvore ① [Nm]

M_{T_2} - torque na árvore ② [Nm]

M_{T_3} - torque na árvore ③ [Nm]

$P_{u_{sistema}}$ - potência útil do sistema [W]

$P_{d_{sistema}}$ - potência dissipada do sistema [W]

Z_1 - número de dentes da engrenagem ①[adimensional]

Z_2 - número de dentes da engrenagem ② [adimensional]

Z_3 - número de dentes da engrenagem ③ [adimensional]

Z_4 - número de dentes da engrenagem ④ [adimensional]

η_e - rendimento do par de engrenagens [adimensional]

η_m - rendimento do par de mancais [adimensional]

η - rendimento da transmissão

Exercício Resolvido

2) A transmissão da Figura 3.3 é acionada por um motor elétrico com potência $P = 5{,}5kW$ ($P \cong 7{,}5CV$) e rotação $n = 1740rpm$. As polias possuem os seguintes diâmetros:

$d_1 = 120mm$

$d_2 = 280mm$

As engrenagens possuem os seguintes números de dentes:

$Z_1 = 23$ dentes; $Z_2 = 49$ dentes;

$Z_3 = 27$ dentes; $Z_4 = 59$ dentes

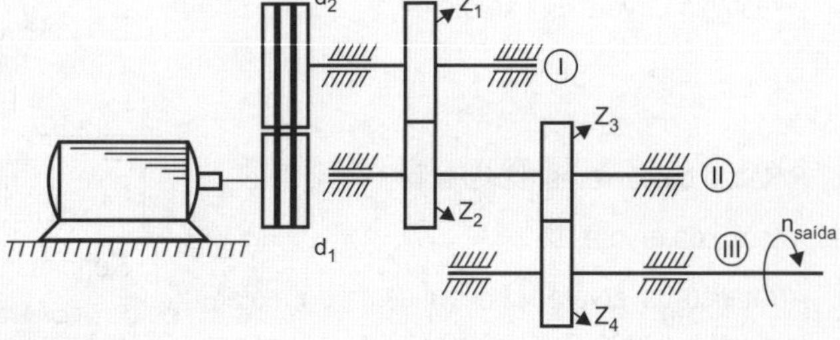

Figura 3.3

Os rendimentos são:

$\eta_c = 0{,}97$ (transmissão por correia em V)

$\eta_e = 0{,}98$ (transmissão/par de engrenagens)

$\eta_m = 0{,}99$ (par de mancais – rolamentos)

Determinar na transmissão:

a) Potência útil nas árvores ①, Ⅱ e Ⅲ
b) Potência dissipada/estágio
c) Rotação das árvores ①, Ⅱ e Ⅲ
d) Torque nas árvores ①, Ⅱ e Ⅲ
e) Potência útil do sistema
f) Potência dissipada do sistema
g) Rendimento da transmissão

Resolução

a) Potência útil nas árvores Ⓘ, Ⓘ e Ⓘ

árvore Ⓘ

$P_{u_1} = P_{motor} \cdot \eta_c \cdot \eta_m$

$P_{u_1} = 5{,}5 \cdot 0{,}97 \cdot 0{,}99$

$\boxed{P_{u_1} = 5{,}28kW = 5280W}$

árvore Ⓘ

$P_{u_2} = P_{motor} \cdot \eta_c \cdot \eta_e \cdot \eta_m^2$

$P_{u_2} = 5{,}5 \cdot 0{,}97 \cdot 0{,}98 \cdot 0{,}99^2$

$\boxed{P_{u_2} = 5{,}12kW = 5120W}$

árvore Ⓘ

$P_{u_3} = P_{motor} \cdot \eta_c \cdot \eta_e^2 \cdot \eta_m^3$

$P_{u_3} = 5{,}5 \cdot 0{,}97 \cdot 0{,}98^2 \cdot 0{,}99^3$

$\boxed{P_{u_3} = 4{,}97kW = 4970W}$

b) Potência dissipada/estágio

1º estágio (motor/árvore Ⓘ)

$P_{d_1} = P_{motor} - P_{u_1}$

$P_{d_1} = 5{,}5 - 5{,}28$

$\boxed{P_{d_1} = 0{,}22kW = 220W}$

2º estágio (árvore Ⓘ / árvore Ⓘ)

$P_{d_2} = P_{u_1} - P_{u_2}$

$P_{d_2} = 5{,}28 - 5{,}12$

$\boxed{P_{d_2} = 0{,}16kW = 160W}$

3º estágio (árvore Ⓘ / árvore Ⓘ)

$P_{d_3} = P_{u_2} - P_{u_3}$

$P_{d_3} = 5{,}12 - 4{,}97$

$\boxed{P_{d_3} = 0{,}15kW = 150W}$

c) Rotação das árvores Ⓘ, Ⓘ e Ⓘ

árvore Ⓘ

$$n_1 = \frac{n_{motor} \cdot d_1}{d_2} = \frac{1740 \cdot 120}{280}$$

$\boxed{n_1 \cong 746rpm}$

árvore Ⓘ

$$n_2 = \frac{n_{motor} \cdot d_1 \cdot Z_1}{d_2 \cdot Z_2}$$

$$n_2 = \frac{1740 \cdot 120 \cdot 23}{280 \cdot 49}$$

$\boxed{n_2 = 350rpm}$

árvore Ⓘ (saída)

$$n_3 = \frac{n_{motor} \cdot d_1 \cdot Z_1 \cdot Z_3}{d_2 \cdot Z_2 \cdot Z_4}$$

$$n_3 = \frac{1740 \cdot 120 \cdot 23 \cdot 27}{280 \cdot 49 \cdot 59}$$

$\boxed{n_3 \cong 160rpm}$

d) Torque nas árvores Ⓘ, Ⓘ e Ⓘ

árvore Ⓘ

$$M_{T_1} = \frac{30P_{u_1}}{\pi n_1} = \frac{30 \cdot 5280}{\pi \cdot 746}$$

$\boxed{M_{T_1} \cong 68Nm}$

árvore Ⓘ

$$M_{T_2} = \frac{30P_{u_2}}{\pi n_2} = \frac{30 \cdot 5120}{\pi \cdot 350}$$

$\boxed{M_{T_2} \cong 140Nm}$

árvore Ⓘ

$$M_{T_3} = \frac{30P_{u_3}}{\pi n_3} = \frac{30 \cdot 4970}{\pi \cdot 160}$$

$\boxed{M_{T_3} \cong 297Nm}$

e) Potência útil do sistema

A potência útil do sistema é a que gera trabalho, ou seja, a potência útil do eixo Ⓘⓘⓘ.

$$\boxed{P_{u_{sistema}} = P_{u_3} = P_{saída} = 4{,}97kW = 4970W}$$

f) Potência dissipada do sistema

$$P_{d_{sistema}} = P_{motor} - P_{saída}$$

$$P_{d_{sistema}} = 5{,}5 - 4{,}97$$

$$\boxed{P_{d_{sistema}} = 0{,}53kW = 530W}$$

g) Rendimento da transmissão

$$\eta = \frac{P_{saída}}{P_{entrada}} = \frac{4{,}97\,\cancel{kW}}{5{,}5\,\cancel{kW}} \quad \boxed{\eta \cong 0{,}9}$$

Exercícios Propostos

1) A transmissão da Figura 3.4 é acionada por um motor elétrico com potência $P = 3{,}7kW$ ($P \cong 5cv$) e rotação $n = 1710rpm$. Os diâmetros das polias são:

$d_1 = 100mm$ (polia motora)

$d_2 = 250mm$ (polia movida)

O número de dentes das engrenagens:

$Z_1 = 21$ dentes; $Z_2 = 57$ dentes;

$Z_3 = 29$ dentes; $Z_4 = 73$ dentes

Rendimentos dos elementos de transmissão:

$\eta_c = 0{,}97$ (transmissão por correias)

$\eta_e = 0{,}98$ (transmissão por engrenagens)

$\eta_m = 0{,}99$ (par de mancais – rolamentos)

Determinar para transmissão:

a) Potência útil nas árvores Ⓘ, Ⓘⓘ e Ⓘⓘⓘ
b) Potência dissipada/estágio
c) Rotação das árvores Ⓘ, Ⓘⓘ e Ⓘⓘⓘ
d) Torque nas árvores Ⓘ, Ⓘⓘ e Ⓘⓘⓘ
e) Potência útil do sistema
f) Potência dissipada do sistema
g) Rendimento da transmissão

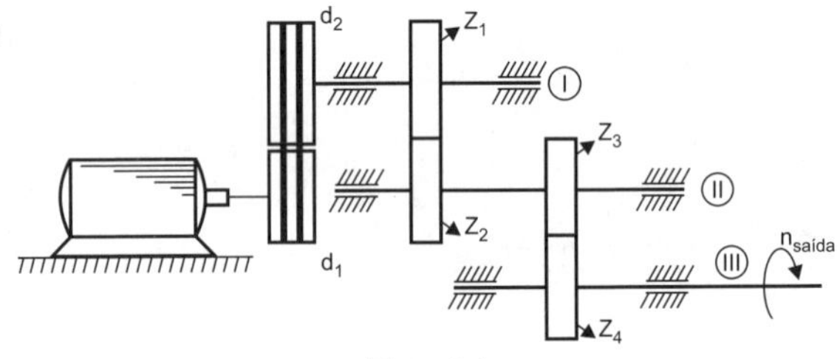

Figura 3.4

Respostas

a) Potência útil

$P_{u_1} \cong 3{,}55kW = 3550W$

$P_{u_2} \cong 3{,}45kW = 3450W$

$P_{u_3} \cong 3{,}35kW = 3350W$

b) Potência dissipada

$P_{d_1} \cong 0{,}15kW \cong 150W$

$P_{d_2} \cong 0{,}10kW \cong 100W$

$P_{d_3} \cong 0{,}10kW \cong 100W$

c) Rotação

$n_1 \cong 684rpm$

$n_2 \cong 252rpm$

$n_3 \cong 100rpm$

d) Torque

$M_{T_1} \cong 50Nm$

$M_{T_2} \cong 131Nm$

$M_{T_3} \cong 320Nm$

e) Potência útil do sistema

$P_{u_{sistema}} \cong 3{,}35kW = 3350W$

f) Potência dissipada do sistema

$P_{d_{sistema}} \cong 0{,}35kW = 350W$

g) Rendimento da transmissão

$\eta \cong 0{,}90$

2) A transmissão por engrenagens, representada na Figura 3.5, é acionada por um motor elétrico com potência P =18,5kW (25cv) e rotação n = 1170 rpm. As engrenagens possuem as seguintes características:

$Z_1 = 25$ dentes; $Z_2 = 65$ dentes;

$Z_3 = 35$ dentes; $Z_4 = 63$ dentes

Os rendimentos são:

$\eta_e = 0{,}98$ par de engrenagens

$\eta_m = 0{,}99$ par de mancais (rolamentos)

Determinar para transmissão:

a) Potência útil nas árvores Ⓘ, Ⓘⓘ e Ⓘⓘⓘ
b) Potência dissipada/estágio
c) Rotação das árvores Ⓘ, Ⓘⓘ e Ⓘⓘⓘ
d) Torque nas árvores Ⓘ, Ⓘⓘ e Ⓘⓘⓘ
e) Potência útil do sistema
f) Potência dissipada do sistema
g) Rendimento da transmissão

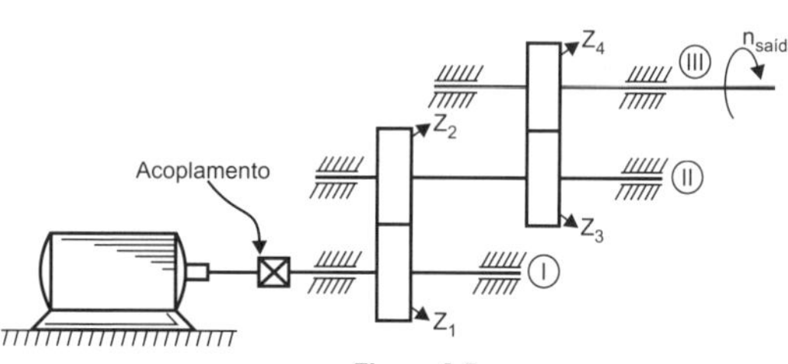

Figura 3.5

Respostas

a) Potência útil

$P_{u_1} \cong 18{,}3kW \cong 18300W$

$P_{u_2} \cong 17{,}8kW \cong 17800W$

$P_{u_3} \cong 17{,}2kW \cong 17200W$

b) Potência dissipada

$P_{d_1} \cong 0{,}5kW \cong 500W$

$P_{d_2} \cong 0{,}6kW \cong 600W$

c) Rotação

$n_1 = 1170rpm$

$n_2 = 450rpm$

$n_3 = 250rpm$

d) Torque

$M_{T_1} \cong 150Nm$

$M_{T_2} \cong 378Nm$

$M_{T_3} \cong 657Nm$

e) Potência útil do sistema

$P_{u_{sistema}} \cong P_{saída} \cong P_{u_3} \cong 17{,}2kW = 17200W$

f) Potência dissipada do sistema

$P_{d_{sistema}} \cong 1{,}3kW \cong 1300W$

g) Rendimento da transmissão

$\eta \cong 0{,}93$

4

Transmissão por Correias

4.1 Introdução

4.1.1 Correias Planas

Valores máximos:

a) Potência: 1600kW (~2200cv)
b) Rotação: 18000rpm
c) Força tangencial: 5000kgf (~50kN)
d) Velocidade tangencial: 90m/s
e) Distância centro a centro: 12m
f) Relação de transmissão ideal: até 1:5
g) Relação de transmissão máxima: 1:10

4.1.2 Correias em V

Valores máximos:

a) Potência: 1100kW (~1500cv)
b) Velocidade tangencial: 26m/s
c) Relação de transmissão ideal: até 1:8
d) Relação de transmissão máxima: 1:15

Rendimento η_c

O rendimento para esse tipo de transmissão é de 0,95 a 0,98.

$$0,95 \leq \eta_c \leq 0,98$$

4.1.3 Utilização

a) Correias planas podem ser utilizadas em árvores paralelas ou reversas.
b) Correias em V podem ser utilizadas somente em árvores paralelas.

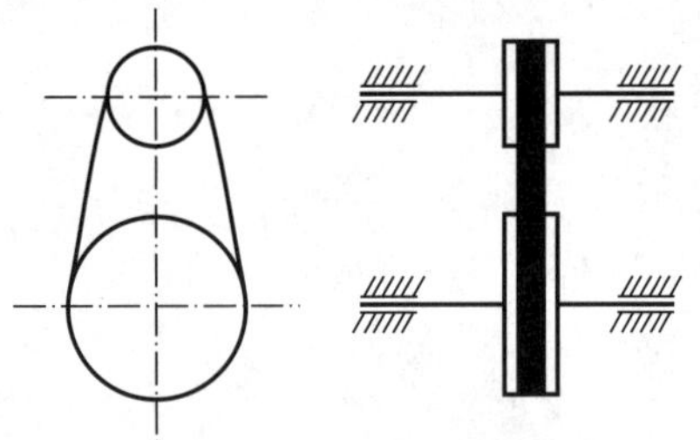

Figura 4.1 – Árvores paralelas.

Figura 4.2 – Árvores reversas.

4.2 Dimensionamento das Transmissões por Correia em "V"

Dados necessários:

1) Tipo de motor
2) Potência do motor
3) Rotação do motor
4) Tipo de máquina ou equipamento
5) Rotação da máquina ou equipamento
6) Distância entre centros
7) Tempo de trabalho diário da máquina

4.2.1 Potência Projetada

$$P_p = P_{motor} \cdot f_s$$

Em que:

P_p - potência projetada (CV)
P_{motor} - potência do motor (CV)
f_s - fator de serviço (adimensional)

Fator de Serviço (f_S)

Tabela 4.1 – Fator de serviço

Máquina conduzida	Máquina condutora					
As máquinas relacionadas são apenas exemplos representativos. Escolha o grupo cujas características sejam mais semelhantes à máquina em consideração.	**Motores AC:** torque normal, rotor gaiola de anéis, sincrônicos, divisão de fase **Motores DC:** Enrolados em Derivação **Motores Estacionários:** combustão interna de múltiplos cilindros			**Motores AC:** alto torque, alto escorregamento, repulsão-Indução, monofásico,trifásico enrolado em série, anéis coletores **Motores DC:** enrolados em série, enrolados mistos **Motores Estacionários:** combustão interna de um cilindro* **Eixos de Transmissão** **Embreagens**		
	Serviço intermitente	Serviço normal	Serviço contínuo	Serviço intermitente	Serviço normal	Serviço contínuo
	3-5h diárias ou periodicamente	8-10h diárias	16-24h diárias	3-5h diárias ou periodicamente	8-10h diárias	16-24h diárias
Agitadores para líquidos Ventiladores e exaustores Bombas centrífugas e compressores Ventiladores até 10cv Transportadores de carga leve	1,0	1,1	1,2	1,1	1,2	1,3
Correias transportadoras para areia e cereais Ventiladores de mais 10cv Geradores Eixos de transmissão Maquinário de lavanderia Punções, prensas e tesourões Máquinas gráficas Bombas centrífugas de deslocamento positivo Peneiras vibratórias rotativas	1,1	1,2	1,3	1,2	1,3	1,4
Maquinário para olaria Elevadores de canecas Excitadores Compressores de pistão Moinhos de martelo Moinhos para indústria de papel Bombas de pistões Serrarias e maquinário de carpintaria Maquinários têxteis	1,2	1,3	1,4	1,4	1,5	1,5
Britadores (giratórios e de mandíbulas) Guindastes Misturadores, calandras e moinhos para borracha	1,3	1,4	1,5	1,6	1,6	1,8

* O fator de serviço deverá ser aplicado sobre o valor para regime contínuo, mencionado na placa de identificação do próprio motor.
Subtraia 0,2 (com um fator de serviço mínimo de 1,0) quando se tratar de classificação máxima intermitente.
Recomenda-se o uso de um Fator de Serviço de 2,0 para equipamento sujeito a sufocações ou afogadiços.

Observação!

a) A unidade de potência no Sistema Internacional (SI) é watt (W), e a relação entre a potência em cv e W é: cv = 735,5W.

b) A unidade de potência que se encontra expressa nas tabelas é hp (horse power), que não deve mais ser utilizada, sendo substituída por cv (cavalo-vapor), que representa aproximadamente a mesma capacidade de potência. Portanto, onde se lê hp, leia-se cv.

Perfil da Correia

Gráfico 4.1 – Seleção de perfil de correias Super HC

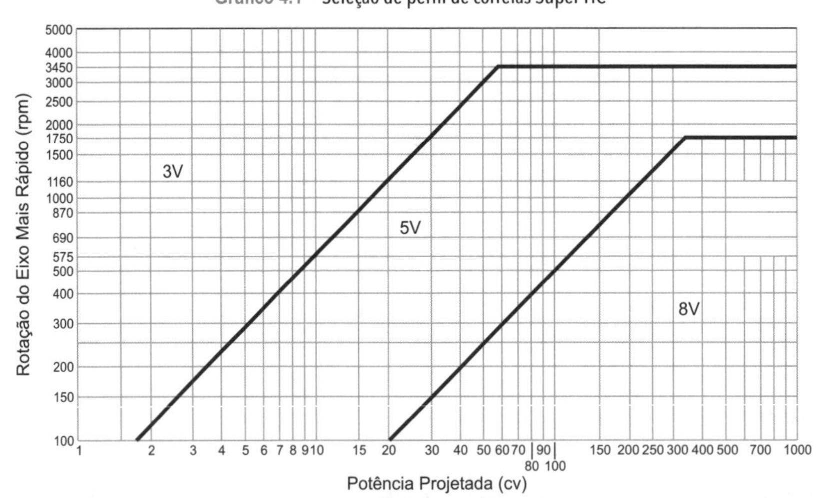

Gráfico 4.2 – Seleção de perfil de correias Hi-Power II

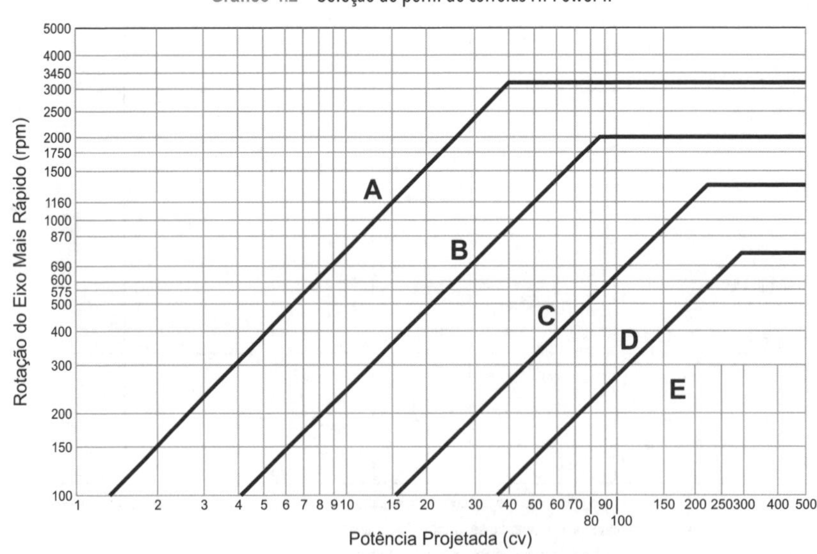

Diâmetros das Polias

Por meio das Tabelas 4.2 (correias Super HC) e 4.3 (correias Hi-Power II), determina-se o diâmetro menor em função da potência do motor (cv) e da rotação do eixo mais rápido, segundo a norma NEMA MG-1-14.42, de junho de 1972.

Tabela 4.2 – Diâmetros externos mínimos recomendados para correias Super HC (em polegadas)

CV do motor	RPM do motor (50 e 60 ciclos)					
	575 485*	690 575*	870 725*	1160 950*	1750 1425*	3450 2850*
½	-	-	2,2	-	-	-
¾	-	-	2,4	2,2	-	-
1	3,0	2,5	2,4	2,4	2,2	-
1 ½	3,0	3,0	2,4	2,4	2,4	2,2
2	3,8	3,0	3,0	2,4	2,4	2,4
3	4,5	3,8	3,0	3,0	2,4	2,4
5	4,5	4,5	3,8	3,0	3,0	2,4
7 ½	5,2	4,5	4,4	3,8	3,0	3,0
10	6,0	5,2	4,4	4,4	3,8	3,0
15	6,8	6,0	5,2	4,4	4,4	3,8
20	8,2	6,8	6,0	5,2	4,4	4,4
25	9,0	8,2	6,8	6,0	4,4	4,4
30	10	9,0	6,8	6,8	5,2	-
40	10	10	8,2	6,8	6,0	-
50	11	10	8,4	8,2	6,8	-
60	12	11	10	8,0	7,4	-
75	14	13	9,5	10	8,6	-
100	18	15	12	10	8,6	-
125	20	18	15	12	10,5	-
150	22	20	18	13	10,5	-
200	22	22	22	-	13,2	-
250	22	22	-	-	-	-
300	27	27	-	-	-	-

* Rotação para motores elétricos de 50 ciclos.

Tabela 4.3 – Diâmetros Pitch mínimos recomendados para correias Hi-Power II (em polegadas)

CV do motor	RPM do motor (50 e 60 ciclos)					
	575 485*	690 575*	870 725*	1160 950*	1750 1425*	3450 2850*
½	2,5	2,5	2,2	-	-	-
¾	3	2,5	2,4	2,2	-	-
1	3	3	2,4	2,4	2,2	-
1 ½	3	3	2,4	2,4	2,4	2,2
2	3,8	3	3,0	2,4	2,4	2,4
3	4,5	3,8	3,0	3,0	2,4	2,4
5	4,5	4,5	3,8	3,0	3,0	2,6
7 ½	5,2	4,5	4,4	3,8	3,0	3,0
10	6	5,2	4,6	4,4	3,8	3,0
15	6,8	6	5,4	4,6	4,4	3,8
20	8,2	6,8	6,0	5,4	4,6	4,4
25	9	8,2	6,8	6,0	5,0	4,4
30	10	9,0	6,8	6,8	5,4	-
40	10	10	8,2	6,8	6,0	-
50	11	10	9,0	8,2	6,8	-
60	12	11	10,0	9,0	7,4	-
75	14	13	10,5	10,0	9,0	-
100	18	15	12,5	11,0	10,0	-
125	20	18	15	12,5	11,5	-
150	22	20	18	13	-	-
200	22	22	22	-	-	-
250	22	22	-	-	-	-
300	27	27	-	-	-	-

Diâmetro (mm)

Para obter o diâmetro da polia (mm), multiplique o diâmetro em polegada por 25,4.

$d_{(mm)} = 25{,}4 \cdot d_{(pol)}$

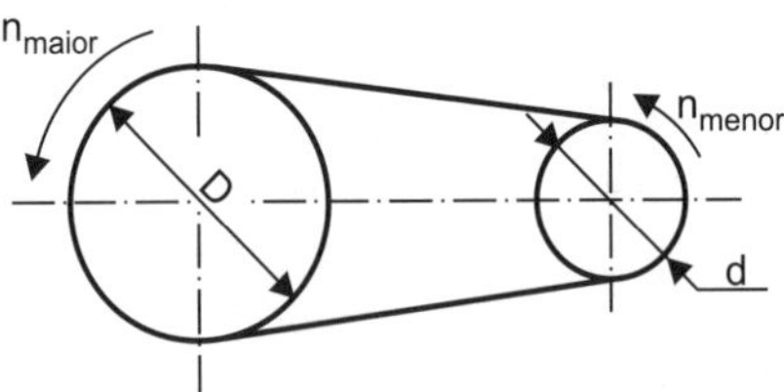

Figura 4.3

$D = d \cdot i$

Em que:

D - diâmetro da polia maior [mm]

d - diâmetro da polia menor [mm]

i - relação de transmissão

Relação de transmissão (i) $i = \frac{n_{maior}}{n_{menor}} = \frac{D}{d}$

Redução de velocidade: n_{maior} - rotação da polia motora (polia menor)

n_{menor} - rotação da polia movida (polia maior)

Ampliação de velocidade: n_{maior} - rotação da polia movida (polia menor)

n_{menor} - rotação da polia motora (polia maior)

portanto, tem-se que:

$$D = d \cdot \frac{n_{maior}}{n_{menor}}$$

Em que:

D - diâmetro da polia maior [mm]

d - diâmetro da polia menor [mm]

n_{maior} - maior rotação [rpm]

n_{menor} - menor rotação [rpm]

4.2.2 Comprimento das Correias

$$\ell = 2C + 1{,}57(D + d) + \frac{(D - d)^2}{4C}$$

Em que:

C - distância entre centros [mm]

D - diâmetro maior [mm]

d - diâmetro menor [mm]

ℓ - comprimento da correia [mm]

Tabela 4.4 – Comprimento das correias Super HC

3V						5V						8V					
Circunferência externa Polegada	mm	Correia Super HC Ref.	Circunferência externa Polegada	mm	Correia Super HC Ref.	Circunferência externa Polegada	mm	Correia Super HC Ref.	Circunferência externa Polegada	mm	Correia Super HC Ref.	Circunferência externa Polegada	mm	Correia Super HC Ref.	Circunferência externa Polegada	mm	Correia Super HC Ref.
25	635	3V250	71	1805	3V710	50	1270	5V500	140	3555	5V1400	100	2540	8V1000	280	7110	8V2800
26 ½	675	3V265	75	1905	3V750	53	1345	5V530	150	3810	5V1500	106	2690	8V1060	300	7620	8V3000
28	710	3V280	80	2030	3V800	56	1420	5V560	160	4065	5V1600	112	2845	8V1120	315	8000	8V3150
30	760	3V300	85	2160	3V850	60	1525	5V600	170	4320	5V1700	118	2995	8V1180	335	8510	8V3350
31 ½	800	3V315	90	2285	3V900	63	1600	5V630	180	4570	5V1800	125	3175	8V1250	355	9017	8V3550
33 ½	850	3V355	95	2415	3V950	67	1700	5V670	190	4825	5V1900	132	3355	8V1320	375	9525	8V3750
35 ½	900	3V355	100	2540	3V1000	71	1805	5V710	200	5080	5V2000	140	3555	8V1400	400	10160	8V4000
37 ½	955	3V375	106	2690	3V1060	75	1905	5V750	212	5385	5V2120	150	3810	8V1500	425	10795	8V4250
40	1015	3V400	112	2845	3V1120	80	2030	5V800	224	5690	5V2240	160	4065	8V1600	450	11430	8V4500
42 ½	1080	3V425	118	2995	3V1180	85	2160	5V850	236	5995	5V2360	170	4320	8V1700	475	12065	8V4750
45	1145	3V450	125	3175	3V1250	90	2285	5V900	250	6350	5V2500	180	4570	8V1800	500	12700	8V5000
47 ½	1205	3V475	132	3355	3V1320	95	2415	5V950	265	6730	5V2650	190	4825	8V1900	560	14225	8V5600
50	1270	3V500	140	3555	3V1400	100	2540	5V1000	280	7110	5V2800	200	5080	8V2000			
53	1345	3V530				106	2690	5V1060	300	7620	5V3000	212	5385	8V2120			
56	1420	3V560				112	2845	5V1120	315	8000	5V3150	224	5690	8V2240			
60	1525	3V600				118	2995	5V1180	335	8510	5V3350	236	5995	8V2360			
63	1600	3V630				125	3175	5V1250	355	9015	5V3350	250	6350	8V2500			
67	1700	3V670				132	3355	5V1320				265	6730	8V2650			

Comprimento das correias super HC.

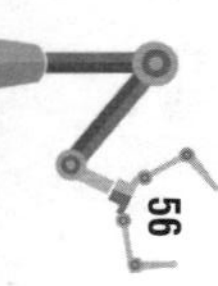

Ajuste da Distância entre Centros (Ca)

$$C_a = \frac{\ell_A - h(D-d)}{2}$$

Em que:

ℓ_A - comprimento de ajuste [mm]

ℓ_c - comprimento da correia escolhida [mm]

h - fator de correção da distância entre centros (Tabela 4.6) [adimensional]

D - diâmetro maior [mm]

d - diâmetro menor [mm]

C_a - distância ajustada entre centros [mm]

Comprimento de Ajuste da Correia (ℓ_A)

Consiste no comprimento da correia que não está em contato com as polias.

$\ell_A = \ell_c - 1{,}57\ (D + d)$ [mm]

Distância entre Centros

A distância entre centros pode ser admitida na concepção do projeto.

Para determiná-la preliminarmente, utiliza-se:

$$C = \frac{3d + D}{2}$$

Em que:

D - diâmetro maior [mm]

d - diâmetro menor [mm]

C - distância mínima entre centros [mm]

Observação!

Para correias Super HC, utilizam-se o diâmetro externo e o comprimento.

Tabela 4.5 – Comprimento das correias Hi-Power II

Perfil A			Perfil B			Perfil C			Perfil D			Perfil E		
Ref.	Circunf. pitch		Ref.	Circunf. pitch		Ref.	Circunf. pitch		Ref.	Circunf. pitch		Ref.	Circunf. pitch	
	Pol.	mm		Pol.	mm		Pol.	mm		Pol.	mm		Pol.	mm
A-26	27.3	695	B-35	36.8	935	C-51	53.9	1370	D-120	123.3	3130	180	184.5	4685
27	28.3	720	37	38.8	985	55	57.9	1470	128	131.3	3335	195	199.5	5065
31	32.3	820	38	39.8	1010	58	60.9	1545	136	139.3	3540	202	206.5	5245
32	33.3	845	39	40.8	1035	60	62.9	1600	144	147.3	3740	210	214.5	5450
33	34.3	870	42	43.8	1115	63	65.9	1675	158	161.3	4095	225	229.5	5830
35	36.3	920	46	47.8	1215	68	70.9	1800	162	165.3	4200	240	241.0	6120
37	38.3	975	48	49.8	1265	71	73.9	1875	173	176.3	4480	270	271.0	6885
38	39.3	1000	50	51.8	1315	72	74.9	1900	180	183.3	4655	300	301.0	7645
41	42.3	1075	51	52.8	1340	73	75.9	1930	195	198.3	5035	325	326.0	8280
42	43.3	1100	52	53.8	1365	75	77.9	1980	210	213.3	5420	330	331.0	8405
45	46.3	1175	53	54.8	1390	81	83.9	2130	225	225.8	5735	360	361.0	9170
46	47.3	1200	55	56.8	1445	85	87.9	2235	240	240.8	6115	390	391.0	9930
47	48.3	1225	60	61.8	1570	90	92.9	2360	250	250.8	6370	420	421.0	10695
49	50.3	1280	63	64.8	1645	96	98.9	2510	270	270.8	6880	480	481.0	12215
50	51.3	1305	64	65.8	1670	100	102.9	2615	300	300.8	7640			
51	52.3	1330	65	66.8	1695	105	107.9	2740	330	330.8	8400			
53	54.3	1380	68	69.8	1775	112	114.9	2920	360	360.8	9165			
54	55.3	1405	71	72.8	1850	120	122.9	3120	390	390.8	9925			
55	56.3	1430	73	74.8	1900	128	130.9	3325	420	420.8	10690			
57	58.3	1480	75	76.8	1950	136	138.9	3530	480	480.8	12210			
60	61.3	1555	78	79.8	2025	144	146.9	3730						
62	63.3	1610	81	82.8	2105	158	160.9	4085						
64	65.3	1660	85	86.8	2205	162	164.9	4190						
66	67.3	1710	90	91.8	2330	173	175.9	4470						
68	69.3	1760	93	94.8	2410	180	182.9	4645						
69	70.3	1785	95	96.8	2460	195	197.9	5025						
71	72.3	1835	97	98.8	2510	210	212.9	5410						
75	76.3	1940	105	106.8	2715	225	225.9	5740						
80	81.3	2065	112	113.8	2890	240	240.9	6120						
85	86.3	2190	120	121.8	3095	255	255.9	6500						
90	91.3	2320	124	125.8	3195	270	270.9	6880						
96	97.3	2470	128	129.8	3295	300	300.9	7645						
105	106.3	2700	136	137.8	3500	330	330.9	8405						
112	113.3	2880	144	145.8	3705	360	360.9	9165						
120	121.3	3080	158	159.8	4060	390	390.9	9930						
128	129.3	3285	162	163.8	4160	420	420.9	10690						
136	137.3	3485	173	174.8	4440									
144	145.3	3690	180	181.8	4620									
158	159.3	4045	195	196.8	5000									
162	163.3	4150	210	211.8	5380									
173	174.3	4425	225	225.3	5725									
180	181.3	4605	240	240.3	6105									
			270	270.3	6865									
			300	300.3	7630									
			330	330.3	8390									
			360	360.3	9150									

Somente na construção individual — Nas construções individual e PowerBand

Tabela 4.6 – Fator de correção da distância entre centros (h)

$\frac{D-d}{\ell_A}$	Fator h	$\frac{D-d}{\ell_A}$	Fator h	$\frac{D-d}{\ell_A}$	Fator h	$\frac{D-d}{\ell_A}$	Fator h	$\frac{D-d}{\ell_A}$	Fator h	$\frac{D-d}{\ell_A}$	Fator h
0,00	0,00	0,12	0, 06	0,23	0,12	0,34	0,18	0,43	0,24	0,51	0,30
0,02	0,01	0,14	0,07	0,25	0,13	0,35	0,19	0,44	0,25		
0,04	0,02	0,16	0,08	0,27	0,14	0,37	0,20	0,46	0,26		
0,06	0,03	0,18	0,09	0,29	0,15	0,39	0,21	0,47	0,27		
0,08	0,04	0,20	0,10	0,30	0,16	0,40	0,22	0,48	0,28		
0,10	0,05	0,21	0,11	0,32	0,17	0,41	0,23	0,50	0,29		

Capacidade de Transmissão por Correia (P_{p_c})

$$P_{p_c} = (P_b + P_a) \cdot f_{cc} \cdot f_{cac}$$

Em que:

P_{p_c} - capacidade de transmissão de potência por correia [CV]

P_b - potência básica [CV]

P_a - potência adicional [CV]

f_{cc} - fator de correção do comprimento [adimensional]

f_{cac} - fator de correção do arco de contato [adimensional]

Tabela 4.7 – Classificação de CV por correia (mm) para correias Hi-Power e PowerBand Hi-Power II perfil "A"

Potência Básica

RPM do eixo mais rápido	CV básico por correia para diâmetro Pitch das polias menores, em milímetros																	
	65	70	75	80	85	90	95	100	105	110	115	120	125	140	150	165	180	190
950	0.55	0.74	0.92	1.11	1.29	1.47	1.65	1.83	2.01	2.19	2.37	2.54	2.71	3.23	3.57	4.07	4.56	4.89
1160	0.61	0.84	1.06	1.28	1.50	1.71	1.93	2.14	2.35	2.56	2.77	2.98	3.19	3.79	4.19	4.78	5.36	5.74
1425	0.67	0.94	1.21	1.47	1.73	1.99	2.25	2.50	2.75	3.00	3.25	3.49	3.74	4.45	4.92	5.61	6.28	6.71
1750	0.73	1.05	1.37	1.68	1.99	2.30	2.60	2.90	3.20	3.49	3.78	4.07	4.35	5.19	5.73	6.51	7.27	7.76
2850	0.77	1.25	1.71	2.17	2.62	3.07	3.50	3.93	4.34	4.75	5.15	5.54	5.91	6.99	7.65	8.56	9.36	9.83
3450	0.70	1.25	1.79	2.31	2.82	3.31	3.80	4.26	4.72	5.16	5.58	5.99	6.38	7.46	8.09	8.89		
200	0.19	0.24	0.29	0.33	0.38	0.42	0.47	0.51	0.55	0.60	0.64	0.68	0.73	0.86	0.94	1.07	1.19	1.28
400	0.32	0.41	0.49	0.58	0.66	0.74	0.83	0.91	0.99	1.08	1.16	1.24	1.32	1.56	1.72	1.96	2.19	2.35
600	0.42	0.54	0.67	0.79	0.91	1.03	1.15	1.27	1.39	1.51	1.63	1.74	1.86	2.20	2.43	2.77	3.11	3.33
800	0.50	0.66	0.82	0.98	1.14	1.29	1.45	1.60	1.75	1.91	2.06	2.21	2.36	2.80	3.10	3.53	3.96	4.24
1000	0.57	0.76	0.96	1.15	1.34	1.53	1.72	1.91	2.10	2.28	2.46	2.65	2.83	3.37	3.72	4.24	4.76	5.10
1200	0.62	0.85	1.08	1.31	1.53	1.76	1.98	2.20	2.42	2.63	2.85	3.06	3.27	3.90	4.31	4.91	5.50	5.89
1400	0.67	0.93	1.19	1.45	1.71	1.96	2.22	2.47	2.72	2.96	3.21	3.45	3.69	4.39	4.86	5.53	6.19	6.62
1600	0.71	1.00	1.30	1.59	1.87	2.16	2.44	2.72	3.00	3.27	3.54	3.81	4.08	4.86	5.37	6.11	6.83	7.29
1800	0.74	1.06	1.39	1.71	2.03	2.34	2.65	2.96	3.26	3.56	3.86	4.15	4.44	5.29	5.84	6.64	7.41	7.90
2000	0.76	1.12	1.47	1.82	2.16	2.51	2.84	3.18	3.51	3.83	4.15	4.47	4.78	5.69	6.28	7.12	7.93	8.44
2200	0.77	1.16	1.54	1.92	2.29	2.66	3.02	3.38	3.73	4.08	4.42	4.76	5.09	6.06	6.67	7.55	8.38	8.90
2400	0.78	1.20	1.61	2.01	2.41	2.80	3.19	3.57	3.94	4.31	4.67	5.03	5.38	6.39	7.03	7.93	8.77	9.28
2600	0.78	1.22	1.66	2.09	2.51	2.93	3.34	3.74	4.13	4.52	4.90	5.27	5.63	6.68	7.33	8.25	9.08	9.58
2800	0.77	1.24	1.70	2.16	2.60	3.04	3.47	3.89	4.30	4.71	5.10	5.49	5.86	6.93	7.59	8.51	9.32	9.80
3000	0.76	1.25	1.74	2.22	2.68	3.14	3.59	4.03	4.45	4.87	5.28	5.67	6.06	7.14	7.81	8.70	9.47	9.92
3200	0.74	1.26	1.77	2.26	2.75	3.23	3.69	4.14	4.59	5.01	5.43	5.83	6.22	7.31	7.97	8.83	9.55	9.94
3400	0.71	1.25	1.78	2.30	2.81	3.30	3.78	4.24	4.69	5.13	5.56	5.96	6.36	7.44	8.07	8.89		
3600	0.68	1.24	1.79	2.33	2.85	3.35	3.85	4.32	4.78	5.23	5.65	6.06	6.45	7.51	8.12	8.87		
3800	0.63	1.22	1.79	2.34	2.88	3.40	3.90	4.38	4.85	5.30	5.72	6.13	6.52	7.54	8.11			
4000	0.58	1.19	1.77	2.34	2.89	3.42	3.93	4.42	4.89	5.34	5.76	6.16	6.54	7.52	8.04			
4200	0.53	1.15	1.75	2.33	2.89	3.43	3.95	4.44	4.91	5.35	5.77	6.16	6.53	7.45				
4400	0.47	1.10	1.72	2.31	2.88	3.43	3.94	4.44	4.90	5.34	5.75	6.13	6.47					
4600	0.39	1.05	1.67	2.28	2.85	3.40	3.92	4.41	4.87	5.30	5.69	6.05	6.38					
4800	0.32	0.98	1.62	2.23	2.81	3.36	3.88	4.36	4.81	5.23	5.60	5.94						
5000	0.23	0.91	1.55	2.17	2.75	3.30	3.81	4.29	4.73	5.12	5.48							
5200	0.14	0.82	1.48	2.10	2.68	3.22	3.73	4.19	4.61	4.99								
5400	0.03	0.73	1.39	2.01	2.59	3.13	3.62	4.07	4.47	4.82								
5600		0.63	1.29	1.91	2.48	3.01	3.49	3.92	4.30									
6000		0.39	1.05	1.66	2.22	2.72	3.16											
6200		0.25	0.91	1.51	2.06	2.54	2.96											
6400		0.11	0.76	1.35	1.88	2.34												
6600			0.59	1.17	1.68													
6800			0.41	0.98	1.46													

Para outras combinações de RPM-Diâmetro não figuradas nesta tabela, consulte a Gates.

Potência adicional

RPM do eixo mais rápido	CV adicional por correia, para relação de velocidade									
	1.00 a 1.01	1.02 a 1.03	1.04 a 1.05	1.06 a 1.08	1.09 a 1.12	1.13 a 1.16	1.17 a 1.22	1.23 a 1.30	1.31 a 1.48	1.49 em diante
950	0.00	0.02	0.04	0.06	0.08	0.10	0.12	0.14	0.16	0.18
1160	0.00	0.02	0.05	0.07	0.10	0.12	0.14	0.17	0.19	0.22
1425	0.00	0.03	0.06	0.09	0.12	0.15	0.18	0.21	0.24	0.27
1750	0.00	0.04	0.07	0.11	0.14	0.18	0.22	0.25	0.29	0.33
2850	0.00	0.06	0.12	0.18	0.24	0.29	0.35	0.41	0.47	0.53
3450	0.00	0.07	0.14	0.21	0.29	0.36	0.43	0.50	0.57	0.64
200	0.00	0.00	0.01	0.01	0.02	0.02	0.02	0.03	0.03	0.04
400	0.00	0.01	0.02	0.02	0.03	0.04	0.05	0.06	0.07	0.07
600	0.00	0.01	0.02	0.04	0.05	0.06	0.07	0.09	0.10	0.11
800	0.00	0.02	0.03	0.05	0.07	0.08	0.10	0.12	0.13	0.15
1000	0.00	0.02	0.04	0.06	0.08	0.10	0.12	0.14	0.17	0.19
1200	0.00	0.02	0.05	0.07	0.10	0.12	0.15	0.17	0.20	0.22
1400	0.00	0.03	0.06	0.09	0.12	0.14	0.17	0.20	0.23	0.26
1600	0.00	0.03	0.07	0.10	0.13	0.17	0.20	0.23	0.26	0.30
1800	0.00	0.04	0.07	0.11	0.15	0.19	0.22	0.26	0.30	0.34
2000	0.00	0.04	0.08	0.12	0.17	0.21	0.25	0.29	0.33	0.37
2200	0.00	0.05	0.09	0.14	0.18	0.23	0.27	0.32	0.36	0.41
2400	0.00	0.05	0.10	0.15	0.20	0.25	0.30	0.35	0.40	0.45
2600	0.00	0.05	0.11	0.16	0.21	0.27	0.32	0.38	0.43	0.48
2800	0.00	0.06	0.12	0.17	0.23	0.29	0.35	0.41	0.46	0.52
3000	0.00	0.06	0.12	0.19	0.25	0.31	0.37	0.43	0.50	0.56
3200	0.00	0.07	0.13	0.20	0.26	0.33	0.40	0.46	0.53	0.60
3400	0.00	0.07	0.14	0.21	0.28	0.35	0.42	0.49	0.56	0.63
3600	0.00	0.07	0.15	0.22	0.30	0.37	0.45	0.52	0.60	0.67
3800	0.00	0.08	0.16	0.24	0.31	0.39	0.47	0.55	0.63	0.71
4000	0.00	0.08	0.17	0.25	0.33	0.41	0.50	0.58	0.66	0.74
4200	0.00	0.09	0.17	0.26	0.35	0.43	0.52	0.61	0.69	0.78
4400	0.00	0.09	0.18	0.27	0.36	0.45	0.55	0.64	0.73	0.82
4600	0.00	0.10	0.19	0.29	0.38	0.48	0.57	0.67	0.76	0.86
4800	0.00	0.10	0.20	0.30	0.40	0.50	0.60	0.69	0.79	0.89
5000	0.00	0.10	0.21	0.31	0.41	0.52	0.62	0.72	0.83	0.93
5200	0.00	0.11	0.21	0.32	0.43	0.54	0.65	0.75	0.86	0.97
5400	0.00	0.11	0.22	0.33	0.45	0.56	0.67	0.78	0.89	1.01
5600	0.00	0.12	0.23	0.35	0.46	0.58	0.69	0.81	0.93	1.04
5800	0.00	0.12	0.24	0.36	0.48	0.60	0.72	0.84	0.96	1.08
6000	0.00	0.12	0.25	0.37	0.50	0.62	0.74	0.87	0.99	1.12
6200	0.00	0.13	0.26	0.38	0.51	0.64	0.77	0.90	1.03	1.15
6400	0.00	0.13	0.26	0.40	0.53	0.66	0.79	0.93	1.06	1.19
6600	0.00	0.14	0.27	0.41	0.55	0.68	0.82	0.96	1.09	1.23
6800	0.00	0.14	0.28	0.42	0.56	0.70	0.84	0.98	1.13	1.27

Todas as polias devem receber um balanceamento estático para velocidades (do eixo ou operação), contudo as correias funcionarão em segurança em velocidade até 30m/s. Onde as vibrações forem problemas, recomendamos que as polias sejam balanceadas dinamicamente.

Velocidade da correia acima de 30m/s, consulte a Gates

Tabela 4.8 – Classificação de CV por correia (mm) para correias Hi-Power II e PowerBand Hi-Power II perfil "B"

Potência Básica

RPM do eixo mais rápido	CV básico por correia para diâmetro Pitch das polias menores, em milímetros																	
	120	125	130	135	140	145	150	155	160	170	175	180	190	200	210	220	230	240
725	2.25	2.48	2.71	2.94	3.17	3.39	3.62	3.85	4.07	4.51	4.73	4.95	5.39	5.82	6.25	6.68	7.10	7.52
870	2.57	2.84	3.11	3.38	3.65	3.91	4.17	4.44	4.70	5.22	5.47	5.73	6.24	6.74	7.24	7.73	8.22	8.70
950	2.74	3.03	3.32	3.61	3.90	4.18	4.47	4.75	5.03	5.59	5.86	6.14	6.68	7.22	7.76	8.28	8.81	9.32
1160	3.14	3.49	3.83	4.17	4.51	4.85	5.18	5.52	5.85	6.50	6.82	7.15	7.78	8.41	9.03	9.63	10.2	10.8
1425	3.59	4.00	4.40	4.81	5.21	5.60	5.99	6.38	6.77	7.53	7.91	8.28	9.01	9.73	10.4	11.1	11.8	12.5
1750	4.04	4.52	5.00	5.46	5.93	6.39	6.84	7.29	7.73	8.60	9.03	9.45	10.3	11.1	11.8	12.6	13.3	14.0
2850	4.79	5.44	6.06	6.67	7.26	7.83	8.39	8.93	9.44	10.4	10.9	11.3	12.1	12.9	13.5			
3450	4.64	5.31	5.95	6.56	7.15	7.70	8.23	8.72	9.19	10.0								
200	0.82	0.89	0.96	1.04	1.11	1.18	1.25	1.32	1.39	1.53	1.60	1.67	1.81	1.95	2.09	2.23	2.37	2.50
400	1.43	1.56	1.70	1.83	1.97	2.10	2.24	2.37	2.50	2.77	2.90	3.03	3.29	3.55	3.80	4.06	4.32	4.57
600	1.95	2.15	2.34	2.54	2.73	2.92	3.11	3.30	3.49	3.87	4.06	4.25	4.62	4.99	5.35	5.72	6.08	6.44
800	2.42	2.67	2.92	3.17	3.42	3.67	3.91	4.16	4.40	4.88	5.12	5.36	5.84	6.31	6.77	7.23	7.69	8.14
1000	2.84	3.14	3.45	3.75	4.05	4.35	4.64	4.94	5.23	5.81	6.10	6.39	6.96	7.52	8.07	8.62	9.16	9.69
1200	3.21	3.57	3.92	4.27	4.62	4.97	5.31	5.65	5.99	6.66	7.00	7.33	7.98	8.62	9.25	9.87	10.5	11.1
1400	3.55	3.95	4.35	4.75	5.14	5.53	5.92	6.31	6.69	7.44	7.81	8.18	8.90	9.61	10.3	11.0	11.7	12.3
1600	3.84	4.29	4.74	5.18	5.61	6.04	6.47	6.89	7.31	8.13	8.54	8.94	9.72	10.5	11.2	12.0	12.7	13.4
1800	4.10	4.59	5.08	5.55	6.03	6.50	6.96	7.41	7.86	8.75	9.18	9.60	10.4	11.2	12.0	12.8	13.5	14.2
2000	4.32	4.85	5.37	5.88	6.39	6.89	7.38	7.86	8.34	9.27	9.72	10.2	11.0	11.9	12.7	13.4	14.2	14.8
2200	4.50	5.06	5.61	6.16	6.69	7.22	7.73	8.24	8.74	9.70	10.2	10.6	11.5	12.4	13.1	13.9	14.6	15.2
2400	4.64	5.23	5.81	6.38	6.94	7.48	8.02	8.54	9.06	10.0	10.5	11.0	11.9	12.7	13.5	14.2	14.8	15.4
2600	4.74	5.35	5.95	6.54	7.12	7.68	8.23	8.77	9.29	10.3	10.8	11.2	12.1	12.9	13.6	14.2	14.8	
2800	4.79	5.43	6.05	6.65	7.24	7.81	8.37	8.90	9.42	10.4	10.9	11.3	12.1	12.9	13.5			
3000	4.80	5.45	6.08	6.70	7.29	7.87	8.42	8.95	9.47	10.4	10.9	11.3	12.1	12.7				
3200	4.76	5.42	6.06	6.68	7.27	7.85	8.79	8.91	9.41	10.3	10.7	11.1						
3400	4.67	5.34	5.98	6.59	7.18	7.74	8.27	8.77	9.24	10.1	10.5							
3600	4.53	5.20	5.83	6.44	7.01	7.56	8.06	8.53	8.97									
3800	4.34	5.00	5.63	6.21	6.77	7.28	7.75	8.19										
4000	4.09	4.74	5.35	5.91	6.43	6.91												
4200	3.79	4.42	5.00	5.53	6.02													
4400	3.43	4.03	4.58															
4600	3.01	3.57																
4800	2.52																	

Para outras combinações de RPM-Diâmetro não figuradas nesta tabela, consulte a Gates.

Todas as polias devem receber um balanceamento estático para velocidades (do eixo ou operação), contudo as correias funcionarão em segurança em velocidade até 30m/s. Onde as vibrações forem problemas, recomendamos que as polias sejam balanceadas dinamicamente.

Potência Adicional

RPM do eixo mais rápido	CV adicional por correia para relação de velocidade									
	1.00 a 1.01	1.02 a 1.03	1.04 a 1.05	1.06 a 1.08	1.09 a 1.12	1.13 a 1.16	1.17 a 1.22	1.23 a 1.30	1.31 a 1.48	1.49 em diante
725	0.00	0.04	0.07	0.11	0.14	0.18	0.21	0.25	0.29	0.32
870	0.00	0.04	0.09	0.13	0.17	0.21	0.26	0.30	0.34	0.39
950	0.00	0.05	0.09	0.14	0.19	0.23	0.28	0.33	0.38	0.42
1160	0.00	0.06	0.11	0.17	0.23	0.29	0.34	0.40	0.46	0.52
1425	0.00	0.07	0.14	0.21	0.28	0.35	0.42	0.49	0.56	0.63
1750	0.00	0.09	0.17	0.26	0.35	0.43	0.52	0.60	0.69	0.78
2850	0.00	0.14	0.28	0.42	0.56	0.70	0.84	0.98	1.13	1.27
3450	0.00	0.17	0.34	0.51	0.68	0.85	1.02	1.19	1.36	1.53
200	0.00	0.01	0.02	0.03	0.04	0.05	0.06	0.07	0.08	0.09
400	0.00	0.02	0.04	0.06	0.08	0.10	0.12	0.14	0.16	0.18
600	0.00	0.03	0.06	0.09	0.12	0.15	0.18	0.21	0.24	0.27
800	0.00	0.04	0.08	0.12	0.16	0.20	0.24	0.28	0.32	0.36
1000	0.00	0.05	0.10	0.15	0.20	0.25	0.30	0.35	0.39	0.44
1200	0.00	0.06	0.12	0.18	0.24	0.30	0.36	0.41	0.47	0.53
1400	0.00	0.07	0.14	0.21	0.28	0.35	0.41	0.48	0.55	0.62
1600	0.00	0.08	0.16	0.24	0.32	0.39	0.47	0.55	0.63	0.71
1800	0.00	0.09	0.18	0.27	0.35	0.44	0.53	0.62	0.71	0.80
2000	0.00	0.10	0.20	0.30	0.39	0.49	0.59	0.69	0.79	0.89
2200	0.00	0.11	0.22	0.33	0.43	0.54	0.65	0.76	0.87	0.98
2400	0.00	0.12	0.24	0.35	0.47	0.59	0.71	0.83	0.95	1.07
2600	0.00	0.13	0.26	0.38	0.51	0.64	0.77	0.90	1.03	1.15
2800	0.00	0.14	0.28	0.41	0.55	0.69	0.83	0.97	1.11	1.24
3000	0.00	0.15	0.30	0.44	0.59	0.74	0.89	1.04	1.18	1.33
3200	0.00	0.16	0.32	0.47	0.63	0.79	0.95	1.11	1.26	1.42
3400	0.00	0.17	0.34	0.50	0.67	0.84	1.01	1.17	1.34	1.51
3600	0.00	0.18	0.36	0.53	0.71	0.89	1.07	1.24	1.42	1.60
3800	0.00	0.19	0.37	0.56	0.75	0.94	1.12	1.31	1.50	1.69
4000	0.00	0.20	0.39	0.59	0.79	0.99	1.18	1.38	1.58	1.78
4200	0.00	0.21	0.41	0.62	0.83	1.04	1.24	1.45	1.66	1.87
4400	0.00	0.22	0.43	0.65	0.87	1.08	1.30	1.52	1.74	1.95
4600	0.00	0.23	0.45	0.68	0.91	1.13	1.36	1.59	1.82	2.04
4800	0.00	0.24	0.47	0.71	0.95	1.18	1.42	1.66	1.89	2.13

Velocidade da correia acima de 30m/s, consulte a Gates

Tabela 4.9 – Classificação de CV por correia (mm) para correias Hi-Power II e PowerBand Hi-Power II perfil "C"

Potência Básica – CV básico por correia para diâmetro Pitch das polias menores, em milímetros

RPM do eixo mais rápido	180	190	200	210	220	230	240	250	260	270	280	290	300	320	340	360	380	400
575	4.83	5.47	6.09	6.72	7.33	7.95	8.56	9.17	9.77	10.4	11.0	11.6	12.1	13.3	14.5	15.6	16.7	17.8
690	5.53	6.27	7.00	7.73	8.45	9.17	9.88	10.6	11.3	12.0	12.7	13.4	14.0	15.4	16.7	18.0	19.3	20.5
725	5.73	6.51	7.27	8.03	8.78	9.53	10.3	11.0	11.7	12.5	13.2	13.9	14.6	16.0	17.3	18.7	20.0	21.3
870	6.52	7.42	8.31	9.19	10.1	10.9	11.8	12.6	13.5	14.3	15.1	15.9	16.7	18.3	19.8	21.3	22.8	24.2
950	6.92	7.88	8.84	9.78	10.7	11.6	12.6	13.5	14.3	15.2	16.1	17.0	17.8	19.5	21.1	22.7	24.2	25.7
1160	7.86	8.98	10.1	11.2	12.3	13.3	14.4	15.4	16.4	17.4	18.4	19.4	20.3	22.1	23.9	25.6	27.2	28.7
1425	8.81	10.1	11.4	12.6	13.9	15.1	16.2	17.4	18.5	19.6	20.7	21.7	22.7	24.6	26.4	28.0	29.5	30.9
1750	9.60	11.1	12.5	13.9	15.2	16.5	17.8	19.0	20.1	21.3	22.3	23.3	24.3	26.0	27.5			
100	1.18	1.31	1.44	1.57	1.70	1.83	1.95	2.08	2.21	2.33	2.46	2.59	2.71	2.96	3.21	3.45	3.70	3.94
200	2.10	2.35	2.59	2.83	3.07	3.31	3.55	3.79	4.03	4.27	4.50	4.74	4.97	5.44	5.90	6.36	6.82	7.28
300	2.92	3.27	3.62	3.97	4.32	4.67	5.01	5.35	5.70	6.04	6.38	6.72	7.05	7.72	8.39	9.05	9.70	10.4
400	3.66	4.12	4.57	5.03	5.48	5.92	6.37	6.81	7.25	7.69	8.13	8.57	9.00	9.86	10.7	11.6	12.4	13.2
500	4.35	4.91	5.46	6.01	6.56	7.11	7.65	8.19	8.72	9.25	9.78	10.3	10.8	11.9	12.9	13.9	14.9	15.9
600	4.99	5.65	6.30	6.94	7.58	8.22	8.85	9.48	10.1	10.7	11.3	12.0	12.6	13.8	15.0	16.1	17.3	18.4
700	5.59	6.34	7.08	7.82	8.55	9.27	9.99	10.7	11.4	12.1	12.8	13.5	14.2	15.5	16.9	18.2	19.5	20.7
800	6.15	6.99	7.82	8.64	9.46	10.3	11.1	11.9	12.6	13.4	14.2	15.0	15.7	17.2	18.7	20.1	21.5	22.9
900	6.67	7.60	8.51	9.41	10.3	11.2	12.1	12.9	13.8	14.6	15.5	16.3	17.1	18.7	20.3	21.9	23.3	24.8
1000	7.16	8.16	9.16	10.1	11.1	12.1	13.0	14.0	14.9	15.8	16.7	17.6	18.5	20.2	21.8	23.4	25.0	26.5
1100	7.61	8.69	9.76	10.8	11.9	12.9	13.9	14.9	15.9	16.8	17.8	18.7	19.6	21.4	23.2	24.8	26.4	27.9
1200	8.02	9.17	10.3	11.4	12.5	13.6	14.7	15.7	16.8	17.8	18.8	19.8	20.7	22.6	24.4	26.0	27.6	29.1
1300	8.39	9.62	10.8	12.0	13.2	14.3	15.4	16.5	17.6	18.7	19.7	20.7	21.7	23.6	25.4	27.1	28.6	30.1
1400	8.73	10.0	11.3	12.5	13.7	14.9	16.1	17.2	18.3	19.4	20.5	21.5	22.5	24.4	26.2	27.9	29.4	30.7
1500	9.03	10.4	11.7	13.0	14.2	15.5	16.7	17.8	19.0	20.1	21.2	22.2	23.2	25.1	26.8	28.4	29.9	31.1
1600	9.29	10.7	12.1	13.4	14.7	16.0	17.2	18.4	19.5	20.6	21.7	22.8	23.7	25.6	27.3	28.8	30.1	
1700	9.51	11.0	12.4	13.7	15.1	16.4	17.6	18.8	20.0	21.1	22.1	23.2	24.1	25.9	27.5	28.9		
1800	9.69	11.2	12.6	14.0	15.4	16.7	17.9	19.1	20.3	21.4	22.4	23.4	24.4	26.1				
1900	9.82	11.3	12.8	14.2	15.6	16.9	18.2	19.4	20.5	21.6	22.6	23.6	24.4	26.0				
2000	9.92	11.5	13.0	14.4	15.8	17.1	18.3	19.5	20.6	21.7	22.6	23.5	24.4					
2100	9.97	11.5	13.1	14.5	15.9	17.2	18.4	19.5	20.6	21.6	22.5							
2200	9.97	11.6	13.1	14.5	15.8	17.2	18.4	19.5	20.5	21.4								
2300	9.92	11.5	13.0	14.5	15.8	17.1	18.2	19.3	20.2									
2400	9.83	11.4	12.9	14.3	15.7	16.9	18.0	18.9										
2500	9.68	11.3	12.8	14.1	15.4	16.6	17.6											
2600	9.49	11.1	12.5	13.9	15.1	16.2												
2700	9.24	10.8	12.2	13.5	14.7													
2800	8.94	10.5	11.8	13.1														
2900	8.58	10.1	11.4															
3000	8.16	9.58																
3100	7.68	9.05																
3200	7.14																	
3300	6.55																	

Para outras combinações de RPM-Diâmetro não figuradas nesta tabela, consulte a Gates.

Potência Adicional – CV adicional por correia, para relação de velocidade

RPM do eixo mais rápido	1.00 a 1.01	1.02 a 1.03	1.04 a 1.05	1.06 a 1.08	1.09 a 1.12	1.13 a 1.16	1.17 a 1.22	1.23 a 1.30	1.31 a 1.48	1.49 em diante
575	0.00	0.07	0.14	0.21	0.29	0.36	0.43	0.50	0.57	0.64
690	0.00	0.09	0.17	0.26	0.34	0.43	0.51	0.60	0.69	0.77
725	0.00	0.09	0.18	0.27	0.36	0.45	0.54	0.63	0.72	0.81
870	0.00	0.11	0.22	0.32	0.43	0.54	0.65	0.76	0.86	0.97
950	0.00	0.12	0.24	0.35	0.47	0.59	0.71	0.83	0.94	1.06
1160	0.00	0.14	0.29	0.43	0.58	0.72	0.86	1.01	1.15	1.37
1425	0.00	0.18	0.35	0.53	0.71	0.88	1.06	1.24	1.41	1.59
1750	0.00	0.22	0.43	0.65	0.87	1.09	1.30	1.52	1.74	1.95
100	0.00	0.01	0.02	0.04	0.05	0.06	0.07	0.09	0.10	0.11
200	0.00	0.02	0.05	0.07	0.10	0.12	0.15	0.17	0.20	0.22
300	0.00	0.04	0.07	0.11	0.15	0.19	0.22	0.26	0.30	0.34
400	0.00	0.05	0.10	0.15	0.20	0.25	0.30	0.35	0.40	0.45
500	0.00	0.06	0.12	0.19	0.25	0.31	0.37	0.43	0.50	0.56
600	0.00	0.07	0.15	0.22	0.30	0.37	0.45	0.52	0.60	0.67
700	0.00	0.09	0.17	0.26	0.35	0.43	0.52	0.61	0.70	0.78
800	0.00	0.10	0.20	0.30	0.40	0.50	0.60	0.69	0.79	0.89
900	0.00	0.11	0.22	0.33	0.45	0.56	0.67	0.78	0.89	1.01
1000	0.00	0.12	0.25	0.37	0.50	0.62	0.74	0.87	0.99	1.12
1100	0.00	0.14	0.27	0.41	0.55	0.68	0.82	0.96	1.09	1.23
1200	0.00	0.15	0.30	0.45	0.60	0.74	0.89	1.04	1.19	1.34
1300	0.00	0.16	0.32	0.48	0.64	0.81	0.97	1.13	1.29	1.45
1400	0.00	0.17	0.35	0.52	0.69	0.87	1.04	1.22	1.39	1.56
1500	0.00	0.19	0.37	0.56	0.74	0.93	1.12	1.30	1.49	1.68
1600	0.00	0.20	0.40	0.60	0.79	0.99	1.19	1.39	1.59	1.79
1700	0.00	0.21	0.42	0.63	0.84	1.05	1.27	1.48	1.69	1.90
1800	0.00	0.22	0.45	0.67	0.89	1.12	1.34	1.56	1.79	2.01
1900	0.00	0.24	0.47	0.71	0.94	1.18	1.41	1.65	1.89	2.12
2000	0.00	0.25	0.50	0.74	0.99	1.24	1.49	1.74	1.99	2.23
2100	0.00	0.26	0.52	0.78	1.04	1.30	1.56	1.82	2.09	2.35
2200	0.00	0.27	0.55	0.82	1.09	1.36	1.64	1.91	2.18	2.46
2300	0.00	0.29	0.57	0.86	1.14	1.43	1.71	2.00	2.28	2.57
2400	0.00	0.30	0.60	0.89	1.19	1.49	1.79	2.08	2.38	2.68
2500	0.00	0.31	0.62	0.93	1.24	1.55	1.86	2.17	2.48	2.79
2600	0.00	0.32	0.64	0.97	1.29	1.61	1.94	2.26	2.58	2.90
2700	0.00	0.34	0.67	1.00	1.34	1.67	2.01	2.35	2.68	3.02
2800	0.00	0.35	0.69	1.04	1.39	1.74	2.08	2.43	2.78	3.13
2900	0.00	0.36	0.72	1.08	1.44	1.80	2.16	2.52	2.88	3.24
3000	0.00	0.37	0.74	1.12	1.49	1.86	2.23	2.61	2.98	3.35
3100	0.00	0.39	0.77	1.15	1.54	1.92	2.31	2.69	3.08	3.46
3300	0.00	0.41	0.8.2	1.23	1.64	2.05	2.46	2.87	3.28	3.69

Todas as polias devem receber um balanceamento estático para velocidades (do eixo ou operação), contudo as correias funcionarão em segurança em velocidade até 30m/s. Onde as vibrações forem problemas, recomendamos que as polias sejam balanceadas dinamicamente.

(área sombreada) Velocidade da correia acima de 30m/s, consulte a Gates

Tabela 4.10 – Classificação de CV por correia (mm) para correias Hi-Power II e PowerBand Hi-Power II perfil "D"

Potência Básica

RPM do eixo mais rápido	CV básico por correia para diâmetro Pitch das polias menores, em milímetros																	
	300	320	340	350	360	380	400	420	440	450	460	480	500	520	540	560	580	600
435	12.5	14.3	16.2	17.1	18.0	19.8	21.6	23.3	25.1	25.9	26.8	28.5	30.2	31.9	33.6	35.2	36.8	38.5
485	13.5	15.6	17.6	18.6	19.6	21.5	23.5	25.4	27.3	28.2	29.2	31.0	32.9	34.7	36.5	38.8	40.0	41.8
575	15.3	17.7	20.0	21.1	22.2	24.5	26.7	28.9	31.0	32.1	33.2	35.3	37.3	39.4	41.4	43.4	45.3	47.2
690	17.4	20.1	22.7	24.0	25.3	27.9	30.4	32.9	35.3	36.5	37.7	40.0	42.3	44.6	46.8	48.9	51.0	53.0
725	17.9	20.7	23.5	24.8	26.2	28.8	31.4	34.0	36.5	37.7	38.9	41.3	43.7	46.0	48.2	50.4	52.5	54.5
870	20.0	23.2	26.3	27.8	29.4	32.3	35.2	38.0	40.7	42.1	43.4	45.9	48.4	50.8	53.0	55.2	57.3	59.3
950	21.0	24.4	27.6	29.2	30.8	33.9	36.9	39.8	42.6	43.9	45.3	47.8	50.3	52.7	54.9	57.0	59.0	60.8
1160	22.9	26.6	30.2	31.9	33.6	36.9	40.0	42.9	45.7	47.0	48.3	50.7	52.9	54.9				
50	2.11	2.37	2.63	2.76	2.89	3.15	3.41	3.66	3.92	4.04	4.17	4.42	4.68	4.93	5.18	5.43	5.67	5.92
100	3.81	4.30	4.79	5.04	5.28	5.77	6.25	6.73	7.21	7.45	7.69	8.17	8.64	9.12	9.59	10.1	10.5	11.0
150	5.34	6.05	6.76	7.12	7.47	8.17	8.88	9.57	10.3	10.6	11.0	11.6	12.3	13.0	13.7	14.4	15.0	15.7
200	6.76	7.69	8.61	9.07	9.53	10.4	11.3	12.3	13.2	13.6	14.0	14.9	15.8	16.7	17.6	18.5	19.3	20.2
250	8.10	9.23	10.4	10.9	11.5	12.6	13.7	14.8	15.9	16.4	17.0	18.1	19.1	20.2	21.3	22.3	23.4	24.4
300	9.36	10.7	12.0	12.7	13.3	14.7	16.0	17.2	18.5	19.2	19.8	21.1	22.3	23.6	24.8	26.0	27.3	28.5
350	10.6	12.1	13.6	14.4	15.1	16.6	18.1	19.6	21.0	21.8	22.5	23.9	25.4	26.8	28.2	29.6	31.0	32.4
400	11.7	13.4	15.1	16.0	16.8	18.5	20.2	21.8	23.4	24.3	25.1	26.7	28.3	29.8	31.4	33.0	34.5	36.0
450	12.8	14.7	16.6	17.5	18.5	20.3	22.1	24.0	25.8	26.6	27.5	29.3	31.0	32.8	34.5	36.2	37.8	39.5
500	13.9	15.9	18.0	19.0	20.0	22.0	24.0	26.0	28.0	28.9	29.9	31.8	33.7	35.5	37.4	39.2	41.0	42.7
550	14.8	17.1	19.3	20.4	21.5	23.7	25.8	28.0	30.0	31.1	32.1	34.1	36.2	38.1	40.1	42.0	43.9	45.8
600	15.8	18.2	20.6	21.8	22.9	25.3	27.5	29.8	32.0	33.1	34.2	36.4	38.5	40.6	42.6	44.6	46.6	48.6
650	16.7	19.3	21.8	23.0	24.3	26.7	29.2	31.6	33.9	35.1	36.2	38.5	40.7	42.9	45.0	47.1	49.1	51.1
700	17.5	20.3	22.9	24.3	25.6	28.2	30.7	33.2	35.7	36.9	38.1	40.4	42.7	45.0	47.2	49.3	51.4	53.5
750	18.3	21.2	24.0	25.4	26.8	29.5	32.1	34.7	37.3	38.5	39.8	42.2	44.6	46.9	49.2	51.3	53.5	55.5
800	19.1	22.1	25.0	26.5	27.9	30.7	33.5	36.2	38.8	40.1	41.4	43.9	46.3	48.6	50.9	53.1	55.2	57.3
850	19.8	22.9	26.0	27.5	29.0	31.9	34.7	37.5	40.2	41.5	42.8	45.4	47.8	50.2	52.5	54.7	56.8	58.8
900	20.4	23.7	26.8	28.4	29.9	32.9	35.9	38.7	41.5	42.8	44.1	46.7	49.2	51.5	53.8	56.0	58.0	60.0
950	21.0	24.4	27.6	29.2	30.8	33.9	36.9	39.8	42.6	43.9	45.3	47.8	50.3	52.7	54.9	57.0	59.0	60.8
1000	21.6	25.5	28.4	30.0	31.6	34.8	37.8	40.8	43.6	44.9	46.3	48.8	51.3	53.6	55.7	57.8	59.6	61.4
1050	22.0	25.6	29.0	30.7	32.4	35.6	38.6	41.6	44.4	45.8	47.1	49.6	52.0	54.2	56.3	58.2	60.0	
1100	22.5	26.1	29.6	31.3	33.0	36.2	39.3	42.3	45.1	46.4	47.7	50.2	52.5	54.7	56.6			
1150	22.8	26.6	30.1	31.8	33.5	36.8	39.9	42.8	45.6	46.9	48.2	50.6	52.8	54.9				
1200	23.2	26.9	30.5	32.3	34.0	37.3	40.4	43.3	46.0	47.3	48.5	50.8	52.9					
1250	23.4	27.2	30.9	32.6	34.3	37.6	40.7	43.5	46.2	47.4	48.6	50.8						
1300	23.6	27.5	31.1	32.9	34.6	37.8	40.9	43.6	46.2	47.4	48.5							
1350	23.7	27.6	31.3	33.1	34.7	38.0	40.9	43.6	46.0	47.2								
1400	23.8	27.7	31.4	33.1	34.8	37.9	40.8	43.4										
1450	23.8	27.7	31.4	33.1	34.7	37.8	40.6											
1500	23.8	27.6	31.3	32.9	34.6	37.5	40.2											
1550	23.6	27.5	31.0	32.7	34.3	37.1												
1600	23.4	27.3	31.7	32.4	33.9													
1650	23.1	26.9	30.3	31.9	33.3													
1700	22.8	26.5	29.8	31.3														
1750	22.4	26.0	29.2															
1800	21.9	25.4																
1850	21.3	24.7																
1900	20.6																	
1950	19.9																	

Para outras combinações de RPM-Diâmetro não figuradas nesta tabela, consulte a Gates.

Potência adicional

RPM do eixo mais rápido	CV adicional por correia, para relação de velocidade									
	1.00 a 1.01	1.02 a 1.03	1.04 a 1.05	1.06 a 1.08	1.09 a 1.12	1.13 a 1.16	1.17 a 1.22	1.23 a 1.30	1.31 a 1.48	1.49 em diante
435	0.00	0.17	0.34	0.51	0.68	0.85	1.01	1.18	1.35	1.52
485	0.00	0.19	0.38	0.57	0.75	0.94	1.13	1.32	1.51	1.70
575	0.00	0.22	0.45	0.67	0.89	1.12	1.34	1.57	1.79	2.01
690	0.00	0.27	0.54	0.80	1.07	1.34	1.61	1.88	2.15	2.41
725	0.00	0.28	0.56	0.84	1.13	1.41	1.69	1.97	2.26	2.54
870	0.00	0.34	0.68	1.01	1.35	1.69	2.03	2.37	2.71	3.04
950	0.00	0.37	0.74	1.11	1.48	1.85	2.22	2.59	2.96	3.32
1160	0.00	0.45	0.90	1.35	1.80	2.25	2.71	3.16	3.61	4.06
50	0.00	0.02	0.04	0.06	0.08	0.10	0.12	0.14	0.16	0.17
100	0.00	0.04	0.08	0.12	0.16	0.19	0.23	0.27	0.31	0.35
150	0.00	0.06	0.12	0.17	0.23	0.29	0.35	0.41	0.47	0.52
200	0.00	0.08	0.16	0.23	0.31	0.39	0.47	0.54	0.62	0.70
250	0.00	0.10	0.19	0.29	0.39	0.49	0.58	0.68	0.78	0.87
300	0.00	0.12	0.23	0.35	0.47	0.58	0.70	0.82	0.93	1.05
350	0.00	0.14	0.27	0.41	0.54	0.68	0.82	0.95	1.09	1.22
400	0.00	0.16	0.31	0.47	0.62	0.78	0.93	1.09	1.24	1.40
450	0.00	0.18	0.35	0.52	0.70	0.87	1.05	1.22	1.40	1.57
500	0.00	0.20	0.39	0.58	0.78	0.97	1.17	1.36	1.56	1.75
550	0.00	0.21	0.43	0.64	0.85	1.07	1.28	1.50	1.71	1.92
600	0.00	0.23	0.47	0.70	0.93	1.17	1.40	1.63	1.87	2.10
650	0.00	0.25	0.51	0.76	1.01	1.26	1.52	1.77	2.02	2.27
700	0.00	0.27	0.54	0.82	1.09	1.36	1.63	1.91	2.18	2.45
750	0.00	0.29	0.58	0.87	1.17	1.46	1.75	2.04	2.33	2.62
800	0.00	0.31	0.62	0.93	1.24	1.55	1.87	2.18	2.49	2.80
850	0.00	0.33	0.66	0.99	1.32	1.65	1.98	2.31	2.64	2.97
900	0.00	0.35	0.70	1.05	1.40	1.75	2.10	2.45	2.80	3.15
950	0.00	0.37	0.74	1.11	1.48	1.85	2.22	2.59	2.96	3.32
1000	0.00	0.39	0.78	1.17	1.55	1.94	2.33	2.72	3.11	3.50
1050	0.00	0.41	0.82	1.22	1.63	2.04	2.45	2.86	3.27	3.67
1100	0.00	0.43	0.86	1.28	1.71	2.14	2.57	2.99	3.42	3.85
1150	0.00	0.45	0.89	1.34	1.79	2.23	2.68	3.13	3.58	4.02
1200	0.00	0.47	0.93	1.40	1.86	2.33	2.80	3.27	3.73	4.20
1250	0.00	0.49	0.97	1.46	1.94	2.43	2.92	3.40	3.89	4.37
1300	0.00	0.51	1.01	1.51	2.02	2.53	3.03	3.54	4.04	4.55
1350	0.00	0.53	1.05	1.57	2.10	2.62	3.15	3.67	4.20	4.72
1400	0.00	0.55	1.09	1.63	2.18	2.72	3.27	3.81	4.36	4.90
1450	0.00	0.57	1.13	1.69	2.25	2.82	3.38	3.95	4.51	5.07
1500	0.00	0.59	1.17	1.75	2.33	2.91	3.50	4.08	4.67	5.25
1550	0.00	0.60	1.20	1.81	2.41	3.01	3.62	4.22	4.82	5.42
1600	0.00	0.62	1.24	1.86	2.49	3.11	3.73	4.36	4.98	5.60
1650	0.00	0.64	1.28	1.92	2.56	3.21	3.85	4.49	5.13	5.77
1700	0.00	0.66	1.32	1.98	2.64	3.30	3.97	4.63	5.29	5.95
1750	0.00	0.68	1.36	2.04	2.72	3.40	4.08	4.76	5.44	6.12
1800	0.00	0.70	1.40	2.10	2.80	3.50	4.20	4.90	5.60	6.30
1850	0.00	0.72	1.44	2.16	2.88	3.59	4.32	5.04	5.76	6.47
1900	0.00	0.74	1.48	2.21	2.95	3.69	4.43	5.17	5.91	6.65
1950	0.00	0.76	1.52	2.27	3.03	3.79	4.55	5.31	6.07	6.82

Todas as polias devem receber um balanceamento estático para velocidades (do eixo ou operação), contudo as correias funcionarão em segurança em velocidade até 30m/s. Onde as vibrações forem problemas, recomendamos que as polias sejam balanceadas dinamicamente.

Velocidade da correia acima de 30m/s, consulte a Gates

Tabela 4.11 – Classificação de CV por correia (mm) para correias Hi-Power II e PowerBand Hi-Power II perfil "E"

Potência Básica

RPM do eixo mais rápido	CV básico por correia para diâmetro Pitch das polias menores, em milímetros																	
	455	475	500	525	550	575	600	625	650	675	700	725	750	775	800	825	850	900
435	27.2	29.3	32.0	34.6	37.2	39.7	42.2	44.7	47.1	49.5	51.9	54.2	56.4	58.7	60.9	63.0	65.1	69.2
485	29.4	31.7	34.6	37.4	40.2	42.9	45.6	48.2	50.8	53.3	55.8	58.2	60.6	62.9	65.2	67.4	69.6	73.7
575	32.9	35.5	38.7	41.9	44.9	47.9	50.9	53.7	56.5	59.2	61.8	64.3	66.8	69.1	71.4	73.6	75.7	79.6
690	36.7	39.6	43.1	46.5	49.8	53.0	56.1	59.0	61.9	64.6	67.1	69.6	71.9	74.0	76.0	77.9	79.6	
725	37.7	40.6	44.2	47.7	51.0	54.2	57.3	60.2	63.0	65.7	68.2	70.6	72.7	74.8	76.6	78.3		
870	40.7	43.9	47.6	51.1	54.4	57.5	60.3	63.0	65.4	67.6	69.5							
50	4.55	4.87	5.27	5.67	6.06	6.46	6.85	7.24	7.63	8.02	8.41	8.79	9.18	9.56	9.94	10.3	10.7	11.5
100	8.25	8.86	9.61	10.4	11.1	11.8	12.6	13.3	14.0	14.8	15.5	16.2	16.9	17.6	18.4	19.1	19.8	21.2
150	11.6	12.5	13.6	14.6	15.7	16.8	17.8	18.9	19.9	21.0	22.0	23.0	24.1	25.1	26.1	27.1	28.1	30.2
200	14.8	15.9	17.3	18.7	20.0	21.4	22.8	24.1	25.5	26.8	28.1	29.4	30.8	32.1	33.4	34.7	35.9	38.5
250	17.7	19.1	20.7	22.4	24.1	25.8	27.4	29.0	30.6	32.3	33.9	35.4	37.0	38.6	40.1	41.7	43.2	46.2
300	20.5	22.1	24.0	26.0	27.9	29.9	31.8	33.7	35.5	37.4	39.2	41.0	42.9	44.6	46.4	48.2	49.9	53.3
350	23.1	24.9	27.1	29.3	31.5	33.7	35.9	38.0	40.1	42.2	44.2	46.3	48.3	50.3	52.2	54.2	56.1	59.8
400	25.5	27.6	30.0	32.5	34.9	37.3	39.7	42.0	44.3	46.6	48.9	51.1	53.2	55.4	57.5	59.6	61.6	65.6
450	27.9	30.1	32.8	35.4	38.1	40.7	43.3	45.8	48.3	50.7	53.1	55.4	57.8	60.0	62.2	64.4	66.5	70.6
500	30.0	32.4	35.3	38.2	41.0	43.8	46.5	49.2	51.8	54.4	56.9	59.4	61.8	64.1	66.4	68.6	70.8	74.9
550	32.0	34.5	37.7	40.7	43.7	46.6	49.5	52.3	55.0	57.7	60.3	62.8	65.2	67.6	69.9	72.1	74.2	78.3
600	33.8	36.5	39.8	43.0	46.1	49.2	52.1	55.0	57.8	60.6	63.2	65.7	68.2	70.5	72.7	74.9	76.9	80.7
650	35.5	38.3	41.7	45.1	48.3	51.4	54.5	57.4	60.2	63.0	65.6	68.1	70.5	72.7	74.9	76.9	78.8	82.2
700	37.0	39.9	43.5	46.9	50.2	53.4	56.5	59.4	62.2	64.9	67.5	69.9	72.2	74.3	76.3	78.1	79.7	
750	38.3	41.3	44.9	48.4	51.8	55.0	58.1	61.0	63.7	66.4	68.8	71.1	73.2	75.1	76.8			
800	39.5	42.5	46.2	49.7	53.1	56.3	59.3	62.1	64.8	67.3	69.5	71.6	73.5					
850	40.4	43.5	47.2	50.7	54.1	57.2	60.1	62.8	65.3	67.6	69.7							
900	41.2	44.3	48.0	51.5	54.7	57.8	60.5	63.1	65.4	67.4								
950	41.7	44.8	48.5	51.9	55.0	57.9	60.5	62.8										
1000	42.0	45.1	48.7	52.0	55.0	57.7	60.0											
1050	42.2	45.2	48.6	51.8	54.5	57.0												
1100	42.0	44.9	48.3	51.2	53.7													
1150	41.7	44.5	47.6	50.3														
1200	41.1	43.7	46.6															
1250	40.2	42.6																
1300	39.1																	

Para outras combinações de RPM-Diâmetro não figuradas nesta tabela, consulte a Gates.

Potência Adicional

RPM do eixo mais rápido	CV adicional por correia, para relação de velocidade									
	1.00 a 1.01	1.02 a 1.03	1.04 a 1.06	1.07 a 1.08	1.09 a 1.12	1.13 a 1.16	1.17 a 1.22	1.23 a 1.32	1.33 a 1.50	1.51 em diante
435	0.00	0.28	0.56	0.85	1.14	1.45	1.76	2.08	2.43	2.82
485	0.00	0.31	0.63	0.95	1.28	1.61	1.96	2.32	2.71	3.15
575	0.00	0.37	0.74	1.13	1.51	1.91	2.32	2.75	3.21	3.73
690	0.00	0.44	0.89	1.35	1.81	2.29	2.79	3.30	3.85	4.48
725	0.00	0.46	0.94	1.42	1.91	2.41	2.93	3.47	4.05	4.70
870	0.00	0.56	1.12	1.70	2.29	2.89	3.51	4.16	4.86	5.65
50	0.00	0.03	0.06	0.10	0.13	0.17	0.20	0.24	0.28	0.32
100	0.00	0.06	0.13	0.20	0.26	0.33	0.40	0.48	0.56	0.65
150	0.00	0.10	0.19	0.29	0.39	0.50	0.61	0.72	0.84	0.97
200	0.00	0.13	0.26	0.39	0.53	0.66	0.81	0.96	1.12	1.30
250	0.00	0.16	0.32	0.49	0.66	0.83	1.01	1.20	1.40	1.62
300	0.00	0.19	0.39	0.59	0.79	1.00	1.21	1.44	1.68	1.95
350	0.00	0.22	0.45	0.69	0.92	1.16	1.41	1.67	1.96	2.27
400	0.00	0.26	0.52	0.78	1.05	1.33	1.62	1.91	2.23	2.60
450	0.00	0.29	0.58	0.88	1.18	1.50	1.82	2.15	2.51	2.92
500	0.00	0.32	0.65	0.98	1.31	1.66	2.02	2.39	2.79	3.24
550	0.00	0.35	0.71	1.08	1.45	1.83	2.22	2.63	3.07	3.57
600	0.00	0.38	0.78	1.18	1.58	1.99	2.42	2.87	3.35	3.89
650	0.00	0.42	0.84	1.27	1.71	2.16	2.63	3.11	3.63	4.22
700	0.00	0.45	0.90	1.37	1.84	2.33	2.83	3.35	3.91	4.54
750	0.00	0.48	0.97	1.47	1.97	2.49	3.03	3.59	4.19	4.87
800	0.00	0.51	10..03	1.57	2.10	2.66	3.23	3.83	4.47	5.19
850	0.00	0.54	1.10	1.66	2.24	2.83	3.43	4.07	4.75	5.52
900	0.00	0.58	1.16	1.76	2.37	2.99	3.63	4.31	5.03	5.84
950	0.00	0.61	1.23	1.86	2.50	3.16	3.84	4.55	5.31	6.16
1000	0.00	0.64	1.29	1.96	2.63	3.32	4.04	4.78	5.59	6.49
1050	0.00	0.67	1.36	2.06	2.76	3.49	4.24	5.02	5.87	6.81
1100	0.00	0.70	1.42	2.15	2.89	3.66	4.44	5.26	6.14	7.14
1150	0.00	0.74	1.49	2.25	3.02	3.82	4.64	5.50	6.42	7.46
1200	0.00	0.77	1.55	2.35	3.16	3.99	4.85	5.74	6.70	7.79
1250	0.00	0.80	1.62	2.45	3.29	4.15	5.05	5.98	6.98	8.11
1300	0.00	0.83	1.68	2.55	3.42	4.32	5.25	6.22	7.26	8.44

Todas as polias devem receber um balanceamento estático para velocidades (do eixo ou operação), contudo, as correias funcionarão em segurança em velocidade até 30m/s. Onde as vibrações forem problemas, recomendamos que as polias sejam balanceadas dinamicamente.

(Células sombreadas:) Velocidade da correia acima de 30m/s, consulte a Gates.

Tabela 4.12 – Classificação de CV por correia (mm) para correias Super HC e PowerBand Super HC perfil 3V

Potência Básica

RPM do eixo mais rápido	CV básico por correia para diâmetro Pitch das polias menores, em milímetros																	
	70	80	90	100	110	120	130	140	150	160	170	180	190	200	210	220	230	240
575	0.73	0.98	1.23	1.47	1.71	1.96	2.19	2.43	2.67	2.90	3.14	3.37	3.60	3.83	4.06	4.28	4.51	4.74
690	0.85	1.15	1.44	1.73	2.01	2.30	2.58	2.86	3.14	3.42	3.69	3.97	4.24	4.51	4.78	5.04	5.31	5.57
725	0.89	1.20	1.50	1.80	2.10	2.40	2.70	2.99	3.28	3.57	3.86	4.15	4.43	4.71	4.99	5.27	5.55	5.82
870	1.03	1.40	1.76	2.11	2.47	2.82	3.17	3.51	3.86	4.20	4.54	4.87	5.21	5.54	5.87	6.19	6.52	6.84
950	1.11	1.50	1.89	2.28	2.67	3.05	3.42	3.80	4.17	4.54	4.90	5.27	5.63	5.98	6.34	6.69	7.04	7.38
1160	1.30	1.78	2.25	2.71	3.17	3.62	4.08	4.52	4.96	5.40	5.84	6.27	6.69	7.11	7.53	7.94	8.35	8.76
1425	1.53	2.11	2.67	3.23	3.78	4.33	4.86	5.40	5.92	6.44	6.96	7.46	7.97	8.46	8.95	9.43	9.90	10.4
1750	1.80	2.49	3.17	3.83	4.49	5.14	5.78	6.41	7.03	7.65	8.25	8.84	9.42	9.99	10.6	11.1	11.6	12.2
2850	2.58	3.63	4.65	5.65	6.62	7.56	8.48	9.36	10.2	11.0	11.8	12.6	13.3	14.0	14.6	15.2	15.8	
3450	2.93	4.15	5.33	6.48	7.58	8.64	9.65	10.6	11.5	12.4	13.2	13.9	14.6					
100	0.16	0.21	0.26	0.31	0.36	0.40	0.45	0.50	0.54	0.59	0.64	0.68	0.73	0.78	0.82	0.87	0.91	0.96
200	0.30	0.39	0.48	0.58	0.67	0.76	0.85	0.94	1.03	1.12	1.20	1.29	1.38	1.47	1.55	1.64	1.73	1.81
300	0.42	0.56	0.69	0.83	0.96	1.09	1.22	1.35	1.48	1.61	1.74	1.87	2.00	2.12	2.25	2.38	2.50	2.63
400	0.54	0.72	0.89	1.07	1.24	1.41	1.59	1.76	1.93	2.09	2.26	2.43	2.59	2.76	2.92	3.09	3.25	3.41
500	0.65	0.87	1.09	1.30	1.52	1.73	1.94	2.15	2.35	2.56	2.77	2.97	3.17	3.38	3.58	3.78	3.98	4.18
600	0.76	1.02	1.27	1.53	1.78	2.03	2.28	2.53	2.77	3.02	3.26	3.50	3.74	3.98	4.22	4.45	4.69	4.92
700	0.86	1.16	1.46	1.75	2.04	2.33	2.61	2.90	3.18	3.46	3.74	4.02	4.29	4.57	4.84	5.11	5.38	5.65
800	0.96	1.30	1.63	1.97	2.29	2.62	2.94	3.26	3.58	3.90	4.21	4.52	4.83	5.14	5.45	5.75	6.05	6.35
900	1.06	1.44	1.81	2.18	2.54	2.91	3.26	3.62	3.98	4.33	4.67	5.02	5.36	5.71	6.04	6.38	6.71	7.04
1000	1.15	1.57	1.98	2.39	2.79	3.19	3.58	3.97	4.36	4.75	5.13	5.51	5.88	6.26	6.63	6.99	7.36	7.72
1100	1.25	1.70	2.15	2.59	3.03	3.46	3.89	4.32	4.74	5.16	5.57	5.98	6.39	6.79	7.19	7.59	7.98	8.37
1200	1.34	1.83	2.31	2.79	3.26	3.73	4.20	4.66	5.11	5.56	6.01	6.45	6.89	7.32	7.75	8.17	8.59	9.01
1300	1.43	1.95	2.47	2.99	3.50	4.00	4.50	4.99	5.48	5.96	6.44	6.91	7.37	7.84	8.29	8.74	9.19	9.63
1400	1.51	2.08	2.63	3.18	3.72	4.26	4.79	5.32	5.83	6.35	6.85	7.35	7.85	8.34	8.82	9.29	9.76	10.2
1500	1.60	2.20	2.79	3.37	3.95	4.52	5.08	5.64	6.19	6.73	7.26	7.79	8.31	8.83	9.33	9.83	10.3	10.8
1600	1.68	2.31	2.94	3.56	4.17	4.77	5.37	5.95	6.53	7.10	7.66	8.22	8.76	9.30	9.83	10.4	10.9	11.4
1700	1.76	2.43	3.09	3.74	4.39	5.02	5.65	6.26	6.87	4.47	8.06	8.63	9.20	9.76	10.3	10.9	11.4	11.9
1800	1.84	2.54	3.24	3.92	4.60	5.26	5.92	6.56	7.20	7.82	8.44	9.04	9.63	10.2	10.8	11.3	11.9	12.4
1900	1.92	2.66	3.39	4.10	4.81	5.50	6.19	6.86	7.52	8.17	8.81	9.44	10.0	10.6	11.2	11.8	12.4	12.9
2000	1.99	2.77	3.53	4.28	5.02	5.74	6.45	7.15	7.84	8.51	9.17	9.82	10.5	11.1	11.7	12.3	12.8	13.4
2100	2.07	2.88	3.67	4.45	5.22	5.97	6.71	7.44	8.15	8.84	9.53	10.2	10.8	11.5	12.1	12.7	13.3	13.8
2200	2.14	2.98	3.81	4.62	5.42	6.20	6.97	7.72	8.45	9.17	9.87	10.6	11.2	11.9	12.5	13.1	13.7	14.2
2300	2.21	3.09	3.95	4.79	5.61	6.42	7.21	7.99	8.74	9.48	10.2	10.9	11.6	12.2	12.9	13.5	14.1	14.6
2400	2.28	3.19	4.08	4.95	5.80	6.64	7.46	8.25	9.03	9.79	10.5	11.2	11.9	12.6	13.2	13.8	14.4	15.0
2500	2.35	3.29	4.21	5.11	5.99	6.85	7.69	8.51	9.31	10.1	10.8	11.6	12.3	12.9	13.6	14.2	14.8	15.3
2600	2.42	3.39	4.34	5.27	6.18	7.06	7.92	8.76	9.58	10.4	11.1	11.9	12.6	13.3	13.9	14.5	15.1	15.6
2700	2.48	3.49	4.47	5.42	6.36	7.27	8.15	9.01	9.84	10.6	11.4	12.2	12.9	13.6	14.2	14.8	15.4	15.9
2800	2.55	3.58	4.59	5.57	6.53	7.46	8.37	9.25	10.1	10.9	11.7	12.4	13.2	13.8	14.5	15.1	15.6	
2900	2.61	3.67	4.71	5.72	6.70	7.66	8.58	9.48	10.3	11.2	12.0	12.7	13.4	14.1	14.7	15.3	15.9	
3000	2.67	3.76	4.83	5.87	6.87	7.85	8.79	9.70	10.6	11.4	12.2	13.0	13.7	14.4	15.0	15.6		
3100	2.73	3.85	4.95	6.01	7.04	8.03	8.99	9.92	10.8	11.6	12.4	13.2	13.9	14.6	15.2	14.6		
3200	2.79	3.94	5.06	6.15	7.20	8.21	9.19	10.1	11.0	11.9	12.7	13.4	14.1	14.8		14.8		
3300	2.85	4.03	5.17	6.28	7.35	8.39	9.38	10.3	11.2	12.1	12.9	13.6	14.3	15.0		15.0		
3400	2.90	4.11	5.28	6.41	7.50	8.55	9.56	10.5	11.4	12.3	13.1	13.8	14.5					
3500	2.96	4.19	5.39	6.54	7.65	8.72	9.73	10.7	11.6	12.5	13.3	14.0	14.7					
3600	3.01	4.27	5.49	6.67	7.79	8.87	9.90	10.9	11.8	12.6	13.4	14.2						
3700	3.06	4.35	5.59	6.79	7.93	9.03	10.1	11.0	12.0	12.8	13.6	14.3						
3800	3.11	4.42	5.69	6.91	8.07	9.17	10.2	11.2	12.1	13.0	13.7							
3900	3.16	4.50	5.79	7.02	8.20	9.31	10.4	11.3	12.3	13.1	13.9							
4000	3.20	4.57	5.88	7.13	8.32	9.45	10.5	11.5	12.4	13.2								
4100	3.25	4.64	5.97	7.24	8.44	9.58	10.6	11.6	12.5	13.3								
4200	3.29	4.70	6.05	7.34	8.56	9.70	10.8	11.7	12.6									
4300	3.34	4.77	6.14	7.44	8.67	9.81	10.9	11.9	12.7									
4400	3.38	4.83	6.22	7.53	8.77	9.92	11.0	12.0	12.8									
4500	3.41	4.89	6.30	7.63	8.87	10.0	11.1	12.0										
4600	3.45	4.95	6.37	7.71	8.96	10.1	11.2	12.1										
4700	3.49	5.01	6.44	7.80	9.05	10.2	11.3	12.2										
4800	3.52	5.06	6.51	7.88	9.14	10.3	11.3											
4900	3.55	5.11	6.58	7.95	9.22	10.4	11.4											
5000	3.58	5.16	6.64	8.02	9.29	10.4	11.5											

Para outras combinações de RPM-Diâmetro não figuradas nesta tabela, consulte a Gates.

Todas as polias devem receber um balanceamento estático para velocidades (do eixo ou operação), contudo as correias funcionarão em segurança em velocidade até 30m/s. Onde as vibrações forem problemas, recomendamos que as polias sejam balanceadas dinamicamente.

Potência Adicional

RPM do eixo mais rápido	CV adicional por correia, para relação de velocidade									
	1.00 a 1.01	1.02 a 1.05	1.06 a 1.11	1.12 a 1.18	1.19 a 1.26	1.27 a 1.38	1.39 a 1.57	1.58 a 1.94	1.95 a 3.38	3.39 em diante
575	0.00	0.01	0.03	0.05	0.07	0.08	0.10	0.11	0.12	0.13
690	0.00	0.01	0.03	0.06	0.08	0.10	0.12	0.13	0.14	0.15
725	0.00	0.01	0.04	0.06	0.09	0.10	0.12	0.14	0.15	0.16
870	0.00	0.02	0.04	0.08	0.10	0.13	0.15	0.16	0.18	0.19
950	0.00	0.02	0.05	0.08	0.11	0.14	0.16	0.18	0.20	0.21
1160	0.00	0.02	0.06	0.10	0.14	0.17	0.20	0.22	0.24	0.25
1425	0.00	0.03	0.07	0.12	0.17	0.20	0.24	0.27	0.29	0.31
1750	0.00	0.03	0.09	0.15	0.21	0.25	0.29	0.33	0.36	0.38
2850	0.00	0.05	0.14	0.25	0.34	0.41	0.48	0.54	0.59	0.62
3450	0.00	0.06	0.17	0.30	0.41	0.50	0.58	0.65	0.71	0.75
100	0.00	0.00	0.01	0.01	0.01	0.01	0.02	0.02	0.02	0.02
200	0.00	0.00	0.01	0.02	0.02	0.03	0.03	0.04	0.04	0.04
300	0.00	0.01	0.02	0.03	0.04	0.04	0.05	0.06	0.06	0.07
400	0.00	0.01	0.02	0.03	0.05	0.06	0.07	0.08	0.08	0.09
500	0.00	0.01	0.03	0.04	0.06	0.07	0.08	0.09	0.10	0.11
600	0.00	0.01	0.03	0.05	0.07	0.09	0.10	0.11	0.12	0.13
700	0.00	0.01	0.04	0.06	0.08	0.10	0.12	0.13	0.14	0.15
800	0.00	0.01	0.04	0.07	0.09	0.12	0.13	0.17	0.17	0.17
900	0.00	0.02	0.05	0.08	0.11	0.13	0.15	0.19	0.19	0.20
1000	0.00	0.02	0.05	0.09	0.12	0.14	0.17	0.21	0.21	0.22
1100	0.00	0.02	0.06	0.10	0.13	0.16	0.19	0.23	0.23	0.24
1200	0.00	0.02	0.06	0.10	0.14	0.17	0.20	0.25	0.25	0.26
1300	0.00	0.02	0.07	0.11	0.15	0.19	0.22	0.27	0.27	0.28
1400	0.00	0.03	0.07	0.12	0.17	0.20	0.24	0.29	0.29	0.31
1500	0.00	0.03	0.08	0.13	0.18	0.22	0.25	0.31	0.31	0.33
1600	0.00	0.03	0.08	0.14	0.19	0.23	0.27	0.33	0.33	0.35
1700	0.00	0.03	0.09	0.15	0.20	0.24	0.29	0.35	0.35	0.37
1800	0.00	0.03	0.09	0.16	0.21	0.26	0.30	0.37	0.37	0.39
1900	0.00	0.03	0.10	0.17	0.23	0.27	0.32	0.39	0.39	0.42
2000	0.00	0.04	0.10	0.17	0.24	0.29	0.34	0.41	0.41	0.44
2100	0.00	0.04	0.11	0.18	0.25	0.30	0.35	0.43	0.43	0.46
2200	0.00	0.04	0.11	0.19	0.26	0.32	0.37	0.45	0.45	0.48
2300	0.00	0.04	0.12	0.20	0.27	0.33	0.39	0.47	0.47	0.50
2400	0.00	0.04	0.12	0.21	0.28	0.35	0.40	0.50	0.50	0.52
2500	0.00	0.05	0.13	0.22	0.30	0.36	0.42	0.52	0.52	0.55
2600	0.00	0.05	0.13	0.23	0.31	0.37	0.44	0.54	0.54	0.57
2700	0.00	0.05	0.14	0.24	0.32	0.39	0.45	0.56	0.56	0.59
2800	0.00	0.05	0.14	0.24	0.33	0.40	0.47	0.58	0.58	0.61
2900	0.00	0.05	0.15	0.25	0.34	0.42	0.49	0.60	0.60	0.63
3000	0.00	0.06	0.15	0.26	0.36	0.43	0.51	0.62	0.62	0.66
3100	0.00	0.06	0.16	0.27	0.37	0.45	0.52	0.64	0.64	0.68
3200	0.00	0.06	0.16	0.28	0.38	0.46	0.54	0.66	0.66	0.70
3300	0.00	0.06	0.17	0.29	0.39	0.47	0.56	0.68	0.68	0.72
3400	0.00	0.06	0.17	0.30	0.40	0.49	0.57	0.70	0.70	0.74
3500	0.00	0.06	0.18	0.31	0.42	0.50	0.59	0.72	0.72	0.77
3600	0.00	0.07	0.18	0.31	0.43	0.52	0.61	0.74	0.74	0.79
3700	0.00	0.07	0.19	0.32	0.44	0.53	0.62	0.76	0.76	0.81
3800	0.00	0.07	0.19	0.33	0.45	0.55	0.64	0.78	0.78	0.83
3900	0.00	0.07	0.20	0.34	0.46	0.56	0.66	0.81	0.81	0.85
4000	0.00	0.07	0.20	0.35	0.47	0.58	0.67	0.83	0.83	0.87
4100	0.00	0.08	0.21	0.36	0.49	0.59	0.69	0.85	0.85	0.90
4200	0.00	0.08	0.21	0.37	0.50	0.60	0.71	0.87	0.87	0.92
4300	0.00	0.08	0.22	0.37	0.51	0.62	0.72	0.89	0.89	0.94
4400	0.00	0.08	0.22	0.38	0.52	0.63	0.74	0.91	0.91	0.96
4500	0.00	0.08	0.23	0.39	0.53	0.65	0.76	0.93	0.93	0.98
4600	0.00	0.08	0.23	0.40	0.55	0.66	0.77	0.95	0.95	1.01
4700	0.00	0.09	0.24	0.41	0.56	0.68	0.79	0.97	0.97	1.03
4800	0.00	0.09	0.24	0.42	0.57	0.69	0.81	0.99	0.99	1.05
4900	0.00	0.09	0.25	0.43	0.58	0.70	0.83	1.01	1.01	1.07
5000	0.00	0.09	0.25	0.44	0.59	0.72	0.84	1.03	1.03	1.09

Velocidade da correia acima de 30m/s, consulte a Gates.

Tabela 4.13 – Classificação de CV por correia (mm) para correias Super HC e PowerBand Super HC perfil 5V

Potência Básica – CV básico por correia para diâmetro externo Pitch das polias menores, em milímetros

RPM do eixo mais rápido	180	190	200	210	220	230	240	250	265	280	295	310	325	340	355	370	385	400
435	5.03	5.52	6.02	6.51	7.00	7.49	7.98	8.46	9.18	9.90	10.6	11.3	12.0	12.7	13.4	14.1	14.8	15.5
485	5.52	6.07	6.62	7.16	7.70	8.24	8.78	9.32	10.1	10.9	11.7	12.5	13.3	14.0	14.8	15.6	16.3	17.1
575	6.40	7.04	7.68	8.31	8.94	9.57	10.2	10.8	11.7	12.7	13.6	14.5	15.4	16.3	17.2	18.1	18.9	19.8
690	7.48	8.23	8.98	9.73	10.5	11.2	11.9	12.7	13.8	14.8	15.9	17.0	18.0	19.1	20.1	21.1	22.1	23.1
870	9.09	10.0	10.9	11.9	12.8	13.7	14.6	15.4	16.8	18.1	19.4	20.6	21.9	23.1	24.4	25.6	26.8	28.0
950	9.78	10.8	11.8	12.8	13.7	14.7	15.7	16.6	18.0	19.4	20.8	22.2	23.5	24.9	26.2	27.5	28.7	30.0
1160	11.5	12.7	13.9	15.0	16.2	17.3	18.4	19.6	21.2	22.8	24.4	26.0	27.5	29.0	30.5	31.9	33.3	34.7
1425	13.5	14.9	16.3	17.6	19.0	20.3	21.6	22.9	24.8	26.6	28.4	30.1	31.8	33.5	35.0	36.6	38.0	39.4
1750	15.7	17.3	18.9	20.5	22.0	23.5	25.0	26.4	28.5	30.5	32.4	34.2	36.0	37.6	39.1	40.6		
2850	20.7	22.7	24.6	26.4	28.0	29.6												
3450	21.4	23.3																
100	1.37	1.50	1.62	1.75	1.87	2.00	2.12	2.25	2.43	2.62	2.80	2.99	3.17	3.35	3.54	3.72	3.90	4.08
200	2.54	2.78	3.02	3.26	3.50	3.74	3.98	4.22	4.57	4.92	5.28	5.63	5.97	6.32	6.67	7.01	7.36	7.70
300	3.63	3.99	4.34	4.69	5.03	5.38	5.73	6.07	6.59	7.10	7.61	8.12	8.63	9.13	9.63	10.1	10.6	11.1
400	4.67	5.13	5.59	6.05	6.50	6.95	7.40	7.85	8.52	9.19	9.85	10.5	11.2	11.8	12.5	13.1	13.8	14.4
500	5.67	6.24	6.80	7.36	7.91	8.47	9.02	9.57	10.4	11.2	12.0	12.8	13.6	14.4	15.2	16.0	16.8	17.5
600	6.64	7.30	7.97	8.62	9.28	9.93	10.6	11.2	12.2	13.1	14.1	15.0	16.0	16.9	17.8	18.7	19.7	20.6
700	7.57	8.34	9.10	9.85	10.6	11.4	12.1	12.8	13.9	15.0	16.1	17.2	18.2	19.3	20.3	21.4	22.4	23.4
800	8.47	9.34	10.2	11.0	11.9	12.7	13.6	14.4	15.6	16.8	18.0	19.2	20.4	21.6	22.8	23.9	25.0	26.2
900	9.35	10.3	11.3	12.2	13.1	14.1	15.0	15.9	17.2	18.6	19.9	21.2	22.5	23.8	25.1	26.3	27.5	28.7
1000	10.2	11.2	12.3	13.3	14.3	15.3	16.3	17.3	18.8	20.3	21.7	23.1	24.5	25.9	27.2	28.6	29.9	31.2
1100	11.0	12.2	13.3	14.4	15.5	16.6	17.7	18.7	20.3	21.9	23.4	24.9	26.4	27.9	29.3	30.7	32.1	33.4
1200	11.8	13.0	14.2	15.4	16.6	17.8	18.9	20.1	21.8	23.4	25.1	26.6	28.2	29.7	31.2	32.7	34.1	35.5
1300	12.6	13.9	15.2	16.4	17.7	18.9	20.2	21.4	23.2	24.9	26.6	28.3	29.9	31.5	33.0	34.5	36.0	37.4
1400	13.3	14.7	16.1	17.4	18.7	20.0	21.3	22.6	24.5	26.3	28.1	29.8	31.5	33.1	34.7	36.2	37.6	39.0
1500	14.1	15.5	16.9	18.3	19.7	21.1	22.4	23.8	25.7	27.6	29.4	31.2	32.9	34.6	36.1	37.7	39.1	40.5
1600	14.7	16.3	17.8	19.2	20.7	22.1	23.5	24.9	26.9	28.8	30.7	32.5	34.2	35.9	37.5	39.0	40.4	41.7
1700	15.4	17.0	18.5	20.1	21.6	23.1	24.5	25.9	28.0	30.0	31.9	33.7	35.4	37.1	38.6	40.1	41.5	
1800	16.0	17.7	19.3	20.9	22.4	24.0	25.4	26.9	29.0	31.0	32.9	34.7	36.5	38.1	39.6	41.0		
1900	16.6	18.3	20.0	21.6	23.2	24.8	26.3	27.8	29.9	31.9	33.9	35.7	37.4	38.9				
2000	17.2	19.0	20.7	22.4	24.0	25.6	27.1	28.6	30.8	32.8	34.7	36.5	38.1					
2100	17.7	19.5	21.3	23.0	24.7	26.3	27.9	29.4	31.5	33.5	35.4	37.1						
2200	18.2	20.1	21.9	23.6	25.3	27.0	28.5	30.0	32.2	34.2	36.0							
2300	18.7	20.6	22.4	24.2	25.9	27.6	29.1	30.6	32.7	34.7								
2400	19.2	21.1	22.9	24.7	26.4	28.1	29.6	31.1	33.2									
2500	19.6	21.5	23.4	25.2	26.9	28.5	30.1	31.6	33.6									
2600	19.9	21.9	23.8	25.6	27.3	28.9	30.5	31.9										
2700	20.3	22.2	24.1	25.9	27.6	29.2	30.7											
2800	20.5	22.5	24.4	26.2	27.9	29.5												
2900	20.8	22.8	24.7	26.5	28.1	29.6												
3000	21.0	23.0	24.9	26.6	28.2													
3100	21.2	23.2	25.0	26.7														
3200	21.3	23.3	25.1															
3300	21.4	23.3	25.1															
3400	21.4	23.4																
3500	21.4	23.3																
3600	21.4																	
3700	21.3																	

Para outras combinações de RPM-Diâmetro não figuradas nesta tabela, consulte a Gates.

Potência adicional – CV adicional por correia, para relação de velocidade

RPM do eixo mais rápido	1.00 a 1.01	1.02 a 1.05	1.06 a 1.11	1.12 a 1.18	1.19 a 1.26	1.27 a 1.38	1.39 a 1.57	1.58 a 1.94	1.95 a 3.38	3.39 em
435	0.00	0.04	0.12	0.20	0.27	0.33	0.39	0.44	0.48	0.51
485	0.00	0.05	0.13	0.22	0.31	0.37	0.43	0.49	0.53	0.56
575	0.00	0.06	0.15	0.27	0.36	0.44	0.51	0.58	0.63	0.67
690	0.00	0.07	0.18	0.32	0.44	0.53	0.62	0.70	0.76	0.80
870	0.00	0.08	0.23	0.40	0.55	0.67	0.78	0.88	0.96	1.01
950	0.00	0.09	0.25	0.44	0.60	0.73	0.85	0.96	1.04	1.10
1160	0.00	0.11	0.31	0.54	0.73	0.89	1.04	1.17	1.27	1.36
1425	0.00	0.14	0.38	0.66	0.90	1.09	1.28	1.44	1.56	1.66
1750	0.00	0.17	0.47	0.81	1.10	1.34	1.57	1.76	1.92	2.03
2850	0.00	0.28	0.76	1.32	1.80	2.18	2.55	2.87	3.13	3.31
3450	0.00	0.34	0.92	1.60	2.18	2.64	3.09	3.48	3.79	4.01
100	0.00	0.01	0.03	0.05	0.06	0.08	0.09	0.10	0.11	0.12
200	0.00	0.02	0.05	0.09	0.13	0.15	0.18	0.20	0.22	0.23
300	0.00	0.03	0.08	0.14	0.19	0.23	0.27	0.30	0.33	0.35
400	0.00	0.04	0.11	0.19	0.25	0.31	0.36	0.40	0.44	0.47
500	0.00	0.05	0.13	0.23	0.32	0.38	0.45	0.50	0.55	0.58
600	0.00	0.06	0.16	0.28	0.38	0.46	0.54	0.60	0.66	0.70
700	0.00	0.07	0.19	0.32	0.44	0.54	0.63	0.71	0.77	0.81
800	0.00	0.08	0.21	0.37	0.50	0.61	0.72	0.81	0.88	0.93
900	0.00	0.09	0.24	0.42	0.57	0.69	0.81	0.91	0.99	1.05
1000	0.00	0.10	0.27	0.46	0.63	0.76	0.90	1.01	1.10	1.16
1100	0.00	0.11	0.29	0.51	0.69	0.84	0.98	1.11	1.21	1.28
1200	0.00	0.12	0.32	0.56	0.76	0.92	1.07	1.21	1.32	1.40
1300	0.00	0.13	0.35	0.60	0.82	0.99	1.16	1.31	1.43	1.51
1400	0.00	0.14	0.37	0.65	0.88	1.07	1.25	1.41	1.54	1.63
1500	0.00	0.15	0.40	0.70	0.95	1.15	1.34	1.51	1.65	1.74
1600	0.00	0.16	0.43	0.74	1.01	1.22	1.43	1.61	1.76	1.86
1700	0.00	0.17	0.45	0.79	1.07	1.30	1.52	1.71	1.87	1.98
1800	0.00	0.18	0.48	0.83	1.14	1.38	1.61	1.81	1.98	2.09
1900	0.00	0.19	0.51	0.88	1.20	1.45	1.70	1.91	2.09	2.21
2000	0.00	0.20	0.53	0.93	1.26	1.53	1.79	2.02	2.20	2.33
2100	0.00	0.20	0.56	0.97	1.32	1.61	1.88	2.12	2.31	2.44
2200	0.00	0.21	0.58	1.02	1.39	1.68	1.97	2.22	2.42	2.56
2300	0.00	0.22	0.61	1.07	1.45	1.76	2.06	2.32	2.52	2.67
2400	0.00	0.23	0.64	1.11	1.51	1.83	2.15	2.42	2.63	2.79
2500	0.00	0.24	0.66	1.16	1.58	1.91	2.24	2.52	2.74	2.91
2600	0.00	0.25	0.69	1.20	1.64	1.99	2.33	2.62	2.85	3.02
2700	0.00	0.26	0.72	1.25	1.70	2.06	2.42	2.72	2.96	3.14
2800	0.00	0.27	0.74	1.30	1.77	2.14	2.51	2.82	3.07	3.26
2900	0.00	0.28	0.77	1.34	1.83	2.22	2.60	2.92	3.18	3.37
3000	0.00	0.29	0.80	1.39	1.89	2.29	2.69	3.02	3.29	3.49
3100	0.00	0.30	0.82	1.44	1.96	2.37	2.78	3.12	3.40	3.60
3200	0.00	0.31	0.85	1.48	2.02	2.45	2.87	3.22	3.51	3.72
3300	0.00	0.32	0.88	1.53	2.08	2.52	2.95	3.33	3.62	3.84
3400	0.00	0.33	0.90	1.58	2.14	2.60	3.04	3.43	3.73	3.95
3500	0.00	0.34	0.93	1.62	2.21	2.68	3.13	3.53	3.84	4.07
3600	0.00	0.35	0.96	1.67	2.27	2.75	3.22	3.63	3.95	4.19
3700	0.00	0.36	0.98	1.71	2.33	2.83	3.31	3.73	4.06	4.30

Todas as polias devem receber um balanceamento estático para velocidades (do eixo ou operação), contudo as correias funcionarão em segurança em velocidade até 30m/s. Onde as vibrações forem problemas, recomendamos que as polias sejam balanceadas dinamicamente.

Velocidade da correia acima de 30m/s, consulte a Gates.

Tabela 4.14 – Classificação de CV por correia (mm) para correias Super HC e PowerBand Super HC perfil 8V

Potência Básica

RPM do eixo mais rápido	CV básico por correia para diâmetro externo Pitch das polias menores, em milímetros																	
	320	340	360	380	400	420	440	460	480	500	520	540	560	580	600	620	640	660
435	20.6	23.1	25.6	28.0	30.5	32.9	35.3	37.6	40.0	42.3	44.7	47.0	49.3	51.5	53.8	56.0	58.3	60.5
485	22.6	25.3	28.0	30.7	33.4	36.0	38.7	41.3	43.8	46.4	48.9	51.5	54.0	56.4	58.9	61.3	63.7	66.1
575	26.0	29.2	32.3	35.4	38.5	41.5	44.5	47.5	50.5	53.4	56.3	59.1	62.0	64.7	67.5	70.2	72.9	75.6
690	30.1	33.8	37.4	41.0	44.6	48.1	51.5	54.9	58.3	61.6	64.9	68.1	71.3	74.4	77.4	80.4	83.4	86.3
725	31.3	35.1	38.9	42.6	46.3	50.0	53.5	57.1	60.5	64.0	67.3	70.6	73.9	77.1	80.2	83.2	86.2	89.2
870	35.9	40.3	44.7	48.9	53.1	57.2	61.2	65.2	69.0	72.8	76.4	80.0	83.5	86.9	90.2	93.3	96.4	99.4
950	38.3	43.0	47.6	52.1	56.5	60.8	65.0	69.1	73.1	77.0	80.8	84.4	87.9	91.3	94.6	97.7	100.7	103.6
1160	43.7	49.0	54.2	59.2	64.0	68.7	73.2	77.5	81.7	85.6	89.3	92.9	96.2					
1425	48.9	54.7	60.2	65.5	70.4	75.1	79.5	83.6										
1750	52.2	58.1	63.5	68.4														
50	3.09	3.42	3.76	4.09	4.42	4.75	5.08	5.41	5.73	6.06	6.38	6.71	7.03	7.35	7.68	8.00	8.32	8.64
100	5.74	6.38	7.01	7.65	8.28	8.91	9.54	10.2	10.8	11.4	12.0	12.7	13.3	13.9	14.5	15.1	15.7	16.3
150	8.21	9.15	10.1	11.0	11.9	12.8	13.8	14.7	15.6	16.5	17.4	18.3	19.2	20.1	21.0	21.9	22.8	23.7
200	10.6	11.8	13.0	14.2	15.4	16.6	17.8	19.0	20.2	21.4	22.5	23.7	24.9	26.1	27.2	28.4	29.5	30.7
250	12.8	14.3	15.8	17.3	18.8	20.3	21.7	23.2	24.6	26.1	27.5	29.0	30.4	31.8	33.2	34.6	36.1	37.5
300	15.0	16.8	18.6	20.3	22.1	23.8	25.5	27.3	29.0	30.7	32.4	34.0	35.7	37.4	39.1	40.7	42.4	44.0
350	17.2	19.2	21.2	23.2	25.2	27.2	29.2	31.2	33.2	35.1	37.0	39.0	40.9	42.8	44.7	46.6	48.4	50.3
400	19.2	21.5	23.8	26.1	28.3	30.6	32.8	35.0	37.2	39.4	41.6	43.7	45.9	48.0	50.1	52.2	54.3	56.4
450	21.2	23.8	26.3	28.8	31.3	33.8	36.3	38.7	41.2	43.6	46.0	48.3	50.7	53.0	55.3	57.6	59.9	62.2
500	23.2	26.0	28.8	31.5	34.3	37.0	39.7	42.3	45.0	47.6	50.2	52.8	55.3	57.9	60.4	62.9	65.3	67.7
550	25.1	28.1	31.1	34.1	37.1	40.0	42.9	45.8	48.7	51.5	54.3	57.1	59.8	62.5	65.2	67.8	70.4	73.0
600	26.9	30.2	33.5	36.7	39.8	43.0	46.1	49.2	52.2	55.2	58.2	61.2	64.1	66.9	69.8	72.6	75.3	78.0
650	28.7	32.2	35.7	39.1	42.5	45.9	49.2	52.4	55.7	58.8	62.0	65.1	68.1	71.2	74.1	77.0	79.9	82.7
700	30.5	34.2	37.9	41.5	45.1	48.6	52.1	55.6	58.9	62.3	65.6	68.8	72.0	75.1	78.2	81.2	84.2	87.1
750	32.1	36.1	40.0	43.8	47.6	51.3	54.9	58.5	62.1	65.6	69.0	72.4	75.7	78.9	82.1	85.2	88.2	91.1
800	33.8	37.9	42.0	46.0	49.9	53.8	57.6	61.4	65.1	68.7	72.2	75.7	79.1	82.4	85.6	88.8	91.9	94.8
850	35.3	39.7	43.9	48.1	52.2	56.3	60.2	64.1	67.9	71.6	75.3	78.8	82.3	85.7	88.9	92.1	95.2	98.2
900	36.8	41.4	45.8	50.1	54.4	58.6	62.7	66.7	70.6	74.4	78.1	81.7	85.2	88.6	91.9	95.1	98.2	101.1
950	38.3	43.0	47.6	52.1	56.5	60.8	65.0	69.1	73.1	77.0	80.8	84.4	87.9	91.3	94.6	97.7	100.7	103.6
1000	39.7	44.5	49.3	53.9	58.5	62.9	67.2	71.4	75.4	79.4	83.2	86.8	90.4	93.7	97.0	100.0	102.9	105.7
1050	41.0	46.0	50.9	55.7	60.3	64.9	69.2	73.5	77.6	81.6	85.4	89.0	92.5	95.8	99.0	102.0		
1100	42.3	47.4	52.5	57.3	62.1	66.7	71.1	75.4	79.6	83.5	87.3	90.9	94.4	97.6	100.6			
1150	43.5	48.8	53.9	58.9	63.7	68.4	72.9	77.2	81.3	85.3	89.0	92.6	95.9	99.0				
1200	44.6	50.0	55.3	60.3	65.2	69.9	74.5	78.8	82.9	86.8	90.5	93.9						
1250	45.7	51.2	56.5	61.7	66.6	71.4	75.9	80.2	84.3	88.1	91.7							
1300	46.7	52.3	57.7	62.9	67.9	72.6	77.1	81.4	85.4	89.1								
1350	47.6	53.3	58.8	64.0	69.0	73.8	78.2	82.4	86.3									
1400	48.5	54.2	59.8	65.0	70.0	74.7	79.1	83.2										
1450	49.2	55.1	60.6	65.9	70.9	75.5	79.8	83.8										
1500	49.9	55.8	61.4	66.6	71.6	76.1	80.4											
1550	50.6	56.5	62.0	67.2	72.1	76.6												
1600	51.1	57.0	62.6	67.7	72.5													
1650	51.5	57.5	63.0	68.1	72.8													
1700	51.9	57.8	63.3	68.3														
1750	52.2	58.1	63.5	68.4														
1800	52.4	58.2	63.5															
1850	52.5	58.2	63.4															
1900	52.5	58.2																
1950	52.4	58.0																
2000	52.2																	

Para outras combinações de RPM-Diâmetro não figuradas nesta tabela, consulte a Gates.

Potência Adicional

RPM do eixo mais rápido	CV adicional por correia, para relação de velocidade									
	1.00 a 1.01	1.02 a 1.05	1.06 a 1.11	1.12 a 1.18	1.19 a 1.26	1.27 a 1.38	1.39 a 1.57	1.58 a 1.94	1.95 a 3.38	3.39 em diante
435	0.00	0.21	0.56	0.98	1.34	1.62	1.90	2.14	2.33	2.46
485	0.00	0.23	0.63	1.10	1.49	1.81	2.12	2.38	2.59	2.75
575	0.00	0.27	0.74	1.30	1.77	2.14	2.51	2.82	3.08	3.26
690	0.00	0.33	0.89	1.56	2.12	2.57	3.01	3.39	3.69	3.91
725	0.00	0.34	0.94	1.64	2.23	2.70	3.16	3.56	3.88	4.11
870	0.00	0.41	1.13	1.96	2.67	3.24	3.80	4.27	4.65	4.93
950	0.00	0.45	1.23	2.15	2.92	3.54	4.14	4.66	5.08	5.38
1160	0.00	0.55	1.50	2.62	3.57	4.32	5.06	5.70	6.20	6.57
1425	0.00	0.68	1.85	3.22	4.38	5.31	6.22	7.00	7.62	8.07
1750	0.00	0.83	2.27	3.95	5.38	6.52	7.63	8.59	9.36	9.92
50	0.00	0.02	0.06	0.11	0.15	0.19	0.22	0.25	0.27	0.28
100	0.00	0.05	0.13	0.23	0.31	0.37	0.44	0.49	0.53	0.57
150	0.00	0.07	0.19	0.34	0.46	0.56	0.65	0.74	0.80	0.85
200	0.00	0.10	0.26	0.45	0.61	0.75	0.87	0.98	1.07	1.13
250	0.00	0.12	0.32	0.56	0.77	0.93	1.09	1.23	1.34	1.42
300	0.00	0.14	0.39	0.68	0.92	1.12	1.31	1.47	1.60	1.70
350	0.00	0.17	0.45	0.79	1.08	1.30	1.53	1.72	1.87	1.98
400	0.00	0.19	0.52	0.90	1.23	1.49	1.75	1.96	2.14	2.27
450	0.00	0.21	0.58	1.02	1.38	1.68	1.96	2.21	2.41	2.55
500	0.00	0.24	0.65	1.13	1.54	1.86	2.18	2.46	2.67	2.83
550	0.00	0.26	0.71	1.24	1.69	2.05	2.40	2.70	2.94	3.12
600	0.00	0.29	0.78	1.35	1.84	2.24	2.62	2.95	3.21	3.40
650	0.00	0.31	0.84	1.47	2.00	2.42	2.84	3.19	3.48	3.68
700	0.00	0.33	0.91	1.58	2.15	2.61	3.05	3.44	3.74	3.97
750	0.00	0.36	0.97	1.69	2.31	2.79	3.27	3.68	4.01	4.25
800	0.00	0.38	1.04	1.81	2.46	2.98	3.49	3.93	4.28	4.53
850	0.00	0.40	1.10	1.92	2.61	3.17	3.71	4.17	4.55	4.82
900	0.00	0.43	1.17	2.03	2.77	3.35	3.93	4.42	4.81	5.10
950	0.00	0.45	1.23	2.15	2.92	3.54	4.14	4.66	5.08	5.38
1000	0.00	0.48	1.30	2.26	3.07	3.73	4.36	4.91	5.35	5.67
1050	0.00	0.50	1.36	2.37	3.23	3.91	4.58	5.16	5.62	5.95
1100	0.00	0.52	1.43	2.48	3.38	4.10	4.80	5.40	5.88	6.23
1150	0.00	0.55	1.49	2.60	3.53	4.28	5.02	5.65	6.15	6.52
1200	0.00	0.57	1.55	2.71	3.69	4.47	5.24	5.89	6.42	6.80
1250	0.00	0.59	1.62	2.82	3.84	4.66	5.45	6.14	6.69	7.08
1300	0.00	0.62	1.68	2.94	4.00	4.84	5.67	6.38	6.95	7.37
1350	0.00	0.64	1.75	3.05	4.15	5.03	5.89	6.63	7.22	7.65
1400	0.00	0.67	1.81	3.16	4.30	5.22	6.11	6.87	7.49	7.93
1450	0.00	0.69	1.88	3.27	4.46	5.40	6.33	7.12	7.76	8.22
1500	0.00	0.71	1.94	3.39	4.61	5.59	6.54	7.37	8.02	8.50
1550	0.00	0.74	2.01	3.50	4.76	5.77	6.76	7.61	8.29	8.78
1600	0.00	0.76	2.07	3.61	4.92	5.96	6.98	7.86	8.56	9.07
1650	0.00	0.78	2.14	3.73	5.07	6.15	7.20	8.10	8.83	9.35
1700	0.00	0.81	2.20	3.84	5.23	6.33	7.42	8.35	9.09	9.63
1750	0.00	0.83	2.27	3.95	5.38	6.52	7.63	8.59	9.36	9.92
1800	0.00	0.86	2.33	4.06	5.53	6.71	7.85	8.84	9.63	10.20
1850	0.00	0.88	2.40	4.18	5.69	6.89	8.07	9.08	9.90	10.48
1900	0.00	0.90	2.46	4.29	5.84	7.08	8.29	9.33	10.16	10.76
1950	0.00	0.93	2.53	4.40	5.99	7.26	8.51	9.57	10.43	11.05
2000	0.00	0.95	2.59	4.52	6.15	7.45	8.73	9.82	10.70	11.33

Todas as polias devem receber um balanceamento estático para velocidades (do eixo ou operação), contudo as correias funcionarão em segurança em velocidade até 30m/s. Onde as vibrações forem problemas, recomendamos que as polias sejam balanceadas dinamicamente.

Velocidade da correia acima de 30m/s, consulte a Gates

Tabela 4.15 – Fator de correção de comprimento de correias Super HC

3V		5V		8V	
Ref. Super HC	Fator de correção	Ref. Super HC	Fator de correção	Ref. Super HC	Fator de correção
3V250	0,83	5V500	0,85	8V1000	0,87
3V265	0,84	5V530	0,86	8V1060	0,88
3V280	0,85	5V560	0,87	8V1120	0,88
3V300	0,86	5V600	0,88	8V1180	0,89
3V315	0,87	5V630	0,89	8V1250	0,90
3V335	0,88	5V670	0,90	8V1320	0,91
3V355	0,89	5V710	0,91	8V1400	0,92
3V375	0,90	5V750	0,92	8V1500	0,93
3V400	0,92	5V800	0,93	8V1600	0,94
3V425	0,93	5V850	0,94	8V1700	0,94
3V450	0,94	5V900	0,95	8V1800	0,95
3V475	0,95	5V950	0,96	8V1900	0,96
3V500	0,96	5V1000	0,96	8V2000	0,97
3V530	0,97	5V1060	0,97	8V2120	0,98
3V560	0,98	5V1120	0,98	8V2240	0,98
3V600	0,99	5V1180	0,99	8V2360	0,99
3V630	1,00	5V1250	1,00	8V2500	1,00
3V670	1,01	5V1320	1,01	8V2650	1,01
3V710	1,02	5V1400	1,02	8V2800	1,02
3V750	1,03	5V1500	1,03	8V3000	1,03
3V800	1,04	5V1600	1,04	8V3150	1,03
3V850	1,06	5V1700	1,05	8V3350	1,04
3V900	1,07	5V1800	1,06	8V3550	1,05
3V950	1,08	5V1900	1,07	8V3750	1,06
3V1000	1,09	5V2000	1,08	8V4000	1,07
3V1060	1,10	5V2120	1,09	8V4250	1,08
3V1120	1,11	5V2240	1,09	8V4500	1,09
3V1180	1,12	5V2360	1,10	8V4750	1,09
3V1250	1,13	5V2500	1,11	8V5000	1,10
3V1320	1,14	5V2650	1,12	8V5600	1,12
3V1400	1,15	5V2800	1,13		
		5V3000	1,14		
		5V3150	1,15		
		5V3350	1,16		
		5V3550	1,17		

Tabela 4.16 – Fator de correção de comprimento de correias Hi-Power II

Perfil A		Perfil B		Perfil C		Perfil D		Perfil E	
Ref. Hi-Power II	Fator de correção	Ref. Hi-Power II	Fator de correção	Ref. Hi-Power II	Fator de correção	Ref. Hi-Power II	Fator de correção	Ref. Hi-Power II	Fator de correção
A-26	0,75	B-35	0,77	C-51	0,77	D-120	0,86	E-180	0,92
A-27	0,76	B-37	0,78	C-55	0,79	D-128	0,88	E-195	0,93
A-31	0,79	B-38	0,79	C-60	0,81	D-144	0,90	E-210	0,95
A-32	0,80	B-39	0,80	C-68	0,83	D-158	0,92	E-240	0,97
A-33	0,81	B-42	0,81	C-71	0,84	D-162	0,92	E-270	0,99
A-35	0,82	B-46	0,83	C-75	0,86	D-173	0,94	E-300	1,01
A-37	0,84	B-48	0,84	C-81	0,87	D-180	0,94	E-330	1,03
A-38	0,85	B-52	0,86	C-85	0,88	D-195	0,96	E-360	1,04
A-41	0,86	B-55	0,88	C-90	0,90	D-210	0,98	E-390	1,06
A-42	0,87	B-60	0,90	C-96	0,91	D-225	0,99	E-420	1,07
A-45	0,89	B-64	0,92	C-100	0,92	D-240	1,00	E-480	1,09
A-46	0,90	B-68	0,93	C-105	0,93	D-270	1,02		
A-49	0,91	B-71	0,94	C-112	0,95	D-300	1,04		
A-53	0,93	B-75	0,95	C-120	0,96	D-330	1,06		
A-57	0,95	B-78	0,96	C-128	0,97	D-360	1,08		
A-60	0,97	B-85	0,99	C-136	0,99	D-390	1,10		
A-64	0,99	B-90	1,00	C-144	1,00	D-420	1,11		
A-68	1,00	B-95	1,01	C-158	1,02	D-480	1,14		
A-71	1,01	B-97	1,02	C-162	1,03				
A-75	1,03	B-105	1,04	C-173	1,04				
A-80	1,04	B-112	1,05	C-180	1,05				
A-85	1,06	B-120	1,07	C-195	1,07				
A-90	1,08	B-128	1,09	C-210	1,08				
A-96	1,09	B-136	1,10	C-225	1,10				
A-105	1,12	B-144	1,12	C-240	1,11				
A-112	1,13	B-158	1,14	C-255	1,13				
A-120	1,15	B-162	1,15	C-270	1,14				
A-128	1,17	B-173	1,16	C-300	1,16				
		B-180	1,17	C-330	1,18				
		B-195	1,19	C-360	1,20				
		B-210	1,22	C-390	1,22				
		B-225	1,23	C-420	1,24				
		B-240	1,24						
		B-270	1,27						
		B-300	1,30						

Tabela 4.17 – Fator de correção do arco de contato

$\frac{D-d}{C_{(a)}}$	Arco de contato da polia menor (graus)	Fator f_{cac}
0,00	180	1,00
0,10	174	0,99
0,20	169	0,97
0,30	163	0,96
0,40	157	0,94
0,50	151	0,93
0,60	145	0,91
0,70	139	0,89
0,80	133	0,87
0,90	127	0,85
1,00	120	0,82
1,10	113	0,80
1,20	106	0,77
1,30	99	0,73
1,40	91	0,70
1,50	83	0,65

Número de Correias

O número de correias necessário para a transmissão é obtido por meio de:

$$n_{co} = \frac{P_p}{P_{p_c}}$$

Em que:

n_{co} - número de correias [adimensional]

P_p - potência projetada [CV]

P_{p_c} - potência por correia [CV]

Velocidade Periférica da Correia (v_p)

$$v_p = \omega_1 \cdot r_1 = \omega_2 \cdot r_2$$

$$v_p = \frac{\pi \cdot r_1 \cdot n_1}{30} = \frac{\pi \cdot r_2 \cdot n_2}{30}$$

Sendo:

v_p - velocidade periférica [m/s]

ω_1 - velocidade angular da polia ① [rad/s]

ω_2 - velocidade angular da polia ② [rad/s]

r_1 - raio da polia ① [m]

r_2 - raio da polia ② [m]

n_1 - rotação da polia ① [rpm]

n_2 - rotação da polia ② [rpm]

π - constante trigonométrica 3,1415...

Velocidade Periférica Máxima

Correias Super HC: $v \leq 33$ m/s

Correias Hi-Power II: $v \leq 30$ m/s

Arco de contato em radiano (α_{rad})

$$\alpha_{rad} = \frac{\pi}{180}\alpha^\circ$$

Em que:

α_{rad} - arco de contato ou ângulo de abraçamento [rad]

α° - arco de contato ou ângulo de abraçamento [graus]

Tabela 4.18 – Coeficiente de atrito (μ) (correia-polia)

Tipos de correia		MATERIAL DAS POLIAS Papel	Madeira	Aço	Fofo
De couro	Curtimento vegetal	0,35	0,30	0,25	0,25
	Curtimento mineral	0,50	0,45	0,40	0,40
De algodão	Tecidos	0,28	0,25	0,20	0,22
	Costurados	0,25	0,23	0,20	0,20
De lã	Emborrachada	0,35	0,32	0,20	0,30

Esforços na Transmissão

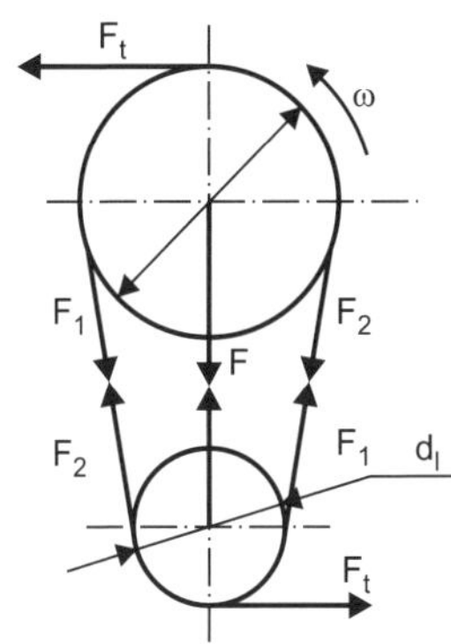

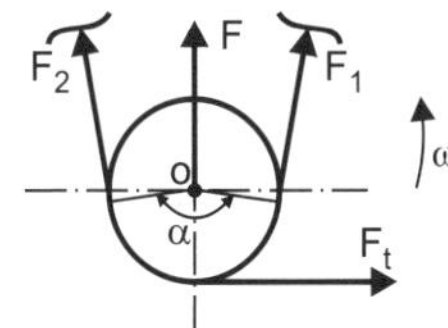

Figura 4.4

Cálculo de F1 e F2 na transmissão

O motor aciona a transmissão por meio de uma força F_1 (motora). Porém, em qualquer tipo de transmissão, existem as perdas provocadas por oposição ao movimento. No caso, essas forças resistivas englobam-se em F_2 (resistiva), que vai se opor ao movimento.

Da soma vetorial dessas duas forças F_1 e F_2 resulta a força tangencial (F_t), que é, na realidade, a força resultante responsável pelo movimento.

Para calcularmos F_1 e F_2, devemos utilizar as equações seguintes:

Torque na polia

polia ①

$$M_{T_1} = \frac{P}{\omega_1} = \frac{30P}{\pi \cdot n_1}$$

polia ②

$$M_{T_2} = \frac{P}{\omega_2} = \frac{30P}{\pi \cdot n_2}$$

Força tangencial

A força tangencial é única na transmissão, portanto, podemos obtê-la por meio da polia ① ou da polia ②.

polia ①

$$F_T = \frac{M_{T_1}}{r_1} = \frac{2M_{T_1}}{d_1}$$

polia ②

$$F_T = \frac{M_{T_2}}{r_2} = \frac{2M_{T_2}}{d_2}$$

Força motriz F_1 e força resistiva F_2

$$\frac{F_1}{F_2} = e^{\mu \cdot \alpha_{rad}} \quad (\mathrm{I}) \qquad\qquad F_1 - F_2 = F_T \quad (\mathrm{II})$$

Força resultante (F)

$$F = \sqrt{F_1^2 + F_2^2 + 2F_1F_2\left|\cos_\alpha\right|}$$

Em que:

F - força resultante [N]

F_1 - força motriz [N]

F_2 - força resistiva [N]

F_T - força tangencial [N]

e - base dos logaritmos neperianos e = 2,71... [adimensional]

μ - coeficiente de atrito (correia-polia) [adimensional]

α_{rad} - arco de contato [rad]

Como Instalar Correias em "V"

1) Use um jogo novo de correias em "V" do mesmo fabricante.

Figura 4.5

2) Retire o óleo e a graxa das polias. Retire a ferrugem e qualquer aspereza.

Figura 4.6

3) Solte a regulagem até poder colocar as correias nos canais sem forçá-las. Tencione-as até que estejam bem ajustadas.	 Figura 4.7
4) O uso de ferramentas na colocação, além de perigoso, danifica as correias internamente.	 Figura 4.8
5) Alinhamento das polias e dos eixos.	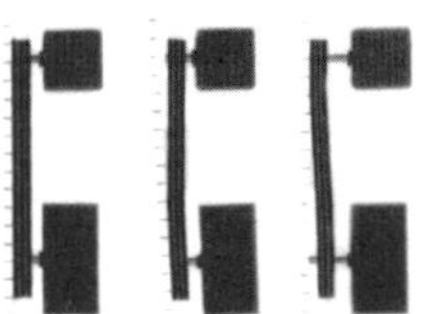 Figura 4.9
6) Verifique os rolamentos e a lubrificação.	 Figura 4.10
7) Deixe espaço suficiente para o funcionamento da transmissão.	 Figura 4.11
8) Funcione a transmissão na velocidade máxima e tensione até que o lado oposto da tração fique ligeiramente arqueado. Transmissões verticais, transmissões com centros de distância muito curtos e transmissões para cargas e choque devem operar mais tencionadas do que outros tipos. Não use lubrificante nas correias.	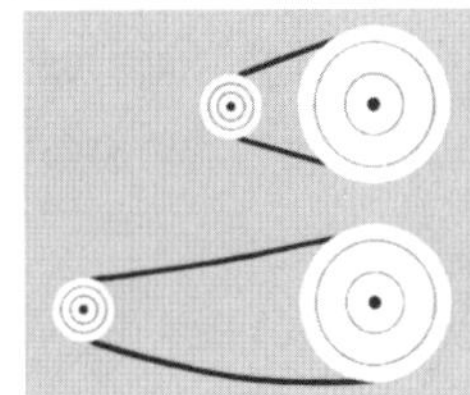 Figura 4.12

9) Deixe as correias funcionarem durante várias horas até adaptarem-se aos canais das polias e tensione-as novamente.

Figura 4.13

Exercício Resolvido

1) O compressor de ar da Figura 4.14 é do tipo pistão, gira com rotação $n_c = 810\text{rpm}$, acionado por um motor elétrico de CA de indução, assíncrono, trifásico, com potência $P = 1\text{cv}$ (0,7355kW) e rotação $n_m = 1730\text{rpm}$, sendo a distância entre centros $C = 600\text{mm}$.

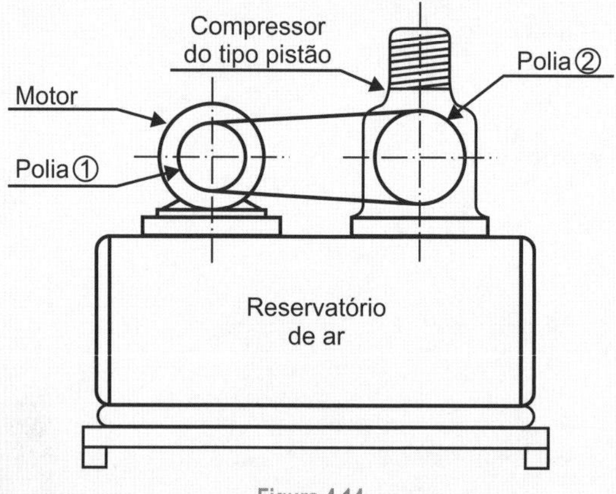

Figura 4.14

Considerar:

Serviço normal: 8-10h/dia

Utilizar correias Gates Hi-Power II, coeficiente de atrito correia-polia $\mu = 0{,}25$.

Determinar para transmissão:

a) O número e a referência da(s) correia(s) necessária(s) para transmissão

b) Os esforços atuantes na transmissão:

b.1) F_1 - força motriz

b.2) F_2 - força resistiva

b.3) F - força resultante

Resolução

1) Potência projetada (P_p)

$$P_p = P_{motor} \cdot f_s$$

f_s = fator de serviço obtém-se na Tabela 4.19:

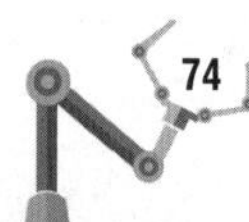

Tabela 4.19 – Fator de serviço

Máquina conduzida	Máquina condutora					
As máquinas relacionadas são apenas exemplos representativos. Escolha o grupo cujas características sejam mais semelhantes à máquina em consideração.	**Motores AC:** torque normal, rotor gaiola de anéis, sincrônicos, divisão de fase **Motores DC:** enrolados em derivação **Motores Estacionários:** combustão interna de múltiplos cilindros			**Motores AC:** alto torque, alto escorregamento, trifásico repulsão-Indução , monofásico, enrolado em série, anéis coletores **Motores DC:** enrolados em série, enrolados mistos **Motores Estacionários:** combustão interna de um cilindro* **Eixos de Transmissão** **Embreagens**		
	Serviço intermitente	Serviço normal	Serviço contínuo	Serviço intermitente	Serviço normal	Serviço contínuo
	3-5h diárias ou periodicamente	8-10h diárias	16-24h diárias	3-5h diárias ou periodicamente	8-10h diárias	16-24h diárias
Agitadores para líquidos Ventiladores e exaustores Bombas centrífugas e compressores Ventiladores até 10HP Transportadores de carga leve	1,0	1,1	1,2	1,1	1,2	1,3
Correias transportadoras para areia e cereais Ventiladores de mais 10HP Geradores Eixos de transmissão Maquinário de lavanderia Punções, prensas e tesourões Máquinas gráficas Bombas centrífugas de deslocamento positivo Peneiras vibratórias rotativas	1,1	1,2	1,3	1,2	1,3	1,4
Maquinário para olaria Elevadores de canecas Excitadores Compressores de pistão Moinhos de martelo Moinhos para indústria de papel Bombas de pistões Serrarias e maquinário de carpintaria Maquinários têxteis	1,2	1,3	1,4	1,4	1,5	1,5
Britadores (giratórios e de mandíbulas) Guindastes Misturadores, calandras e moinhos para borracha	1,3	1,4	1,5	1,6	1,6	1,8

* O fator de serviço deverá ser aplicado sobre o valor para regime contínuo, mencionado na placa de identificação do próprio motor.

Subtraia 0,2 (com um fator de serviço mínimo de 1,0) quando se tratar de classificação máxima intermitente.

Recomenda-se o uso de um fator de serviço de 2,0 para equipamento sujeito a sufocações ou afogadiços.

Para compressores do tipo pistão, serviço normal, motor CA de indução encontra-se $f_s = 1,5$, portanto:

$$P_p = P_{motor} \cdot f_s$$

$$\boxed{P_p = 1 \cdot 1,5 = 1,5CV}$$

2) Perfil da correia

Por meio da rotação da árvore mais rápida e da potência projetada, determina-se o perfil da correia no Gráfico 4.3.

Como a rotação da polia motora (menor) é $n_m = 1730rpm$ e a potência projetada $P_p = 1,5CV$, obtém-se no Gráfico 4.3 o perfil "A".

Gráfico 4.3 – Seleção de perfil de correias Hi-Power II

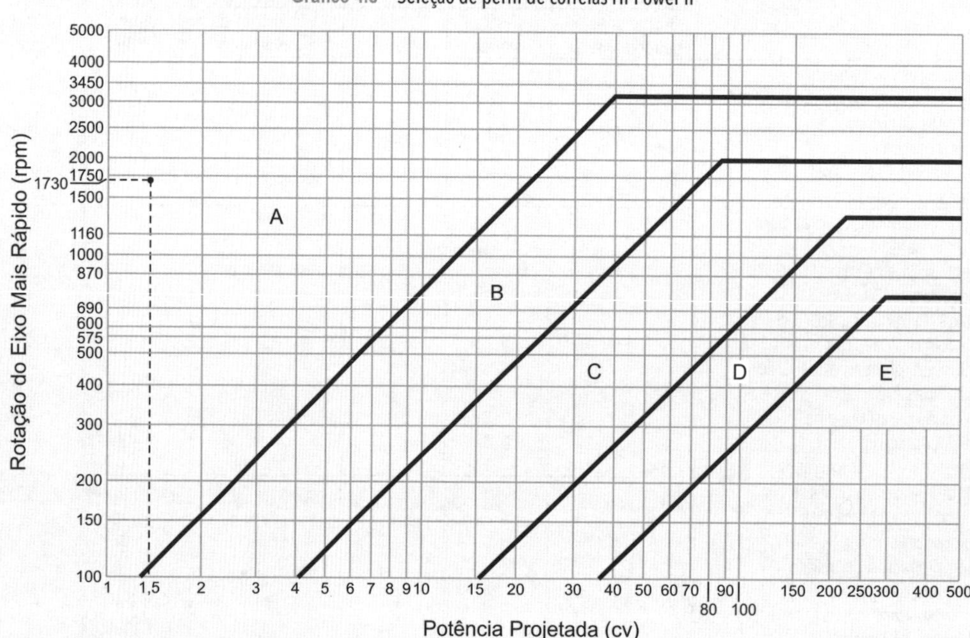

3) Diâmetro das polias

a) Diâmetro da polia ① (motora)

O diâmetro da polia motora é determinado em função da potência do motor e da rotação da árvore mais rápida na Tabela 4.20. Para potência do motor $P_{motor} = 1cv$ e rotação do motor (polia ①) $n_m = -1730rpm$; encontra-se na Tabela 4.3 diâmetro mínimo $d_{mín} = 2,2$ pol $\cong 56mm$.

Como o diâmetro mínimo recomendado para esse tipo de correia é d = 65mm, será o diâmetro da polia menor.

b) Diâmetro da polia ② (movida)

$D = d \cdot i$

A relação de transmissão i obtém-se por meio de:

$$i = \frac{n_{motor}}{n_{compressor}} = \frac{1730}{810}$$

$$\boxed{i \cong 2{,}136}$$

Portanto,

$D = 65 \cdot 2{,}136 = 138{,}84mm$

Fixa-se: $\boxed{D = 140mm}$

4) Comprimento das correias

Como a distância entre centros foi admitida em C = 600mm, o comprimento das correias será:

$$\ell = 2C + 1{,}57(D + d) + \frac{(D - d)^2}{4C}$$

$$\ell = 2 \cdot 600 + 1{,}57(140 + 65) + \frac{(140 - 65)^2}{4 \cdot 600}$$

$$\ell = 1200 + 321{,}85 + 2{,}34...$$

$$\boxed{\ell \cong 1 \cdot 524mm}$$

O comprimento exato da correia é definido por meio da tabela de correias padronizadas (Tabela 4.20).

A correia a ser utilizada é A60, cujo comprimento é $\ell_c = 1555mm$, ou seja, correia padronizada com comprimento mais próximo do valor obtido.

Tabela 4.20 – Comprimento das correias Hi-Power II

Perfil A			Perfil B			Perfil C			Perfil D			Perfil E		
Ref.	Circunf. pitch		Ref.	Circunf. pitch		Ref.	Circunf. pitch		Ref.	Circunf. pitch		Ref.	Circunf. pitch	
	Pol.	mm		Pol.	mm		Pol.	mm		Pol.	mm		Pol.	mm
A-26	27.3	695	B-35	36.8	935	C-51	53.9	1370	D-120	123.3	3130	180	184.5	4685
27	28.3	720	37	38.8	985	55	57.9	1470	128	131.3	3335	195	199.5	5065
31	32.3	820	38	39.8	1010	58	60.9	1545	136	139.3	3540	202	206.5	5245
32	33.3	845	39	40.8	1035	60	62.9	1600	144	147.3	3740	210	214.5	5450
33	34.3	870	42	43.8	1115	63	65.9	1675	158	161.3	4095	225	229.5	5830
35	36.3	920	46	47.8	1215	68	70.9	1800	162	165.3	4200	240	241.0	6120
37	38.3	975	48	49.8	1265	71	73.9	1875	173	176.3	4480	270	271.0	6885
38	39.3	1000	50	51.8	1315	72	74.9	1900	180	183.3	4655	300	301.0	7645
41	42.3	1075	51	52.8	1340	73	75.9	1930	195	198.3	5035	325	326.0	8280
42	43.3	1100	52	53.8	1365	75	77.9	1980	210	213.3	5420	330	331.0	8405
45	46.3	1175	53	54.8	1390	81	83.9	2130	225	225.8	5735	360	361.0	9170
46	47.3	1200	55	56.8	1445	85	87.9	2235	240	240.8	6115	390	391.0	9930
47	48.3	1225	60	61.8	1570	90	92.9	2360	250	250.8	6370	420	421.0	10695
49	50.3	1280	63	64.8	1645	96	98.9	2510	270	270.8	6880	480	481.0	12215
50	51.3	1305	64	65.8	1670	100	102.9	2615	300	300.8	7640			
51	52.3	1330	65	66.8	1695	105	107.9	2740	330	330.8	8400			
53	54.3	1380	68	69.8	1775	112	114.9	2920	360	360.8	9165			
54	55.3	1405	71	72.8	1850	120	122.9	3120	390	390.8	9925			
55	56.3	1430	73	74.8	1900	128	130.9	3325	420	420.8	10690			
57	58.3	1480	75	76.8	1950	136	138.9	3530	480	480.8	12210			
60	61.3	1555	78	79.8	2025	144	146.9	3730						
62	63.3	1610	81	82.8	2105	158	160.9	4085						
64	65.3	1660	85	86.8	2205	162	164.9	4190						
66	67.3	1710	90	91.8	2330	173	175.9	4470						
68	69.3	1760	93	94.8	2410	180	182.9	4645						
69	70.3	1785	95	96.8	2460	195	197.9	5025						
71	72.3	1835	97	98.8	2510	210	212.9	5410						
75	76.3	1940	105	106.8	2715	225	225.9	5740						
80	81.3	2065	112	113.8	2890	240	240.9	6120						
85	86.3	2190	120	121.8	3095	255	255.9	6500						
90	91.3	2320	124	125.8	3195	270	270.9	6880						
96	97.3	2470	128	129.8	3295	300	300.9	7645						
105	106.3	2700	136	137.8	3500	330	330.9	8405						
112	113.3	2880	144	145.8	3705	360	360.9	9165						
120	121.3	3080	158	159.8	4060	390	390.9	9930						
128	129.3	3285	162	163.8	4160	420	420.9	10690						
136	137.3	3485	173	174.8	4440									
144	145.3	3690	180	181.8	4620									
158	159.3	4045	195	196.8	5000									
162	163.3	4150	210	211.8	5380									
173	174.3	4425	225	225.3	5725									
180	181.3	4605	240	240.3	6105									
			270	270.3	6865									
			300	300.3	7630									
			330	330.3	8390									
			360	360.3	9150									

Somente na construção individual   Nas construções individual e PowerBand

5) Ajuste da distância entre centros

a) Comprimento de ajuste da correia

$$\ell_A = \ell_C - 1{,}57(D + d)$$

$$\ell_A = 1.555 - 1{,}57(140 + 65)$$

$$\ell_A \cong 1233mm$$

b) Fator h (fator de correção)

Obtém-se na Tabela 4.21 seguinte:

Tabela 4.21 – Fator de correção da distância entre centros (h)

$\frac{D-d}{\ell_A}$	Fator h	$\frac{D-d}{\ell_A}$	Fator h	$\frac{D-d}{\ell_A}$	Fator h	$\frac{D-d}{\ell_A}$	Fator h	$\frac{D-d}{\ell_A}$	Fator h	$\frac{D-d}{\ell_A}$	Fator h
0,00	0,00	0,12	0, 06	0,23	0,12	0,34	0,18	0,43	0,24	0,51	0,30
0,02	0,01	0,14	0,07	0,25	0,13	0,35	0,19	0,44	0,25		
0,04	0,02	0,16	0,08	0,27	0,14	0,37	0,20	0,46	0,26		
0,06	0,03	0,18	0,09	0,29	0,15	0,39	0,21	0,47	0,27		
0,08	0,04	0,20	0,10	0,30	0,16	0,40	0,22	0,48	0,28		
0,10	0,05	0,21	0,11	0,32	0,17	0,41	0,23	0,50	0,29		

$$\frac{D-d}{\ell_A} = \frac{140-65}{1233} \cong 0{,}06$$

Como a relação apresentou resultado 0,06, encontra-se na tabela 20h = 0,03.

c) Distância entre centros (ajustada)

$$C_{(a)} = \frac{\ell_A - h(D-d)}{2}$$

$$C_{(a)} = \frac{1233 - 0{,}03\ (140-65)}{2}$$

$$C_{(a)} \cong 615mm$$

6) Capacidade de transmissão de potência por correia (P_{pc}):

$P_{pc} = (P_b + P_a)\, f_{cc} \cdot f_{cac}$

Por meio da Tabela 4.7 obtém-se:

$P_b \cong 0{,}73$CV/correia ($n_m = 1730$ rpm e $d = 65$mm)

$P_a \cong 0{,}33$CV/correia ($i > 1{,}49$ e $n_m = 1730$rpm)

Tabela 4.22 – Classificação por correia (mm) para correias Hi-Power II e PowerBand Hi-Power II perfil "A"

RPM do eixo mais rápido	CV básico por correia para diâmetro Pitch das polias menores, em milímetros																	
	65	70	75	80	85	90	95	100	105	110	115	120	125	140	150	165	180	190
950	0.55	0.74	0.92	1.11	1.29	1.47	1.65	1.83	2.01	2.19	2.37	2.54	2.71	3.23	3.57	4.07	4.56	4.89
1160	0.61	0.84	1.06	1.28	1.50	1.71	1.93	2.14	2.35	2.56	2.77	2.98	3.19	3.79	4.19	4.78	5.36	5.74
1425	0.67	0.94	1.21	1.47	1.73	1.99	2.25	2.50	2.75	3.00	3.25	3.49	3.74	4.45	4.92	5.61	6.28	6.71
1750	0.73	1.05	1.37	1.68	1.99	2.30	2.60	2.90	3.20	3.49	3.78	4.07	4.35	5.19	5.73	6.51	7.27	7.76
2850	0.77	1.25	1.71	2.17	2.62	3.07	3.50	3.93	4.34	4.75	5.15	5.54	5.91	6.99	7.65	8.56	9.36	9.83

RPM do eixo mais rápido	CV adicional por correia para relação de velocidade									
	1.00 a 1.01	1.02 a 1.03	1.04 a 1.05	1.06 a 1.08	1.09 a 1.12	1.13 a 1.16	1.17 a 1.22	1.23 a 1.30	1.31 a 1.48	1.49 em diante
950	0.00	0.02	0.04	0.06	0.08	0.10	0.12	0.14	0.16	0.18
1160	0.00	0.02	0.05	0.07	0.10	0.12	0.14	0.17	0.19	0.22
1425	0.00	0.03	0.06	0.09	0.12	0.15	0.18	0.21	0.24	0.27
1750	0.00	0.04	0.07	0.11	0.14	0.18	0.22	0.25	0.29	0.33
2850	0.00	0.06	0.12	0.18	0.24	0.29	0.35	0.41	0.47	0.53

Tabela completa consulte a página 64.

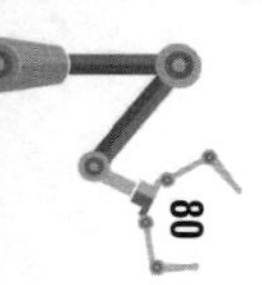

Por meio da Tabela 4.23 obtém-se o fator de correção de comprimento.

$F_{CC} = 0{,}97$ correia A-60

Tabela 4.23 – Fator de correção de comprimento de correias Hi-Power II

Perfil A		Perfil B		Perfil C		Perfil D		Perfil E	
Ref. Hi-Power II	Fator de correção	Ref. Hi-Power II	Fator de correção	Ref. Hi-Power II	Fator de correção	Ref. Hi-Power II	Fator de correção	Ref. Hi-Power II	Fator de correção
A-26	0,75	B-35	0,77	C-51	0,77	D-120	0,86	E-180	0,92
A-27	0,76	B-37	0,78	C-55	0,79	D-128	0,88	E-195	0,93
A-31	0,79	B-38	0,79	C-60	0,81	D-144	0,90	E-210	0,95
A-32	0,80	B-39	0,80	C-68	0,83	D-158	0,92	E-240	0,97
A-33	0,81	B-42	0,81	C-71	0,84	D-162	0,92	E-270	0,99
A-35	0,82	B-46	0,83	C-75	0,86	D-173	0,94	E-300	1,01
A-37	0,84	B-48	0,84	C-81	0,87	D-180	0,94	E-330	1,03
A-38	0,85	B-52	0,86	C-85	0,88	D-195	0,96	E-360	1,04
A-41	0,86	B-55	0,88	C-90	0,90	D-210	0,98	E-390	1,06
A-42	0,87	B-60	0,90	C-96	0,91	D-225	0,99	E-420	1,07
A-45	0,89	B-64	0,92	C-100	0,92	D-240	1,00	E-480	1,09
A-46	0,90	B-68	0,93	C-105	0,93	D-270	1,02		
A-49	0,91	B-71	0,94	C-112	0,95	D-300	1,04		
A-53	0,93	B-75	0,95	C-120	0,96	D-330	1,06		
A-57	0,95	B-78	0,96	C-128	0,97	D-360	1,08		
A-60	0,97	B-85	0,99	C-136	0,99	D-390	1,10		
A-64	0,99	B-90	1,00	C-144	1,00	D-420	1,11		
A-68	1,00	B-95	1,01	C-158	1,02	D-480	1,14		
A-71	1,01	B-97	1,02	C-162	1,03				
A-75	1,03	B-105	1,04	C-173	1,04				
A-80	1,04	B-112	1,05	C-180	1,05				
A-85	1,06	B-120	1,07	C-195	1,07				
A-90	1,08	B-128	1,09	C-210	1,08				
A-96	1,09	B-136	1,10	C-225	1,10				
A-105	1,12	B-144	1,12	C-240	1,11				
A-112	1,13	B-158	1,14	C-255	1,13				
A-120	1,15	B-162	1,15	C-270	1,14				
A-128	1,17	B-173	1,16	C-300	1,16				
		B-180	1,17	C-330	1,18				
		B-195	1,19	C-360	1,20				
		B-210	1,22	C-390	1,22				
		B-225	1,23	C-420	1,24				
		B-240	1,24						
		B-270	1,27						
		B-300	1,30						

Por meio da Tabela 4.23 obtém-se o fator de correção do arco de contato (f_{cac}).

$$\frac{D-d}{C_{(a)}} = \frac{140-65}{615}$$

$$\frac{D-d}{C_{(a)}} \cong 0{,}12$$

Tabela 4.24 – Fator de correção do arco de contato

$\frac{D-d}{C_{(a)}}$	Arco de contato da polia menor (graus)	Fator f_{cac}
0,00	180	1,00
0,10	174	0,99
0,20	169	0,97
0,30	163	0,96
0,40	157	0,94
0,50	151	0,93
0,60	145	0,91
0,70	139	0,89
0,80	133	0,87
0,90	127	0,85
1,00	120	0,82
1,10	113	0,80
1,20	106	0,77
1,30	99	0,73
1,40	91	0,70
1,50	83	0,65

Como o valor da relação $\frac{D-d}{C_{(a)}} \cong 0{,}12$, portanto, $0{,}10 < \frac{D-d}{C_{(a)}} < 0{,}20$, conclui-se que se torna neces

sária a interpolação dos valores da tabela.

Incremento do fator de correção do arco de contato (f_{cac}):

$$i_{a_c} = \frac{0{,}99 - 0{,}97}{10} = 0{,}002$$

Incremento do arco de contato $(\alpha°)$:

$$i_{(\alpha°)} = \frac{174 - 169}{10} = 0{,}5°$$

$$i_{(\alpha°)} = 0{,}5° = 30'$$

Observe o desmembramento dos valores na Tabela 4.25:

Tabela 4.25

$\frac{D-d}{C_a}$	Arco de contato $(\alpha°)$	f_{cac}
0,10	174	0,990
0,11	173°30'	0,988
0,12	173°	0,986
0,13	172°30'	0,984
0,14	172°	0,982
0,15	171°30'	0,980
0,16	171°	0,978
0,17	170°30'	0,976
0,18	170°	0,974
0,19	169°30'	0,972
0,20	169°	0,970

Para relação $\frac{D-d}{C_a} = 0,12$, encontra-se na Tabela 4.25 do desdobramento que o arco de contato $\alpha = 173°$ e o fator de correção do arco de contato $f_{cac} = 0,986$.

Com base nos valores encontrados, determina-se a capacidade de transmissão por correia.

$$P_{p_c} = (P_b + P_a)\, f_{cc} \cdot f_{cac}$$

$$P_{p_c} = (0,73 + 0,33)\, 0,97 \cdot 0,986$$

$$P_{p_c} \cong 1CV$$

7) Número de correias necessárias para transmissão

$$n_{c_o} = \frac{P_p}{P_{p_c}} = \frac{1,5}{1} = 1,5$$

A transmissão utilizará duas correias A-60 Gates Hi-Power II.

8) Esforços na transmissão

a) Torque do motor (polia 1)

$$M_{T_1} = \frac{30P}{\pi \cdot n_m}$$

A potência do motor é P = 1CV (0,7355kW)

P ≅ 735,5W, portanto, o torque será:

$$M_{T_1} = \frac{30 \cdot 735,5}{\pi \cdot 1730} = 4,06N_m$$

$$\boxed{M_{T_1} \cong 4,06N_m}$$

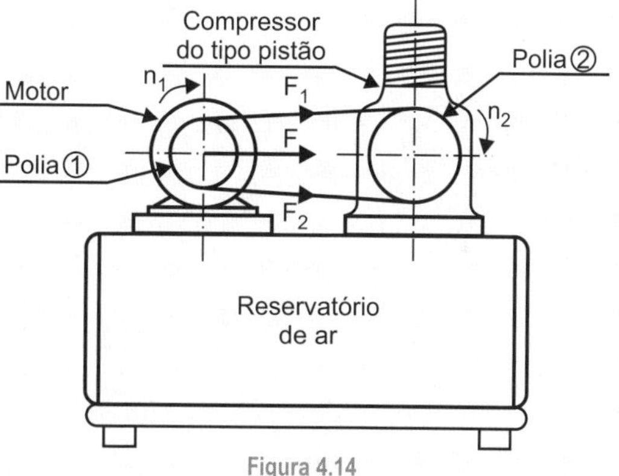

Figura 4.14

b) Força tangencial (F_T)

$$F_T = \frac{2M_{T_1}}{d} = \frac{2 \cdot 4,06}{0,065}$$

$$\boxed{F_T \cong 125N}$$

Observação!

O diâmetro da polia ① foi transformado em m.

d = 65mm = 0,065m

c) Esforços F_1 e F_2

Para determinar os esforços F_1 e F_2, utilizam-se as duas equações seguintes:

$$\frac{F_1}{F_2} = e^{\mu_{\alpha_{rad}}} \quad \text{①}$$

$$F_1 - F_2 = F_T \quad \text{②}$$

O coeficiente de atrito entre a correia e a polia está admitido em $\mu = 0,25$.

O ângulo de abraçamento (arco de contato) é $\alpha = 173°$ (veja item 6 da resolução).

Para utilizar α na equação ①, é necessário transformá-lo em radiano, efetuando como segue:

$$\alpha_{rad} = \frac{\pi}{180°} \cdot \alpha°$$

$$\alpha_{rad} = \frac{\pi}{180°} \cdot 173°$$

$$\boxed{\alpha_{rad} \cong 3,02}$$

O fator "e" da equação ① é a base dos logaritmos neperianos, valendo e = 2,71828...

Portanto, pode-se desenvolver a equação ① da seguinte forma:

$$\frac{F_1}{F_2} = 2,71828...^{(0,25 \cdot 3,02)}$$

$$\frac{F_1}{F_2} \cong 2,13 \Rightarrow \boxed{F_1 \cong 2,13 F_2} \quad ①$$

Substituindo ① em ②, tem-se:

$$F_1 - F_2 = F_T$$

$$2,13\,F_2 - F_2 = 125$$

$$1,13\,F_2 = 125$$

$$F_2 = \frac{125}{1,13} \Rightarrow \boxed{F_2 \cong 110N}$$

Por meio da equação ① sabe-se que:

$$F_1 \cong 2,13\,F_2 \Rightarrow F_1 = 2,13 \cdot 110$$

$$F_1 \cong 235N$$

d) Carga resultante (F)

$$F = \sqrt{F_1^2 + F_2^2 + 2F_1F_2|\cos\alpha|}$$

$$F = \sqrt{235^2 + 110^2 + 2 \cdot 235 \cdot 110|\cos 173°|}$$

O $|\cos\alpha|$ entra em módulo, pois as cargas F_1 e F_2 são sempre acumulativas. Por meio da resolução da raiz obtém-se que:

$$\boxed{F \cong 345N}$$

Exercícios Propostos

1) A furadeira de bancada, representada na Figura 4.15, é acionada por um motor elétrico CA, assíncrono, de indução, monofásico, com potência Pm = 0,5CV (≅ 0,37kW) e rotação n_m = 1.160rpm. O eixo árvore da máquina-ferramenta gira com a rotação na = 300rpm.

Considerar:

- coeficiente de atrito correia-polia $\mu = 0{,}25$
- distância entre centros C = 560mm
- serviço normal: 8-10h/dia
- utilizar correia Gates Hi-Power II

A polia motora (menor) possui diâmetro d = 65mm.

Determinar para a transmissão:

a) O número e a referência das correias necessários para transmissão

b) Os esforços atuantes F_1; F_2; F

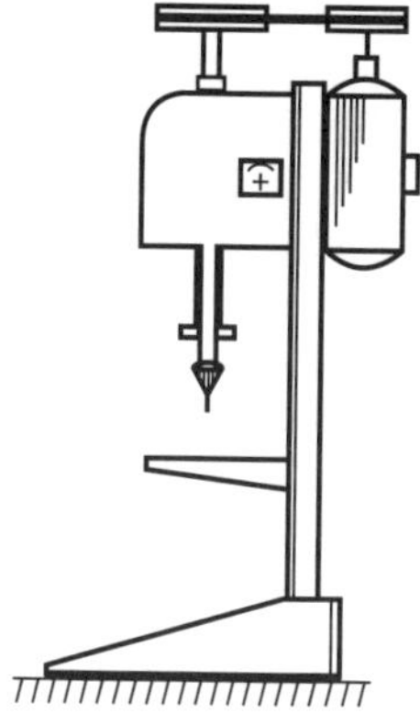

Figura 4.15

Respostas

$P_p = 0{,}65CV$

Perfil "A"

D = 250mm

ℓ = 1630mm (comprimento calculado)

$\ell_c = 1610mm$ (correia A62)

$\ell_A = 1115mm$

$$\frac{D-d}{\ell_a} = 0{,}16 \Rightarrow \boxed{h = 0{,}08}$$

$C_p = 550mm$

$P_b = 0{,}61CV$

$P_a = 0{,}22CV$

$f_{cc} = 0{,}98$

$f_{cac} = 0{,}95$

$P_{pc} = 0{,}77CV$/correia

$N_{c_0} = 0{,}84$ correia (utilizar 1 correia A62)

Esforços na transmissão:

$M_T \cong 3{,}05Nm$

$F_1 \cong 187N$

$F_T \cong 93N$

$F_2 \cong 93N$

$F \cong 275N$

2) A máquina policorte, representada na Figura 4.16, é acionada por um motor assíncrono, de indução, monofásico, com P = 2CV (≅ 1,5kW) e n = 1720rpm. As polias possuem, respectivamente, d_1 = 100mm e d_2 = 120mm.

A distância entre centros é de 400mm. Considerar serviço normal de 8-10h por dia. Utilizar correias Gates Hi-Power II. Especificar o número e o tipo de correias necessários para a transmissão.

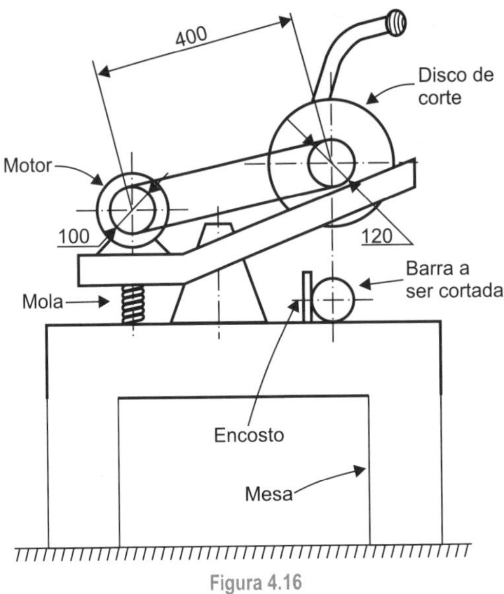

Figura 4.16

Respostas

P_p = 2,6cv

Perfil "A"

i = 1,2

ℓ = 1145mm (comprimento calculado)

ℓ_c = 1,175mm (comprimento padronizado – Tabela 4.19)

C ≅ 415mm

P_{p_c} = 2,7CV/correia

1 correia Ref. A45

3) Um motor elétrico, assíncrono, de indução, trifásico, com potência P = 5CV (3,7kW) e rotação n_m = 1710rpm aciona o compressor do tipo pistão de um sistema de refrigeração que tem rotação prevista em n_c = 805rpm.

Considerar para a transmissão:

- distância entre centros C = 600mm
- serviço normal (8 a 10h/dia)
- correias em "V" Gates Hi-PowerII
- coeficiente de atrito correia-polia μ = 0,25

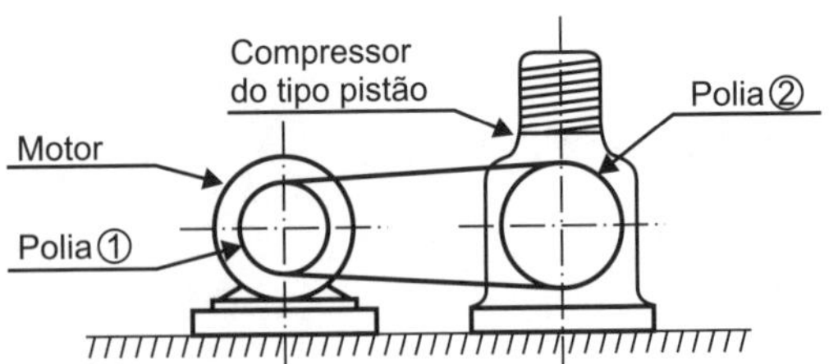

Figura 4.17

Determinar para a transmissão:

a) O número e a referência das correias necessários para transmissão

b) Os esforços atuantes:

 b1) F_1 - força motriz

 b2) F_2 - força resistiva

 b3) F_3 - força resultante

Respostas

$P_p = 7{,}5CV$

$d = 80mm$

$D = 170mm$

$i \cong 2{,}12$

$\ell \cong 1596mm$ (comprimento calculado)

$\ell_c = 1610mm$ – A62 (comprimento padronizado – Tabela 4.19)

$\frac{D-d}{\ell_A} \cong 0{,}08$

$\ell_A \cong 1217mm$ (comprimento de ajuste)

$h \cong 0{,}04$

$C_{(a)} = 607mm$

$f_{cc} = 0{,}98$

$f_{cac} = 0{,}98$

$\alpha = 171°30'$

$P_{pc} = 1{,}93CV$/correia

$N°_{c_O} = 4$ correias A62 (Gates Hi-Power II)

Esforços na transmissão:

$M_{T_1} = 20{,}7Nm$

$F_T \cong 518N$

$F \cong 1450N$

$F_1 \cong 985N$

$F_2 \cong 467N$

4) A construção da Figura 4.18, representa uma lixadeira para marcenaria com as seguintes características: o motor da máquina possui torque normal, síncrono, com potência P = 1,5kW (~2CV) e rotação n = 1750rpm.

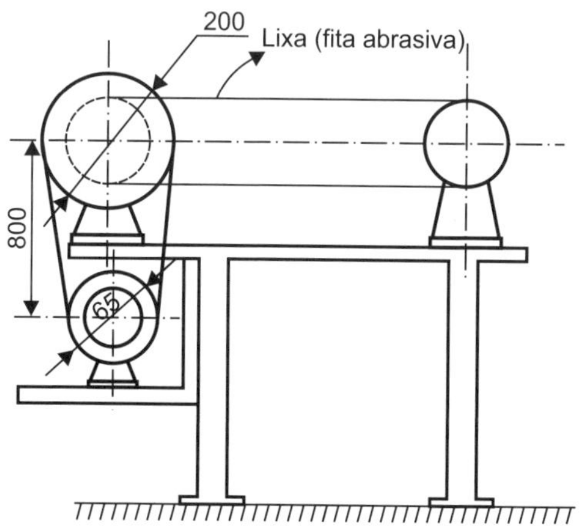

Figura 4.18

Considerar:

- distância entre centros C = 800mm
- serviço leve (5h/dia)
- utilizar correias Gates Hi-Power II
- coeficiente de atrito correia-polia $\mu = 0,25$
- diâmetro das polias d = 65mm e D = 200mm

Determinar para a transmissão:

a) O número e a referência das correias necessários para transmissão;

b) Os esforços atuantes na transmissão:

b1) F_T - força tangencial

b1) F_1 - força motriz

b2) F_2 - força resistiva

b3) F - força resultante

Respostas

$P_p = 2{,}4cv \cong 1{,}76kW$

Perfil "A"

$i = 3{,}077$

$\ell \cong 2021mm$

$\ell_c \cong 2065mm$

$C_a \cong 822mm$

$P_{p_c} = 1{,}08CV/correia$

$\alpha \cong 171°$

3 correias Ref. A80

$F_T \cong 252N$

$F_1 \cong 478N$

$F_2 \cong 227N$

$F \cong 704N$

Utilizar 3 correias A-80 na transmissão

5

Engrenagens

Denomina-se engrenagem a peça de formato cilíndrico (engrenagem cilíndrica), cônico (engrenagem cônica) ou reto (cremalheira), dotada de dentadura externa ou interna, cuja finalidade é transmitir movimento sem deslizamento e potência, multiplicando os esforços com a finalidade de gerar trabalho.

5.1 Fabricação de Engrenagens

Os processos para fabricação de engrenagens são divididos em três grupos:

1) Usinagem
2) Fundição
3) Sem retirada de cavaco

5.1.1 Usinagem de Engrenagens

O processo de obtenção de engrenagens por meio da usinagem é dividido em dois subgrupos, descritos a seguir.

5.1.1.1 Usinagem com Ferramenta

A usinagem com ferramenta consiste na utilização de fresa módulo, fresa de ponta e brochamento.

5.1.1.2 Usinagem por Geração

A usinagem por geração é efetuada com a utilização de fresa caracol (hob), cremalheira de corte e engrenagem de corte. É o processo mais utilizado na indústria.

5.1.2 Fundição

A fabricação de engrenagens por fundição utiliza, basicamente, os processos por gravidade, sob pressão e em casca.

5.1.3 Sem Retirada de Cavaco

Esse processo é dividido em dois subgrupos: forjamento e estampagem. Classificam-se como forjamento: extrusão e trefilação, laminação e forjamento em matriz. O processo de estampagem resume-se em ferramenta de corte.

5.2 Qualidade das Engrenagens

A norma DIN 3960/3968 especifica 12 qualidades:

Tabela 5.1 – Escolha de tolerância

Qualidade	Aplicações
1	Atualmente, dificilmente é utilizada, tal a dificuldade para sua obtenção. Foi criada prevendo-se uma utilização futura.
2	São utilizadas em indústria de precisão (relojoaria e aparelhos de precisão).
3	São utilizadas como padrão em laboratórios de controle. São consideradas engrenagens de precisão.
4	Utiliza-se na fabricação de engrenagens padrão, engrenagens para aviação, engrenagem de alta precisão para torres de radar.
5	São utilizadas em aviões, máquinas operatrizes, instrumentos de medidas, turbinas etc.
6	Utiliza-se em automóveis, ônibus, caminhões, navios, em mecanismos de alta rotação.
7	Engrenagens sheivadas são empregadas em veículos, máquinas operatrizes, máquinas de levantamento e transporte etc.
8 e 9	São as mais empregadas, pois não precisam ser retificadas. Utilizam-se em máquinas em geral.
10 a 12	São engrenagens mais rústicas, normalmente utilizadas em máquinas agrícolas.

Para definir a qualidade da engrenagem, pode-se basear na sua velocidade periférica. Utilizar a Tabela 5.2:

Tabela 5.2

Velocidade Periférica m/s			Qualidade		
<	2		11	a	12
2	a	3	10	a	11
3	a	4	09	a	10
4	a	5	08	a	10
5	a	10	07	a	09
10	a	15	06	a	07
>	15		06		

5.3 Características Gerais

- São utilizadas em eixos paralelos ou reversos.
- A relação de transmissão é constante.
- Transmitem forças sem deslizamento.
- Seu funcionamento é seguro.
- Possuem vida longa em relação a outros tipos de transmissão.
- Resistem bem às sobrecargas.
- Custo com manutenção reduzido.
- Possuem bom rendimento.
- O índice de ruído é maior em relação a outras transmissões.

5.4 Tipos de Engrenagem e as Relações de Transmissão Indicadas

Tabela 5.3

Engrenagens cilíndricas	ι	$\leq$	8	estágio único
	ι	$\leq$	6	duplo estágio
Observação	ι	$\leq$	6	para cada estágio no duplo estágio
Engrenagens cônicas	ι	$\leq$	6	
Parafuso sem fim	ι	$\leq$	100	por estágio

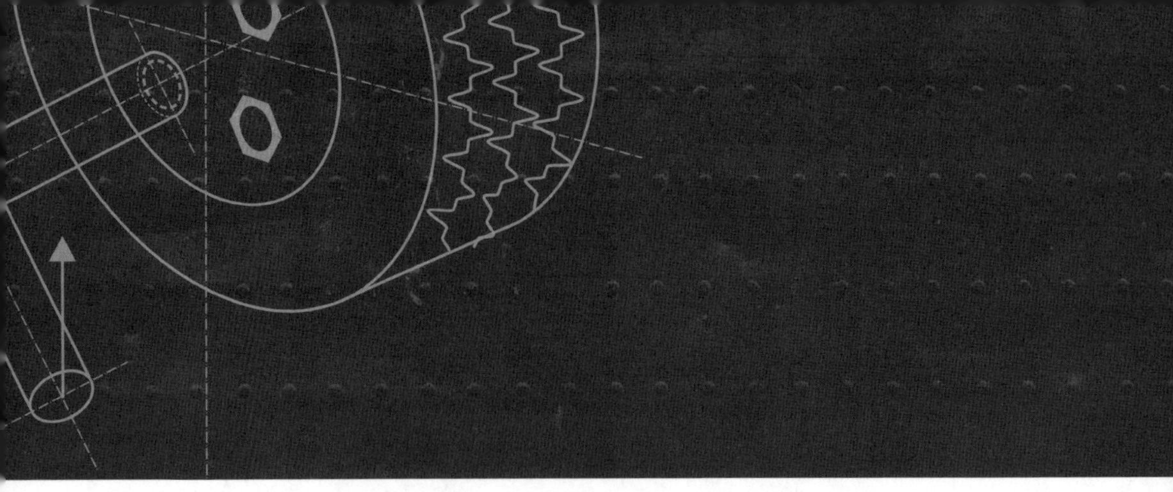

6

Engrenagens Cilíndricas de Dentes Retos

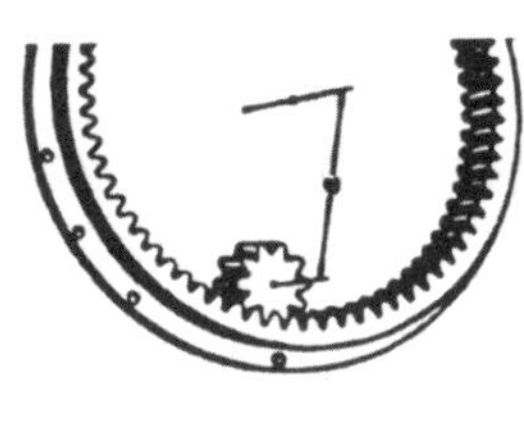

Figura 6.1

6.1 Características Geométricas DIN 862 e 867

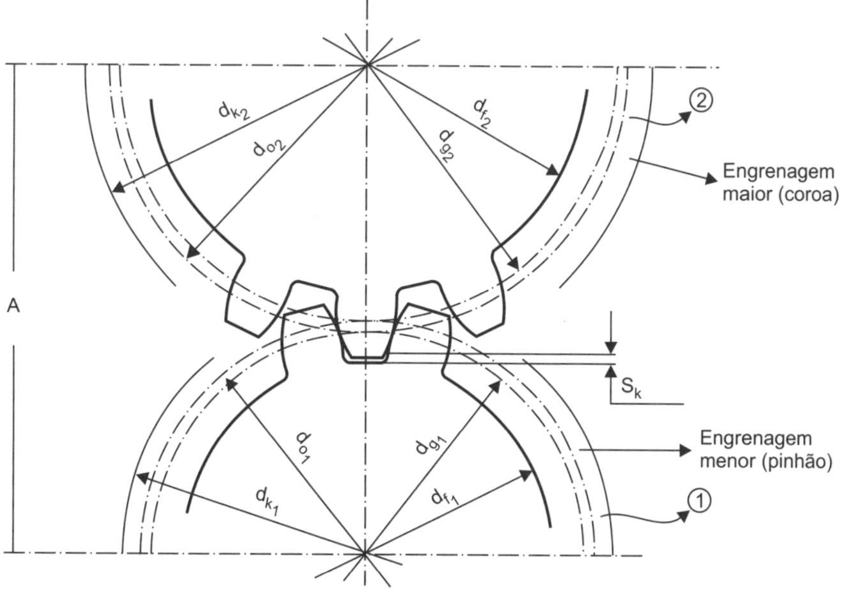

Figura 6.2

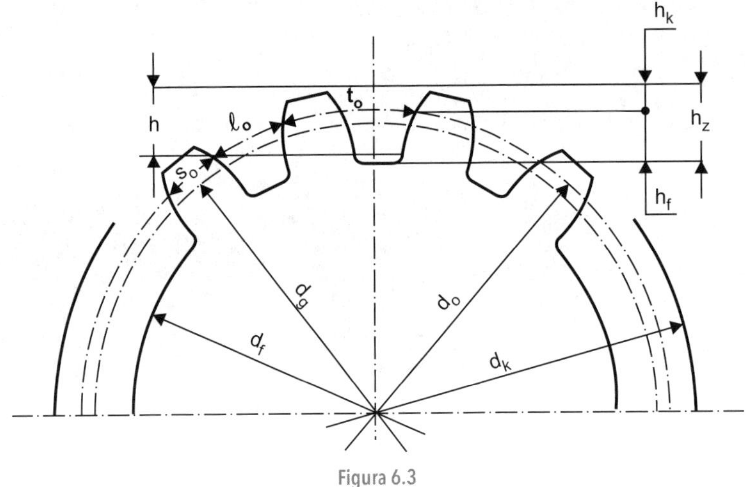

Figura 6.3

6.2 Características Geométricas (Formulário) DIN 862 e 867

Tabela 6.1

Número de dentes (Z) $Z = \frac{d_o}{m}$	Módulo (m) $m = \frac{t_o}{\pi}$
Passo (t_o) $t_o = m \cdot \pi$	Espessura do dente no primitivo $S_o = \frac{t_o}{2}$ (folga nula no flanco)
Altura comum do dente $h = 2m$	Altura da cabeça do dente $h_k = m$
Altura total do dente $h_z = 2{,}2m$	Altura do pé do dente $h_f = 1{,}2m$
Vão entre os dentes no primitivo $\ell_o = \frac{t_o}{2}$ (folga nula no flanco)	Ângulo de pressão $\alpha = 20°$
Folga da cabeça $S_k = 0{,}2m$	Relação de transmissão $\iota = \frac{Z_2}{Z_1} = \frac{d_{o_2}}{d_{o_1}} = \frac{n_1}{n_2}$
Largura do dente b (a ser dimensionado ou adotado)	Distância entre centros $C_c = \frac{d_{o_1} + d_{o_2}}{2}$

Diâmetros Principais

Diâmetro primitivo: $d_o = m \cdot Z$

Diâmetro de base: $d_g = d_o \cos \alpha$

Diâmetro interno ou diâmetro do pé do dente: $d_f = d_o - 2h_f$

Diâmetro externo ou diâmetro de cabeça do dente: $d_k = d_o + 2h_k$

6.3 Dimensionamento

6.3.1 Critério de Desgaste

A expressão a seguir deve ser utilizada no dimensionamento de pinhões com ângulo de pressão $\alpha = 20^o$ e número de dentes de 18 a 40.

Material Aço

$$b_1 d_{o_1}^2 = 5{,}72 \cdot 10^5 \quad \frac{M_T}{p_{adm}^2} \cdot \frac{\iota \pm 1}{\iota \pm 0{,}14} \cdot \varphi$$

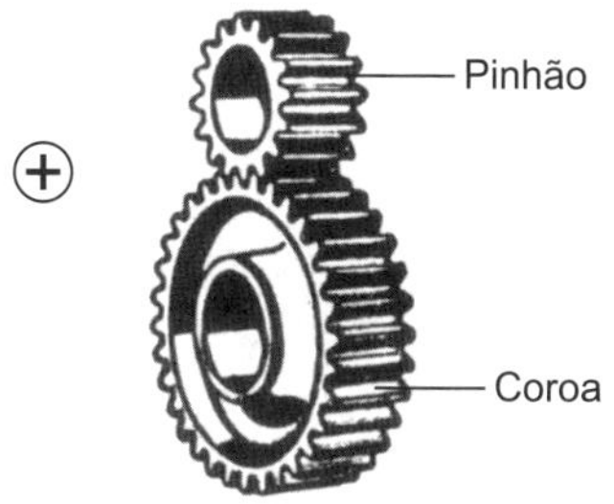

Figura 6.4

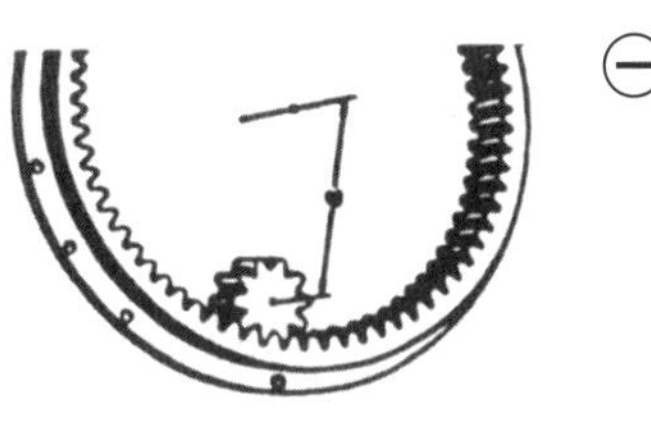

Figura 6.5

O sinal positivo "+" é utilizado em engrenamentos externos.

O sinal negativo "–" é utilizado em engrenamentos internos (planetários).

Em que:

b_1 - largura do dente do pinhão [mm]

d_{o_1} - diâmetro primitivo do pinhão [mm]

M_T - momento torçor no pinhão [Nmm]

p_{adm} - pressão admissível [M P_a (N/mm²)]

ι - relação de transmissão Z_2/Z_1 [adimensional]

φ - fator de serviço (consultar Tabela 4.19) [adimensional]

6.4 Pressão Admissível (P_{adm})

$$p_{adm} = \frac{0{,}487 \cdot HB}{W^{1/6}} \left[N/mm^2\right]$$

6.4.1 Fator de Durabilidade

$$W = \frac{60 \cdot n_p \cdot h}{10^6}$$

Em que:

n_p - rotação do pinhão [rpm]

h - duração do par [horas]

HB - dureza Brinell [N/mm²]

6.5 Tabela de Dureza Brinell

Tabela 6.2

Material	BRINELL N/mm²
Aço fundido tipo 2	1700 - 2500
Aço fundido tipo B_2	1250 - 1500
Aço SAE 1020	1400 - 1750
Aço SAE 1040	1800 - 2300
Aço SAE 1050	2200 - 2600
Aço SAE 3145/3150	1900 - 2300
Aço SAE 4320	2000 - 4200
Aço SAE 4340	2600 - 6000
Aço SAE 8620	1700 - 2700
Aço SAE 8640	2000 - 6000
Aço fundido cinzento	1200 - 2400
Aço fundido nodular	1100 - 1400

Observação!

Os aços SAE 4320, SAE 4340, SAE 8620 e SAE 8640, quando submetidos a tratamento térmico, podem atingir dureza superior à especificada na Tabela 6.2, sendo necessária a utilização da escala Rockwell C (HRC), uma vez que o limite máximo da escala Brinell é 6000 N/mm².

Nestes casos, utiliza-se a escala de conversão de dureza, mesmo que se tenha conhecimento de que o valor de dureza equivalente na escala Brinell é apenas comparativo.

6.6 Equivalência e Composição dos Aços SAE/AISI, Villares e DIN

Tabela 6.3

SAE/AISI	Villares	DIN	Composição %							
			C	Ni	Cr	Mo	Mn	Si	P	S
1020	VT-20	C-22	0,20	–	–	–	0,3	–	0,04	0,05
1040	VT-40	–	0,40	–	–	–	0,7	–	0,04	0,05
1050	VT-50	C-53	0,50	–	–	–	0,7	–	0,04	0,04
3145	–	–	0,45	1,45	0,75	–	0,9	0,3	0,04	0,04
3150	–	–	0,50	1,50	0,75	–	0,9	0,3	0,04	0,04
4320	VM-20	–	0,20	1,80	0,50	0,25	0,6	0,3	0,04	0,04
4340	VM-40	–	0,40	1,80	0,05	0,25	0,7	0,3	0,04	0,04
8620	VB-20	21 NiCrMo2	0,20	0,60	0,50	0,20	0,8	0,3	0,04	0,04
8640	VB-40	–	0,40	0,60	0,50	0,20	0,9	0,3	0,04	0,04

Observação!

Os valores das composições da Tabela 6.3 constituem-se valores médios, admitindo-se, na prática, uma tolerância de ± 10% na quantidade dos componentes.

Relação entre a largura da engrenagem e o diâmetro primitivo (b/d_0).

Para que uma engrenagem esteja bem dimensionada, é necessário que sejam obedecidas as seguintes relações:

ENGRENAGEM BIAPOIADA $b/d_0 \leq 1{,}2$

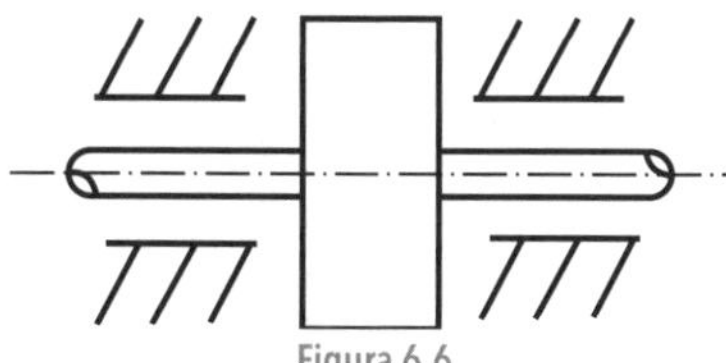

Figura 6.6

ENGRENAGEM EM BALANÇO $b/d_0 \leq 0{,}75$

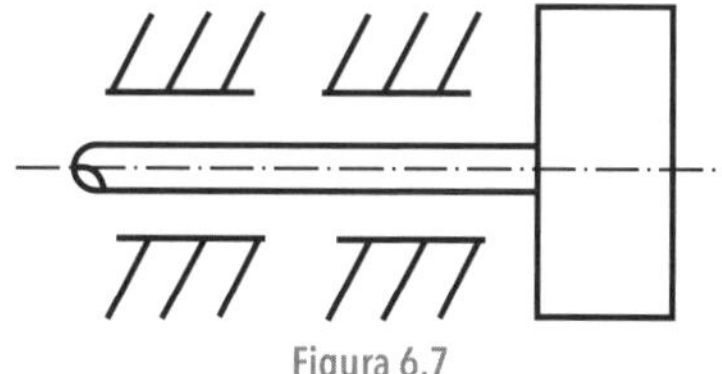

Figura 6.7

6.7 Módulos Normalizados DIN 780

Tabela 6.4

Módulo (mm)	Incremento (mm)
0,3 a 1,0	0,10
1,0 a 4,0	0,25
4,0 a 7,0	0,50
7,0 a 16,0	1,00
16,0 a 24,0	2,00
24,0 a 45,0	3,00
45,0 a 75,0	5,00

Normalização do Módulo

Supondo que, ao estimar o módulo, ele se encontre na faixa de 1,0 a 4,0 mm. Nesse intervalo, os módulos normalizados são: 1,00; 1,25; 1,50; 1,75; ... 3,50; 3,75; 4,00. Como se nota, há um incremento de 0,25 para os módulos normalizados da faixa.

Os módulos normalizados na faixa de 1,0 a 4,0 (mm) são: 1,00; 1,25; 1,50; 1,75; 2,00; 2,25; 2,50; 2,75; 3,00; 3,25; 3,50; 3,75; 4,00.

6.8 Resistência à Flexão no Pé do Dente

Somente o dimensionamento ao critério de desgaste é insuficiente para projetar a engrenagem. É necessário que seja verificada a resistência à flexão no pé do dente. A engrenagem estará apta a suportar os esforços da transmissão quando a tensão atuante no pé do dente for menor ou igual à tensão admissível do material indicado.

Para esforços na transmissão, observe a Figura 6.5.

6.9 Carga Tangencial (F_t)

A carga tangencial (F_t) é responsável pelo movimento das engrenagens, sendo também a carga que origina momento fletor, tendendo a romper por flexão o pé do dente.

A força tangencial é determinada pela relação:

$$F_t = \frac{M_T}{r_o} = \frac{2M_t}{d_o} \text{ raio primitivo } r_o = \frac{d_o}{2}$$

Em que:

F_t - força tangencial [N]

M_T - torque [Nmm]

r_o - raio primitivo da engrenagem [mm]

d_o - diâmetro primitivo da engrenagem [mm]

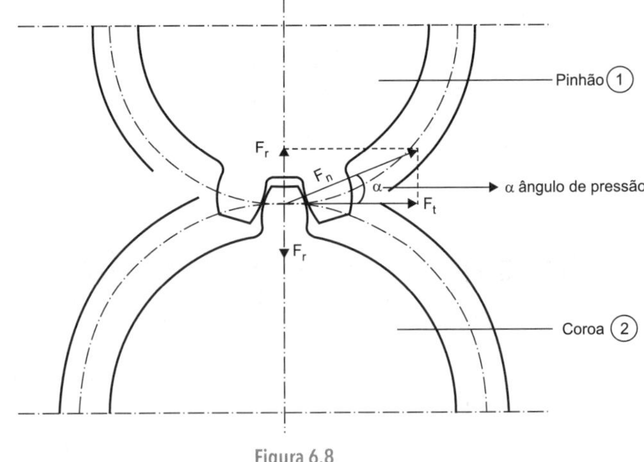

Figura 6.8

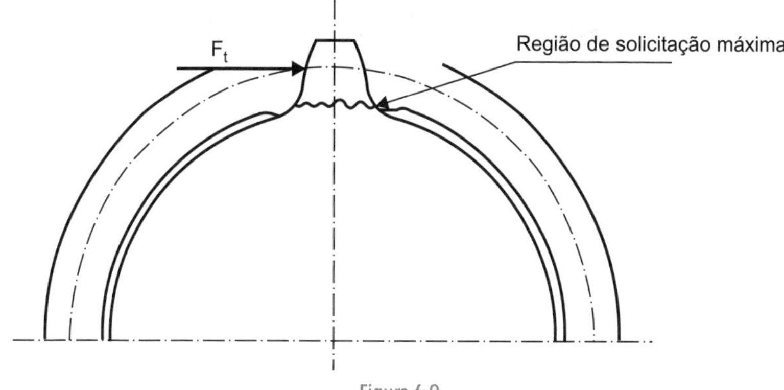

Figura 6.9

6.10 Carga Radial (F_r)

Atua na direção radial da engrenagem. É determinada por meio da tangente do ângulo α (ângulo de pressão).

$$tg\alpha = \frac{F_r}{F_t}$$

$$F_r = F_t \cdot tg\,\alpha$$

Em que:

F_r - carga radial [N]

F_t - carga tangencial [N]

α - ângulo de pressão [graus]

Carga Resultante F_n

É a resultante das cargas F_t e F_r, sendo determinada por meio de Pitágoras, como segue:

$$F_n = \sqrt{F_t^2 + F_r^2}$$

ou ainda por intermédio das relações:

$$\cos\alpha = \frac{F_t}{F_n} \rightarrow F_n = \frac{F_t}{\cos\alpha}$$

$$sen\alpha = \frac{F_r}{F_n} \rightarrow F_n = \frac{F_r}{sen\alpha}$$

Em que:

F_n - carga resultante [N]

F_r - carga radial [N]

F_t - carga tangencial [N]

As cargas radial e resultante são importantes no dimensionamento de eixos e mancais, não sendo necessárias no dimensionamento das engrenagens.

6.11 Tensão de Flexão no Pé do Dente

A tensão atuante no pé do dente deve ser menor ou igual à tensão admissível do material indicado (consultar Tabela 6.2).

A fórmula que determina a intensidade da tensão é:

$$\sigma_{máx} = \frac{F_t \cdot q \cdot \varphi}{b \cdot m} \leq \bar{\sigma}_{material}$$

Em que:

$\sigma_{máx}$ - tensão máxima atuante na base do dente [N/mm²]

F_t - força tangencial [N]

m_n - módulo normalizado [mm]

b - largura do dente do pinhão [mm]

φ - fator de serviço (tabela AGMA) [adimensional] (Tabela 6.6)

q - fator de forma (adimensional) (Tabela 6.5)

$\bar{\sigma}_{material}$ - tensão admissível do material [N/mm²]

6.12 Fator de Forma q

O fator de forma de engrenagem é obtido em função do número de dentes.

Tabela 6.5

Nº de dentes	10	11	12	13	14	15		16	
Fator q	5,2	4,9	4,5	4,3	4,1	3,9		3,7	
Nº de dentes	17	18	21	24	28	34		40	
Fator q	3,6	3,5	3,3	3,2	3,1	3,0		2,9	
Nº de dentes	50	65	80	100					
Fator q	2,8	2,7	2,6	2,6			2,5		
Nº de dentes	20	24	30	38	50	70	100	200	
Fator q	1,7	1,8	1,9	2,0	2,1	2,2	2,3	2,4	2,5

Observação!

Se o número de dentes for um valor intermediário, torna-se necessária uma interpolação. Exemplo: engrenagem externa com 31 dentes.

Para a engrenagem com 28 dentes, o fator de forma corresponde a q = 3,1, enquanto para engrenagem com 34 dentes, o fator corresponde a q = 3,0.

O incremento do fator q da engrenagem de 34 dentes para a engrenagem de 28 dentes é determinado pela relação entre a diferença dos fatores e o número de variações do conjunto.

28	3,10
29	
30	
31	6 variações
32	
33	
34	3,00

$$\text{Incremento} = \frac{3{,}10 - 3{,}00}{6} = 0{,}0167$$

Conclui-se que:

28 - 3,1000
29 - 3,0835
30 - 3,0668
31 - 3,0501
32 - 3,0334
33 - 3,0167
34 - 3,0000

Portanto, para uma engrenagem de 31 dentes, o fator q = 3,0501.

Observação!

Para determinar a tensão no pé do dente, a casa centesimal é suficiente, não havendo a necessidade das demais casas.

Os arredondamentos seguem os princípios básicos da teoria dos números:

Exemplo: Z = 30 dentes q = 3,07; Z = 32 dentes q = 3,03

6.13 Tabela de Fatores de Serviço - AGMA (φ)

Tabela 6.6 - Acionamento por motores elétricos ou turbinas

Aplicações	Serviços 10h	Serviços 24h
AGITADORES		
Líquidos	1,00	1,25
Misturadores de polpa	1,25	1,50
Semilíquidos de densidade variável	1,25	1,50
ALIMENTADORES		
Alimentadores helicoidais	1,25	1,50
Alimentadores recíprocos	1,75	2,00
Transportadores (esteira e correia)	1,25	1,50

Aplicações	Serviços 10h	24h
BOMBAS		
Centrífugas	1,00	1,25
Dupla ação multicilíndrica	1,25	1,50
Recíprocas de descargas livres	1,25	1,50
Rotativas de engrenagens ou lobos	1,00	1,25
BRITADORES		
Pedra e minérios	1,75	1,00
CERVEJARIAS E DESTILARIAS		
Cozinhadores - serviço contínuo	1,00	1,25
Tachos de fermentação - serviço contínuo	1,00	1,25
Misturadores	1,00	1,25
CLARIFICADORES	1,00	1,25
CLASSIFICADORES	1,00	1,25
DRAGAS		
Guinchos, transportadores e bombas	1,25	1,50
Cabeçotes rotativos e peneiras	1,75	2,00
EIXO DE TRANSMISSÃO		
Cargas uniformes	1,00	1,25
Cargas pesadas	1,25	1,50
ELEVADORES		
Caçambas - carga uniforme	1,00	1,25
Caçambas - carga pesada	1,25	1,50
Elevadores de carga	1,25	1,50
EMBOBINADEIRAS		
Metais	1,25	1,50
Papel	1,00	1,25
Têxtil	1,25	1,50
ENLATADORAS E ENGARRAFADORAS	1,00	1,25
ESCADAS ROLANTES	1,00	1,25
FÁBRICA DE CIMENTO		
Britadores de mandíbulas	1,75	2,00
Fornos rotativos	1,75	1,50
Moinhos de bolas e rolos	1,75	1,50
FÁBRICAS DE PAPEL		
Agitadores (misturadores)	1,25	1,50
Alvejadores	1,00	1,25
Batedores e despolpadores	1,25	1,50
Calandras	1,25	1,80
Hipercalandras	1,75	3,00
Cilindros	1,25	1,50

Aplicações	Serviços 10h	24h
Descascadores		
Mecânicos e hidráulicos	1,25	1,80
Tambores e descascadores	1,75	2,00
Embobinadeiras	1,00	1,25
Esticadores de feltro	1,25	1,50
Jardanas	1,75	2,00
Prensas	1,00	1,28
Secadoras	1,25	1,80
GERADORES	1,00	1,25
GUINCHOS E GRUAS		
Cargas uniformes	1,25	1,80
Cargas pesadas	1,75	2,00
GUINDASTES	consulte	
INDÚSTRIA ALIMENTÍCIA		
Cozinhadores de cereais	1,00	1,25
Enlatadoras e engarrafadoras	1,00	1,25
Misturadores de massa	1,25	1,80
Moedores de carne	1,25	1,80
Picadores	1,25	1,80
INDÚSTRIA DE BORRACHA E PLÁSTICO		
Calandras	-	1,80
Equipamentos de laboratório	1,25	1,80
Extrusoras (entubadoras)	-	1,50
Moinhos		
Moinhos cilíndricos	-	1,50
2 em linha	-	1,50
3 em linha	-	1,25
Refinadores	-	1,80
Trituradores e misturadores	-	2,00
INDÚSTRIA MADEIREIRA		
Alimentadoras de plaina	1,25	1,50
Serras	1,50	1,75
Tombadores despolpadores	1,75	2,00
Transportadores de tora	1,75	2,00
INDÚSTRIA TÊXTIL		
Calandras	1,25	1,50
Cordas	1,25	1,50
Filatórios e retorcedeiras	1,25	1,50
Maçaroqueiras	1,25	1,50
Máquinas de tinturaria	1,25	1,50
INDÚSTRIA METALÚRGICA		
Cortadores de chapa	1,25	1,50

Aplicações	Serviços	
	10h	24h
Embobinadeiras	1,25	1,50
Laminadores	consulte	
Trefilas	1,25	1,50
Viradeiras	1,75	2,00
MÁQUINAS OPERATRIZES		
Acionamento principal - cargas pesadas	1,75	2,00
Acionamento principal - cargas uniformes	1,25	1,50
Acionamento auxiliar	1,00	1,25
Prensas	1,75	2,00
MISTURADORES (veja agitadores)	1,25	1,50
Betoneiras	1,25	1,50
Líquidos de densidade constante	1,00	1,25
Líquidos de densidade variável	1,25	1,50
Líquidos para borracha		2,00
Líquidos para polpa de painel	1,25	1,50
MOINHOS		
De bolas e rolos	1,25	1,50
De martelos	1,75	2,00
Para areia	1,25	1,50
OLARIAS E CERÂMICA		
Estrusoras e misturadores	1,25	1,50
Presas de tijolo e ladrilho	1,75	2,00
PONTES ROLANTES		
Acionamento do carro e da ponte	1,75	2,00
Acionamento do guincho	1,00	1,25
REFINARIA DE AÇÚCAR		
Centrífugas	1,25	1,50
Moendas	1,50	2,00
Facas de cana		1,50
REFINARIA DE PETRÓLEO		
Bombas	1,00	1,25
Equipamentos em geral	1,25	1,50
ROSCAS TRANSPORTADORAS		
Cargas uniformes	1,00	1,25
Cargas pesadas e alimentadores	1,25	1,50
SECADORES E RESFRIADORES ROTATIVOS	1,25	1,50
TELAS E PENEIRAS		
Filtragem de ar	1,00	1,25
Para água - esteiras	1,00	1,25
Recíprocas	1,25	1,50
Rotativas para cascalho	1,25	1,50

Aplicações	Serviços 10h	24h
TORRES DE REFRIGERAÇÃO - TRANSPORTADORES		
Esteiras, correias, canecas, correntes, caçambas, helicoidais (roscas)		
Cargas uniformes	1,90	1,25
Cargas pesadas e descontínuas	1,25	1,50
Recíprocos e vibratórios	1,75	2,00
TRATAMENTO DE ÁGUA E ESGOTO		
Pulverizadores, alimentadores, bombas, coletores de lama e detritos	1,00	1,25
Filtros mexedores e peneiras	1,25	1,50
VENTILADORES		
Centrífugos	1,00	1,25
Outros tipos	1,25	1,50

Conversão do fator de serviço

Tabela 6.7 - Acionamento de motores a explosão e serviços intermitentes

Motor elétrico	Motor elétrico	Motores a explosão multicilíndricos		
10h	3h	3h	10h	24h
1,00	0,50	1,00	1,25	1,50
1,25	1,00	1,25	1,50	1,75
1,75	1,50	1,75	2,00	2,25

Para acionamento por motores a explosão multicilíndricos, elétricos, operando intermitentemente até três horas diárias, consulte a Tabela 6.6. Para o fator de serviço referente a 10 horas diárias e, em seguida, correspondente ao valor em negrito da primeira coluna da Tabela 6.7, procure o fator convertido para a condição desejada.

Por exemplo:

Considerando um transportador de correia, cargas leves, encontre na Tabela 6.6 o fator desejado: 1,00.

Na Tabela 6.7, para a mesma aplicação, teremos:

1) motor a explosão - 10 horas diárias: 1,25
2) motor a explosão - 3 horas intermitentes: 1,00
3) motor elétrico - 3 horas intermitentes: 0,50

Os fatores de serviço desta página assumem que a aplicação é isenta de vibrações críticas. Seria que o conjugado máximo da partida e os picos de carga não excedem 200% da carga normal.

Tabela 6.8 - Conversão de dureza

Brinell		Resistência N/mm²	Rockwell				
Impr. mm Carga 30kN Esfera	Dureza HB (N/mm²)	Aço Carbono HB × 0,36	C Rc	B Rb	A Ra	Shore	Vickers
10mm							
(2.05)	(8980)	3233					
(2.10)	(8570)	3085					
(2.15)	(8170)	2941					
(2.20)	(7800)	2808	70			106	1150
(2.25)	(7450)	2682	68		84.1	100	1050
(2.30)	(7120)	2563	66			95	960
(2.35)	(6820)	2455	64		82.2	91	885
(2.40)	(6530)	2351	62		81.2	87	820
(2.45)	(6270)	2257	60		80.5	84	765
(2.50)	(6010)	2164	58		80.2	81	717
2.55	5780	2081	57		79,4	78	675
2.60	5550	1998	55	(120)	78.6	75	533
2.65	5340	192.2	53	(119)	77.9	72	598
2.70	5140	1850	52	(119)	77.0	70	
2.75	4950	1782	50	(117)	76.5	67	
2.80	4770	1717	49	(117)	75.7	65	515
2.85	4610	166.0	47	(116)	75.0	63	567
2.90	4440	159.8	46	(115)	74.2	61	540
2.95	4290	1544	45	(115)	73.4	59	454
3.00	4150	1494	44	(114)	72.8	57	437
3.05	4010	1444	42	(113)	72.0	55	420
3.10	3880	1387	41	(112)	71.4	54	404
3.15	3750	1350	40	(112)	70.6	52	389
3.20	3630	1307	38	(110)	70.0	51	375
3.25	3520	1267	37	(110)	69.3	49	363
3.30	3410	1228	36	(109)	68.7	48	350
3.35	3310	1192	35	(109)	68.1	46	339
3.40	3210	1156	34	(108)	67.5	45	327
3.45	3110	1120	35	(108)	66.9	44	316
3.50	3020	1087	32	(107)	66.3	43	305
3.55	2930	1055	31	(106)	65.7	42	296
3.60	2850	1026	30	(105)	65.3	40	287
3.65	2770	99.7	29	(104)	64.6	39	279
3.70	2690	969	28	(104)	64.1	38	270
3.75	2620	943	26	(103)	63.6	37	263
3.80	2550	918	25	(102)	63.0	37	256
3.85	2480	893	24	(102)	62.5	36	248
3.90	2410	868	23	100	61.8	35	241
3.95	2350	846	22	99	61.4	34	235
4.00	2290	824	21	98	60.8	33	229

Brinell		Resistência N/mm²	Rockwell				
Impr. mm Carga 30kN Esfera	Dureza HB (N/mm²)	Aço Carbono HB × 0,36	C Rc	B Rb	A Ra	Shore	Vickers
4.05	2330	803	20	97		32	223
4.10	2170	781	(18)	96		31	217
4.15	2120	763	(17)	96		31	212
4.20	2070	745	(16)	95		30	207
4.25	2020	727	(15)	94		30	202
4.30	1970	709	(13)	93		29	197
4.35	1920	691	(12)	92		28	192
4.40	1870	673	(10)	91		28	187
4.45	1830	659	(9)	90		27	183
4.50	1790	644	(8)	89		27	179
4.55	1740	626	(7)	88		26	174
4.60	1700	612	(6)	87		26	170
4.65	1660	598	(4)	86		25	166
4.70	1630	587	(3)	85		25	163
4.75	1590	572	(2)	84		24	159
4.80	1560	562	(1)	83		24	156
4.85	1530	551		82		23	153
4.90	1490	536		81		23	149
4.95	1460	526		80		22	146
5.00	1430	515		79		22	143
5.05	1400	504		78		21	140
5.10	1370	493		77		21	137
5.15	1340	482		76		21	134
5.20	1310	472		74		20	131
5.25	1280	461		73		20	128
5.30	1260	454		72			126
5.35	1240	446		71			124
5.40	1210	436		70			121
5.45	1180	425		69			118
5.50	1160	418		68			116
5.55	1140	410		67			114
5.60	1120	403		66			112
5.65	1090	392		65			109
5.70	1070	385		64			107
5.75	1050	378		62			105
5.80	1030	371		61			103
5.85	1010	364		60			101
5.90	990	356		59			99
5.95	970	349		57			97
6.00	950	342		56			95

Nota: Os valores entre parênteses são apenas comparativos.

6.14 Tensão Admissível σ

Tabela 6.9 - Tensões ideais para os materiais no dimensionamento de engrenagens

Material	MP$_a$ (N/mm^2)
FoFo cinzento	40
FoFo nodular	80
Aço fundido	90
SAE 1010/1020	90
SAE 1040/1050	120
SAE 4320/4340	170
SAE 8620/8640	200
Material sintético - resinas	35

O projeto ideal é aquele em que a tensão atuante no pé do dente está bem próxima da tensão admissível no seu limite inferior.

Se a tensão atuante estiver acima da tensão admissível ~σ, a engrenagem pode não suportar a transmissão, vindo a se romper na base do dente prematuramente.

Se, por outro lado, a tensão atuante estiver bem aquém da tensão admissível, a engrenagem estará superdimensionada, tornando-se antieconômica.

6.15 Ângulo de Pressão α

É o ângulo formado pela tangente comum aos diâmetros primitivos das duas engrenagens e a trajetória descrita por um ponto de contato entre um par de dentes das engrenagens.

Observe o par de dentes da Figura 6.10.

Iniciam o contato no ponto A. A cinemática do mecanismo faz com que o ponto A descreva a trajetória AB. No ponto B, termina o contato entre os dentes. O segmento de reta AB, descrito pela trajetória do ponto de contato e a tangente comum aos diâmetros primitivos das engrenagens, define o ângulo de pressão.

Pela norma DIN 867, recomenda-se a utilização do ângulo de pressão $\alpha = 20^{o}$.

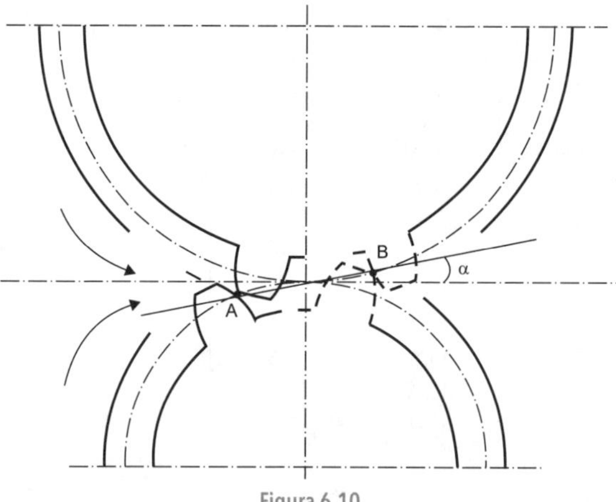

Figura 6.10

6.16 Engrenamento com Perfil Cicloidal

Aplicações

Esse tipo de engrenagem tem o emprego limitado às construções mecânicas, podendo ser encontrado em bombas e ventiladores volumétricos, em relógios e aparelhos de precisão.

Processos de Fabricação

A engrenagem cicloidal é obtida por meio de estampagem, trefilação, brochamento ou injeção (mecânica fina), por fresamento ou aplainamento.

As ferramentas são mais caras, pois possuem flancos retos.

O processo de fabricação, por ser mais preciso, torna-se mais caro.

Curva cicloidal

Posição inicial

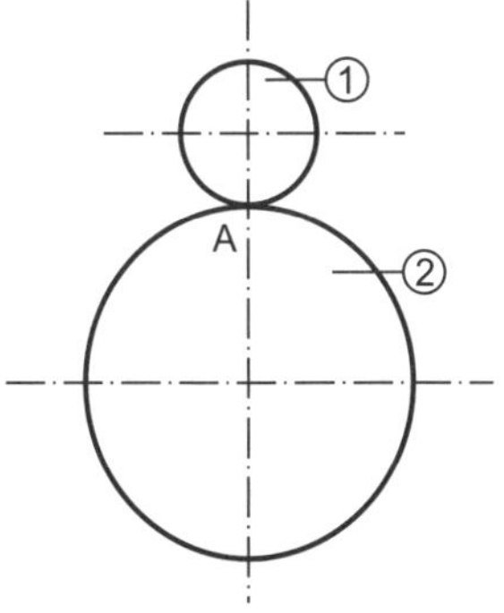

Figura 6.11

A curva cicloidal é obtida fazendo rolar o círculo ① sobre o círculo ②, sem que ocorra escorregamento.

A trajetória do ponto "A" no movimento descreve a curva cicloidal.

Círculo ① em movimento - Círculo ② fixo

Observe que, à medida que o círculo ① rola sem escorregamento sobre a periferia do círculo ②, o ponto A desloca-se para a posição A', formando o arco AA', que representa parte da curva cicloidal.

A parte pontilhada da trajetória do ponto A é a trajetória a ser descrita pelo ponto na sequência do movimento.

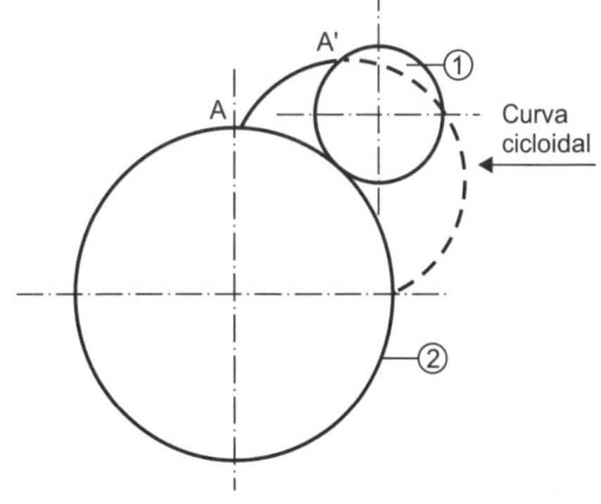

Figura 6.12

6.17 Curvatura Evolvente

A maioria absoluta das engrenagens utilizadas nas construções mecânicas é constituída de dentadura com perfil evolvente.

Isso ocorre em virtude de o processo de fabricação ser mais simples, resultando menor custo.

Obtenção prática de curva evolvente

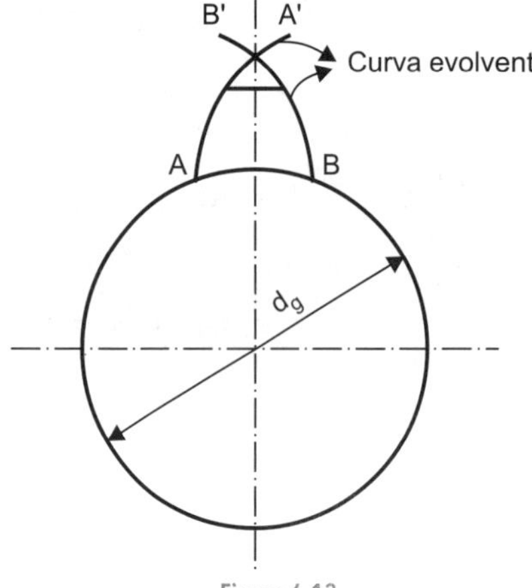

Figura 6.13

Fixa-se o círculo da Figura 6.13, envolvendo-o com uma corda AB de tal forma que as extremidades da corda estejam sobrepostas, conforme indicado.

Com a corda bem esticada, desloca-se a extremidade A para posição A', repetindo o mesmo processo para a extremidade B, fazendo com que ela se desloque para a posição B'.

As trajetórias dos pontos A e B definem a curva evolvente (cordas A A' e B B').

A curva evolvente tem início no diâmetro de base.

Engrenamento com dentadura de perfil evolvente

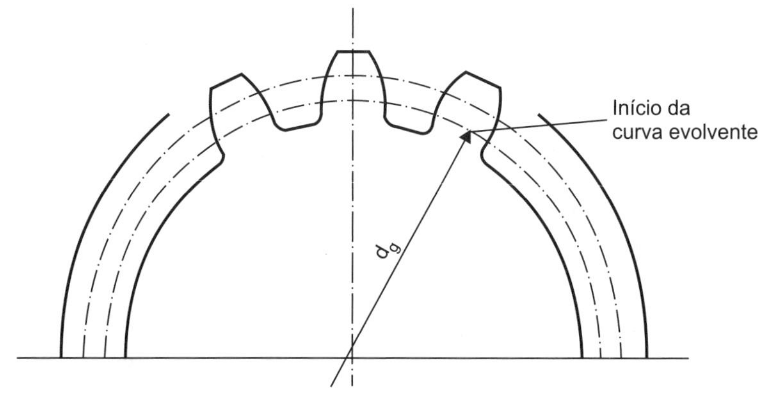

Figura 6.14

Perfil do engrenamento cicloidal

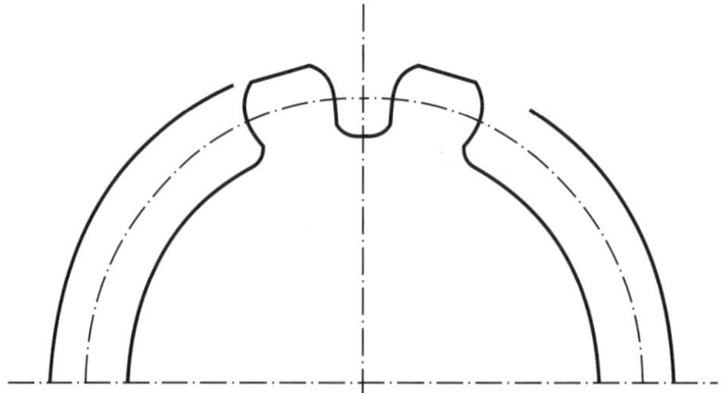
Figura 6.15 - Engrenamento utilizado em relógios.

6.18 Dimensionamento de Engrenagens

No dimensionamento de um par de engrenagens, o pinhão (engrenagem menor) é o dimensionado, pois se ele resistir ao esforço aplicado, a coroa (engrenagem maior) suporta com folga a mesma carga por ser uma engrenagem maior.

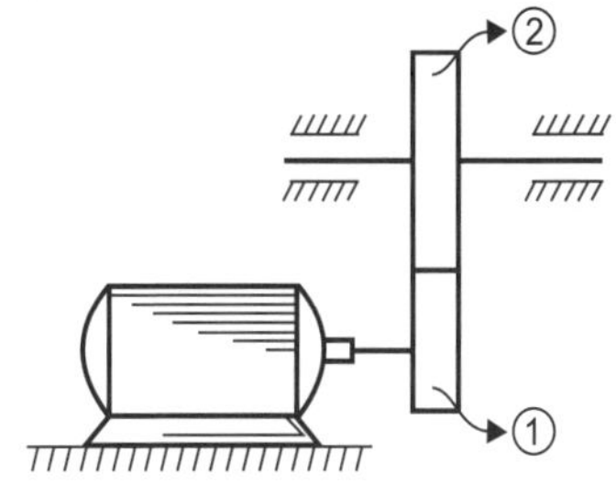

Figura 6.16

Dimensionamento do pinhão:

Procedimento:

1) **Critério de pressão (desgaste)**

a) Torque no pinhão

$$M_T = \frac{30000}{\pi} \cdot \frac{P}{n} \left(N/mm^2\right)$$

b) Relação de transmissão i

$$i = \frac{Z_2}{Z_1}$$

c) Pressão admissível (p_{adm})

c.1) Fator de durabilidade (W)

$$W = \frac{60 \cdot n_p \cdot h}{10^6}$$

$$W^{1/6} = \sqrt[6]{W} = W^{0,166...} \qquad M_T = \frac{30}{\pi} \cdot \frac{P}{n} (Nm)$$

c.2) Cálculo da pressão admissível

$$P_{adm} = \frac{0,487 \cdot HB}{W^{1/6}}$$

HB - dureza Brinell obtém-se na tabela de conversão de dureza (Tabela 6.8)

d) Fator de serviço (φ)

Obtém-se na Tabela 6.6 (Tabela AGMA)

e) Volume mínimo do pinhão

$$b_1 d_{o_1}^2 = 5,72 \cdot 10^5 \cdot \frac{M_T}{p_{adm}^2} \cdot \frac{i \pm 1}{i \pm 0,14} \cdot \varphi$$

denomina-se "x" o segundo membro da equação; tem-se então:

$b_1 d_{o_1}^2 = x$ volume mínimo do pinhão

f) Módulo do engrenamento

O módulo do engrenamento é determinado por meio de:

$b_1 d_{o_1}^2 = x$ ① (volume mínimo do pinhão)

$$\frac{b_1}{d_{o_1}} = y \Rightarrow b_1 = yd_{o_1} \quad \text{Ⓘ} \quad \text{(página 99)}$$

substituindo Ⓘ em Ⓘ, tem-se:

$$y\,d_{o_1} \cdot d_{o_1}^2 = x$$

$$d_{o_1}^3 = \frac{x}{y}$$

$$d_{o_1} = \sqrt[3]{\frac{x}{y}}$$

O módulo do engrenamento é determinado pela expressão do diâmetro primitivo.

$$d_{o_1} = m \cdot Z_1$$

em que $m = \frac{d_{o_1}}{Z_1}$

O módulo a ser utilizado será o normalizado mais próximo ao módulo calculado, que será obtido por meio da tabela de módulos normalizados DIN 780 (Tabela 6.4).

m_n = módulo normalizado (módulo da ferramenta que vai usinar a engrenagem)

g) Diâmetro primitivo (recalculado)

Definido o módulo da ferramenta, é recalculado o diâmetro primitivo por intermédio de:

$$d_{o_{1\,(R)}} = m \cdot Z_1$$

h) Largura do pinhão

$$b1 = \frac{x}{d_{o_{1\,(R)}}^2}$$

2) **Critério de resistência à flexão no pé do dente**

A tensão máxima no pé do dente é expressa por meio de:

$$\sigma_{máx} = \frac{F_T \cdot q \cdot \varphi}{b \cdot m_n} \leq \bar{\sigma}_{mat}$$

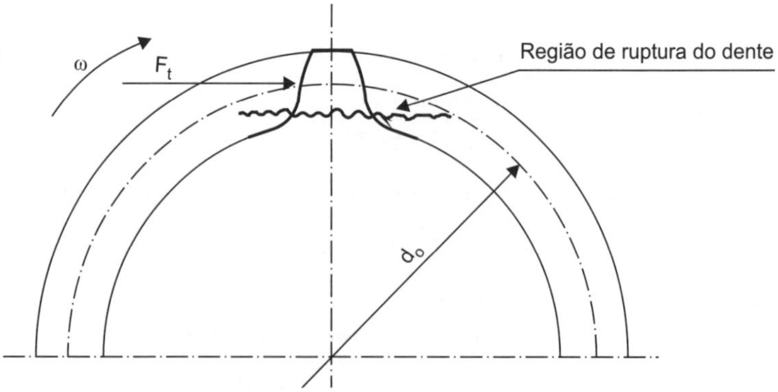

Figura 6.17

a) Força tangencial (F_T)

$$F_T = \frac{2M_{T_1}}{d_{o_1(R)}} = \frac{2M_{T_2}}{d_{o_2(R)}} \quad [N]$$

b) Fator de forma (q)

Obtém-se em f (Z) (página 102)

c) Fator de serviço (φ)

O mesmo do item 1.4.

d) Módulo normalizado (m_n)

O mesmo do item 1.6.

e) Largura do pinhão (b)

O mesmo do item 1.8.

f) Tensão máxima atuante no pé do dente $(\sigma_{máx})$

Análise do dimensionamento

Exercícios Resolvidos

1) Dimensionar o par de engrenagens cilíndricas de dentes retos (ECDR), para que possa atuar com segurança na transmissão representada a seguir.

A transmissão será acionada por um motor de P = 15CV ($\cong$11 kW), que atua com uma rotação de 1140rpm ($\omega = 38\pi$rad/s).

O material a ser utilizado é o SAE 4340.

A dureza especificada é 58 HRC, e a duração prevista para 10000h.

As engrenagens atuarão em eixos de transmissão com carga uniforme, com o tempo de serviço máximo de 10h diárias.

Considere:

$b_1/d_{o_1} = 0{,}25$ (relação entre a largura e o diâmetro primitivo da engrenagem)

$\alpha = 20°$ (ângulo de pressão)

$Z_1 = 29$ dentes (pinhão)

$Z_2 = 110$ dentes (coroa)

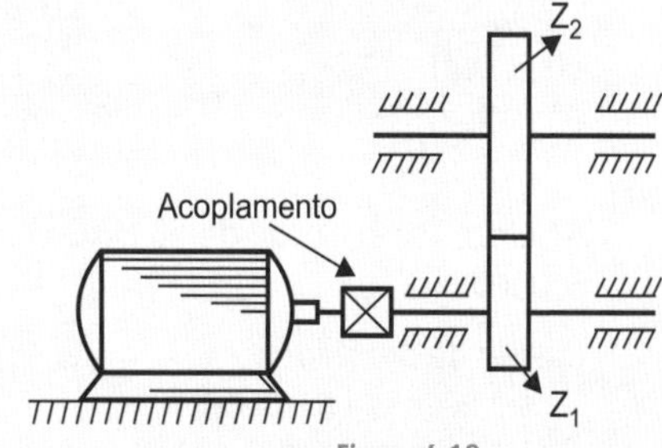

Figura 6.18

Dimensionamento:

a) **Critério de pressão**

> **Observação!**
>
> Na resolução deste exercício, não serão consideradas perdas de potência estudadas anteriormente.

Procedendo desta forma, trabalha-se a favor da segurança. É comum esse tipo de procedimento na prática.

Como a árvore do pinhão está acoplada ao eixo do motor, conclui-se que o torque no pinhão é o torque do motor, portanto:

a.1) Torque no pinhão

$$M_T = \frac{30P}{\pi \cdot n} = \frac{30 \cdot 11000}{\pi \cdot 1140}$$

$$\boxed{M_T = 92{,}14\text{Nm}}$$

$$\boxed{M_T = 92140\text{Nmm}}$$

a.2) Relação de transmissão i

$$i = \frac{Z_2}{Z_1} = \frac{110}{29} = 3{,}79$$

$$\boxed{i \cong 3{,}79}$$

a.3) Pressão admissível

I) Fator de durabilidade (W)

$$W = \frac{60 \cdot n_p \cdot h}{10^6}$$

$$W = \frac{60 \cdot 1140 \cdot 10^4}{10^6}$$

$$\boxed{W = 684}$$

$$\boxed{W^{1/6} = 2{,}97}$$

A dureza especificada de 58 HRC corresponde aproximadamente a 6000 HB, ou seja, 6000 N/mm2.

II) Cálculo da pressão

$$p_{adm} = \frac{0{,}487 \cdot 6000}{2{,}97}$$

$$\boxed{p_{adm} \cong 984\text{N/mm}^2 = 9{,}84 \cdot 10^2\ \text{N/mm}^2}$$

a.4) Fator de serviço (φ)

Obtém-se na Tabela 6.6 - AGMA.

O fator de serviço (φ) para eixo de transmisão, carga uniforme, para funcionamento de 10h diárias é $\varphi = 1$ Tabela 6.6 - AGMA.

a.5) Volume mínimo

$$b_1 d_{o_1}^2 = 5{,}72 \cdot 10^5 \cdot \frac{92140}{\left(9{,}84 \cdot 10^2\right)^2} \cdot \frac{3{,}79+1}{3{,}79+0{,}14} \cdot 1$$

$$b_1 d_{o_1}^2 = 5{,}72 \cdot \overset{10}{\cancel{10^5}} \cdot \frac{92140}{9{,}84^2 \cdot \cancel{10^4}} \cdot \frac{4{,}79}{3{,}93} \cdot 1$$

$$\boxed{b_1 d_{o_1}^2 \cong 66343\text{mm}^3}$$

$$\boxed{b_1 d_{o_1}^2 \cong 6{,}6343 \cdot 10^4\,\text{mm}^3}$$

a.6) Módulo do engrenamento

$$b_1 d_{o_1}^2 \cong 66343\text{mm}^3 \qquad \text{Ⓘ}$$

$$\frac{b_1}{d_{o_1}} = 0{,}25 \Rightarrow b_1 = 0{,}25 d_{o_1} \qquad \text{Ⓘⓘ}$$

substituindo Ⓘⓘ em Ⓘ, tem-se:

$$0{,}25 d_{o_1} \cdot d_{o_1}^2 = 66343$$

$$d_{o_1}^3 = \frac{66343}{0{,}25}$$

$$d_{o_1} = \sqrt[3]{\frac{66343}{0{,}25}}$$

$$d_{o_1} \cong 64{,}3\text{mm}$$

portanto,

$$m = \frac{d_{o_1}}{Z_1} = \frac{64{,}3}{29}$$

$$\boxed{m = 2{,}21\text{mm}}$$

Por meio da DIN 780 (Tabela 6.4), fixa-se o módulo da ferramenta em:

$\boxed{m_n = 2{,}25\text{mm}}$ Módulo normalizado DIN 780

a.7) Recálculo do diâmetro primitivo do pinhão

$$d_{o_{1(R)}} = m_n \cdot Z_1$$

$$d_{o_{1(R)}} = 2{,}25 \cdot 29$$

$$\boxed{d_{o_{1(R)}} = 65{,}25\text{mm}}$$

a.8) Largura do pinhão

$$b_1 d^2_{o_{1(R)}} = 66343$$

$$b_1 = \frac{66343}{d^2_{o_{1(R)}}} = \frac{66343}{65{,}25^2}$$

$$\boxed{b_1 = 16\text{mm}}$$

b) Resistência à flexão no pé do dente

b.1) Força tangencial (F_T)

$$F_T = \frac{2M_{T_1}}{d_{o_{1(R)}}} = \frac{2 \cdot 92140\ \text{N}\cancel{\text{mm}}}{65{,}25\ \cancel{\text{mm}}}$$

$$\boxed{F_T = 2825\text{N}}$$

b.2) Fator de forma (q)

Como $Z_1 = 29$ dentes, encontramos na Tabela 6.5 fator $q \cong 3{,}0835$

b.3) Fator de serviço (φ)

Obtém-se na Tabela 6.6 - AGMA.

O fator de serviço (φ) para eixo de transmisão, carga uniforme, para funcionamento de 10h diárias é $\varphi = 1$.

$\varphi = 1$ - eixo de transmissão carga uniforme 10h/dia

b.4) Módulo normalizado

O mesmo do item 1.6.

$\boxed{m_n = 2{,}25\text{mm}}$ DIN 780

b.5) Largura do pinhão (b)

O mesmo do item 1.8.

$$\boxed{b_1 = 16\text{mm}}$$

b.6) Tensão máxima atuante no pé do dente

$$\sigma_{máx} = \frac{F_T \cdot q \cdot \varphi}{b \cdot m_n} \leq \overline{\sigma}_{mat}$$

$$\sigma_{máx} = \frac{2825 \cdot 3{,}0835 \cdot 1}{16 \cdot 2{,}25}$$

$$\boxed{\sigma_{máx} = 242\text{N/mm}^2}$$

b.7) Análise do dimensionamento

Como a tensão máxima atuante é superior à tensão admissível do material, conclui-se que o pinhão será redimensionado.

$\sigma_{4340} = 170\text{N/mm}^2$ (página 110)

$$\sigma_{máx} = 242\text{N/mm}^2 > \overline{\sigma}_{4340} = 170\text{N/mm}^2$$

b.8) Redimensionamento do pinhão

I) 1ª hipótese: mantém-se o módulo e faz-se o redimensionamento da largura (b), utilizando a tensão admissível do material (SAE 4340).

Como $\sigma_{4340} = 170\text{N/mm}^2$ vem que:

$$b = \frac{F_T \cdot q \cdot \varphi}{m_n \cdot \sigma_{4340}} = \frac{2825 \cdot 3{,}0835 \cdot 1}{2{,}25 \cdot 170}$$

$$\boxed{b \cong 23\text{mm}}$$

Para esse dimensionamento, temos um pinhão com as seguintes características:

número de dentes: $Z_1 = 29\text{dentes}$

módulo: $m_n = 2{,}25\text{mm}$

diâmetro primitivo: $d_{o_{1(R)}} = 65{,}25\text{mm}$

largura: $b \cong 23\text{mm}$

- Relação largura (b) diâmetro primitivo (d_o)

$$\frac{b_1}{d_{o_1}} = \frac{23}{65{,}25} \cong 0{,}35$$

portanto, $\frac{b_1}{d_{o_1}} = 0{,}35 < 1{,}2$ a engrenagem está dentro das especificações.

II) 2ª hipótese: mantém-se a largura, alterando o módulo $b_1 = 16\text{mm}$ da engrenagem e, consequentemente, o diâmetro primitivo e a força tangencial.

- Altera-se o $m_n = 2{,}75\text{mm}$, pois a tensão admissível está bem aquém da tensão máxima obtida.

▸ Diâmetro primitivo

$d_{o_{1(R)}} = Z_1 \cdot m_n = 29 \cdot 2,75$

$\boxed{d_{o_{1(R)}} = 79,75mm}$

▸ Força tangencial (F_T)

$$F_T = \frac{2M_{T_1}}{d_{o_{1(R)}}} = \frac{2 \cdot 92140}{79,75}$$

$\boxed{F_T \cong 2310N}$

▸ Tensão máxima atuante

$$\sigma_{máx} = \frac{F_T \cdot q \cdot \varphi}{b_1 \cdot m_n} = \frac{2310 \cdot 3,0835 \cdot 1}{16 \cdot 2,75}$$

$\boxed{\sigma_{máx} \cong 162N/mm^2}$

▸ Análise do dimensionamento

Como a $\sigma_{máx} = 162N/mm^2 < \bar{\sigma}_{4340} = 170N/mm^2$, conclui-se que a engrenagem está em perfeitas condições de utilização.

▸ Relação entre largura e diâmetro primitivo

$$\frac{b_1}{d_{o_1(R)}} = \frac{16}{79,75} = 0,2$$

portanto, $\frac{b_1}{d_{o_{1(R)}}} = 0,2'' \; 1,2$, a relação encontra-se dentro da especificação indicada.

Para esse dimensionamento, temos um pinhão com as seguintes características:

número de dentes: $Z_1 = 29$ dentes

módulo: $m_n = 2,75mm$

diâmetro primitivo: $d_{o_{1(R)}} = 79,75mm$

largura: $b_1 \cong 16mm$

Tabela 6.10 – Características geométricas 1º par (1ª hipótese)

Formulário	Pinhão (mm)	Coroa (mm)
Módulo normalizado DIN 780	$m_n = 2{,}25$	$m_n = 2{,}25$
Passo $t_o = m_n \cdot \pi$	$t_o = 2{,}25 \cdot \pi \cong 7{,}06$	$t_o = 2{,}25 \cdot \pi \cong 7{,}06$
Vão entre os dentes no primitivo (folga nula no flanco) $\ell_o = \frac{t_o}{2}$	$\ell_o = \frac{7{,}06}{2} = 3{,}53$	$\ell_o = \frac{7{,}06}{2} = 3{,}53$
Altura da cabeça do dente $h_K = m_n$	$h_K = 2{,}25$	$h_K = 2{,}25$
Altura do pé do dente $h_f = 1{,}2m_n$	$h_f = 2{,}7$	$h_f = 2{,}7$
Altura comum do dente $h = 2m_n$	$h = 4{,}5$	$h = 4{,}5$
Altura total do dente $h_Z = 2{,}2m_n$	$h_Z = 4{,}95$	$h_Z = 4{,}95$
Espessura do dente no primitivo (folga nula no flanco) $S_o = \frac{t_o}{2}$	$S_o = 3{,}53$	$S_o = 3{,}53$
Folga da cabeça $S_K = 0{,}2m_n$	$S_K = 0{,}45$	$S_K = 0{,}45$
Diâmetro primitivo $d_o = m_n \cdot Z$	$d_{o_1} = m_n \cdot Z_1$ $d_{o_1} = 2{,}25 \cdot 29$ $d_{o_1} = 65{,}25$	$d_{o_2} = m_n \cdot Z_2$ $d_{o_2} = 2{,}25 \cdot 110$ $d_{o_2} = 247{,}5$
Diâmetro de base $d_g = d_o \cdot \cos\alpha$	$d_{g_1} = d_{o_1} \cdot \cos\alpha$ $d_{g_1} = 65{,}25 \cos 20°$ $d_{g_1} = 61{,}31$	$d_{g_2} = d_{o_2} \cdot \cos\alpha$ $d_{g_2} = 247{,}5 \cos 20°$ $d_{g_2} = 232{,}57$
Diâmetro interno $d_f = d_o - 2{,}4m_n$	$d_{f_1} = d_{o_1} - 2{,}4m_n$ $d_{f_1} = 65{,}25 - 2{,}4 \cdot 2{,}25$ $d_f = 59{,}85$	$d_{f_2} = d_{o_2} - 2{,}4m_n$ $d_{f_2} = 247{,}5 - 2{,}4 \cdot 2{,}25$ $d_{f_2} = 242{,}1$

Formulário	Pinhão (mm)	Coroa (mm)
Diâmetro externo $d_k = d_o + 2m_n$	$d_{k_1} = d_{o_1} + 2m_n$ $d_{k_1} = 65{,}25 + 2{,}25$ $d_{k_1} = 69{,}75$	$d_{k_2} = d_{o_2} + 2m_n$ $d_{k_2} = 247{,}5 + 2 \cdot 2{,}25$ $d_{k_2} = 252$
Distância entre centros $C_c = \frac{d_{o_1} + d_{o_2}}{2} = \frac{65{,}25 + 247{,}5}{2}$ $C_c = 156{,}375$		
Largura das engrenagens $b_1 = b_2 = 23$		

Tabela 6.11 - Características geométricas 2º par (2ª hipótese)

Formulário	Pinhão (mm)	Coroa (mm)
Módulo normalizado DIN 780	$m_n = 2{,}75$	$m_n = 2{,}75$
Passo $t_o = m_n \cdot \pi$	$t_o = 2{,}75 \cdot \pi \cong 8{,}64$	$t_o = 2{,}75 \cdot \pi \cong 8{,}64$
Vão entre os dentes no primitivo (folga nula no flanco) $\ell_o = \frac{t_o}{2}$	$\ell_o = \frac{8{,}64}{2} \cong 4{,}32$	$\ell_o = \frac{8{,}64}{2} \cong 4{,}32$
Altura da cabeça do dente $h_K = m_n$	$h_K = 2{,}75$	$h_K = 2{,}75$
Altura comum do dente $h_f = 1{,}2m_n$	$h_f = 1{,}2 \cdot 2{,}75 = 3{,}3$	$h_f = 1{,}2 \cdot 2{,}75 = 3{,}3$
Altura comum do dente $h = 2m_n$	$h = 2 \cdot 2{,}75 = 5{,}5$	$h = 2 \cdot 2{,}75 = 5{,}5$
Altura total do dente $h_Z = 2{,}2m_n$	$h_Z = 2{,}2 \cdot 2{,}75 = 6{,}05$	$h_Z = 2{,}2 \cdot 2{,}75 = 6{,}05$
Espessura do dente no primitivo (folga nula no flanco) $S_o = \frac{t_o}{2}$	$S_o = \frac{t_o}{2} = \frac{8{,}64}{2} = 4{,}32$	$S_o = \frac{t_o}{2} = \frac{8{,}64}{2} = 4{,}32$
Folga da cabeça $S_K = 0{,}2m_n$	$S_K = 0{,}2 \cdot 2{,}75 = 0{,}55$	$S_K = 0{,}2 \cdot 2{,}75 = 0{,}55$
Diâmetro primitivo $d_o = m_n \cdot Z$	$d_{o_1} = m_n \cdot Z_1$ $d_{o_1} = 2{,}75 \cdot 29$ $d_{o_1} = 79{,}75$	$d_{o_2} = m_n \cdot Z_2$ $d_{o_2} = 2{,}75 \cdot 110$ $d_{o_2} = 302{,}5$

Formulário	Pinhão (mm)	Coroa (mm)
Diâmetro de base $d_g = d_o \cdot \cos\alpha$	$d_{g_1} = d_{o_1} \cdot \cos\alpha$ $d_{g_1} = 79{,}75 \cos 20°$ $d_{g_1} = 74{,}94$	$d_{g_2} = d_{o_2} \cdot \cos\alpha$ $d_{g_2} = 302{,}5 \cos 20°$ $d_{g_2} = 284{,}25$
Diâmetro interno $d_f = d_o - 2{,}4\ m_n$	$d_{f_1} = d_{o_1} - 2{,}4\ m_n$ $d_{f_1} = 79{,}25 - 2{,}4 \cdot 2{,}75$ $d_{f_1} = 72{,}65$	$d_{f_2} = d_{o_2} - 2{,}4\ m_n$ $d_{f_2} = 302{,}5 - 2{,}4 \cdot 2{,}75$ $d_{f_2} = 295{,}9$
Diâmetro externo $d_k = d_o + 2\ m_n$	$d_{k_1} = d_{o_1} + 2\ m_n$ $d_{k_1} = 79{,}75 + 2 \cdot 2{,}75$ $d_{k_1} = 85{,}25$	$d_{k_2} = d_{o_2} + 2\ m_n$ $d_{k_2} = 302{,}5 + 2 \cdot 2{,}75$ $d_{k_2} = 308$
Distância entre centros $C_c = \frac{d_{o_1} + d_{o_2}}{2} = \frac{79{,}75 + 302{,}5}{2}$ $C_c = 191{,}12$		
Largura das engrenagens $b_1 = b_2 = 16$		

2) Dimensionar o par de engrenagens cilíndricas de dentes retos (ECDR) Z_3 e Z_4 da transmissão representada na Figura 6.19.

A transmissão será acionada por um motor de P = 7,5CV (~5,5 kW) que atuará com uma rotação de 1140rpm ($\omega = 38\pi$rad/s).

O material a ser utilizado é o SAE 8640.

A dureza especificada é 60 HRC com duração prevista para 10000h.

As engrenagens atuarão em eixos de transmissão com carga uniforme, com serviço contínuo de 24h/dia.

Considere:

$b_3/d_{o_3} = 0{,}25$ (relação entre largura e diâmetro primitivo)

$\alpha = 20°$ (ângulo de pressão)

$Z_1 = 25$ dentes

$Z_2 = 51$ dentes

$Z_3 = 27$ dentes

$Z_4 = 99$ dentes

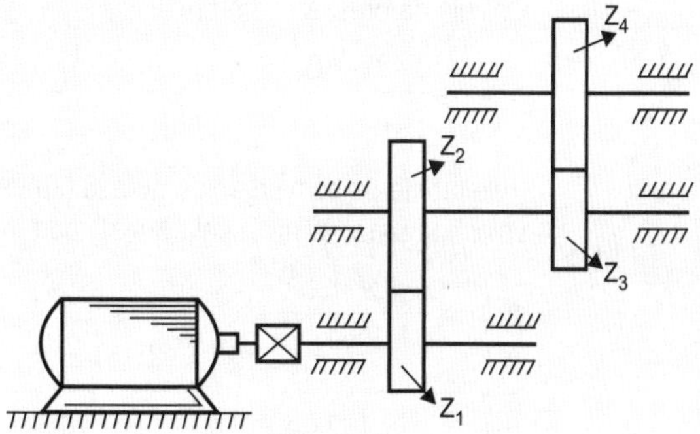

Figura 6.19

Desprezar as perdas da transmissão.

Dimensionamento:

a) **Critério de pressão (desgaste)**

a.1) Torque no pinhão (Z_3)

$$M_{T_2} = \frac{30000}{\pi} \cdot \frac{P_m}{n_m} \cdot \frac{Z_2}{Z_1}$$

$$M_{T_2} = \frac{30000}{\pi} \cdot \frac{5500}{1140} \cdot \frac{51}{25}$$

$$\boxed{M_{T_2} \cong 93.985 N_{mm}}$$

a.2) Relação de transmissão do 2º par (Z_3 e Z_4)

$$i_2 = \frac{Z_4}{Z_3} = \frac{99}{27}$$

$$\boxed{i_2 \cong 3,67}$$

a.3) Pressão admissível

I) Rotação do pinhão (Z_3)

$$n_p = \frac{n_m \cdot Z_1}{Z_2} = \frac{1140 \cdot 25}{51}$$

$$\boxed{n_p = 560 rpm}$$

II) Fator de durabilidade (W)

$$W = \frac{60 n_p \cdot h}{10^6}$$

$$W = \frac{60 \cdot 560 \cdot 10^4}{10^6}$$

$$W = 336 \Rightarrow W^{1/6} \cong 2,64$$

III) Cálculo da pressão admissível

$$p_{adm} = \frac{0,487 \cdot HB}{W^{1/6}}$$

Pela tabela de conversão de dureza (Tabela 6.8), constata-se que $60HRC \rightarrow 6270 N/mm$ valor comparativo na escala Brinell; portanto, tem-se que:

$$p_{adm} = \frac{0,487 \cdot 6270}{2,64}$$

$$\boxed{p_{adm} = 1157\ N/mm^2 = 11,57 \cdot 10^2\ N/mm^2}$$

a.4) Fator de serviço (φ)

Obtém-se na Tabela 6.6 - AGMA.

φ =1,25 eixo de transmissão, carga uniforme, serviço contínuo 24h/dia.

a.5) Volume mínimo do pinhão

$$b_3 d_{o_3}^2 = 5{,}72 \cdot 10^5 \cdot \frac{M_T}{p_{adm}^2} \cdot \frac{i+1}{i+0{,}14} \cdot \varphi$$

$$b_3 d_{o_3}^2 = 5{,}72 \cdot 10^5 \cdot \frac{93985}{\left(11{,}57 \cdot 10^2\right)^2} \cdot \frac{3{,}67+1}{3{,}67+0{,}14} \cdot 1{,}25$$

$$b_3 d_{o_3}^2 = 5{,}72 \cdot \overset{10}{\cancel{10^5}} \cdot \frac{93985}{11{,}57^2 \cdot \cancel{10^4}} \cdot \frac{4{,}67}{3{,}81} \cdot 1{,}25$$

$$\boxed{b_3 d_{o_3}^2 = 61530\text{mm}^3}$$

a.6) Módulo do engrenamento

I) Estimativa do módulo

$$b_3 d_{o_3}^2 = 61530\text{mm}^3 \quad \text{①}$$

$$\frac{b_3}{d_{o_3}} = 0{,}25 \Rightarrow b_3 = 0{,}25 d_{o_3} \quad \text{②}$$

substituindo ② em ①, tem-se:

$$0{,}25 d_{o_3} \cdot d_{o_3}^2 = 61530$$

$$0{,}25 d_{o_3} = 61530$$

$$d_{o_3} = \sqrt[3]{\frac{61530}{0{,}25}}$$

$$\boxed{d_{o_3} = 62{,}7\text{mm}}$$

$$m = \frac{d_{o_3}}{Z_3} = \frac{62{,}7}{27}$$

$$\boxed{m = 2{,}32\text{mm}}$$

II) Módulo normalizado

O módulo obtido encontra-se entre os limites normalizados

$$2{,}25 \le m \le 2{,}50$$

portanto, fixa-se $m_n = 2{,}50$mm, módulo normalizado imediatamente superior ao valor obtido.

a.7) Diâmetro primitivo do pinhão (Z_3)

$$d_{o_3} = m_n \cdot Z_3$$
$$d_{o_3} = 2,5 \cdot 27$$
$$\boxed{d_{o_3} = 67,5mm}$$

a.8) Largura do pinhão

$$b_3 = \frac{61530}{67,5^2}$$

$$\boxed{b_3 = 13,5mm}$$

b) Resistência à flexão no pé do dente

b.1) Força tangencial

$$F_T \frac{2M_{T_2}}{d_{o_3}} = \frac{2 \cdot 93985}{67,5}$$

$$\boxed{F_T \cong 2785N}$$

b.2) Fator de forma "q"

Para $Z_3 = 27$ dentes, obtém-se o fator q = 3,125 (interpolando os valores da Tabela 6.5).

b.3) Fator de serviço φ

Obtém-se na Tabela 6.6 - AGMA.

φ = 1,25 eixo de transmissão, carga uniforme, serviço contínuo 24h/dia.

b.4) Módulo do engrenamento

O mesmo do item 1.6.

$\boxed{m_n = 2,5mm}$ DIN 780

b.5) Largura do pinhão

O mesmo do item 1.8.

$$\boxed{b_3 = 13,5mm}$$

b.6) Tensão máxima atuante

$$\sigma_{máx} = \frac{F_T \cdot q \cdot \varphi}{b \cdot m_n}$$

$$\sigma_{máx} = \frac{2785 \cdot 3{,}125 \cdot 1{,}25}{13{,}5 \cdot 2{,}5}$$

$$\boxed{\sigma_{máx} \cong 322\text{N/mm}^2}$$

b.7) Análise do dimensionamento

Como a $\sigma_{máx} > \bar{\sigma}_{8640} = 200\text{N/mm}^2$, conclui-se que a engrenagem deve ser redimensionada.

c) **Redimensionamento do pinhão**

c.1) Recálculo da largura do pinhão

Fixa-se a tensão admissível do SAE 8640, encontrada na Tabela 6.9.

$$\bar{\sigma}_{8640} = 200\text{N/mm}^2$$

portanto, tem-se que:

$$b_{3(R)} = \frac{F_T \cdot q \cdot \varphi}{\bar{\sigma}_{8640} \cdot m_n} = \frac{2785 \cdot 3{,}125 \cdot 1{,}25}{200 \cdot 2{,}5}$$

$$\boxed{b_{3(R)} \cong 22\text{mm}}$$

c.2) Relação entre largura e diâmetro primitivo ($b_{3(R)}/d_{03}$)

$$\frac{b_{3(R)}}{d_{o_3}} = \frac{22}{67{,}5} \cong 0{,}33 \;\; \therefore \;\; < 1{,}2$$

Conclui-se que o pinhão está com proporção entre largura e diâmetro primitivo dentro da especificação da norma.

c.3) Outra solução seria manter a largura e alterar o módulo, como foi mostrado no exercício anterior.

Tabela 6.11 - Características geométricas das engrenagens

Formulário	Pinhão (mm)	Coroa (mm)
Módulo normalizado DIN 780	$m_n = 2{,}5$	$m_n = 2{,}5$
Passo das engrenagens $t_o = m_n \cdot \pi$	$t_o = 2{,}5 \cdot \pi$ $t_o = 7{,}85$	$t_o = 2{,}5 \cdot \pi$ $t_o = 7{,}85$
Vão entre os dentes no primitivo (folga nula no flanco) $\ell_o = \frac{t_o}{2}$	$\ell_o = \frac{7{,}85}{2}$ $\ell_o = 3{,}925$	$\ell_o = \frac{7{,}85}{2}$ $\ell_o = 3{,}925$
Altura da cabeça do dente $h_K = m_n$	$h_K = 2{,}5$	$h_K = 2{,}5$
Altura do pé do dente $h_f = 1{,}2m_n$	$h_f = 1{,}2 \cdot 2{,}25$ $h_f = 3$	$h_f = 1{,}2 \cdot 2{,}25$ $h_f = 3$
Altura comum do dente $h = 2m_n$	$h = 2 \cdot 2{,}5$ $h = 5$	$h = 2 \cdot 2{,}5$ $h = 5$
Altura total do dente $h_Z = 2{,}2m_n$	$h_Z = 2{,}2 \cdot 2{,}5$ $h_Z = 5{,}5$	$h_Z = 2{,}2 \cdot 2{,}5$ $h_Z = 5{,}5$
Espessura do dente no primitivo (folga nula no flanco) $S_o = \frac{t_o}{2}$	$S_o = \frac{7{,}85}{2}$ $S_o = 3{,}925$	$S_o = \frac{7{,}85}{2}$ $S_o = 3{,}925$
Folga da cabeça $S_K = 0{,}2\ m_n$	$S_K = 0{,}2 \cdot 2{,}5$ $S_K = 0{,}5$	$S_K = 0{,}2 \cdot 2{,}5$ $S_K = 0{,}5$
Diâmetro primitivo $d_o = m_n \cdot Z$	$d_{o_3} = 2{,}5 \cdot 27$ $d_{o_3} = 67{,}5$	$d_{o_4} = 2{,}5 \cdot 99$ $d_{o_4} = 247{,}5$
Diâmetro de base $d_g = d_o \cdot \cos \alpha$	$d_{g_3} = 67{,}5 \cos 20°$ $d_{g_3} \cong 63{,}43$	$d_{g_4} = 247{,}5 \cos 20°$ $d_{g_4} = 232{,}57$
Diâmetro interno $d_f = d_o - 2{,}4m_n$	$d_{f_3} = 67{,}5 - 2{,}4 \cdot 2{,}5$ $d_{f_3} = 61{,}5$	$d_{f_4} = 247{,}5 - 2{,}4 \cdot 2{,}5$ $d_{f_4} = 241{,}5$

Formulário	Pinhão (mm)	Coroa (mm)
Diâmetro externo $d_k = d_o + 2\ m_n$	$d_{k_3} = 67{,}5 + 2 \cdot 2{,}5$ $d_{k_3} = 72{,}5$	$d_{k_4} = 247{,}5 + 2 \cdot 2{,}5$ $d_{k_4} = 252{,}5$
	Distância entre centros $C_c = \frac{d_{o_3} + d_{o_4}}{2} = \frac{67{,}5 + 247{,}5}{2}$ $C_c = 157{,}5$	
	Largura das engrenagens $b_3 \cong b_4 = 22$	

Exercícios Propostos

1) Dimensionar o pinhão ① da transmissão representada na Figura 6.20.

Determinar as características geométricas do pinhão ① e da coroa ②.

A transmissão será acionada por um motor elétrico, trifásico, assíncrono CA, com potência $P = 4{,}4kW$ (~6cv) e rotação $n = 1730rpm$ ($\omega \cong 57{,}67\pi rad/s$).

O material a ser utilizado é SAE 8640, a dureza prevista é 60 HRC e a vida útil do par especificada em $1{,}2 \cdot 10^4 h$.

Características do serviço ⟶ Eixo de transmissão, carga uniforme, 10h/dia.

Considere:

$\frac{b_1}{d_{0_1}} = 0{,}25$ (relação entre largura e diâmetro primitivo)

$\alpha = 20°$ (ângulo de pressão)

$Z_1 = 24$ dentes

$Z_2 = 61$ dentes

Desprezar as perdas na transmissão.

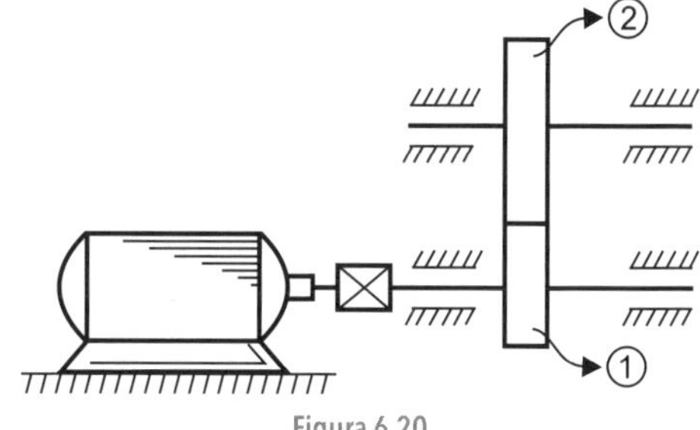

Figura 6.20

Respostas

Critério de pressão

$M_T = 24287Nmm$

$i = 2{,}54$

$W = 1246$

$W^{1/6} = 3{,}28$

$P_{adm} = 931N/mm^2$

$b_1/d_{0_1}^2 = 21170mm^3$

$d_{0_1} = 44mm$

$m_n = 2mm$

$d_{0_{1(R)}} = 48mm$

$b \cong 10mm$

Resistência a flexão

$F_T = 1012N$

$q = 3{,}2$

$\sigma_{máx} = 162N/mm^2$

Análise do dimensionamento

como $\sigma_{máx} < \sigma_{8640}$

pinhão aprovado

2) Dimensionar os pares de engrenagens cilíndricas de dentes retos (ECDR) ① e ②, ③ e ④ da transmissão representada na Figura 6.21.

A transmissão será acionada por um motor elétrico, trifásico, assíncrono CA, com potência $P = 5{,}5kW$ (~7,5cv) e rotação $n = 1720rpm$ ($\omega \cong 57{,}33\pi rad/s$).

O material a ser utilizado é o SAE 8640, a dureza prevista é 60 HRC e a vida útil/par especificada em $1{,}5 \cdot 10^4 h$.

Características de serviço:

- eixo de transmissão
- carga uniforme
- 10h/dia

Considere:

$b_1/d_{0_1} = 0{,}25$

$b_3/d_{0_3} = 0{,}25$ (relação entre largura e diâmetro primitivo)

$\alpha = 20°$ (ângulo de pressão)

$Z_1 = 23$ dentes

$Z_2 = 56$ dentes

$Z_3 = 27$ dentes

$Z_4 = 68$ dentes

Desprezar as perdas na transmissão.

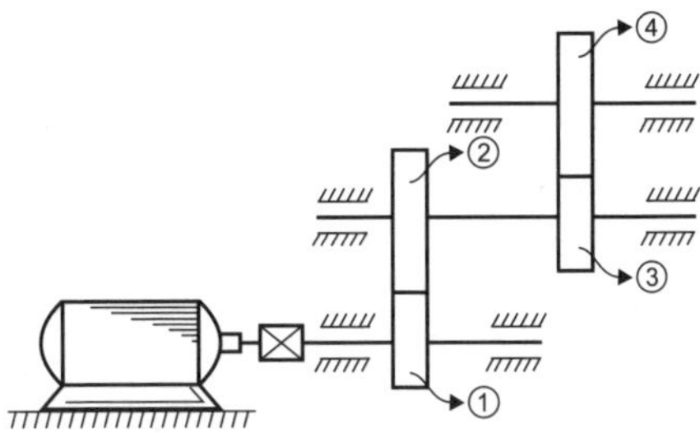

Figura 6.21

Respostas

1º par (Z_1 e Z_2)

$M_{T_1} = 30535Nmm$

$\lambda = 2{,}43$

$W = 1548$

$W^{1/6} = 3{,}4$

$P_{adm} = 898N/mm^2$

$\varphi = 1$

$b_1/d_{0_1}^2 = 28907mm^3$

$m = 2{,}11mm$

$mn = 2{,}25mm$

$d_{0_{1(R)}} = 51{,}75mm$

$b_1 \cong 11mm$

$q \cong 3{,}2$

$F_T = 1180N$

$\sigma_{máx} = 153N/mm^2$

$\sigma_{máx} < \sigma\ 8640 = 200N/mm^2$

Engrenagem aprovada

2º par (Z_3 e Z_4)

$M_{T_2} = 74346Nmm$

$\lambda_2 = 2{,}52$

$W = 635$

$W^{1/6} = 2{,}93$

$P_{adm} = 1042N/mm^2$

$\varphi = 1$

$b_3/d_{0_3}^2 = 51830mm^3$

$m = 2{,}19mm$

$mn = 2{,}25mm$ (din 780)

$d_{0_{3(R)}} = 60{,}75mm$

$b_3 \cong 14mm$

$F_T = 2448N$

$\sigma_{máx} = 241N/mm^2$

$\sigma_{máx} > \sigma\ mat = 200N/mm^2$

O pinhão será redimensionado

Redimensionando a largura (b), obtém-se $b_{3(R)} \cong 17mm$

3) Dimensionar o pinhão (Z_1) da transmissão representada na Figura 6.22.

Motor

$P = 3{,}0CV$ (2,2kW)

$n = 1160rpm$

Engrenagens

$Z_1 = 24$ dentes

$Z_2 = 85$ dentes

$b_1/d_{0_1} = 0{,}25$

Material: SAE 8640

Dureza: 60 HRC

Duração: $1{,}8 \cdot 10^4 h$

$\alpha = 20°$ (ângulo de pressão)

Serviço: eixo de transmissão

10h/dia

carga uniforme

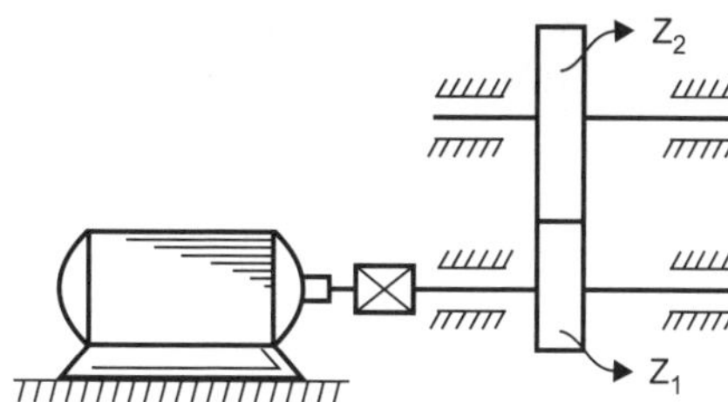

Figura 6.22

Recomendações:

- arredondar módulo para o valor normalizado imediatamente superior
- arredondar largura para o valor inteiro imediatamente superior

Respostas

$M_T = 18110mm$

$i = 3{,}54$

$P_{adm} \cong 931N/mm^2$

$b_1/d_{0_1}^2 = 14702mm^3$

$m = 1{,}62mm$

$d_{0_{1(R)}} = 42mm$

$b_1 = 9mm$

$m_n = 1{,}75mm$ (din 780)

$F_T \cong 862N$

$q = 3{,}2$

$\varphi = 1$

$\sigma = 175N/mm^2$

Conclusão: como $\sigma < \sigma_{adm} = 200N/mm^2$, conclui-se que a engrenagem está aprovada para transmissão.

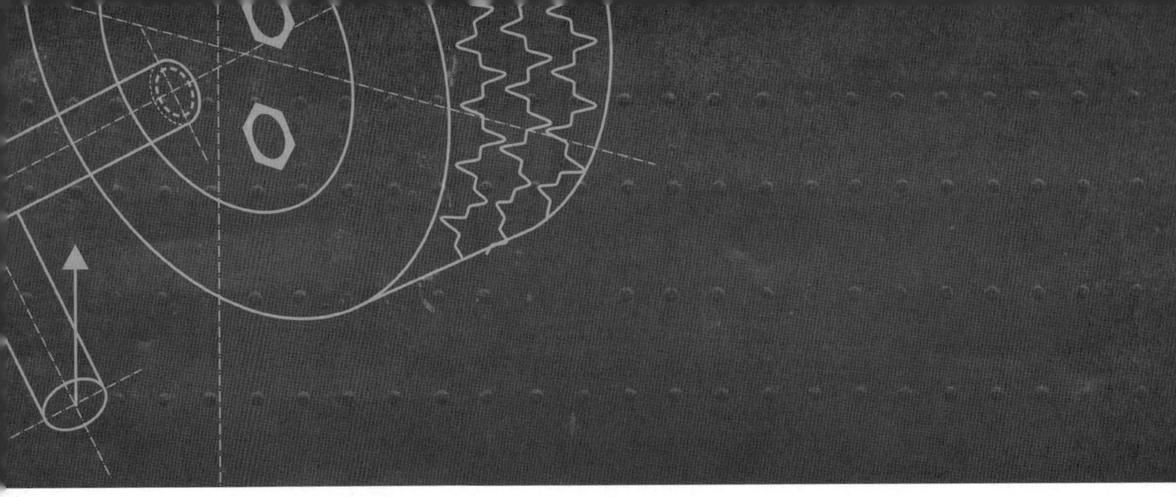

7 Engrenagens Cilíndricas de Dentes Helicoidais

1) Características geométricas

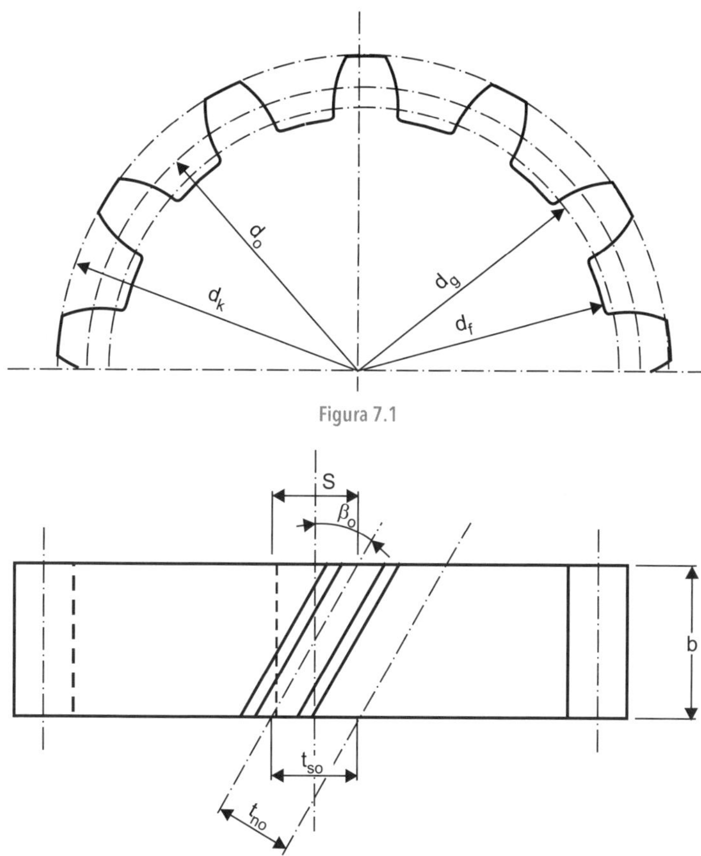

Figura 7.1

Figura 7.2

Tabela 7.1 - Características geométricas - norma DIN 862-867

Denominação	Formulário
Módulo normal (normalizado)	$m_{n_o} = \frac{T_o}{\pi}$
Módulo frontal	$m_{s_o} = \frac{m_{n_o}}{\cos\beta_o} = m_{n_o} \sec\beta_o$
Passo frontal	$t_{s_o} = m_s \pi$
Passo normal	$t_{n_o} = m_{n_o} \pi$
Espessura do dente frontal	$S_{s_o} = \frac{t_{s_o}}{2}$ Folga nula no flanco
Vão entre dentes no frontal	$\ell_{s_o} = \frac{t_{s_o}}{2}$ Folga nula no flanco
Espessura do dente normal	$S_{n_o} = \frac{t_{n_o}}{2}$ Folga nula no flanco
Vão entre dentes normais	$\ell_{n_o} = \frac{t_{n_o}}{2}$ Folga nula no flanco
Altura da cabeça do dente	$h_k = m_{n_o}$
Altura do pé do dente	$h_f = 1{,}2m_{n_o}$
Altura total do dente	$h_z = 2{,}2m_{n_o}$
Folga da cabeça	$S_k = 0{,}2m_{n_o}$
Ângulo de hélice β_o	$\text{Sec}\beta_o = \frac{d_o}{Z_{m_{n_o}}} = \frac{2A}{Z_1 m_{n_o} (i+1)}$
Ângulo de pressão normal α_{n_o}	$\alpha_{n_o} = 20°\text{DIN867}$
Ângulo de pressão frontal α_{s_o}	$\text{tg}\alpha_{s_o} = \frac{\text{tg}\alpha_{n_o}}{\cos\beta_o}$
Distância centro a centro	$C_c = \left(\frac{Z_1 + Z_2}{2}\right) \cdot m_s$
Raio imaginário medido no plano normal	$r_n = \frac{r_o}{\cos^2 \beta_o}$

Denominação	Formulário
Número imaginário de dentes	$Z_1 = \dfrac{Z}{(\cos^3 \beta_o)^3}$
Avanço de dente	$S = b \cdot tg\beta_o$
Diâmetro primitivo	$d_o = Z \cdot m_s$
Diâmetro externo	$d_k = d_o + 2h_k$
Diâmetro do pé do dente	$d_f = d_o - 2h_f$
Diâmetro de base	$d_g = d_o \cos\alpha_{s_o}$

2) **Dimensionamento de engrenagens cilíndricas de dentes helicoidais (ECDH)**

Critério de Pressão (desgaste)

$$b \cdot d_o^2 = 0{,}2f^2 \cdot \frac{M_T}{P_{adm}^2 \cdot \varphi_p} \cdot \frac{i \pm 1}{i}$$

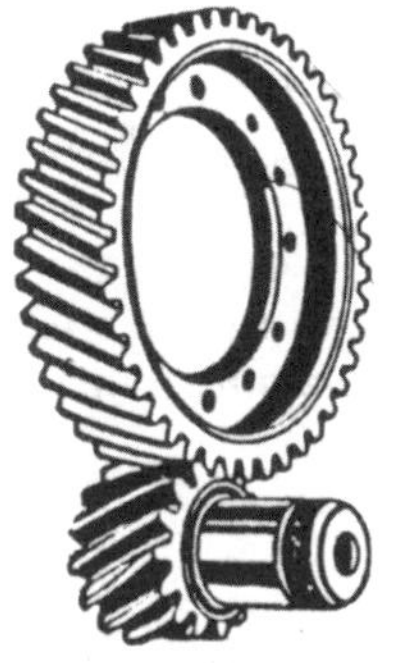

⊕ Engrenamento Externo

Figura 7.3

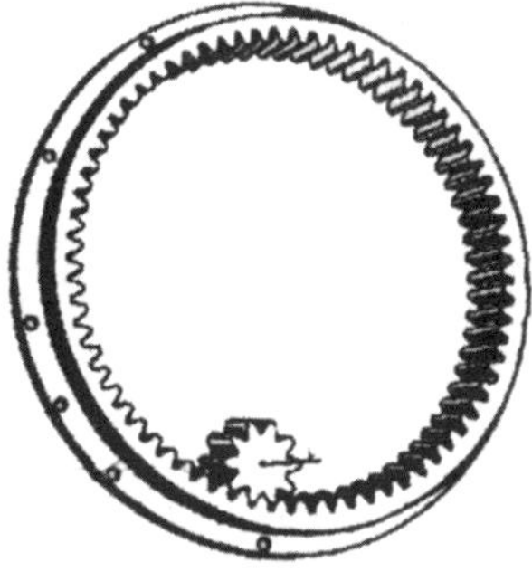

⊖ Engrenamento Interno

Figura 7.4

Em que:

b - largura do pinhão [mm]

d_o - diâmetro primitivo do pinhão [mm]

f - fator de características elásticas do par [adimensional]

i - relação de transmissão [adimensional]

P_{adm} - pressão admissível de contato [N/mm2]

φ_P - fator de correção de hélice (pressão) [adimensional]

φ_P - fator de correção de hélice (pressão)

O fator de correção φ_P, utilizado para o critério de pressão, obtém-se por meio do ângulo de correção de hélice β_o na Tabela 7.2:

Tabela 7.2 - Para obtenção do fator de correção da hélice φ_p

φ_p	1,00	1,11	1,22	1,31	1,40	1,47	1,54	1,60	1,66	1,71
β_o	0°	5°	10°	15°	20°	25°	30°	35°	40°	45°

a) Critério de Resistência à Flexão

$$\sigma_{máx} = \frac{F_T \cdot q}{b \cdot m_n \cdot e \cdot \varphi_r} \leq \sigma_{material}$$

Em que:

F_T - força tangencial [N]

q - fator de forma [adimensional]

b - largura do pinhão [mm]

m_n - módulo normal [mm]

φ_r - fator de correção de hélice [adimensional]

e - fator de carga $0{,}80 \leq e \leq 1{,}50$ [adimensional]

Fator de Carga (serviço) "e"

e = 0,8 - serviços pesados

e = 1,0 - serviços normais

e = 1,5 - serviços leves

Pelo fator de serviço (φ), conforme mostra a Tabela 6.6 (Tabela AGMA), determina-se "e" por intermédio de:

$$e = \frac{1}{\varphi}$$

φ_r fator de correção de hélice (resistência).

φ_r	1,0	1,2	1,28	1,35	1,36
β_o	0°	5°	10°	15° a 25°	25° a 45°

7.1 Fator de Características Elásticas (F)

Tabela 7.3 - Para ângulo de pressão $\alpha = 20°$

Material	E (GP_a)	Fator (f)
Pinhão de aço Coroa de aço	E = 210 E = 210	1512
Pinhão de aço Coroa de FoFo	E = 210 E = 105	1234
Pinhão de FoFo Coroa de FoFo	E = 105 E = 105	1069

Procedimento para dimensionar engrenagem cilíndrica de dentes helicoidais (ECDH)

1) Critério de pressão (desgaste)

a) Fator de características elásticas (f)

É obtido por meio do material na Tabela 7.3.

b) Torque no pinhão

$$M_{T_1} = \frac{30000}{\pi} \cdot \frac{P}{n} \,[\text{Nmm}]$$

c) Relação de transmissão

$$i = \frac{Z_2}{Z_1}$$

d) Pressão admissível

d.1) Fator de durabilidade (W)

$$W = \frac{60 \cdot n_p \cdot h}{10^6}$$

d.2) Intensidade da pressão admissível

$$P_{adm} = \frac{0{,}487 \cdot HB}{W^{1/6}}$$

A conversão de dureza Rockwell (c) em dureza Brinell (HB) é obtida por meio da tabela conversão de dureza (Tabela 6.8).

O fator de durabilidade W elevado a $1/6$ corresponde a:

$$W^{1/6} = \sqrt[6]{W} = W^{0{,}1666...}$$

Utilize a tecla correspondente na calculadora.

e) Fator de correção de hélice φ_p (pressão)

Obtém-se por meio do ângulo de inclinação de hélice (β_o) na Tabela 7.2.

f) Volume mínimo do pinhão

$$b_1/d^2_{o_1} = 0{,}2f^2 \frac{M_T}{P^2_{adm} \cdot \varphi_p} \cdot \frac{i+1}{i} \rightarrow X$$

$$b_1/d^2_{o_1} = X$$

g) Módulo do engrenamento

$b_1/d^2_{o_1} = X$ Ⓘ (volume mínimo)

$b_1 = yd_{o_1}$ Ⓘⓘ (proporcionalidade) (página 99)

Substituindo Ⓘ em Ⓘ, tem-se: $yd_{o_1} \cdot d^2_{o_1} = x$

$$yd_{o_1} \cdot d^2_{o_1} = x$$

$$d^3_{o_1} = \frac{x}{y} \Rightarrow d_{o_1} = \sqrt[3]{\frac{x}{y}}$$

Como o diâmetro primitivo (d_{o_1}) é definido por meio do produto entre o módulo frontal (m_s) e o número de dentes da engrenagem, tem-se:

$$d_{o_1} = m_s \cdot Z_1$$

g.1) Módulo frontal (m_s)

$$m_s = \frac{d_{o_1}}{Z_1}$$

g.2) Módulo normal (ferramenta)

$$m_n = m_s \cdot \cos\beta_o$$

Normalizar o módulo obtido por meio da DIN 780 (Tabela 6.4)

m_n = módulo normalizado

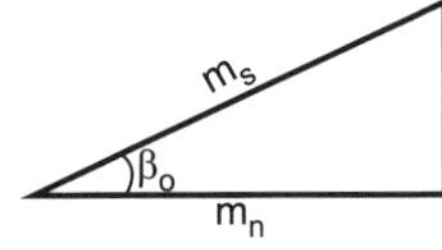

Figura 7.5

g.3) Recálculo do módulo frontal (m_{s_o})

$$m_{s_o} = \frac{m_{n_o}}{\cos\beta_o}$$

h) Recálculo do diâmetro primitivo ($d_{o_{(r)}}$)

$$d_{o_{1(r)}} = Z_1 \,.\, m_{s_o}$$

i) Largura da engrenagem

$$b_1 = \frac{X}{d^2_{o_{(r)}}}$$

2) Resistência à flexão no pé do dente

$$\sigma_{máx} = \frac{F_T \cdot q}{b \cdot m_{n_o} \cdot e \cdot \varphi_r} \leq \bar{\sigma}_{material}$$

a) Força tangencial (F_T)

$$F_T = \frac{2M_{T_1}}{d_{o_{1(R)}}} = \frac{M_{T_1}}{r_{o_1}} \, [N]$$

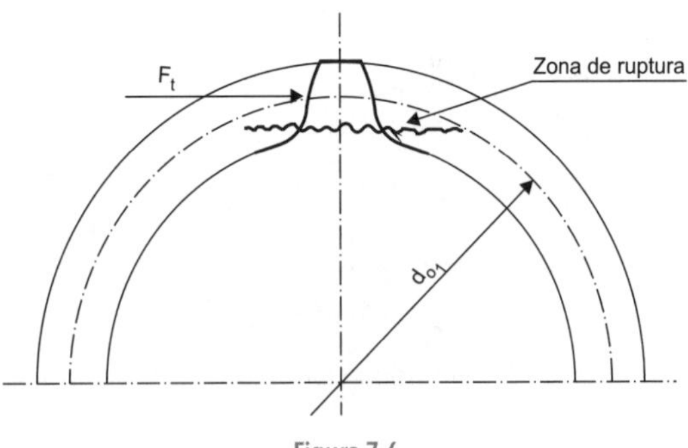

Figura 7.6

a.1) Raio primitivo (r_{o_1})

$$r_{o_1} = \frac{d_{o_{1(R)}}}{2}$$

b) Fator de forma (q)

Para utilizar a tabela do fator de forma da ECDR, torna-se necessário determinar o número de dentes helicoidais correspondentes a dentes retos.

Utiliza-se para tal a relação seguinte:

$$Z_e = \frac{Z_1}{(\cos\beta_o)^3}$$

Z_e = número de dentes equivalentes

Por meio do (Z_e) obtém-se o fator "q" na Tabela 6.5.

c) Fator de serviço (e)

Obtido na Tabela 6.6 - AGMA por meio da relação:

$$e = \frac{1}{\varphi}$$

d) Largura da engrenagem

$$b_1 = \frac{X}{d^2_{o_{(R)}}}$$

e) Módulo normalizado (m_{n_o})

$b_1 d^2_{o_1} = X$ Ⓘ (volume mínimo)

$b_1 = y d_{o_1}$ Ⓘⓘ (proporcionalidade) (página 99)

Substituindo Ⓘⓘ em Ⓘ, tem-se:

$d_{o_1} = m_s \cdot Z_1$

f) Fator de correção de hélice (φ_r)

Obtido em f(β_o) na Tabela 7.2.

g) Tensão máxima atuante no pé do dente

$$\sigma_{máx} = \frac{F_T \cdot q}{b \cdot m_{n_o} \cdot e \cdot \varphi_r}$$

h) Análise do dimensionamento.

A engrenagem estará aprovada para transmissão se:

$\sigma_{máx} \leq \sigma_{material}$

Esforços na Transmissão

Força tangencial (F_T)

$$F_T = \frac{2M_{T_1}}{d_{o_{1(R)}}} = \frac{2M_{T_2}}{d_{o_2}} \; [N]$$

Força radial (F_r)

$$F_r = F_T \cdot tg\alpha_{s_o} \; [N]$$

Força axial (F_a)

$$F_a = F_T \cdot tg\beta_o \; [N]$$

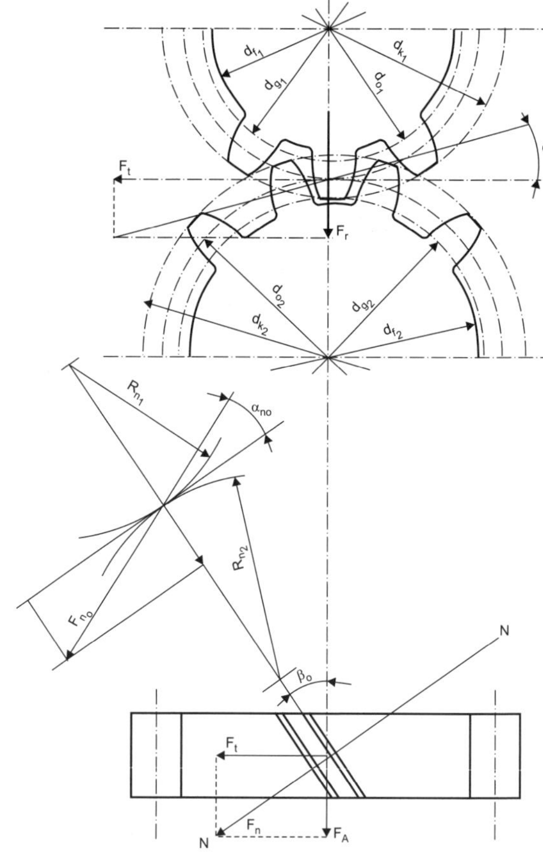

Figura 7.7

Exercício Resolvido

1) Dimensionar o par de engrenagens helicoidais (ECDH), para que possa atuar com segurança na transmissão representada conforme segue:

O acionamento será por meio de motor elétrico com potência

P = 14,7kW (20CV) e rotação n = 1140rpm.

(ω = 38πrad/s)

O material a ser utilizado é o SAE 8640. A dureza especificada é de 58 HRC. A duração prevista para 10000h de funcionamento, com atuação em eixos de transmissão e acionamento máximo de 10h/dia.

Fator de serviço e = 1/φ

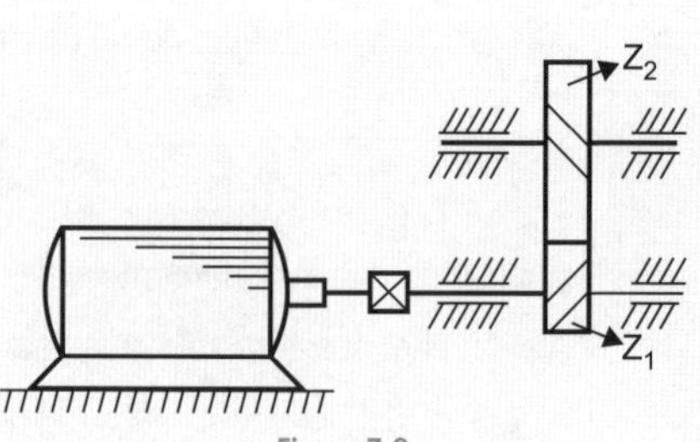

Figura 7.8

Considere:

$\frac{b_1}{d_{o_1}} = 0{,}25$ (relação entre largura e diâmetro primitivo)

$Z_1 = 29$ dentes (pinhão)

$Z_2 = 89$ dentes (coroa)

$\beta_o = 20°$ (ângulo de hélice)

$\alpha_{n_o} = 20°$ (ângulo de pressão normal)

Desprezar as perdas na transmissão.

Dimensionamento:

a) **Critério de pressão (desgaste)**

a.1) Fator de características elásticas do material (f)

Como o material utilizado é o aço, conclui-se que:

f = 1512 (página 134)

a.2) Torque no pinhão

$$M_{T_1} = \frac{30000}{\pi} \cdot \frac{P}{n}$$

$$M_{T_1} = \frac{30000}{\pi} \cdot \frac{14700}{1140}$$

$$\boxed{M_{T_1} = 123136\text{Nm}}$$

a.3) Relação de transmissão do par

$$i = \frac{Z_2}{Z_1} = \frac{89}{29}$$

$$\boxed{i \cong 3{,}07}$$

a.4) Pressão admissível

I) Fator de durabilidade (W)

$$W = \frac{60 \cdot n_p \cdot h}{10^6} = \frac{60 \cdot 1140 \cdot 10^4}{10^6}$$

$n_p = n_{motor} = 1140$rpm (motor acoplado ao eixo do pinhão)

$$\boxed{W = 684}$$

II) Intensidade da pressão admissível

$$P_{adm} = \frac{0,487 \cdot HB}{W^{1/6}}$$

Por meio da tabela de conversão de dureza (Tabela 6.8) obtém-se que:

58HRC equivale aproximadamente a 6000 N/mm² (6000HB)

$$P_{adm} = \frac{0,487 \cdot 6000}{684^{1/6}} = \frac{0,487 \cdot 6000}{2,97}$$

$$\boxed{P_{adm} = 984 N/mm^2 = 9,84 \cdot 10^2 N/mm^2}$$

a.5) Fator de correção de hélice φ_p (pressão)

Como o ângulo de hélice é $\beta_o = 20°$ obtém-se na Tabela 7.2.

$\varphi_p = 1,40$

a.6) Volume mínimo do pinhão

$$b_1/d_{o_1}^2 = 0,2 \cdot f^2 \cdot \frac{M_T}{P_{adm}^2 \varphi_p} \cdot \frac{i+1}{i}$$

$$b_1/d_{o_1}^2 = 0,2 \cdot 1512^2 \cdot \frac{123.136}{\left(9,84 \cdot 10^2\right)^2 \cdot 1,4} \cdot \frac{3,07+1}{3,07}$$

$$b_1/d_{o_1}^2 = 45,723 \cdot \cancel{10^4} \cdot \frac{123.136}{9,84^2 \cdot \cancel{10^4} \cdot 1,4} \cdot \frac{4,07}{3,07}$$

$$\boxed{b_1/d_{o_1}^2 = 55063 mm^3}$$

a.7) Módulo do engrenamento

$b_1/d^2_{o_1} = 55063 mm^3$ Ⓘ

$b_1 = 0,25 d_{o_1}$ Ⓘⓘ

Substituindo Ⓘⓘ em Ⓘ, tem-se:

$$0,25 d_{o_1} \cdot d_{o_1}^2 = 55063$$

$$d_{o_1}^3 = \frac{55063}{0,25}$$

$$d_{o_1}^3 = \sqrt[3]{\frac{55063}{0,25}}$$

$$\boxed{d_{o_1}^3 \cong 60,4 mm}$$

I) Módulo frontal (m_s)

$$m_s = \frac{d_{o_1}}{Z_1} = \frac{60,4}{29}$$

$$\boxed{m_s = 2,08mm}$$

II) Módulo normal (ferramenta)

$$m_n = m_s \cdot \cos\beta_o$$

$$m_n = 2,08 \cdot \cos 20°$$

$$\boxed{m_n = 1,95mm}$$

Por meio da DIN 780 (Tabela 6.4) escolhe-se o módulo normalizado.

$$\boxed{m_{n_o} = 2mm}$$

III) Recálculo do módulo frontal (m_{so})

$$m_{s_o} = \frac{m_{n_o}}{\cos\beta_o} = \frac{2}{\cos 20\Upsilon}$$

$$\boxed{m_{s_o} \cong 2,13mm}$$

a.8) Recálculo do diâmetro primitivo

$$d_{o_{1(R)}} = Z_1 \cdot m_{s_o}$$

$$d_{o_{1(R)}} = 29 \cdot 2,13$$

$$\boxed{d_{o_{1(R)}} = 61,77mm}$$

a.9) Largura da engrenagem

$$b_1 = \frac{X}{d^2_{o_{1(R)}}} = \frac{55063}{(61,77)^2}$$

$$\boxed{b_1 \cong 15mm}$$

b) Resistência à flexão no pé do dente

$$\sigma = \frac{F_T \cdot q}{b \cdot M_{n_o} \cdot e \cdot \varphi_r} \leq \bar{\sigma}_{material}$$

b.1) Força tangencial

$$F_T = \frac{2M_{T_1}}{d_{o_{1(R)}}} = \frac{2 \cdot 123136}{61,77}$$

$$\boxed{F_T = 3987N}$$

b.2) Fator de forma (q)

I) Número de dentes equivalentes (Z_e)

$$Z_{e_1} = \frac{Z_1}{(\cos\beta_o)^3} = \frac{29}{(\cos 20°)^3}$$

$$\boxed{Z_{e_1} = 35 \text{ dentes}}$$

Por meio da Tabela 6.5, encontra-se que:

Z		**fator "q"**
34	$\rightarrow$	3,0
40	$\rightarrow$	2,9

Interpolando os valores da Tabela 6.5, obtém-se que:

Incremento da interpolação

$$I = \frac{3{,}0 - 2{,}9}{6} = 0{,}0167$$

Por meio do incremento encontrado são determinados os valores seguintes:

Número de dentes	Fator "q"
34	3,000
35	2,983
36	2,967
37	2,950
38	2,933
39	2,917
40	2,900

Portanto, para $Z_e = 35$ dentes, o fator $q = 2{,}983$.

b.3) Fator de serviço (e)

Para trabalhar em eixo de transmissão, com duração de serviço diário prevista para 10 horas, a tabela da AGMA (Tabela 6.6) recomenda $\varphi = 1$.

Como $e = \frac{1}{\varphi}$, conclui-se que para esse projeto $e = 1$.

b.4) Largura da engrenagem

A mesma do item 1.9.

$$\boxed{b_1 \cong 15\text{mm}}$$

b.5) Normalizado (m_{n_o})

O mesmo do item 1.7.

$$\boxed{m_{n_o} = 2_{mm}}$$

b.6) Fator de correção de hélice (φ_r)

Como $\beta_o = 20°$, encontra-se na Tabela 7.2.

$\varphi_r = 1{,}35$

b.7) Tensão máxima atuante no pé do dente

$$\sigma_{máx} = \frac{F_T \cdot q}{b \cdot m_{n_o} \cdot e \cdot \varphi_r}$$

$$\sigma_{máx} = \frac{3987 \cdot 2{,}983}{15 \cdot 2 \cdot 1 \cdot 1{,}35}$$

$$\boxed{\sigma_{máx} \cong 294\text{N/mm}^2}$$

b.8) Análise do dimensionamento

Como a tensão máxima atuante é maior que a tensão admissível do material,

$$\sigma_{máx} \cong 294\text{N/mm}^2 > \bar{\sigma}_{8640} = 200\text{N/mm}^2$$

conclui-se que o pinhão está mal dimensionado, devendo ser reforçado.

b.9) Redimensionamento do pinhão

1ª hipótese: mantém-se o módulo do engrenamento e altera-se a largura.

Fixa-se a tensão atuante máxima com o mesmo valor da tensão admissível do material (SAE 8640 - Tabela 6.8).

portanto, $\sigma_{máx} = \bar{\sigma}_{8640} = 200\text{N/mm}^2$.

I) Largura do pinhão

$$b_1 = \frac{F_T \cdot q}{\bar{\sigma}_{8640} \cdot m_{n_o} \cdot e \cdot \varphi_r} = \frac{3987 \cdot 2{,}983}{200 \cdot 2 \cdot 1 \cdot 1{,}35}$$

$$\boxed{b_1 \cong 22\text{mm}}$$

2ª hipótese de redimensionamento: análoga à resolução do exercício ① das ECDR, ou seja, mantém-se a largura e altera-se o módulo da engrenagem.

Tabela 7.4 - Características geométricas

Formulário	Pinhão (mm)	Coroa (mm)
Módulo normalizado DIN 780 m_{n_o}	$m_{n_o} = 2$	$m_{n_o} = 2$
Passo $t_o = \pi \cdot m_{n_o}$	$t_o = 6{,}28$	$t_o = 6{,}28$
Vão entre os dentes no primitivo (folga nula no flanco) $\ell_o = \frac{t_o}{2}$	$\ell_o = \frac{6{,}28}{2}$ $\ell_o = 3{,}14$	$\ell_o = \frac{6{,}28}{2}$ $\ell_o = 3{,}14$
Espessura do dente no primitivo $S_o = \frac{t_o}{2}$ (folga nula no flanco)	$S_o = \frac{6{,}28}{2}$ $S_o = 3{,}14$	$S_o = \frac{6{,}28}{2}$ $S_o = 3{,}14$
Altura da cabeça do dente $h_k = m_{n_o}$	$h_k = 2$	$h_k = 2$
Altura do pé do dente $h_f = 1{,}2\, m_{n_o}$	$h_f = 1{,}2 \cdot 2$ $h_f = 2{,}4$	$h_f = 1{,}2 \cdot 2$ $h_f = 2{,}4$
Altura total do dente $h_Z = 2{,}2\, m_{n_o}$	$h_Z = 2{,}2 \cdot 2$ $h_Z = 4{,}4$	$h_Z = 2{,}2 \cdot 2$ $h_Z = 4{,}4$
Altura comum do dente $h = 2 m_{n_o}$	$h = 2 \cdot 2$ $h = 4$	$h = 2{,}2 \cdot 2$ $h = 4$
Folga da cabeça do dente $S_k = 0{,}2\, m_{n_o}$	$S_k = 0{,}2 \cdot 2$ $S_k = 0{,}4$	$S_k = 0{,}2 \cdot 2$ $S_k = 0{,}4$
Módulo frontal $m_s = \frac{m_{n_o}}{\cos \beta_o}$	$m_s = \frac{2}{\cos 20°}$ $m_s = 2{,}13$	$m_s = \frac{2}{\cos 20°}$ $m_s = 2{,}13$
Ângulo de pressão frontal (α_{s_o}) $\mathrm{tg}\,\alpha_{s_o} = \frac{\mathrm{tg}\,\alpha_{n_o}}{\cos \beta_o}$	$\mathrm{tg}\,\alpha_{s_o} = \frac{\mathrm{tg}\,20°}{\cos 20°} = \frac{0{,}36...}{0{,}93...}$ $\alpha_{s_o} = 21°10'$	$\mathrm{tg}\,\alpha_{s_o} = \frac{\mathrm{tg}\,20°}{\cos 20°} = \frac{0{,}36...}{0{,}93...}$ $\alpha_{s_o} = 21°10'$
Avanço do dente (s) $s = b \cdot \mathrm{tg}\,\beta_o$	$s = 22 \cdot \mathrm{tg}\,20°$ $s = 8$	$s = 22 \cdot \mathrm{tg}\,20°$ $s = 8$
Diâmetro primitivo $d_o = m_s \cdot Z$	$d_{o_1} = m_s \cdot Z_1$ $d_{o_1} = 2{,}13 \cdot 29$ $d_{o_1} = 61{,}77$	$d_{o_2} = m_s \cdot Z_2$ $d_{o_2} = 2{,}13 \cdot 89$ $d_{o_2} = 189{,}57$

Formulário	Pinhão (mm)	Coroa (mm)
Diâmetro de base $d_g = d_o \cdot \cos\alpha_{s_o}$	$d_{g_1} = d_{o_1} \cdot \cos 21°10'$ $d_{g_1} = 61{,}77 \cdot 0{,}93....$ $d_{g_1} = 57{,}60$	$d_{g_2} = d_{o_2} \cdot \cos 21°10'$ $d_{g_2} = 189{,}57 \cdot 0{,}93...$ $d_{g_2} = 176{,}77$
Diâmetro interno $d_f = d_o - 2h_f$	$d_{f_1} = d_{o_1} - 2h_f$ $d_{f_1} = 61{,}77 - 2 \cdot 2{,}4$ $d_{f_1} = 56{,}97$	$d_{f_2} = d_{o_2} - 2h_f$ $d_{f_2} = 189{,}57 - 2 \cdot 2{,}4$ $d_{f_2} = 184{,}77$
Diâmetro externo $d_k = d_o + 2h_k$	$d_{k_1} = d_{o_1} + 2h_k$ $d_{k_1} = 61{,}77 + 2 \cdot 2$ $d_{k_1} = 65{,}77$	$d_{k_2} = d_{o_2} + 2h_k$ $d_{k_2} = 189{,}57 + 2 \cdot 2$ $d_{k_2} = 193{,}57$
Distância entre centros (mm) $C_c = \frac{(Z_1 + Z_2)\,m_s}{2} = \frac{(29 + 89)\,2{,}13}{2}$ $C_c = 123{,}785$		
Largura das engrenagens (mm) $b_1 = b_2 = 22$		

Exercícios Propostos

1) Dimensionar o par de engrenagens helicoidais (ECDH) ① e ② da transmissão representada na Figura 7.9.

O acionamento da transmissão será por meio de motor elétrico, trifásico, assíncrono CA, com potência P = 3kW (~4CV) e rotação n = 1730rpm ($\omega \cong 57{,}67\pi$rad/s).

O material das engrenagens é o SAE 8640, a dureza prevista é 60 HRC e a vida útil do par especificada em: $1{,}2 \cdot 10^4$ h.

Características de serviço: eixo de transmissão, carga uniforme 10 h/dia.

Considere:

$\frac{b_1}{d_{o_1}} = 0{,}25$ (relação largura e diâmetro primitivo)

$\alpha_{no} = 20°$ (ângulo de pressão)

$Z_1 = 21$ dentes (pinhão)

$Z_2 = 75$ dentes (coroa)

$\beta_o = 20°$ (ângulo de hélice)

Desprezar as perdas na transmissão.

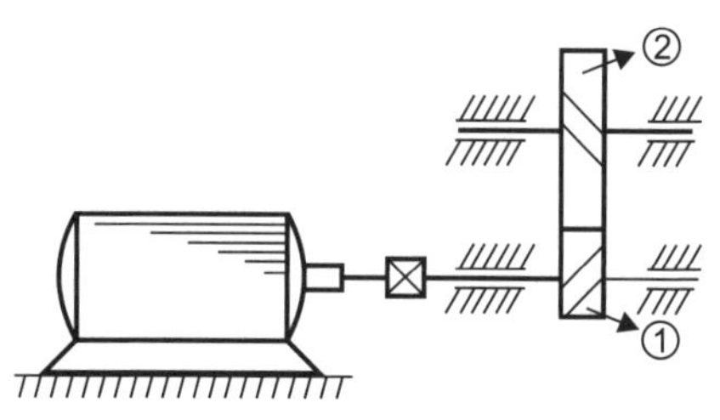

Figura 7.9

2) Dimensionar o par de engrenagens helicoidais (ECDH) ③ e ④ da transmissão representada na Figura 7.10. O acionamento da transmissão será por meio de motor elétrico, trifásico, assíncrono CA, com potência $P = 7{,}5kW$ (~10CV) e rotação $n = 3.480rpm$ ($\omega \cong 116\pi rad/s$).

O material das engrenages é o SAE4340, a dureza prevista é 58 HRC e a vida útil do par especificada em $1{,}5 \cdot 10^4 h$.

Características de serviço:

Misturador para líquidos de densidade constante, com funcionamento previsto para 10h/dia.

Considere:

$\frac{b_3}{d_{o_3}} = 0{,}25$ (relação entre largura e diâmetro primitivo)

$\alpha_{n_o} = 20°$ (ângulo de pressão)

$Z_1 = 23$ dentes

$Z_2 = 60$ dentes

$Z_3 = 28$ dentes

$Z_4 = 69$ dentes

$\beta_o = 20°$ (ângulo de hélice)

Desprezar perdas na transmissão.

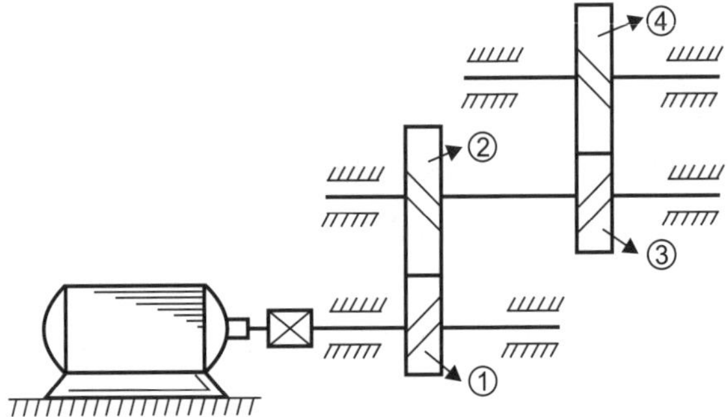

Figura 7.10

8

Engrenagens Cônicas com Dentes Retos

As engrenagens cônicas com dentes retos possuem as seguintes características:

1) São utilizadas em eixos reversos.
2) A relação de transmissão máxima que deve ser utilizada é 1:6.
3) Para relações de transmissão acima de 1:1,2 são mais caras que as engrenagens cilíndricas.

8.1 Detalhes Construtivos

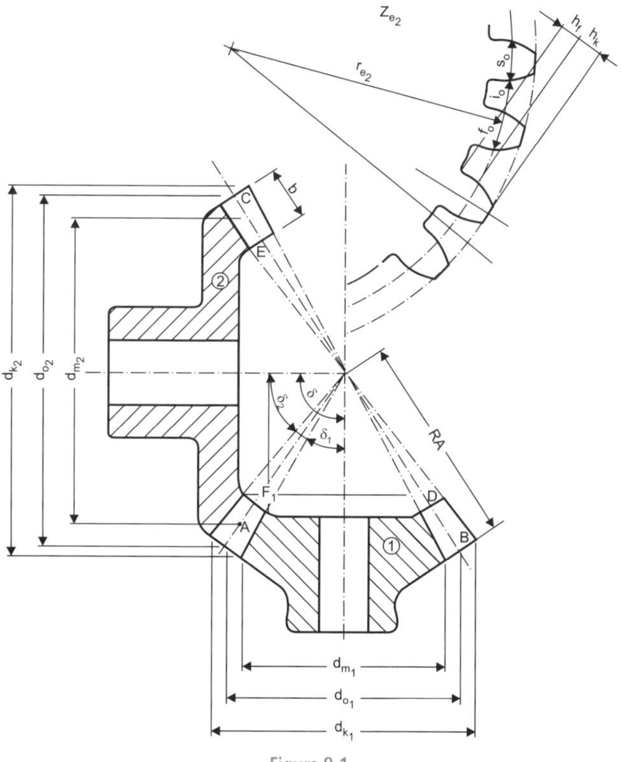

Figura 8.1

Tabela 8.1 - Características geométricas

Denominação	Símbolo	Fórmula
Número de dentes	Z_1	$Z_1 = d_{o_1} / m$
Módulo	m	$m = t_o / \pi$
Módulo médio	m_m	$m_m = \frac{d_m}{z} = \frac{R_a - b/2}{R_a} \cdot m$ ou $m_m = 0{,}8m$
Passo	t_o	$t_o = m \cdot \pi$
Espessura no primitivo	S_o	$S_o = t_o / 2$ com folga de flanco nula
Vão entre os dentes no primitivo	ℓ_o	$\ell_o = t_o / 2$ com folga de flanco nula
Diâmetro primitivo	d_{o_1}	$d_{o_1} = m \cdot Z_1$
Diâmetro primitivo médio	d_{m_1}	$d_{m_1} = d_{o_1} = b \cdot \text{sen}\,\delta_1$ e $d_{m_2} = d_{m_1} \cdot \iota$
Altura comum do dente	h	$h = 2 \cdot m$
Altura da cabeça do dente	h_k	$h_k = m$
Altura do pé do dente	h_f	$h_f = 1{,}1$ a $1{,}3 \cdot m$
Altura total do dente	h_z	$h_z = 2{,}1$ a $2{,}3 \cdot m$
Folga na cabeça	S_k	$S_k = 0{,}1$ a $0{,}3 \cdot m$
Diâmetro externo ou de cabeça	$d_{k\,1(2)}$	$d_{k_1} = d_{o_1} + 2 \cdot m \cdot \cos\delta 1$ $d_{k_1} = m \cdot (Z_1 + 2\cos\delta 1)$ $d_{k_2} = d_{o_2} + 2 \cdot m \cdot \cos\delta 2$ $d_{k_2} = m \cdot (Z_2 + 2\cos\delta 2)$ para $\delta = 90°$; $\cos\delta 2 = \text{sen}\,\delta$
Ângulo de pressão	α_o	$\alpha_o = 20°$ norma DIN 867
Abertura angular entre eixos	δ	$\delta = \delta_1 + \delta_2$
Conicidade de engrenagem relativa no primitivo	$\delta_{1(2)}$	$\text{tg}\,\delta_2 = \frac{\text{sen}\,\delta}{\cos\delta + Z_1 / Z_2}$ para $\delta = 90°$, $\delta_1 = \delta - \delta_2$ $\quad$ $\text{tg}\,\delta_2 = \frac{Z_2}{Z_1} = i$
Conicidade de engrenagem relativa no diâmetro externo	$\delta K_{1(2)}$	$\delta_{k_1} = \delta_1 + k$ em que $\text{tg}\,k = \frac{h_k}{R_a} = \frac{m}{R_a}$ para $\delta = 90°$ $\text{tg}\,k = \sqrt{\frac{4}{Z_1^2 + Z_2^2}}$

Denominação	Símbolo	Fórmula
Geratriz relativa no diâmetro primitivo	R_a	$R_a = \frac{d_{o_1}}{2 \cdot \text{sen}\,\delta_1}$ para $\delta = 90°$ $R_a = m \cdot \sqrt{\frac{Z_1^2 + Z_2^2}{4}}$ $R_a = d_{o_1} \cdot \sqrt{\frac{1+i^2}{4}}$
Geratriz relativa no diâmetro primitivo médio	R_m	$R_m = d_{m_1} \sqrt{\frac{1+\iota^2}{4}}$ para $\alpha = 90°$
Largura do dente	b	$b \leq \frac{1}{3} R_a \leq 8 \cdot m$
Número de dentes equivalente	$Z_{e_{1(2)}}$	$Z_{e_1} = \frac{Z_1}{\cos \cdot \delta_1}$ e $Z_{e_2} = \frac{Z_2}{\cos \cdot \delta_2}$ para $\delta = 90°$, $Z_{e_2} = Z_{e_1} \cdot \iota^2$
Raio primitivo da engrenagem equivalente	$r_{e_{1(2)}}$	$r_{e_1} = \frac{d_{o_1}}{2 \cos \delta_1}$
Relação de multiplicação	ι	$\iota = \frac{Z_2}{Z_1} = \frac{d_{o_2}}{d_{o_1}} = \frac{n_1}{n_2} = \frac{\text{sen}\,\delta_2}{\text{sen}\,\delta_1}$ para $\delta = 90°$ $\iota = \text{tg}\,\delta_2$

8.2 Dimensionamento

8.2.1 Critério de Pressão (Desgaste)

$$bd_{m1}^2 = 0{,}2f^2 \cdot \frac{M_T \cdot \cos\delta_1}{p_{adm}^2} \cdot \frac{\iota^2 + 1}{\iota^2}$$

8.2.2 Critério de Resistência à Flexão

$$\sigma_{máx} = \frac{F_T \cdot q}{b \cdot m_n \cdot e} \leq \sigma\ adm$$

Para obter o fator q, devemos calcular o número de dentes equivalente (cônica cilíndrica).

$$Z_e = \frac{Z_1}{\cos\delta_1}$$

Em que:

b - largura do pinhão [mm]

d_m - diâmetro primitivo médio [mm]

f - fator das características elásticas do par [adimensional]

M_T - momento torçor [Nmm]

p_{adm} - pressão admissível [N/mm²]

ι - relação de transmissão [adimensional]

$\sigma_{máx}$ - tensão máxima atuante [N/mm²]

F_T - fator tangencial [N]

q - fator de forma [adimensional]

m_n - módulo médio [mm]

e - fator de serviço (serviços leves) $\rightarrow$ $e = 1,75$

(serviços normais) $\rightarrow$ $e = 1,5$

(serviços pesados) $\rightarrow$ $e = 1,25$

8.3 Sequência Construtiva

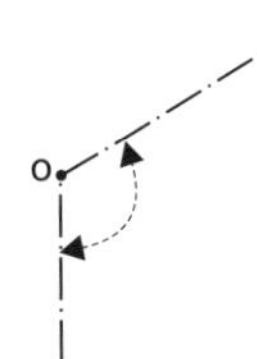

Figura 8.2 - Traçar os eixos.

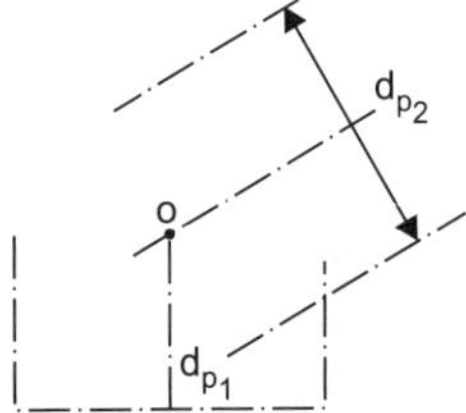

Figura 8.3 - Traçar os lugares geométricos dos diâmetros primitivos ($d_{o_1} = mZ_1$; $d_{o_2} = mZ_2$).

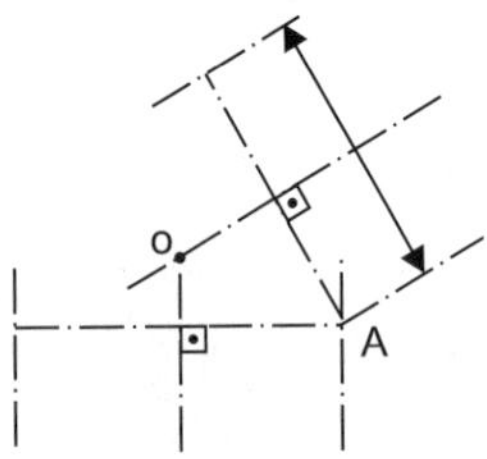

Figura 8.4 - Traçar as perpendiculares aos eixos pela ponta A.

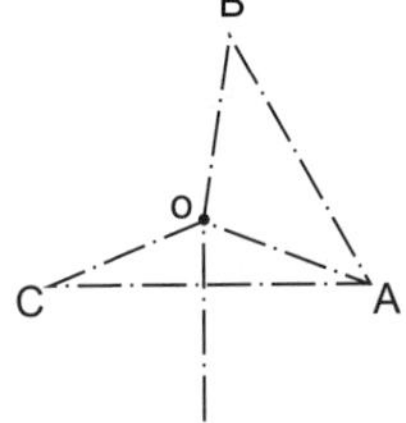

Figura 8.5 - Ligar os pontos ABC com o centro O, obtendo, assim, os cones primitivos.

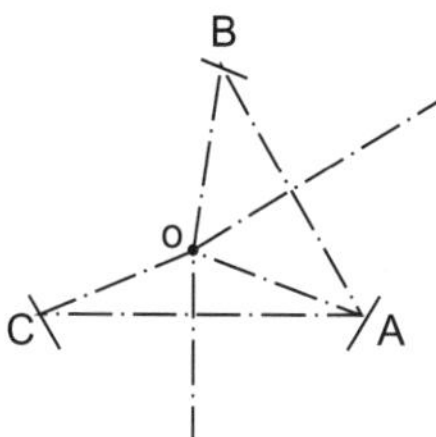

Figura 8.6 - Traçar as perpendiculares às geratrizes pelos pontos ABC.

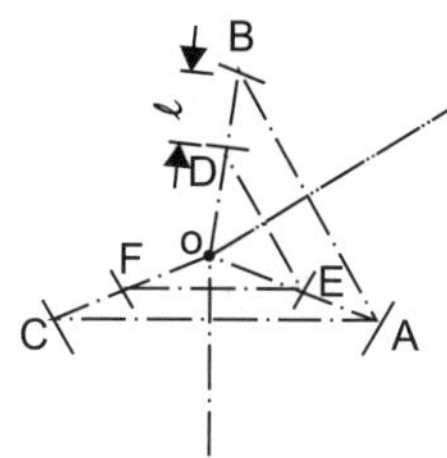

Figura 8.7 - Marcar o comprimento do dente nas geratrizes e traçar as perpendiculares pelos pontos DEF.

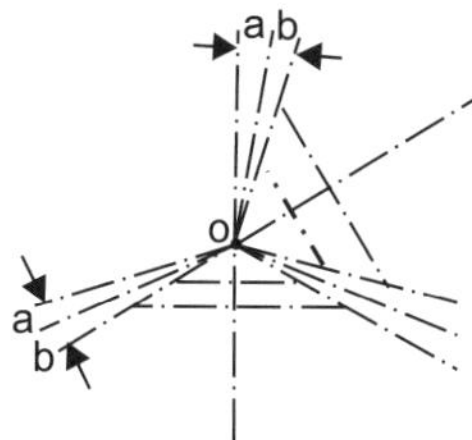

Figura 8.8 - Marcar a cabeça (d = m) e o pé (b = 1,167m) do dente.

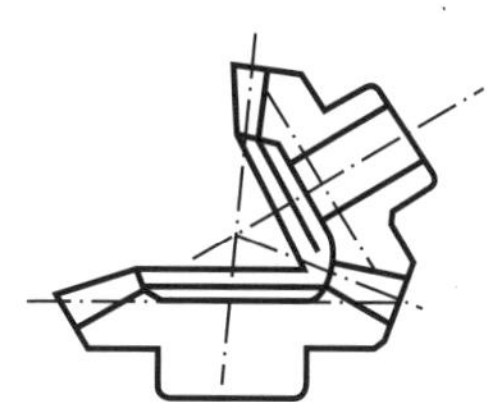

Figura 8.9 - Completar as engrenagens com os dados do projeto.

Exercício Resolvido

1) Dimensionar o par de engrenagens cônicas para a transmissão representada na figura.

A transmissão será acionada por um motor elétrico de CA, assícrono, com potência P = 18,5kW (~25cv) e rotação n = 880rpm ($\omega = 29{,}33\pi$rad/s).

A duração é prevista para 10.000h de funcionamento com atuação em eixos de transmissão e acionamento máximo de 10 h/dia.

Material utilizado SAE 8640, com dureza 58 HRC.

Desprezar as perdas na transmissão.

Considere: $Z_1 = 25$ dentes

$Z_2 = 75$ dentes

defasagem dos eixos 90°

$\frac{b_1}{dm_1} = 0{,}5$ (relação entre largura e diâmetro médio);

ângulo de pressão $\alpha = 20^\circ$ (DIN867).

Dimensionamento:

a) **Critério de pressão (desgaste)**

a.1) Conicidade da engrenagem relativa ao primitivo

$$tg\delta_2 = \frac{Z_2}{Z_1} = \frac{75}{25} = 3 \qquad \delta_2 = 71°34'$$

$$\delta_1 = 90 - \delta 2 = 90° - 71°34' \qquad \delta_1 = 18°26'$$

a.2) Torque no pinhão

Como a árvore de entrada está acoplada ao eixo do motor, tem-se que:

$$M_{T_1} = \frac{30000}{\pi} \cdot \frac{p}{n}$$

$$M_{T_1} = \frac{30000}{\pi} \cdot \frac{18500}{880}$$

$$\boxed{M_{T_1} = 200752Nmm}$$

a.3) Relação de transmissão i

$$i = \frac{Z_2}{Z_1} = \frac{75}{25}$$

$$\boxed{i = 3}$$

a.4) Pressão admissível

I) Fator de durabilidade (W)

$$W = \frac{60 \cdot n_p \cdot h}{10^6} = \frac{60 \cdot 880 \cdot 10^4}{10^6}$$

$$\boxed{W = 528}$$

II) Intensidade da pressão admissível

$$P_{adm} = \frac{0,487 \cdot 6000}{528^{1/6}}$$

A dureza 58 HRC corresponde à dureza Brinell aproximada de 6000N/mm2, portanto, tem-se que:

$$P_{adm} = \frac{0,487 \cdot 6000}{528^{1/6}} = \frac{0,487 \cdot 6000}{2,84}$$

$$\boxed{\begin{array}{l} P_{adm} \cong 1029N/mm^2 \\ P_{adm} \cong 10,29 \cdot 10^2 N/mm^2 \end{array}}$$

a.5) Volume mínimo do pinhão

$$b_1 \cdot d_{m_1}^2 = 0,2f^2 \cdot \frac{M_{T_1} \cdot \cos\partial_1}{P_{adm}^2} \cdot \frac{i^2+1}{i^2}$$

$$b_1 \cdot d^2_{m_1} = \frac{0{,}5 \cdot 1512^2 \cdot 200752 \cdot \cos 18°26'}{\left(10{,}29 \cdot 10^2\right)^2} \cdot \frac{3^2+1}{3^2}$$

$$b_1 \cdot d^2_{m_1} = 45{,}72 \cdot \cancel{10^4} \cdot \frac{200752 \cdot \cos 18°26'}{10{,}29^2 \cdot \cancel{10^4}} \cdot \frac{10}{9}$$

$$\boxed{b_1 = d^2_{m_1} = 91390 mm^3}$$

a.6) Módulo do engrenamento

$b_1 = d^2_{m_1} = 91390 mm^3$ Ⓘ volume mínimo

$b_1 \cdot 0{,}5 d_{m_1}$ Ⓘⓘ imposição do projeto

Substituindo Ⓘⓘ em Ⓘ, tem se:

$b_1\ d^2_{m_1} = 0{,}5\ d^3_{m_1} = 91390$, portanto,

$$d_m = \sqrt[3]{\frac{91390}{0{,}5}} \Rightarrow d_{m_1} = 56{,}75 mm$$

I) Módulo médio

$$m_m = \frac{d_{m_1}}{Z_1} = \frac{56{,}75}{25}$$

$$\boxed{m_m = 2{,}27 mm}$$

II) Módulo do engrenamento (ferramenta)

$$m_n \cong \frac{m_m}{0{,}8} = \frac{2{,}27}{0{,}8}$$

$$\boxed{m_n \cong 2{,}84 mm}$$

Por meio da DIN 780 (Tabela 6.4), fixa-se o módulo $m_{no} = 3$ mm.

III) Recálculo do módulo médio

$$m_{m_{(R)}} = 0{,}8 m_{no} \cong 0{,}8 \cdot 3$$

$$\boxed{m_{m_{(R)}} = 2{,}4 mm}$$

a.7) Diâmetro médio (recalculado)

$$d_{m_{1(R)}} = m_{m_{(R)}} \cdot Z_1$$

$$d_{m_{1(R)}} = 2{,}4 \cdot 25$$

$$\boxed{d_{m_{1(R)}} = 60 mm}$$

a.8) Largura do pinhão

$$b_1 \,.\, d^2_{m_{1(R)}} = 91390$$

$$b_1 \cdot \frac{91390}{d^2_{m_{1\,(R)}}} = \frac{91390}{60^2}$$

$$\boxed{b_1 \cong 26mm}$$

b) **Resistência à flexão no pé do dente**

$$\sigma_{máx} = \frac{F_T \cdot q}{b \cdot m_{m_{(R)}} \cdot e} \leq \bar{\sigma}_{8640}$$

b.1) Força tangencial

$$F_T = \frac{2M_{T_1}}{d_{m_{1(R)}}} = \frac{2 \cdot 200752}{60}$$

$$\boxed{F_T = 6692N}$$

b.2) Fator de forma "q"

Este fator é obtido na tabela de ECDR, porém, é necessário obter o número de dentes equivalentes por meio de:

$$Z_{e_1} = \frac{Z_1}{\cos \partial_1} = \frac{25}{\cos 18° 26'}$$

$$Z_{e_1} \cong 26 \text{ dentes}$$

Para $Z_{e_1} \cong 26$ dentes, encontra-se na interpolação da Tabela 6.5: q = 3,15.

b.3) Fator de serviço (e)

Para 10 h/dia de funcionamento, o trabalho é considerado normal, portanto, e = 1,5.

b.4) Largura da engrenagem

$$b_1 \cdot d^2_{m_{1(R)}} = 91390$$

$$b_1 \cdot \frac{91390}{d^2_{m_{1(R)}}} = \frac{91390}{60^2}$$

$$\boxed{b_1 \cong 26mm}$$

b.5) Módulo médio do engrenamento

$b_1 \cdot d^2_{m_1} = 91390mm^3$ Ⓘ volume mínimo

$b_1 \cdot 0,5d_{m_1}$ Ⓘⓘ imposição do projeto

Substituindo Ⓘⓘ em Ⓘ, tem se:

$b_1/d^2_{m_1} = 0,5d^3_{m_1} = 91390$, portanto,

$$\sigma_{m_1} = \sqrt[3]{\frac{91390}{0,5}} \Rightarrow d_{m_1} = 56,75m$$

I) Módulo médio

$$m_m = \frac{d_{m_1}}{Z_1} = \frac{56,75}{25}$$

$$m_m = 2,27mm$$

II) Módulo do engrenamento (ferramenta)

$$m_m \cong \frac{m_m}{0,8} = \frac{2,27}{0,8}$$

$$m_m \cong 2,84mm$$

$$\boxed{m_{m(R)} \cong 2,4mm}$$

b.6) Tensão máxima atuante

$$\sigma_{máx} = \frac{6692 \cdot 3,15}{26 \cdot 2,4 \cdot 1,5}$$

$$\boxed{\sigma_{máx} = 225,2N/mm^2}$$

b.7) Análise do dimensionamento

Como $\sigma_{máx} > \overline{\sigma}_{8640} = 200N/mm^2$, conclui-se que o pinhão precisa ser reforçado para suportar a transmissão.

b.8) Recálculo da largura do pinhão

Fixa-se $\sigma_{máx} > \overline{\sigma}_{8640} = 200N/mm^2$, portanto, tem-se que:

$$b_{1(R)} = \frac{F_T \cdot q}{m_{m(R)} \cdot e \cdot \overline{\sigma}_{8640}}$$

$$b_{1(R)} = \frac{6692 \cdot 3,15}{2,4 \cdot 1,5 \cdot 200}$$

$$\boxed{b_{1(R)} \cong 30mm}$$

Tabela 8.2 - Características geométricas das engrenagens

Denominação e formulário	Pinhão (mm)	Coroa (mm)
Número de dentes	$Z_1 = 25$ dentes	$Z_2 = 75$ dentes
Módulo	$m = 3,0$	$m = 3,0$
Passo $t_o = m \cdot \pi$	$m_m = 2,4\pi$	$m_m = 2,4\pi$
Espessura do dente no primitivo $S_o = t_o / 2$ (folga nula no flanco)	$S_o = 4,71$	$S_o = 4,71$
Vão entre os dentes no primitivo $\ell_o = t_o / 2$ (folga nula no flanco)	$\ell_o = 4,71$	$\ell_o = 4,71$

Denominação e formulário	Pinhão (mm)	Coroa (mm)
Altura comum do dente $h = 2 \cdot m$	$h = 6,0$	$h = 6,0$
Altura da cabeça do dente $h_k = m$	$h_k = 3,0$	$h_k = 3,0$
Altura do pé do dente $h_f = (1,1 \text{ a } 1,3)m$	$h_f = 3,6$ (valor médio)	$h_f = 3,6$ (valor médio)
Altura do dente $h_z = (2,1 \text{ a } 2,3)m$	$h_z = 6,6$ (valor médio)	$h_z = 6,6$ (valor médio)
Folga na cabeça $S_k = (0,1 \text{ a } 0,3)\ m$	$S_k = 0,6$ (valor médio)	$S_k = 0,6$ (valor médio)
Ângulo de pressão	$\alpha = 20°$	$\alpha = 20°$
Abertura angular entre os eixos $\delta = \delta_1 + \delta_2$	$\delta = 90°$	$\delta = 90°$
Conicidade da engrenagem relativa ao primitivo $\delta = 90°$ $\operatorname{tg} \delta_2 = \iota$	$\delta_1 = 18°\ 26'$	$\delta_2 = 71°\ 34'$
Conicidade da engrenagem relativa ao diâmetro externo; para $\delta = 90°$ $\operatorname{tgk} = \sqrt{\frac{4}{Z_1^2 + Z_2^2}}$ $\delta_{k_1} = \delta_1 + k$	$\delta_{k_1} = 19°52'$	$\delta_{k_2} = 70°08'$
Geratriz relativa ao diâmetro primitivo; para $\delta = 90°$ $R_a = m\sqrt{\frac{Z_1^2 + Z_2^2}{4}}$	$R_a = 118,58$	$R_a = 118,58$
Geratriz relativa ao diâmetro primitivo médio; para $\delta = 90°$ $R_m = d_{m_1}$	$R_m = 94,86$	$R_m = 94,86$
Largura do dente	$b_1 = 30$	$b_2 = 30$
Número de dentes	$Z_{e_1} = 26$	$Z_{e_2} = 237$
Diâmetro primitivo $d_o = m \cdot Z$	$d_o{}^1 = 75$	$d_{o_2} = 225$
Diâmetro primitivo médio $dm_1 = d_{o_1} - b \operatorname{sen} \delta_1$ e $d_{m_2} = d_{m_1} \cdot \iota$ (Esta é a dimensão correta do diâmetro médio. O dm_1 utilizado anteriormente corresponde a um valor aproximado.)	$d_{m_1} = 65,51$	$d_2 = 196,53$
Diâmetro externo ou de cabeça $d_{k_1} = d_{o_1} + 2m \cos \delta_1$ $d_{k_2} = d_{o_2} + 2m \cos \delta_2$	$d_{k_1} = 80,69$	$d_{k_2} = 226,89$

Exercício Proposto

1) Dimensionar o par de engrenagens cônicas da transmissão representada na Figura 8.10:

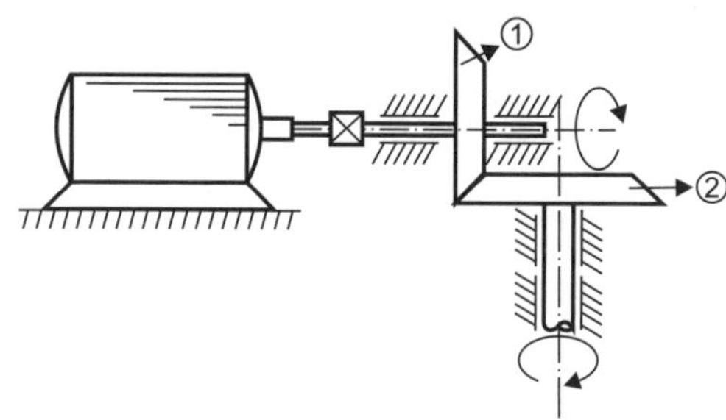

Figura 8.10

O acionamento da transmissão será por motor elétrico, trifásico CA, assíncrono, com potência $P = 4{,}4kW$ (~6cv) e rotação $n = 1.155rpm$ ($\omega = 38{,}5\pi rad/s$).

Considere:

Condições de serviço:

normal: $e = 1{,}5$

duração do par: $1{,}2 \cdot 10^4h$

material a ser utilizado: SAE8640

defasagem entre os eixos: 90°

dureza: 60HRC

relação entre largura e diâmetro médio (pinhão): $\dfrac{b_1}{d_{m_1}} = 0{,}4$

número de dentes das engrenagens:

$Z_1 = 27$ dentes (pinhão)

$Z_2 = 65$ dentes (coroa)

ângulo de pressão: $\alpha = 20°$ (DIN 867)

Desprezar as perdas na transmissão.

Respostas

$d_1 = 22° 34'$

$d_2 = 67° 26'$

$M_{T1} \cong 36378Nmm$ $i = 2{,}4$;

$W \cong 832$;

$W^{\frac{1}{6}} \cong 3{,}07$;

$p_{adm} \cong 995n/mm^2$;

$b_1/d^2\, m_1 = 18209mm^3$

$dm_1 = 35{,}70mm$;

$m_m \cong 1{,}32mm$;

$m_n = 1{,}65mm$;

$m_{no} = 1{,}75mm$;

$m_{m(R)} = 1{,}4mm$;

$d_{m_{1(R)}} \cong 37{,}8mm$;

$b_1 \cong 13mm$;

$F_T \cong 1925N$;

$Z_{e'} = 29$ dentes $\longrightarrow q = 3{,}0835$ (página 103);

$\sigma_{máx} \cong 217N/mm^2 \longrightarrow$ como $\sigma_{máx} > \sigma$ 8640=200N/mm² (página 110)

O pinhão será redimensionado.

Pinhão aprovado para transmissão.

Redimensionamento $\longrightarrow b = 15mm$

9

Transmissão - Coroa e Parafusos Sem Fim

9.1 Informações Técnicas

a) O cruzamento dos eixos da coroa com o do sem fim é de 90° (na maioria dos casos).

b) A relação de transmissão (i) como redutora em único estágio pode atingir 1:100. Quanto menor for a relação de transmissão, maior será o número de entradas do sem fim.

Exemplo: para i próximo de 10, utiliza-se sem fim com três ou quatro entradas.

Para i = 100 utiliza-se uma entrada.

$$i = \frac{\text{rotação do sem fim}}{\text{rotação da coroa}} = \frac{n_{sf}}{n_c}$$

c) O rendimento diminui à medida que a relação de transmissão aumenta.

d) Por serem de fabricação mais fácil em relação às engrenagens cilíndricas e cônicas, tornam-se mais econômicas.

9.2 Aplicações na Prática

Os redutores de parafuso sem fim são constantemente utilizados em guindastes, máquinas têxteis, pórticos, furadeiras radiais, plana limadora, mesa de fresadoras, comando de leme de navios, pontes rolantes, elevadores etc.

9.3 Grandezas Máximas

As grandezas máximas atingidas até hoje, das quais se tem conhecimento, são:

- Rotação do sem fim: 40.000rpm
- Velocidade periférica: 70m/s
- Torque: 700.000Nm
- Força tangencial: 800kN
- Potência: 1030kW (1400CV)

9.4 Características Geométricas

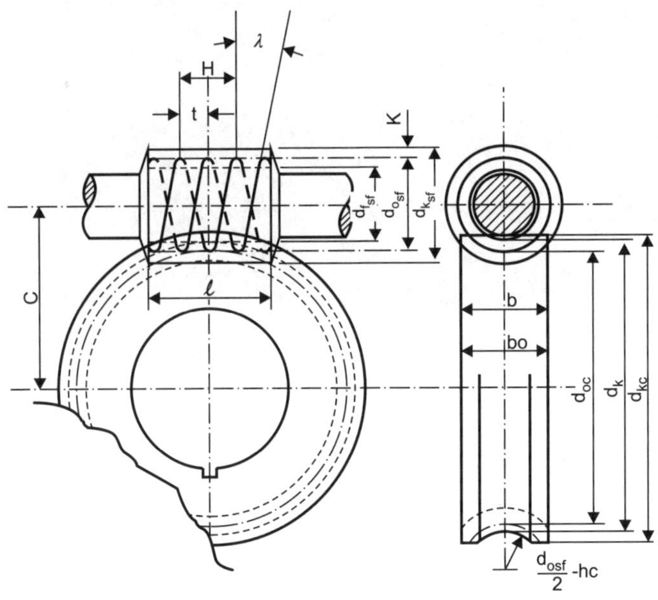

Figura 9.1

Tabela 9.1

Denominação	Símbolo	Fórmula
Módulo	m	$m = t/\pi$
Passo do sem fim	t	$t = m\pi$
Módulo normal	m_n	$m_n = m \cdot \cos\lambda$
Passo normal	t_n	$t_n = m_n \cdot \pi$
Ângulo da hélice	λ	$tg\lambda = \frac{m \cdot n_{esf}}{d_{ksf}}$
Número de dentes da coroa	Z_c	$Z_c = \frac{d_{oc}}{m}$
Número de entradas do sem fim	n_{esf}	$n_{esf} = \frac{H}{t}$
Avanço do sem fim	H	$H = n_{esf} \cdot t$
Diâmetro primitivo do sem fim	d_{osf}	$d_{osf} = \frac{m_n \cdot n_{esf}}{sen\lambda}$
Diâmetro primitivo da coroa	d_{oc}	$d_{oc} = m \cdot Z_C$
Altura da cabeça do dente	h_k	$\lambda < 15° \; h_k = m$ $\lambda \geq 15° \; h_k = m_n$
Altura do pé do dente	h_f	$\lambda < 15° \; h_f = 1{,}2m$ $\lambda \geq 15° \; h_f = 1{,}2m_n$

Denominação	Símbolo	Fórmula
Altura total do dente	h	$\lambda < 15° h = 2{,}2m$ $\lambda \geq 15° h = 2{,}2m_n$
Diâmetro externo do sem fim	d_{ksf}	$d_{ksf} = d_{osf} + 2hk$
Diâmetro interno ou diâmetro do pé do sem fim	dfsf	$d_{fsf} = d_{osf} - 2hf$
Diâmetro externo da coroa (aprox.)	d_{kc}	$d_{kc} = d_{ke} + m$
Diâmetro da cabeça da coroa (externo)	d_{ke}	$d_{ke} = d_{oc} + 2hk$
Diâmetro interno da coroa	d_{fc}	$d_{fc} = d_{oc} - 2hf$
Largura útil da coroa	b	$b = 2m\sqrt{\frac{d_{osf}}{m} + 1}$
Largura da coroa	bo	$bo \cong b + m$
Comprimento do sem fim	ℓ	$\ell = 2\left(1 + \sqrt{Z_C}\right)m$
Comprimento mín. do sem fim	$\ell_{mín}$	$\ell_{mín} \geq 10 \cdot m$
Relação de transmissão	i	$i = \frac{n_{sf}}{n_c}$
Distância entre centro	C	$C = \frac{d_{osf} + d_{oc}}{2}$

9.5 Reversibilidade

Nas altas reduções, a rosca possui um único filete, que torna o mecanismo irreversível, isto é, sempre a rosca será a motora.

Para que haja reversão, é necessário que o ângulo da hélice seja igual ou maior que o ângulo de atrito dos filetes.

$$\lambda \geq \alpha$$

λ = ângulo de hélice

α = ângulo de pressão

9.6 Perfil dos Dentes

O perfil dos dentes classifica-se em três tipos: cicloidal, trapezoidal e evolvente.

Figura 9.2 – Perfil cicloidal.

Figura 9.3 – Perfil evolvente.

Figura 9.4 – Perfil trapesoidal.

9.7 Dimensionamento

9.7.1 Material Utilizado

Os materiais utilizados na construção desse tipo de transmissão são os seguintes:

Parafuso:

Utiliza-se aço-carbono beneficiado.

Os aços de baixo C (1010 e 1020) são cementados e beneficiados (têmpera e revenimento).

Os aços de médio C (1045 e 1050) são beneficiados por meio de têmpera e revenimento.

a) Pressão de Contato Admissível

Parafuso sem fim:

Tabela 9.2

Material Parafuso sem fim	**Velocidade de deslizamento (m/s)**				
	0,5	0,5 1,0	2,0 3,0	4,0	6,0
	Pressão admissível σ_c (N/mm²)				
ABNT 1020 cementado	200	160 120	90	--	--
ABNT 1045 temperado	180	150 110	70 220	180	120

Coroa:

Na fabricação das coroas, utiliza-se bronze fundido em areia, em coquilhas e centrifugados.

Tabela 9.3 – Pressões admissíveis de contato σ_c:

Material	**Dureza do parafuso sem fim**	
	HRC < 45 σ_c **(N/mm²)**	**HCR ≥ 45** σ_c **(N/mm²)**
Bronze fundido em areia SAE-65	130	150
Bronze fundido em coquilha SAE-65	190	210
Bronze centrifugado DIN BZ 12	210	250

9.7.2 Torque do Sem Fim

Para determinar o torque no sem fim, utiliza-se a fórmula seguinte:

$$M_T = \frac{30000}{\pi} \cdot \frac{P}{n}$$

Em que:

M_T - torque no eixo (N.mm)

P - potência transmitida (W)

n - rotação do parafuso sem fim (rpm)

9.7.3 Número de Dentes da Coroa

É determinado pelo produto entre o número de entradas do sem fim e a relação de transmissão.

$Z_c = n_{esf} \cdot i$

Em que:

Z_c - número de dentes da coroa

n_{esf} - número de entradas do sem fim

i - relação de transmissão

Para que não haja interferência, indica-se o número mínimo de dentes $Z_c \geq 20$.

9.7.4 Número de Entradas do Sem Fim

Quanto menor for a relação de transmissão, maior será o número de entradas.

Utilizam-se de três a quatro entradas quando a relação de transmissão estiver próxima de 10; e de uma a duas entradas quando a relação estiver próxima de 100.

Apenas como orientação pode ser estabelecido que:

$10 \leq i \leq 100$

$i \leq 30$ (utilizar 3 a 4 entradas)

$i > 30$ (utilizar 1 a 2 entradas)

Estes valores são flexíveis e podem ser alterados a critério do projetista.

9.7.5 Distância entre Centros

$$C = \left(\frac{Z_c}{q^*} + 1\right) \cdot 2{,}17 \cdot \sqrt[3]{\left(\frac{54}{\frac{Z_c}{q^*} \cdot \sigma_{mc}}\right)^2 \cdot M_{T_c} \cdot K_c \cdot K_d}$$

Em que:

C - distância entre centros (mm)

Z_c - número de dentes da coroa (adimensional)

q^* - número de dentes aparentes do sem fim, número de módulos contidos no sem fim (adimensional)

σ_{mc} - tensão máxima de contato (N/mm^2)

M_{T_c} - torque no eixo da coroa (N.mm)

K_c - fator de concentração de carga (adimensional)

K_d - fator dinâmico de carga (adimensional)

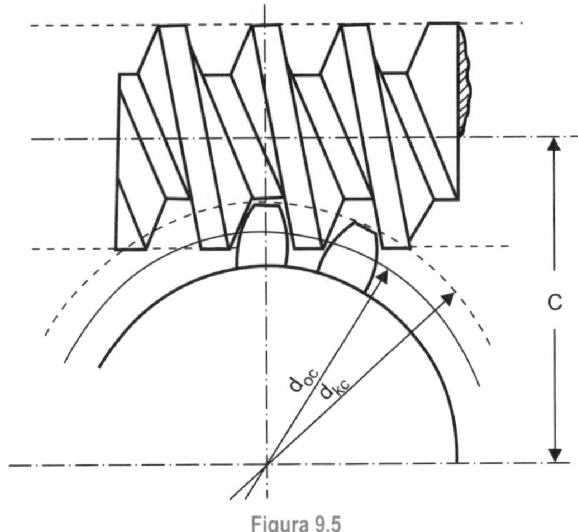

Figura 9.5

a) Fator de Concentração de Carga K_c

$K_c = 1$ para carga normal

$K_c = 2$ para serviço pesado

b) Fator Dinâmico de Carga

$K_d = 1{,}0$ a $1{,}1$ para $v_{coroa} < 3$m/s

$K_d = 1{,}1$ a $1{,}2$ para $v_{coroa} \geq 3$m/s

O fator dinâmico é definido por meio da velocidade periférica da coroa.

9.7.6 Pressão de Contato

Dimensiona-se, normalmente, a coroa para os critérios de resistência ou pressão de contato.

No sem fim, verifica-se a deformação que é causada pelas componentes da transmissão.

Determina-se a tensão de contato máxima por meio de:

$$\sigma_{cm} = \sigma_c \cdot k$$

Em que:

σ_{cm} - pressão de contato máxima (N/mm^2)

σ_c - pressão de contato admissível (N/mm^2)

k - fator de atuação de carga (adimensional)

a) Fator de Atuação de Carga K

É definido por meio de: $k = \sqrt[8]{\dfrac{10^7}{n_{ci}}}$

Número de ciclos de carga: $n_{ci} = 60.h.n.n_{ev}$

Em que:

n_{ci} - número de ciclos de aplicação de carga (adimensional)

n - rotação do eixo (rpm)

h - horas de solicitação (h)

n_{ev} - número de engrenamentos do dente por volta (adimensional)

9.7.7 Características do Sem Fim

Diâmetro primitivo $d_{osf} = m \cdot q$

Em que:

d_{osf} - diâmetro primitivo do sem fim (mm)

m - módulo (mm)

q - número de vezes que o módulo está contido no primitivo (adimensional)

Módulo frontal do sem fim: $m_f = m \cdot tg\beta = \dfrac{m}{tg\lambda}$

Em que:

m_f - módulo frontal (mm)

m - módulo (mm)

λ - ângulo de inclinação do filete (graus)

β - complemento do ângulo de inclinação (λ) (graus)

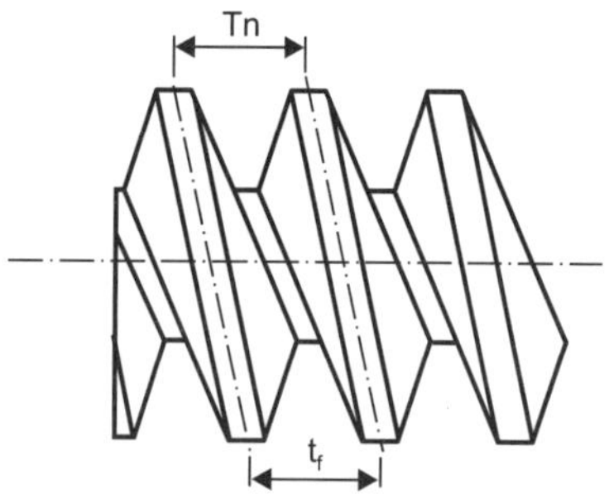

Figura 9.6

Quando o sem fim for construído com o número de entradas > 1, o diâmetro primitivo será expresso por:

$$d_{osf} = \frac{n_{esf}}{tg\lambda} \cdot m \quad \text{em que}: \quad q^* = \frac{n_{esf}}{tg\lambda}$$

Rendimento:

O rendimento da transmissão é expresso por:

$$\eta = \frac{tg\lambda}{tg(\lambda + p)}$$

Em que:

η - rendimento

λ - ângulo de inclinação do filete

p - ângulo de atrito

9.7.8 Velocidade de Deslizamento do Sem Fim

Para eixos defasados 90°: $v_{desl} = \dfrac{\pi \cdot d_o \cdot n}{60 \cdot 1000 \cdot \cos\lambda}$

Em que:

v_{desl} - velocidade de deslizamento (m/s)

π - constante trigonométrica (3,1415...)

n - número de rotação do pinhão (rpm)

λ - ângulo de hélice

d_o - diâmetro primitivo do pinhão (mm)

Para o caso da transmissão coroa/parafuso sem fim do equivalente ao d_{osf}.

Tem-se, então, que: $v_{desl} = \dfrac{\pi \cdot d_{osf} \cdot n_{sf}}{60 \cdot 1000 \cdot \cos\lambda}$

Em que:

v_{desl} - velocidade de deslocamento (m/s)

d_{osf} - diâmetro primitivo do sem fim (mm)

n_{sf} - rotação do sem fim (rpm)

λ - ângulo de inclinação da hélice

9.7.9 Resistência à Flexão

Verifica-se somente a flexão no pé do dente da coroa, pois o sem fim sempre terá uma resistência maior, dada a solicitação menos contundente nos filetes da rosca.

A flexão no pé do dente da coroa é determinada por meio de:

$$\sigma_{máx} = \frac{F_T \cdot q}{b \cdot m_n \cdot e \cdot \varphi_r} \leq \bar{\sigma}_{mat}$$

Em que:

b - largura do dente (mm)

F_T - carga tangencial (N)

m_n - módulo normal (mm)

e - fator de carga (adimensional)

φ_r - fator de correção de hélice (adimensional)

$\sigma_{máx}$ - tensão máxima atuante (N/mm^2)

$\bar{\sigma}_{mat}$ - tensão admissível do material (N/mm^2)

Tensão Admissível (σ)

Tabela 9.4 – Resistência à flexão

Materiais	Tensão admissível (N/mm^2)
Bronze fundido em areia SAE 65	30 a 40
Bronze fundido em coquilha SAE 65	40 a 60
Bronze centrifugado DIN BZ 124	45 a 65

9.7.10 Perdas de Potência

Qualquer sistema de transmissão acarreta perda de potência. No caso das transmissões coroa/parafuso sem fim, essa perda se apresenta de forma mais acentuada, pois o rendimento é sempre menor em relação a outros tipos de transmissão.

A potência dissipada, transformada em calor, é determinada por meio de:

$$Q = 465P_d$$

Em que:

Q - quantidade de calor (Kcal/h)

P_d - potência dissipada (kW)

A perda de potência originada pela agitação do óleo lubrificante e refrigerante é determinada por:

Para sem fim em banho de óleo:

$$P_{d_o} \cong 8{,}83 \cdot 10^{-3} \cdot v_{psf} \cdot \ell \sqrt{\mu \cdot v_{psf}}$$

Em que:

P_{d_o} - potência dissipada pela agitação do óleo (kW)

v_{psf} - velocidade periférica do sem fim (m/s)

ℓ - comprimento do sem fim (cm)

μ - viscosidade dinâmica do óleo (cpoise)

9.7.11 Rendimentos (Aproximados)

Tabela 9.5

Número de entradas do sem fim	Rendimento aproximado
1	0,7 0,75
2	0,75 0,82
3 a 4	0,82 0,92

Rendimento total: $\eta_{TOTAL} = \dfrac{tg\lambda}{tg(\lambda+\rho)} \cdot \left(1 - \dfrac{P_{d_o}}{P}\right)$

Em que:

η_{TOTAL} - rendimento total (adimensional)

λ - ângulo de inclinação da hélice (graus)

ρ - ângulo de atrito (graus)

P_{d_o} - potência dissipada pela agitação do óleo (W)

P - potência total da transmissão (W)

9.8 Esforços na Transmissão

Veja Capítulo **Dimensionamento de Eixos à Flexão - Torção.**

Exercícios Resolvidos

1) Dimensionar uma transmissão coroa/parafuso sem fim com as seguintes características:

O parafuso será acionado por motor elétrico com potência N = 22kW (30cv) e rotação n = 1140rpm ($\omega = 38\pi$rad/s).

A rotação do eixo de saída será 60rpm.

Características do parafuso:

Material ABNT 1045

Número de entradas $n_{esf} = 3$ (relação de transmissão reduzida para esse tipo de mecanismo i < 30).

Dureza superficial: 50 HRC

Ângulo de inclinação da hélice $\lambda = 17°$

Características da coroa:

Material bronze SAE 65 fundido em coquilha

Características de transmissão:

Duração 10000 h

Serviço normal (e = 1)

Rendimento da transmissão $\eta = 0,92$

Eixos cruzados a 90°

cv = 735,5W

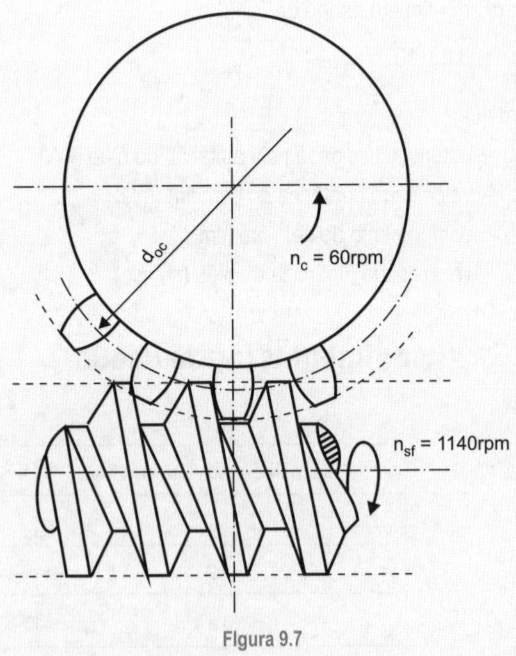

Figura 9.7

Dimensionamento da transmissão

a) Torque no parafuso sem fim

$$M_T = \frac{30000}{\pi} \cdot \frac{P}{N}$$

$$M_T = \frac{30000}{\pi} \cdot \frac{22000}{1140}$$

$$\boxed{M_T \cong 184285 Nmm}$$

b) Relação de transmissão

$$i = \frac{n_{sf}}{n_c} = \frac{1140}{60}$$

$$\boxed{i = 19}$$

c) Número de dentes da coroa

$$Z_c = n_{esf} \cdot i = 3 \cdot 19$$

$$\boxed{Z = 57 \text{ dentes}}$$

d) Pressão máxima de contato (σ_{mc})

$$\sigma_{mc} = \sigma \cdot k$$

$$k = \sqrt[8]{\frac{10^7}{n_{ci}}}$$

$$n_{ci} = 60h \cdot n_c \cdot n_{ev}$$

Em que:

n_{ci} - número de ciclos de aplicação de cargas (adimensional)

h - duração em horas de serviço

n_c - rotação da coroa (rpm)

n_{ev} - número de engrenagens por volta (adimensional)

Como o bronze é menos resistente que o aço, a verificação da pressão máxima de contato baseia-se na coroa. Utilizando a pressão admissível de contato do bronze SAE 65, fundido em coquilha, e a dureza do parafuso sem fim em 50 HRC, portanto, $\overline{\sigma}_c = 210 N/mm^2$ (página 162).

A vida útil prevista em $L_h = 10000$ h, rotação da coroa $n_c = 60$ rpm, número de engrenamento por volta $n_{ev} = 1$ implica em:

$$\sigma_{mc} = \sigma \cdot k$$

$$\sigma_{mc} = \sigma \cdot \sqrt[8]{\frac{10^7}{60h \cdot n_c \cdot n_{ev}}}$$

$$\sigma_{mc} = 210 \cdot \sqrt[8]{\frac{10^7}{60h \cdot 10^4 \cdot 60 \cdot 1}}$$

$$\boxed{\sigma_{mc} = 179N/mm^2}$$

e) Características do parafuso sem fim

Número de módulos do diâmetro primitivo do sem fim (q*)

$$q^* = \frac{n_{esf}}{tg\lambda}$$

Como λ = 17° e o número de voltas do sem fim $n_{esf} = 3$, tem-se que:

$$q^* = \frac{3}{tg17°} \cong 9,8$$

Ângulo de atrito "ρ"

O rendimento de uma transmissão coroa/parafuso sem fim com três entradas encontra-se na faixa de 0,82 a 0,92, fixa-se $\eta = 0,92$ e tem-se que:

$$\eta = \frac{tg\lambda}{tg(\lambda+\rho)} \rightarrow tg(\lambda+\rho) = \frac{tg\lambda}{\eta}$$

$$tg\lambda + tg\rho = \frac{tg\lambda}{\eta}$$

$$tg\rho = \frac{tg\lambda}{\eta} - tg17\Upsilon$$

$$tg\rho = \frac{tg17\Upsilon}{0,92} - tg17\Upsilon$$

$$\boxed{\rho = 1°30' \text{ (ângulo de atrito)}}$$

f) Distância entre centros

Por meio da pressão máxima de contato determina-se a distância entre centros. A carga é constante, portanto, o fator de concentração de carga $k_c = 1$.

Como a $v_{COROA} < 3m/s$, utiliza-se $k_d = 1,1$ (fator dinâmico de carga).

Tem-se, então, que:

$$C = \left(\frac{Z_c}{q^*} + 1\right) \cdot 2,17 \cdot \sqrt[3]{\left(\frac{54}{\frac{Z_c}{q^*} \cdot \sigma_{mc}}\right)^2 \cdot M_{T_c} \cdot k_c \cdot k_d}$$

f.1) Torque na coroa

$M_{T_c} = M_{T_{sf}} \cdot i \cdot \eta$

$M_{T_c} = 184285 \cdot 19 \cdot 0{,}92$

$\boxed{M_{T_c} \cong 3.221300\text{Nmm}}$

portanto, a distância entre centros é:

$$C = \left(\frac{57}{9{,}8} + 1\right) \cdot 2{,}17 \cdot \sqrt[3]{\left(\frac{54}{\frac{57}{9{,}8} \cdot 179}\right)^2 \cdot 3.221300 \cdot 1 \cdot 1{,}1}$$

$\boxed{C \cong 314\text{mm}}$

g) Módulo do engrenamento

Como C = 314mm, q* = 9,8 e Z_C = 57 dentes, tem-se que:

$r_{osf} + r_{oc} = 314$

$$\frac{m \cdot q^*}{2} + \frac{m \cdot Z_c}{2} = 314$$

$$\frac{m}{2}\left(q^* + Z_c\right) = 314$$

$$m = \frac{314 \cdot 2}{\left(q^* + Z_c\right)} = \frac{314 \cdot 2}{(9{,}8 + 57)}$$

$\boxed{m = 9{,}4\text{mm}}$

Fixa-se o módulo do engrenamento m = 10mm (Tabela 6.3).

h) Diâmetro primitivo da coroa

$d_{oc} = m \cdot Z_c = 10 \cdot 57$

$\boxed{d_{oc} = 570\text{mm}}$

i) Diâmetro primitivo do sem fim

$d_{osf} = m \cdot q^*$

$d_{osf} = 10 \cdot 9{,}8$

$\boxed{d_{osf} = 98\text{mm}}$

j) Recálculo do centro a centro

$C_{(R)} = r_{osf} + r_{oc}$

$$C_{(R)} = \frac{98}{2} + \frac{570}{2}$$

$\boxed{C_{(R)} = 334\text{mm}}$

k) Velocidade periférica da coroa

$$v_{pc} = \frac{\pi \cdot d_{oc} \cdot n_c}{60 \cdot 1000} = \frac{\pi \cdot 570 \cdot 60}{60 \cdot 1000}$$

$$\boxed{v_{pc} = 1{,}79\text{m/s}}$$

$v_{pc} = 1{,}79\text{m/s} < 3\text{m/s} \Rightarrow$ fixa-se $k_d = 1{,}1$

l) Velocidade de deslizamento do sem fim

$$v_{desl} = \frac{\pi \cdot d_{osf} \cdot n_{sf}}{60 \cdot 1000 \cdot \cos\lambda} = \frac{\pi \cdot 98 \cdot 1140}{60 \cdot 1000 \cdot \cos 17°}$$

$$\boxed{v_{desl} \cong 6{,}1\text{m/s}}$$

m) Comprimento do sem fim

$$\ell_{sf} = 2\left(1 + \sqrt{Z_c}\right)m \Rightarrow \ell_{sf}\, 2\left(1 + \sqrt{57}\right)10$$

$$\boxed{\ell_{sf} = 171\text{mm}}$$

n) Comprimento mínimo do sem fim

$$\ell_{mín} = 10 \cdot m \rightarrow \ell_{min} = 10 \cdot 10$$

$$\boxed{\ell_{mín} = 100\text{mm}}$$

O comprimento do sem fim será encontrado no intervalo de:

$$100'' \; \ell_{sf}'' \; 171[\text{mm}]$$

2) Resistência à flexão no pé do dente (coroa)

a) Força tangencial:

$$F_T = \frac{2M_{T_c}}{d_{oc}} = \frac{2 \cdot 3.221 \cdot 300}{570}$$

$$\boxed{F_T \cong 11.303\text{N}}$$

b) Fator de forma q:

Para determinar o fator de forma "q", é necessário calcular o número de dentes equivalentes em virtude da inclinação da hélice do parafuso sem fim.

O número de dentes equivalentes (Z_e) é obtido por meio de:

$$Z_e = \frac{Z_c}{(\cos\lambda)^3} = \frac{57}{(\cos 17°)^3}$$

$$\boxed{Z_e = 65 \text{ dentes}}$$

Para $Z_e = 65$ dentes, obtém-se na Tabela 6.5 fator $q = 2{,}7$.

c) Fator de serviço "e"

O serviço é considerado normal, portanto, fixa-se $e = 1$.

d) Fator de correção de hélice (φ_r)

O ângulo de hélice $\lambda = \beta_0 = 17°$

$\lambda \rightarrow$ o mesmo que β_0 (ECDH) $\rightarrow$ Tabela 7.1

Tabela 9.6

λ	φ_r
15°	1,330
16°	1,334
17°	1.338
18°	1,342
19°	1,346
20°	1,350

O incremento da Tabela 9.6 é dado por:

$$I = \frac{1,350 - 1,330}{5} = 0,004$$

para o ângulo de inclinação:

$$\lambda = 17° \rightarrow \varphi_r = 1,338$$

e) Tensão máxima atuante no pé do dente da coroa

e.1) Largura útil da coroa

$$b_c = 2m \cdot \sqrt{\frac{d_{osf} + 1}{m}}$$

$$b_c = 2 \cdot 10 \cdot \sqrt{\frac{98 + 1}{10}}$$

$$\boxed{b_c = 66mm}$$

e.2) Tensão máxima atuante

$$\sigma_{máx} = \frac{F_T \cdot q}{b_c \cdot m_n \cdot e \cdot \varphi_r}$$

$$\sigma_{máx} = \frac{11303 \cdot 2,7}{66 \cdot 10 \cdot 1 \cdot 1,338}$$

$$\boxed{\sigma_{máx} = 33,3N/mm^2}$$

Como a tensão admissível do bronze SAE 65 fundido em coquilha encontra-se no intervalo de 40 a 60N/mm^2, recomenda-se a diminuição da largura, pois a coroa encontra-se superdimensionada.

e.3) Redimensionamento da largura

Fixa-se a tensão admissível do bronze SAE 65 fundido em coquilha $\bar{\sigma}_{65}$ = 50N/mm². Tem-se, então, que:

$$b_{c\,(R)} = \frac{F_T \cdot q}{m \cdot e \cdot \varphi_r \cdot \bar{\sigma}_{65}}$$

$$b_{c\,(R)} = \frac{11303 \cdot 2{,}7}{10 \cdot 1 \cdot 1{,}338 \cdot 50}$$

$$\boxed{b_{c\,(R)} \cong 46\text{mm}}$$

e.4) Características geométricas

Parafuso sem fim (mm):

- Número de entradas de sem fim: $n_{esf} = 3$
- Passo do sem fim: $T = m \cdot \pi = 10\pi = 31{,}41$
- Módulo normal: $m = m \cdot \cos 17° = 10\cos 17° = 9{,}56$
- Avanço do sem fim: $H = n_{esf} \cdot T = 3 \cdot 31{,}41 = 94{,}24$
- Diâmetro primitivo: $d_{osf} = \dfrac{m_n \cdot n_{esf}}{\text{sen}\lambda} = \dfrac{9{,}56 \cdot 3}{\text{sen}17°} = 98$
- Altura da cabeça do dente: para $\lambda = 17°$ $h_K = m_n = 9{,}56$
- Altura do pé do dente: para $\lambda = 17°$ $h_f = 1{,}2m = 1{,}2 . 9{,}56$ $h_f = 11{,}47$
- Altura total do dente: para $\lambda = 17°$ $h_z = 2{,}2m$ $h_z = 2{,}2 \cdot 9{,}56$ $h_z = 21{,}03$
- Diâmetro externo: $d_{ksf} = d_{osf} + 2h_k$

  para $\lambda = 17°$ $h_k = M_n$

  $d_{ksf} = 98 + 2 \cdot 9{,}56$ $d_{ksf} = 117{,}12$
- Diâmetro interno: $d_{fsf} = d_{osf} = 2h_f$

  para $\lambda = 17°$ $h_f = 1{,}2M_n$

  $d_{fsf} = 98 - 2 \cdot 1{,}2 \cdot 9{,}56$ $d_{fsf} = 75{,}04$
- Comprimento do sem fim: $100 \leq \ell_{sf} \leq 171$ (ver 1.13 e 1.14)

Coroa (mm):

- Número de dentes: $Z_c = 57$
- Módulo: $M = 10$
- Passo: $t = m \cdot \pi = 10\pi = 31{,}41$
- Módulo normal: $m_n = m \cdot \cos\lambda = 10\cos 17°$ $m_n = 9{,}56$
- Passo normal: $t_n = m_n . \pi = 9{,}56$ $t_n = 30$

» Altura da cabeça: para $\lambda = 17°$ $h_K = m_n = 9,56$

» Altura do pé do dente: para $\lambda = 17°$ $h_f = 1,2m_n = 1,2 \cdot 9,56$ $h_f = 11,47$

» Altura total do dente: para $\lambda = 17°$ $h_z = 2,2m$ $h_z = 2,2 \cdot 9,56$ $h_z = 21,03$

» Diâmetro primitivo: $d_{oc} = Z_c \cdot m$

$d_{oc} = 57 \cdot 10 = 570$

» Diâmetro da cabeça: $d_{ke} = d_{oc} = 2h_k$

$d_{ke} = 570 + 2 \cdot 9,56$

$d_{ke} = 589,12$

» Diâmetro externo (aproximado): $d_{kc} \cong d_{ke} + M$

$d_{kc} \cong 589,12 + 10$

$d_{kc} \cong 599,12$

» Diâmetro interno da coroa: $d_{fc} = d_{oc} - 2hf$

$d_{fc} = 570 - 2 \cdot 11,47$

$d_{fc} = 548,06$

» Distância entre centros (mm): $C = \frac{d_{osf} + d_{oc}}{2} \Rightarrow C = \frac{98 + 570}{2}$

$C = 334$

Exercício Proposto

1) Dimensionar um redutor de velocidade coroa/parafuso sem fim com as seguintes características:

- A transmissão será acionada por um motor elétrico com potência:
  $P = 30kW$ (~40CV) e rotação $n = 1770rpm$
- A rotação do eixo de saída será 50rpm

Características do parafuso:

- material: ABNT 1045
- número de entradas $n_{esf} = 2$ (relação de transmissão $i > 30$)
- dureza superficial 50 HRC
- ângulo de inclinação da hélice $\lambda = 18°$

Características da coroa:

- material bronze SAE 65 fundido em coquilha

Características da transmissão:

- duração 10.000h
- serviço normal (e = 1)
- rendimento da transmissão $\eta = 0.9$
- eixos cruzados a 90°

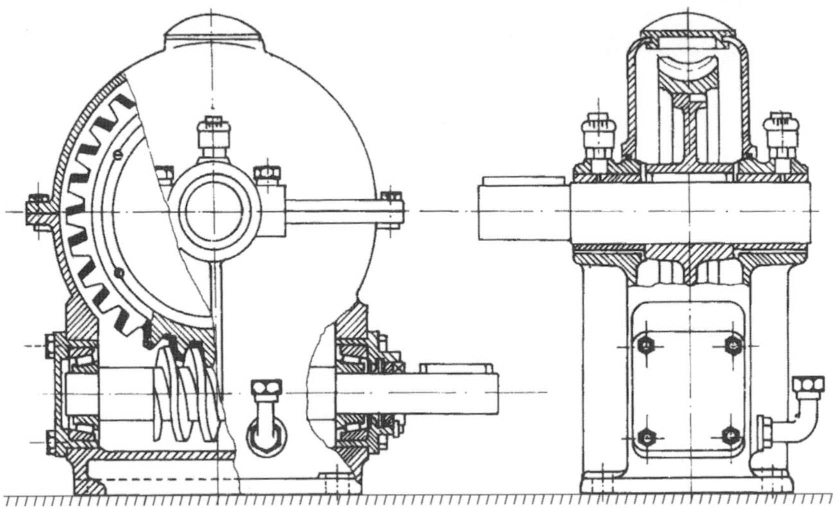

Figura 9.8

10 Molas

Molas são elementos de máquinas que apresentam grandes deformações sem que o material ultrapasse o limite elástico.

10.1 Aplicações Comuns

1) Armazenamento de cargas
2) Amortecimento de choques
3) Controle dos movimentos

Material empregado:

- Aço-carbono e aço-liga
- Plastiprene

Tipos de solicitação:

As molas, normalmente, são submetidas a esforços de tração e compressão, flexão e torção.

10.2 Tipos de Mola

10.2.1 Molas Helicoidais

Utilizadas em esforços de tração e compressão.

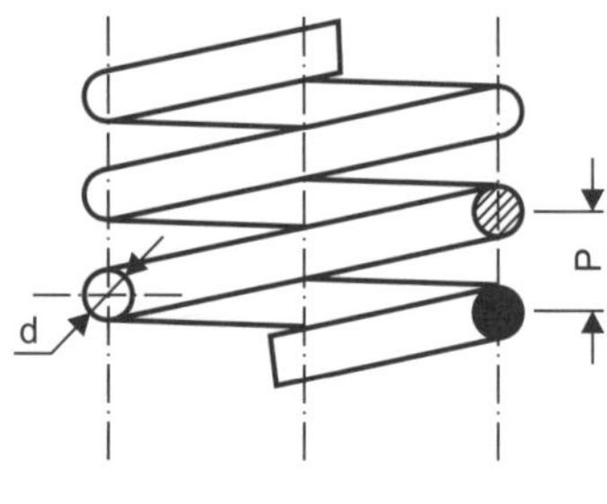

Figura 10.1

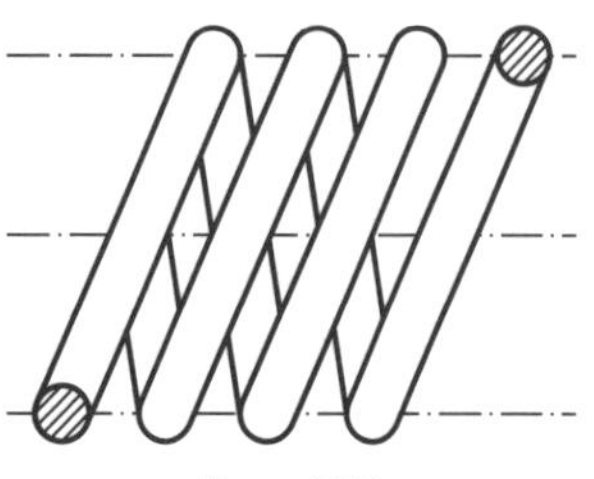

Figura 10.2

Utilizações na prática:

- Suspensão de automóveis
- Sistemas de segurança de elevadores
- Controle de fluxo em válvulas, torneiras etc.

10.2.2 Molas Prato

São também utilizadas para cargas axiais, substituindo as molas helicoidais, quando houver pouco espaço.

Figura 10.3 - Em série.

Figura 10.4 - Paralelo.

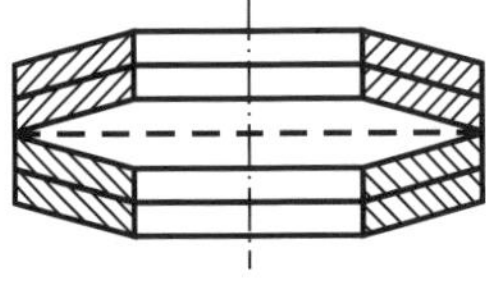

Figura 10.5 - Misto.

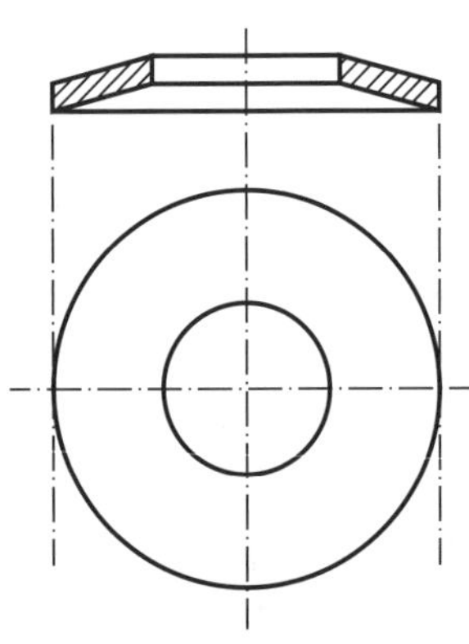

Figura 10.6

Na prática, são frequentemente utilizadas em ferramentas de estampagem.

10.2.3 Molas de Lâminas

São utilizadas para esforços de flexão.

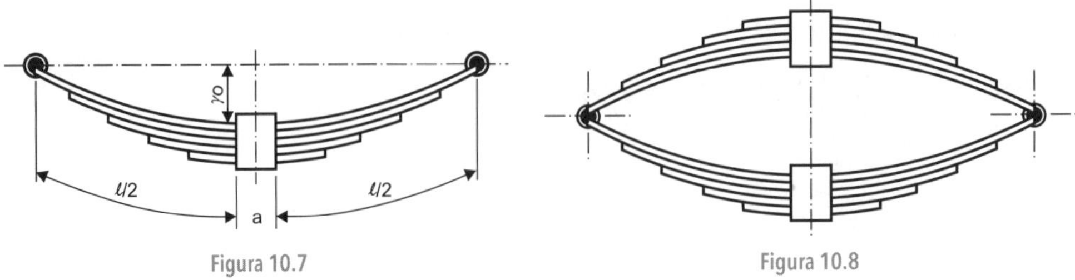

Figura 10.7

Figura 10.8

Esse tipo de mola é comumente utilizado no amortecimento de choques em ônibus, automóveis, caminhões etc.

10.2.4 Molas de Torção

São utilizadas nos casos em que há necessidade de absorver uma carga P com uma pequena deformação.

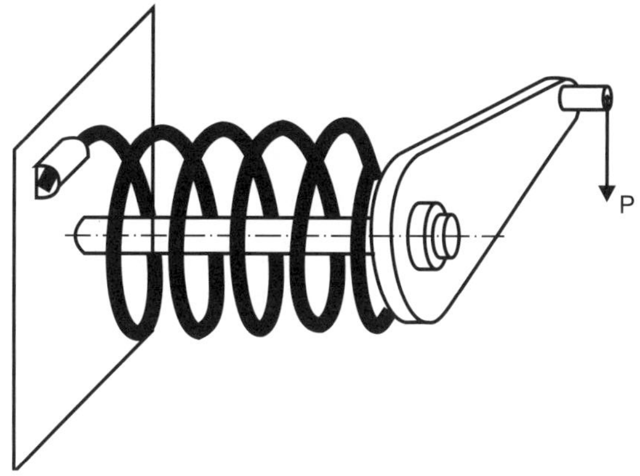

Figura 10.9

Utilizações na prática:

- Fechamento automático de portas
- Capô de automóveis
- Ratoeiras etc.

Molas Helicoidais

1) **Dimensionamento**

a) Tensão de cisalhamento

$$\tau = k_w \cdot \frac{8 \cdot F \cdot d_m}{\pi \cdot d_a^3} = k_w \cdot \frac{8 \cdot F \cdot C}{\pi d_a^2}$$

Em que:

τ - tensão de cisalhamento na mola [N/mm2]

F - carga axial atuante [N]

d_m - diâmetro médio da mola [mm]

C - índice de curvatura [adimensional]

k_w - fator de Wahl

d_a - diâmetro do arame (mm)

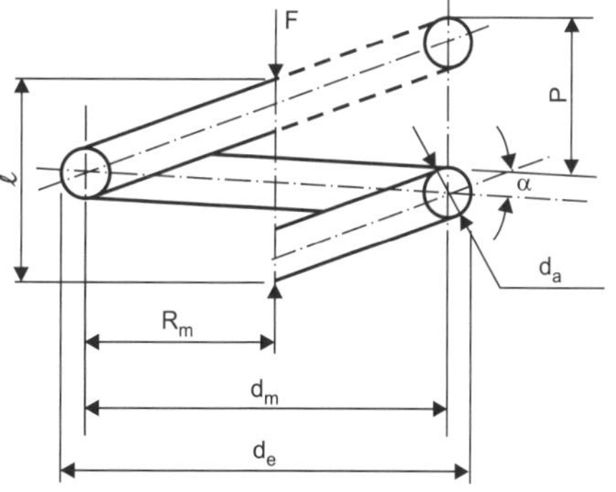

Figura 10.10

b) Índice de curvatura (C)

É definido pela relação entre o diâmetro médio da mola (d_m) e o diâmetro do arame (d_a).

$$C = \frac{d_m}{d_a}$$

Em que:

C - índice de curvatura [adimensional]

d_m - diâmetro médio da mola [mm]

d_a - diâmetro do arame [mm]

A inclinação da espira, juntamente com a sua curvatura, aumenta a tensão de cisalhamento. Para minimizar essa tensão, são adotados para cálculo os seguintes valores de C:

» Molas de uso industrial comum $8 \leq C \leq 10$ (a qualidade de trabalho será melhor se $C > 9$)

» Molas de válvulas e embreagens $C = 5$

» Casos extremos $C = 3$

c) Fator de Wahl (k_w)

$$k_w = \frac{4C-1}{4C-4} + \frac{0{,}615}{C}$$

Em que:

k_w - fator de Wahl [adimensional]

C - índice de curvatura [adimensional]

O termo $\frac{4C-1}{4C-4}$ leva em consideração o aumento de tensão devido à curvatura.

O termo $\frac{0{,}615}{C}$ corrige o esforço cortante.

d) Ângulo de inclinação da espira (λ)

$$\lambda = \text{arc tg}\frac{p}{\pi \cdot d_m} < 12^\circ$$

Em que:

p - passo das espiras [mm]

d_m - diâmetro médio da mola [mm]

λ - ângulo de inclinação da espira [graus]

e) Deflexão da mola (flecha)

$$\delta = \frac{8 \cdot F \cdot d_m^3 \cdot n_a}{d_a^4 \cdot G} = \frac{8 \cdot F \cdot C^3 n_a}{d_a \cdot G}$$

Em que:

δ - deflexão da mola (flecha) [mm]

F - carga axial atuante [N]

d_m - diâmetro médio da mola [mm]

n_a - número de espiras ativas [adimensional]

d_a - diâmetro do arame [mm]

G - módulo de elasticidade transversal do material [N/mm2]

f) Constante elástica da mola (k)

$$K = \frac{F}{\delta} \Rightarrow k = \frac{d_a \cdot G}{8 \cdot C^3 \cdot n_a}$$

Em que:

k - constante elástica da mola [N/mm] (deflexão unitária)

F - carga axial atuante [N]

δ - deflexão da mola (flecha) [mm]

d_a - diâmetro do arame [mm]

G - módulo de elasticidade transversal do material [N/mm²]

C - índice de curvatura da mola [adimensional]

n_a - número de espiras ativas [adimensional]

g) Número de espiras ativas

$$n_a = \frac{d_a^4 \cdot G \cdot \delta}{8F \cdot d_m^3} = \frac{d_a \cdot G \cdot \delta}{8 \cdot F \cdot C^3} = \frac{d_a^4 \cdot G}{8 \cdot d_m^3 \cdot k} = \frac{da \cdot G}{8C^3 k}$$

Em que:

n_a - número de espiras ativas [adimensional]

d_a - diâmetro do arame [mm]

G - módulo de elasticidade transversal do material [N/mm²]

δ - delexão da mola (flecha) [mm]

C - índice de curvatura da mola [adimensional]

F - carga axial atuante [N]

d_m - diâmetro médio da mola [mm]

h) Número total de espiras

$$n_t = n_a + n_i$$

Em que:

n_t - número total de espiras [adimensional]

n_a - número de espiras ativas [adimensional]

n_i - número de espiras inativas [adimensional]

O número de espiras inativas é decorrente do tipo de extremidade da mola.

Tabela 10.1

Tipos de extremidade		Espiras		Comprimento da mola	
		Total	Inativas	Livre ℓ	Fechada ℓ_f
Em ponta		$n_T = n_a$	0	$\ell = pn_a + d_a$	$\ell_f = d_a(n_a + 1)$
Em ponta esmerilhada		$n_T = n_a$	0	$\ell = pn_a$	$\ell_f = d_a \cdot n_a$
Em esquadro		$n_T = n_a + 2$	2	$\ell = pn_a + 3d_a$	$\ell_f = d_a(n_a + 3)$
Em esquadro e esmerilhada		$n_T = n_a + 2$	2	$\ell = pn_a + 2d_a$	$\ell_f = d_a(n_a + 2)$

Observação!

I) As extremidades em pontas devem ser evitadas.

II) As extremidades em esquadros são satisfatórias.

III) Extremidades em ponta, esmerilhadas, não oferecem muita vantagem em comparação com as em "pontas" simplesmente.

IV) Extremidades em esquadro esmerilhadas são indicadas quando se deseja precisão no trabalho da mola, ou quando há possibilidade de flambagem.

V) Obtém-se bom trabalho com $C > 9$.

i) Comprimento mínimo da mola ($\ell_{mín}$)

No comprimento mínimo da mola deve haver uma folga de no mínimo 15% da deflexão máxima.

$$\ell_{mín} = \ell_f + 0{,}15\delta_{máx}$$

Em que:

$\ell_{mín}$ - comprimento mínimo da mola [mm]

ℓ_f - comprimento da mola fechada [mm]

$\delta_{máx}$ - deflexão máxima da mola [mm]

j) Passo da mola

$$p = d_a + \frac{\delta}{n_a} + \text{folga}$$

Como a folga estabelecida por norma é 15% da deflexão por espira ativa, conclui-se que:

$$p = d_a + \frac{\delta}{n_a} + 0{,}15\frac{\delta}{n_a}$$

Em que:

p - passo da mola [mm]

$\frac{\delta}{n_a}$ - deflexão por espira ativa [mm]

d_a - diâmetro do arame [mm]

k) Comprimento máximo da mola

$$\ell_{máx} = 4 \cdot d_m$$

Em que:

$\ell_{máx}$ - comprimento máximo da mola [mm]
d_m - diâmetro médio da mola [mm]

l) Carga máxima com a mola fechada

$$F_{máx} = \frac{\delta_{máx} \cdot d_a \cdot G}{8C^3 \cdot n_a}$$

Em que:

$F_{máx}$ - carga máxima atuante na mola fechada [N]
$\delta_{máx}$ - deflexão máxima da mola fechada [mm]
d_a - diâmetro do arame [mm]
G - módulo de elasticidade transversal do material [N/mm^2]
N_a - número de espiras ativas [adimensional]
C - índice de curvatura da mola [adimensional]

m) Deflexão máxima da mola (fechada)

$$\delta_{máx} = \ell - \ell_f$$

Em que:

$\delta_{máx}$ - deflexão máxima da mola [mm]
ℓ - comprimento da mola [mm]
ℓ_f - comprimento da mola fechada [mm]

n) Tensão máxima atuante com a mola fechada

$$\tau_{máx} = \frac{8F_{máx} \cdot C \cdot k_w}{\pi \cdot d_a^2}$$

Em que:

$\tau_{máx}$ - tensão máxima atuante (mola fechada) [N/mm²]

$F_{máx}$ - carga máxima atuante na mola [N]

C - índice de curvatura [adimensional]

k_w - fator de Wahl [adimensional]

π - constante trigonométrica 3,1415....

d_a - diâmetro do arame [mm]

Exercícios Resolvidos

1) A mola helicoidal representada na Figura 10.11 é de aço, possui d_m = 75mm e d_a = 8mm. O número de espiras ativas é n_a = 17 espiras e o número total de espiras n_T = 19 espiras. A carga axial a ser aplicada é de 480N. O material utilizado é o SAE 1065.

Considere: $G_{aço} = 78400 N/mm^2$

- Serviço médio
- Extremidade em esquadro e esmerilhada

Determinar:

a) índice de curvatura (C)

b) fator de Wahl (k_w)

c) tensão atuante de cisalhamento (τ)

d) deflexão por espira ativa $\left(\delta/n_a\right)$

e) passo da mola (p)

f) comprimento livre da mola (ℓ)

g) comprimento da mola fechada (ℓ_f)

h) deflexão máxima da mola ($\delta_{máx}$)

i) carga máxima atuante (mola fechada) ($F_{máx}$)

j) tensão máxima atuante (mola fechada) ($\tau_{máx}$)

k) deflexão da mola (δ)

l) constante elástica da mola (k)

m) ângulo de inclinação da espira (λ)

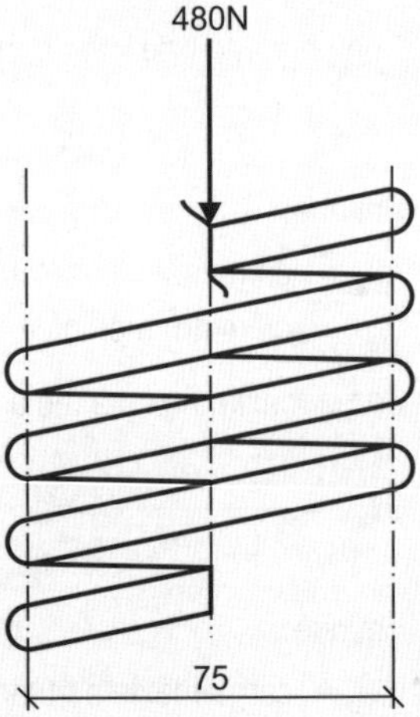

480N

75

Figura 10.11

Resolução

a) Índice de curvatura (C)

$$C = \frac{d_m}{d_a} = \frac{75}{8}$$

$$\boxed{C = 9{,}375}$$

b) Fator de Wahl (k_w)

$$k_w = \frac{4C-1}{4C-4} + \frac{0{,}615}{C}$$

$$k_w = \frac{4 \cdot 9{,}375 - 1}{4 \cdot 9{,}375 - 4} + \frac{0{,}615}{9{,}375}$$

$$\boxed{k_w = 1{,}155}$$

c) Tensão de cisalhamento atuante (τ)

$$\tau = \frac{8 \cdot F \cdot C \cdot k_w}{\pi \cdot d_a^2} = \frac{8 \cdot 480 \cdot 9{,}375 \cdot 1{,}155}{\pi \cdot 8^2}$$

$$\boxed{\tau \cong 207\ \text{N/mm}^2}$$

d) Deflexão por espira ativa $\left(\frac{\delta}{n_a}\right)$

$$\frac{\delta}{n_a} = \frac{8 \cdot F \cdot C^3}{d_a \cdot G} = \frac{\not{8} \cdot 480 \cdot (9{,}375)^3}{\not{8} \cdot 78400}$$

$$\boxed{\frac{\delta}{n_a} \cong 5{,}04\text{mm / espira ativa}}$$

e) Passo da mola (p)

$$p = d_a + \frac{\delta}{n_a} + 0{,}15\frac{\delta}{n_a}$$

$$p = 8 + 5{,}04 + 0{,}15 \cdot 5{,}04$$

$$\boxed{p \cong 13{,}8\text{mm}}$$

f) Comprimento da mola (ℓ)

$\ell = p \cdot n_a + 2d_a$ (página 182)

$$\ell = 13{,}8 \cdot 17 + 2 \cdot 8$$

$$\boxed{\ell \cong 250\text{mm}}$$

g) Comprimento da mola fechada (ℓ_f)

$\ell f = d_a\,(n_a + 2)$ (página 182)

$$\ell f = 8\,(17 + 2)$$

$$\boxed{\ell_f = 152\text{mm}}$$

h) Deflexão máxima da mola ($\delta_{máx}$)

$$\delta_{máx} = \ell - \ell_f$$

$$\delta_{máx} = 250 - 152$$

$$\boxed{\delta_{máx} = 98\text{mm}}$$

i) Carga máxima atuante (mola fechada) ($F_{máx}$)

$$F_{máx} = \frac{\delta_{máx} \cdot d_a \cdot G}{8 \cdot C^3 \cdot n_a}$$

$$F_{máx} = \frac{98 \cdot \not{8} \cdot 78400}{\not{8} \cdot (9{,}375)^3 \cdot 17}$$

$$F_{máx} \cong 549\text{ N}$$

j) Tensão máxima atuante (mola fechada) ($\tau_{máx}$)

$$\tau_{máx} = \frac{8 \cdot F_{máx} \cdot C \cdot k_w}{\pi \cdot d_a^2}$$

$$\tau_{máx} = \frac{8 \cdot 549 \cdot 9{,}375 \cdot 1{,}155}{\pi \cdot 8^2}$$

$$\boxed{\tau_{máx} \cong 237\text{N / mm}^2}$$

Como a $\tau_{máx} = 237\text{N/mm}^2 < \bar{\tau} = 630\text{N/mm}^2$, conclui-se que a mola encontra-se superdimensionada (Tabela 10.2).

k) Deflexão da mola (δ)

Como a deflexão por espira ativa

$\frac{\delta}{n_a} = 5{,}04\text{mm}$ tem-se então que:

$$\delta = 5{,}04 \cdot n_a$$

$$\delta = 5{,}04 \cdot 17$$

$$\boxed{\delta = 85{,}7\text{mm}}$$

l) Constante elástica da mola (k)

$$k = \frac{F}{\delta} = \frac{480}{85}$$

$$\boxed{k \cong 5{,}65\text{N/mm}}$$

m) Ângulo de inclinação da espira (λ)

$$\lambda = \text{arc tg}\frac{p}{\pi \cdot d_m}$$

$$\lambda = \text{arc tg}\frac{13{,}8}{\pi \cdot 75}$$

$$\boxed{\lambda = 3°21'}$$

Como $\lambda < 12°$, o ângulo de inclinação da espira está correto.

2) A mola helicoidal de aço, representada na Figura 10.12, possui diâmetro médio $d_m = 52mm$ e diâmetro do arame $d_a = 5,6mm$, o número de espiras ativas é $n_a = 16$ espiras e o número total de espiras é $n_T = 18$ espiras.

A carga axial que atua na mola é F = 360N. O material da mola é o SAE 1065.

Considere:

- $G_{aço} = 78400N/mm^2$
- Extremidade em esquadro
- Serviço médio

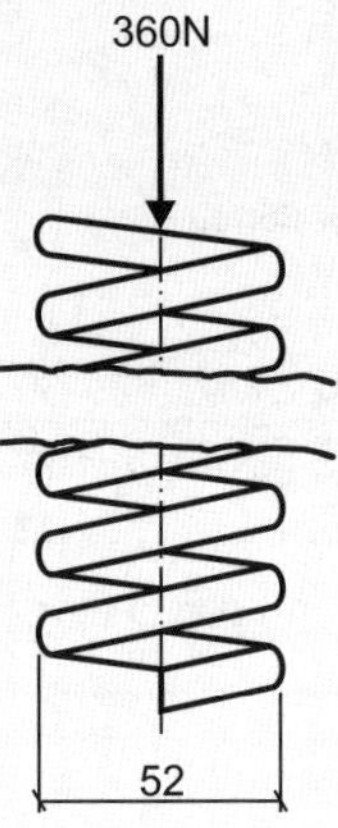

Figura 10.12

Determinar:

a) índice de curvatura (C)

b) fator de Wahl (k_w)

c) tensão de cisalhamento atuante (τ)

d) deflexão por espira ativa $\left(\frac{\delta}{n_a}\right)$

e) passo da mola (p)

f) comprimento livre da mola (ℓ)

g) comprimento da mola fechada (ℓ_f)

h) deflexão máxima da mola ($\delta_{máx}$)

i) carga máxima atuante com a mola fechada ($F_{máx}$)

j) tensão máxima atuante com a mola fechada ($\tau_{máx}$)

k) deflexão da molaw (δ)

l) constante elástica da mola (k)

m) ângulo de inclinação da espira (λ)

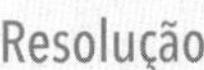

Resolução

a) Índice de curvatura (c)

$$C = \frac{d_m}{d_a} = \frac{52}{5,6}$$

$$\boxed{C \cong 9,29}$$

b) Fator de Wahl (k_w)

$$k_w = \frac{4C-1}{4C-4} + \frac{0,615}{C}$$

$$k_w = \frac{4 \cdot 9,29 - 1}{4 \cdot 9,29 - 4} + \frac{0,615}{9,29}$$

$$\boxed{k_w \cong 1,156}$$

c) Tensão de cisalhamento atuante na mola (τ)

$$\tau = \frac{8 \cdot F \cdot C \cdot k_w}{\pi \cdot d_a^2} = \frac{8 \cdot 360 \cdot 9,29 \cdot 1,156}{\pi \cdot 5,6^2}$$

$$\boxed{\tau \cong 314N/mm^2}$$

Como a tensão admissível para SAE 1065 serviço médio é $\bar{\tau} = 520N/mm^2$ ($d_a = 5,6mm$), conclui-se que $\tau < \bar{\tau}$, portanto, a mola está correta na condição livre (Tabela 10.2).

d) Deflexão por espira ativa $\left(\dfrac{\delta}{n_a}\right)$

$$\frac{\delta}{n_a}=\frac{8\cdot F\cdot C^3}{d_a\cdot G}=\frac{8\cdot 360\cdot 9{,}29^3}{5{,}6\cdot 78400}$$

$$\boxed{\frac{\delta}{n_a}\cong 5{,}26\text{mm / espira ativa}}$$

e) Passo da mola (p)

$$p=d_a+\frac{\delta}{n_a}+0{,}15\frac{\delta}{n_a}$$

$p = 5{,}6 + 5{,}26 + 0{,}15 \cdot 5{,}26$

$$\boxed{p=11{,}65\text{mm}}$$

f) Comprimento livre da mola (ℓ)

Como a mola é em esquadro, o comprimento livre é dado por:

$\ell = p \cdot n_a + 3d_a$ (página 182).

$\ell = 11{,}65 \cdot 16 + 3 \cdot 5{,}6$

$$\boxed{\ell=203{,}2\text{mm}}$$

g) Comprimento da mola fechada (ℓ_f)

Mola em esquadro encontra-se na página 182

$\ell_f = d_a\,(n_a + 3)$

$\ell_f = 5{,}6\,(16 + 3)$

$$\boxed{\ell_f=106{,}4\text{mm}}$$

h) Deflexão máxima da mola ($\delta_{máx}$)

$\delta_{máx} = \ell - \ell_f$

$\delta_{máx} = 203{,}2 - 106{,}4$

$$\boxed{\delta_{máx}=96{,}8\text{mm}}$$

i) Carga máxima atuante com a mola fechada ($F_{máx}$)

$$F_{máx}=\frac{\delta_{máx}\cdot d_a\cdot G}{8\cdot C^3\cdot n_a}=\frac{96{,}8\cdot 5{,}6\cdot 78400}{8\cdot 9{,}29^3\cdot 16}$$

$$\boxed{F_{máx}=414\text{N}}$$

j) Tensão máxima atuante com a mola fechada ($\tau_{máx}$)

$$\tau_{máx}=\frac{8\cdot F_{máx}\cdot C\cdot k_w}{\pi\cdot d_a^2}$$

$$\tau_{máx}=\frac{8\cdot 414\cdot 9{,}29\cdot 1{,}156}{\pi\cdot 5{,}6^2}$$

$$\boxed{\tau_{máx}=361\,\text{N/mm}^2}$$

Como a tensão máxima atuante com a mola fechada é $\tau_{máx}$ = 361N/mm² e a tensão admissível indicada na Tabela 10.2 é $\tau_{máx}$ = 640N/mm², pois o material é o SAE 1065, o serviço é considerado médio e o diâmetro do arame d_a = 5,6mm, portanto, a mola encontra-se superdimensionada, pois $\tau_{máx} <<< \bar{\tau}$.

k) Deflexão da mola (δ)

Do item d, tem-se que a deflexão por espira ativa $\dfrac{\delta}{n_a}=5{,}6\text{mm}$ espira ativa, portanto, a deflexão da mola será:

$\delta = 5{,}26 \cdot n_a$

$\delta = 5{,}26 \cdot 16$

$$\boxed{\delta\cong 84{,}2\text{mm}}$$

l) Constante elástica da mola (k)

$$k=\frac{F}{\delta}=\frac{360}{84{,}2}$$

$$\boxed{k\cong 4{,}28\text{N/mm}}$$

m) Ângulo de inclinação da espira (λ)

$$\lambda=\text{arc tg}\frac{p}{\pi\cdot d_m}$$

$$\lambda=\text{arc tg}\frac{11{,}65}{\pi\cdot 52}$$

$$\boxed{\lambda\cong 4°5''}$$

Com $\lambda \cong 4°5''$ $\therefore$ $< 12°$ a mola está apta ao funcionamento.

Exercícios Propostos

1) Dimensionar uma mola helicoidal de aço, para que suporte com segurança a carga axial F = 480N. Por limitação de espaço, o diâmetro médio da mola fica estabelecido em $d_m = 50mm$.

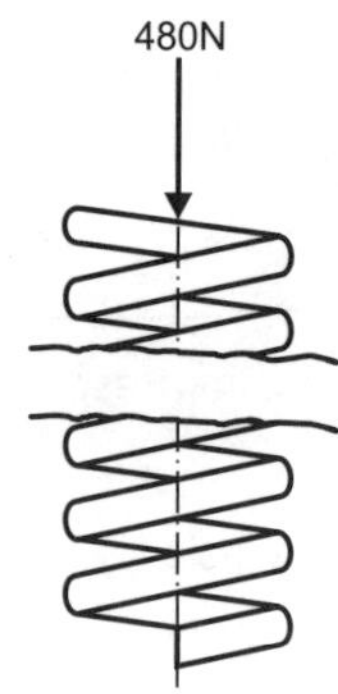

Figura 10.13

Considere:

- Serviço leve
- Extremidade em esquadro e esmerilhada
- Material a ser utilizado SAE 1065
- Módulo de elasticidade transversal do aço $G_{aço} = 78400N/mm^2$
- Índice de curvatura C = 10

Respostas

$d_a = 5mm$	$k_w = 1,145$	$\tau = 560N/mm^2$	
$\frac{\delta}{n_a} = 9,8mm$ / espira ativa	$p = 16,27mm$	$\ell_{máx} = 200mm$	
$n_a = 11$ espiras	$n_T = 13$ espiras	$\ell \cong 189mm$	
$\ell_f \cong 65mm$	$\lambda \cong 5°55'$	$\delta_{máx} = 124mm$	
$F_{máx} = 552N$	$\tau_{máx} \cong 644/N_{mm}^2$	$\delta = 107,8mm$	$k = 4,45N/mm$

2) Dimensionar a mola helicoidal de aço SAE 1065 para que possa suportar uma carga axial F = 900 N. A tensão admissível de cisalhamento indicada é $\tau = 500N/mm^2$.

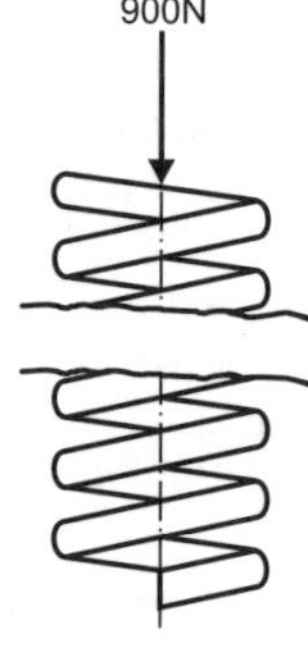

Figura 10.14

Considere:

- C = 10 (índice de curvatura)
- $G_{aço} = 78400N/mm^2$
- Mola em esquadro

Respostas

$k_w = 1,14$	$d_a = 8mm$	$d_m = 80mm$
$\frac{\delta}{n_a} = 11,48mm$ / espira ativa	$p = 21,2$ mm	$\ell_{máx} = 320mm$
$n_a = 14$ espiras	$n_T = 16$ espiras	$\ell_f = 136mm$
$\lambda \cong 4°50'$	$\delta = 160,72mm$	$k = 5,6N/mm$
$F_{máx} = 1030N$	$\tau_{máx} = 467N/mm^2$	

3) A mola helicoidal representada na Figura 10.15 é de aço, possui diâmetro médio $d_m = 38mm$ e diâmetro do arame $d_a = 4{,}0mm$. O número de espiras ativas é $n_a = 12$ espiras, suporta carga axial $F = 180N$.

- Material a ser utilizado SAE 1065
- Módulo de elasticidade transversal do aço $G_{aço} = 78400N/mm^2$
- Extremidade em esquadro

Determinar:

a) índice de curvatura (C)
b) fator de Wahl (k_w)
c) tensão atuante (mola aberta) (τ)
d) deflexão por espira ativa $\left(\delta/n_a\right)$
e) passo da mola (p)
f) comprimento livre da mola (ℓ)
g) comprimento da mola fechada (ℓ_f)
h) deflexão máxima da mola ($\delta_{máx}$)
i) carga máxima atuante (mola fechada) ($F_{máx}$)
j) tensão máxima atuante (mola fechada) ($\tau_{máx}$)
k) constante elástica da mola (k)
l) ângulo de inclinação da espira (λ)

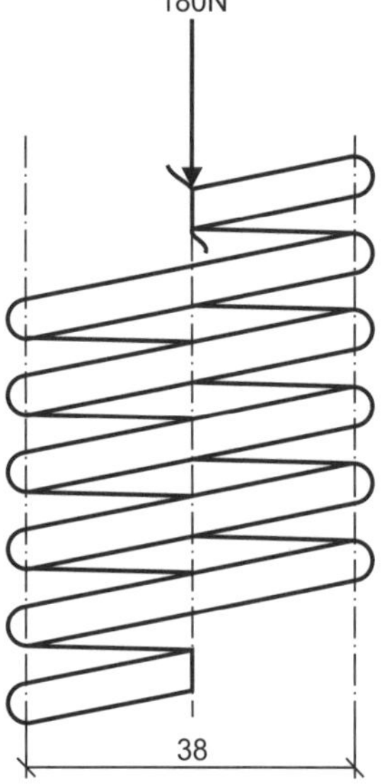

Figura 10.15

Respostas

a) $C = 9{,}5mm$
b) $\frac{\delta}{n_a} = 3{,}94mm$ / espira ativa
c) $\ell_f = 60mm$ (mola fechada)
d) $\tau_{máx} = 361/N_{mm}{}^2$ (mola fechada)
e) $k_w \cong 1{,}16$
f) $p = 8{,}53mm$
g) $\delta_{máx} = 54{,}36mm$
h) $k = 3{,}81N/mm$
i) $\tau = 314N/mm^3$ (mola aberta)
j) $\ell = 114{,}36mm$
k) $F_{máx} \cong 207N$ (mola fechada)
l) $\lambda = 4°5'$

4) A mola helicoidal representada na Figura 10.16 é de aço, possui diâmetro médio $d_m = 48mm$ e diâmetro do arame $d_a = 5{,}0mm$. O número de espiras ativas é $n_a = 13$ espiras, suporta carga axial $F = 360N$.

- Material a ser utilizado SAE 1065
- Módulo de elasticidade transversal do aço $G_{aço} = 78400N/mm^2$
- Extremidade em esquadro

Determinar:

a) índice de curvatura (C)
b) fator de Wahl (k_w)
c) tensão atuante (mola aberta) (τ)
d) deflexão por espira ativa $\left(\delta/_{n_a}\right)$
e) passo da mola (p)
f) comprimento livre da mola (ℓ)
g) comprimento da mola fechada (ℓ_f)
h) deflexão máxima da mola ($\delta_{máx}$)
i) carga máxima atuante (mola fechada) ($F_{máx}$)
j) tensão máxima atuante (mola fechada) ($\tau_{máx}$)
k) constante elástica da mola (k)
l) ângulo de inclinação da espira (λ)

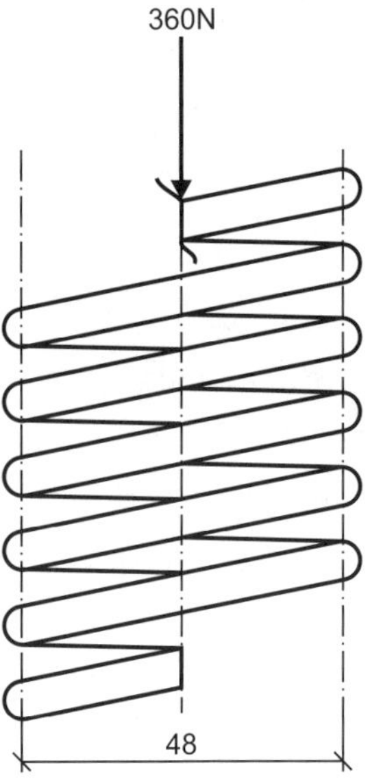

Figura 10.15

Respostas

a) $C = 9{,}6mm$
b) $\dfrac{\delta}{n_a} = 6{,}5mm$ / espira ativa
c) $\ell_f = 80mm$ (mola fechada)
d) $\tau_{máx} \cong 465/N_{mm}^2$ (mola fechada)
e) $k_w = 1{,}15$
f) $p = 12{,}47mm$
g) $\delta_{máx} = 97{,}1mm$
h) $k = 4{,}26N/mm$
i) $\tau = 404{,}8N/mm^3$ (mola aberta)
j) $\ell = 177{,}1mm$
k) $F_{máx} \cong 414N$ (mola fechada)
l) $\lambda = 4°43'$

Tabela 10.2 - Tensões admissíveis e tensões com a mola fechada

Diâmetro do Fio	① Corda de Piano ASTM - A 228 SAE 1095				② Temperado em Óleo ASTM - A - 229 SAE 1065				③ Aço Cromovanádio ASTM - A - 231 SAE 6150			
	Serviço			Mola Fechada	Serviço			Mola Fechada	Serviço			Mola Fechada
d (mm)	P $\left(\frac{N}{mm^2}\right)$	M $\left(\frac{N}{mm^2}\right)$	L $\left(\frac{N}{mm^2}\right)$	$\left(\frac{N}{mm^2}\right)$	P $\left(\frac{N}{mm^2}\right)$	M $\left(\frac{N}{mm^2}\right)$	L $\left(\frac{N}{mm^2}\right)$	$\left(\frac{N}{mm^2}\right)$	P $\left(\frac{N}{mm^2}\right)$	M $\left(\frac{N}{mm^2}\right)$	L $\left(\frac{N}{mm^2}\right)$	$\left(\frac{N}{mm^2}\right)$
$d \leq 1{,}0$	700	900	1050	1150	580	770	875	980	630	840	950	1050
$1{,}0 < d \leq 2{,}0$	600	800	900	1000	500	670	740	820	560	740	840	910
$2{,}0 < d \leq 3{,}0$	540	740	850	920	450	600	680	760	500	670	760	850
$3{,}0 < d \leq 4{,}0$	510	700	800	860	420	560	640	710	480	630	710	800
$4{,}0 < d \leq 6{,}0$	–	–	–	–	390	520	570	640	430	600	670	740
$6{,}0 < d \leq 7{,}5$	–	–	–	–	360	500	560	630	420	570	640	710
$7{,}5 < d \leq 10{,}0$	–	–	–	–	360	490	550	610	390	560	630	700

Recomendações para utilizar a Tabela 10.2:

1) Este é o melhor material para molas pequenas. Não deve ser empregado em baixas temperaturas (abaixo de 15°C) nem em altas (acima de 120°C).

   Dureza recomendada: 42 a 46 Rockwell C.

   Características:

   $E = 210.000N/mm^2$; $G = 84.000N/mm^2$; $\gamma = 78,5N/dm^3$; $\sigma_r = 2000N/mm^2$

2) Para uso geral, este é o material mais empregado. Pode ser usado até 200°C, sendo mais empregado nos diâmetros de 3 a 12mm. Dureza recomendada: 42 a 46 Rockwell C.

   Características:

   $E = 210.000N/mm^2$; $G = 78.400N/mm^2$; $\gamma = 78,5N/dm^3$; $\sigma_r = 1800N/mm^2$; $\sigma_e = 1000N/mm^2$

3) Muito empregado pela boa resistência à fadiga que apresenta. Pode trabalhar em temperaturas até 215°C. Dureza recomendada: de 43 a 49 Rockwell C.

   Características:

   $E = 210000N/mm^2$; $G = 78400N/mm^2$; $\gamma = 78,5N/dm^3$; $\sigma_r = 1700N/mm^2$; $\sigma_e = 1330N/mm^2$

Tabela 10.3 - Diâmetros de arames e barras normalizados DIN 2076 - 2077

Diâmetros normalizados d [mm]						
0,1	0,2	0,3	0,4	0,5	0,6	0,7
0,8	0,9	1,0	1,2	1,4	1,6	1,8
2,0	2,5	3,0	3,5	4,0	4,5	5,0
5,5	6,0	6,5	7,0	7,5	8,0	8,5
9,0	9,5	10,0	11,0	12,0	13,0	14,0
16,0	18,0	20,0	22,5	25,0	28,0	32,0
36,0	40,0	45,0	50,0			

11

Rolamentos

1) **Tipo a ser utilizado no projeto**

Para escolher o tipo de rolamento a ser utilizado na construção mecânica, torna-se indispensável conhecer o tipo de solicitação que vai atuar no rolamento.

a) Quanto às solicitações, existem três tipos: radial, axial e combinada.

a.1) Carga radial (F_r)

É a carga que atua na direção dos raios do rolamento.

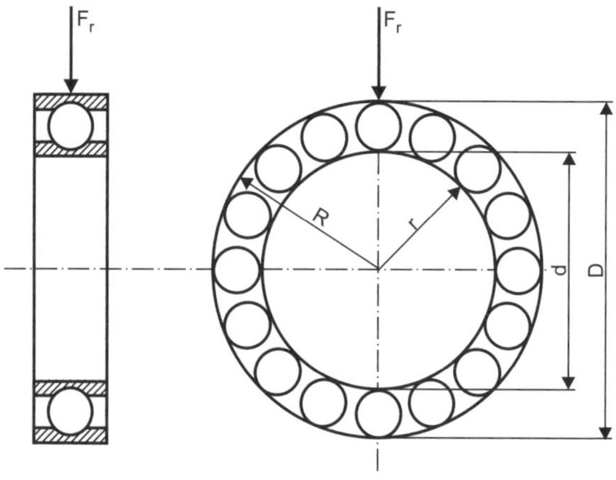

Figura 11.1

a.2) Carga axial (F_a)

É a carga que atua na direção do eixo longitudinal do rolamento.

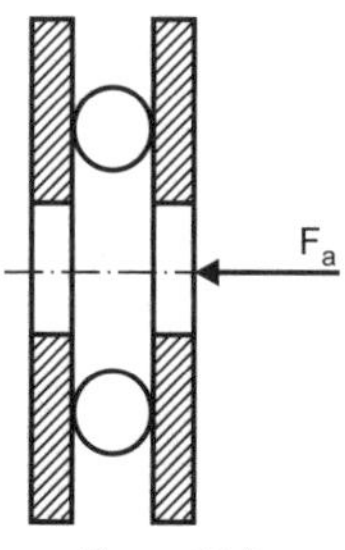

Figura 11.2

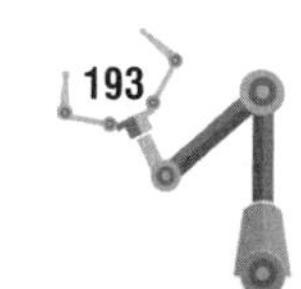

a.3) Carga combinada

Neste caso, as cargas radial e axial atuam simultaneamente no rolamento, originando uma suposta carga resultante, denominada equivalente.

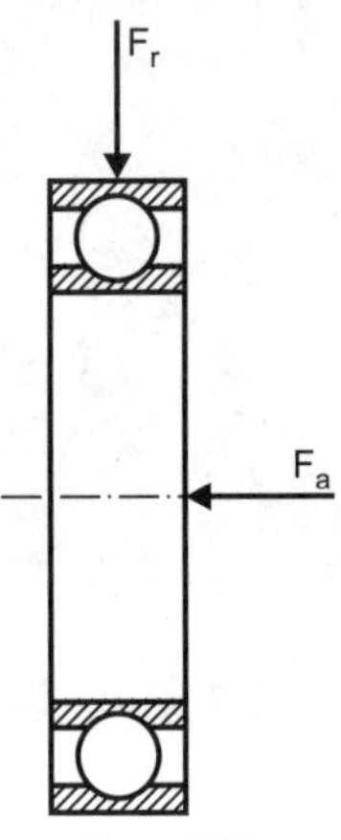

Figura 11.3

11.1 Indicação de Tipos

11.1.1 Rolamento de Esferas

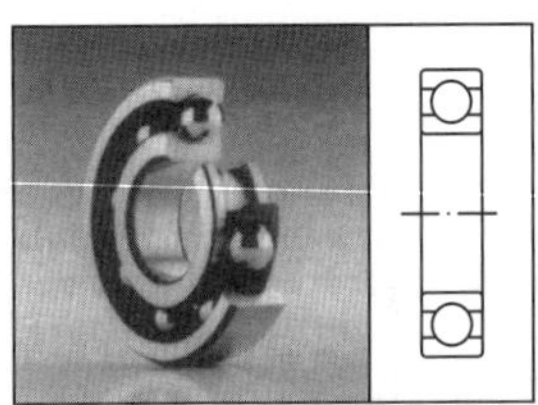

Figura 11.4 - Rolamento fixo de esferas de uma carreira DIN 625.

Rolamento fixo de uma carreira de esferas

Suporta carga radial de intensidade média e carga axial leve simultaneamente, sendo ainda recomendado para altas rotações.

Devido à sua versatilidade e ao seu custo reduzido, é amplamente utilizado.

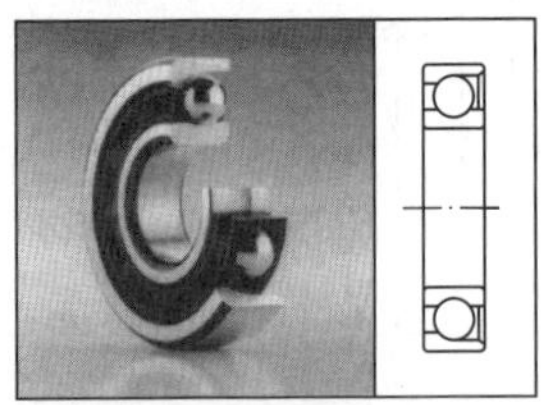

Figura 11.5 - Rolamento radial separável de esferas DIN 615.

Rolamento radial separável de esferas

Esse tipo de rolamento é separável, o que favorece a montagem em série.

O diâmetro interno máximo desse tipo de rolamento é d = 25mm.

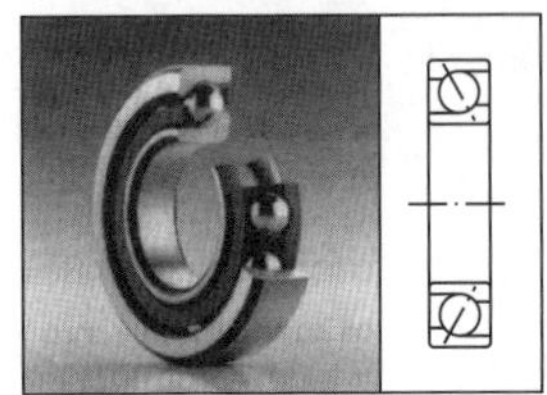

Figura 11.6 - Rolamento de contato angular de esfera de uma carreira DIN 628.

Rolamento de contato angular de esferas

Esse tipo suporta carga axial em um único sentido. Por este motivo é montado contraposto a outro rolamento que suporta carga no sentido oposto.

Os rolamentos de esferas de contato angular não são desmontáveis.

A utilização desse tipo de rolamento é frequente em fusos de máquinas-ferramenta.

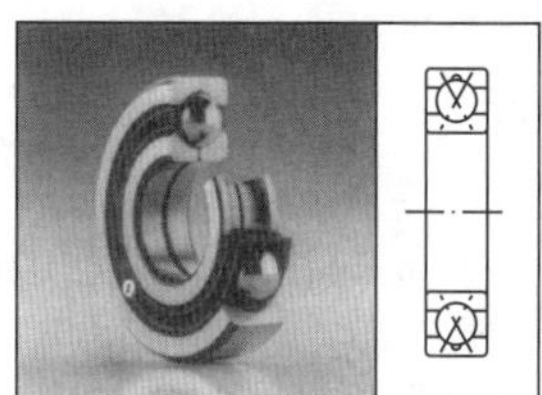

Figura 11.7 - Rolamento de quatro pistas DIN 628.

Rolamento de quatro pistas

Gaiolas de poliamida reforçada com fibras de vidro são adequadas para suportar temperaturas de serviço constantes de até 120°C.

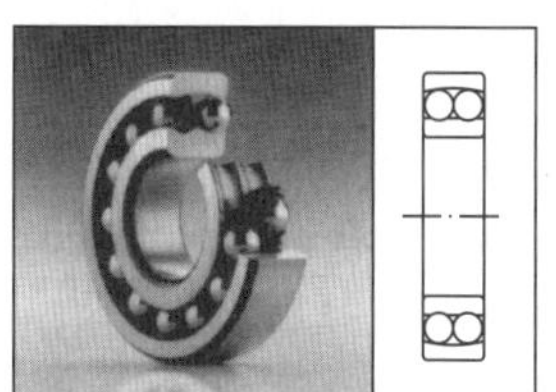

Figura 11.8 - Rolamento autocompensador de esferas DIN 630.

Rolamento autocompensador de esferas

Possui dupla carreira de esferas com anel externo esférico côncavo. O furo pode ser cilíndrico ou cônico.

Sua utilização é indicada quando houver necessidade de compensar desalinhamentos das flexões do eixo ou deformação da caixa.

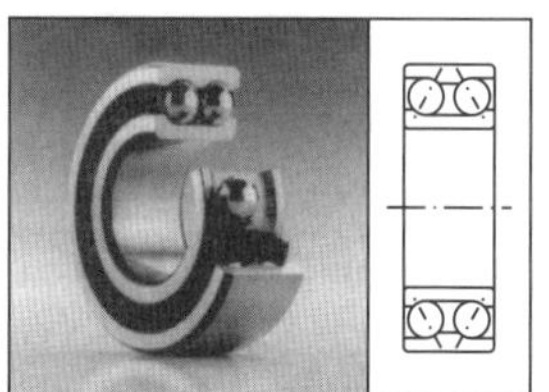

Figura 11.9 - Rolamento de contato angular de esferas de duas carreiras DIN 628.

Rolamento de contato angular de esferas de duas carreiras

Esse tipo de rolamento é indicado quando houver atuação simultânea de carga radial (F_r) e carga axial (F_a).

O tipo bipartido é indicado para carga axial elevada.

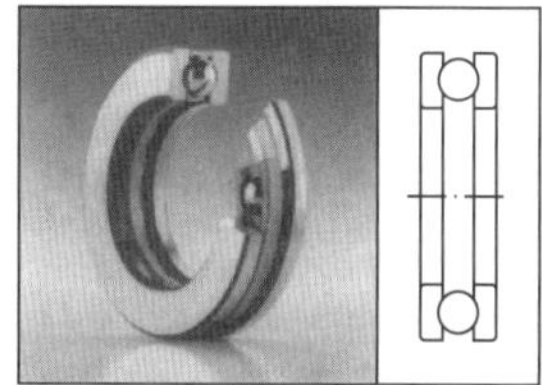

Figura 11.10 - Rolamento axial de esferas de escora simples DIN 711.

Rolamento axial de esferas com escora simples

Indicado para carga axial em um único sentido. Por ser um rolamento desmontável, não suporta carga radial.

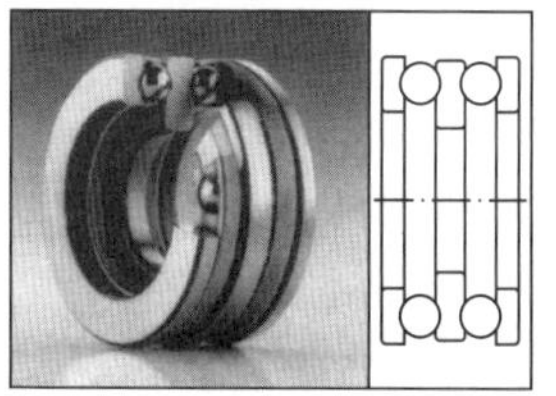

Figura 11.11 - Rolamento axial de esferas de escora dupla DIN 715.

Rolamento axial de esferas com escora dupla

Indicado para carga axial com sentido duplo. Como no caso anterior, não suporta cargas radiais.

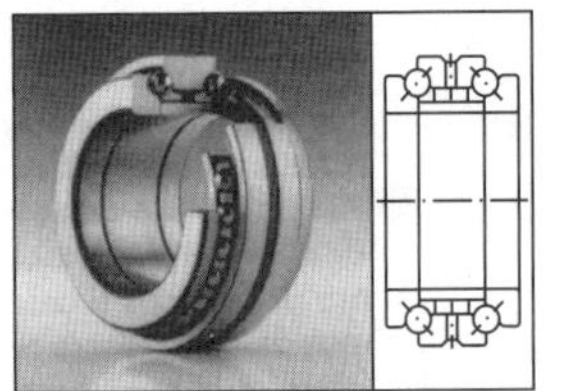

Figura 11.12 - Rolamento axial de contato angular de esferas de escora dupla DIN 616.

Rolamento axial de contato angular de esferas

Destina-se a mancais de fusos roscados com porcas de esferas em máquinas-ferramenta.

Com os rolamentos axiais de contato angular de esferas, consegue-se montar fusos roscados com porcas de esferas que avançam com pouco atrito e sem solavancos, permitindo, assim, alta precisão no posicionamento. Esses rolamentos não são separáveis.

11.2 Rolamentos de Rolos

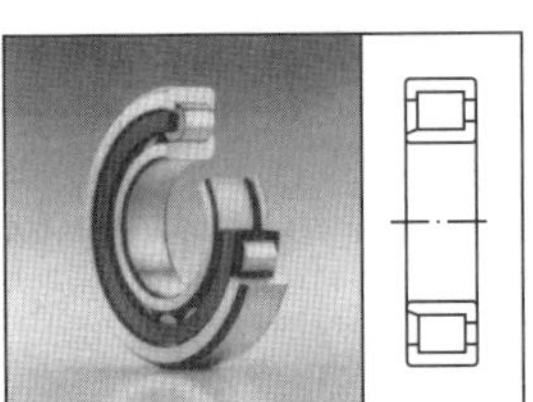

Figura 11.13 - Rolamento de rolos cilíndricos de uma carreira DIN 5412.

Rolamento de rolos cilíndricos de uma carreira

Esse tipo é separável, o que facilita a montagem e a desmontagem.

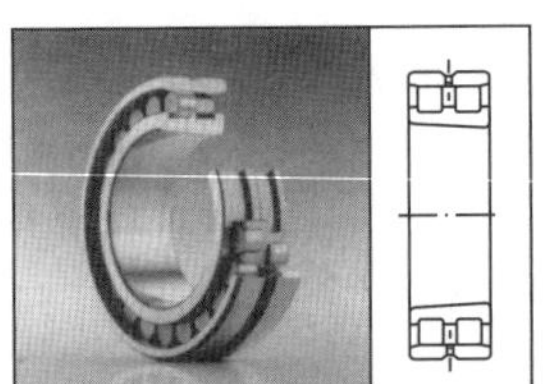

Figura 11.14 - Rolamento de rolos cilíndricos de duas carreiras DIN 5412.

Rolamento de rolos cilíndricos de dupla carreira

Características idênticas ao anterior.

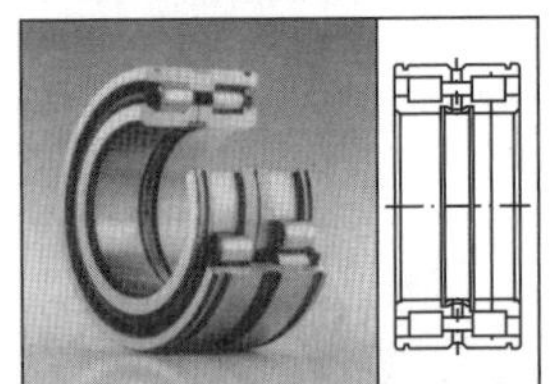

Figura 11.15 - Rolamento de rolos cilíndricos de duas carreiras sem gaiola DIN 5412.

Rolamento de rolos cilíndricos sem gaiola

Esse rolamento é desmontável, indicado para altas rotações.

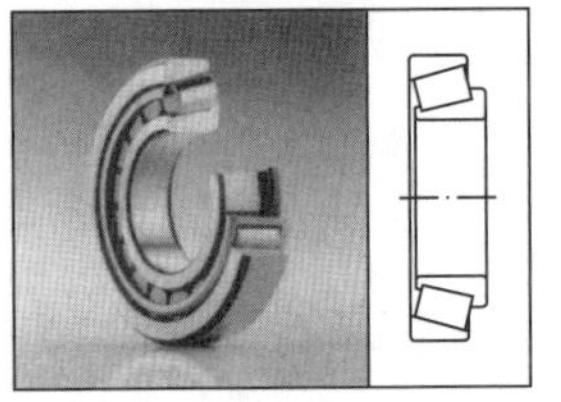

Figura 11.16 - Rolamento de rolos cônicos DIN ISO 355 DIN 720.

Rolamento de rolos cônicos

Esse rolamento é separável e admite carga axial em um único sentido. Por este motivo é montado aos pares, em "x" ou em "o", como será demonstrado posteriormente.

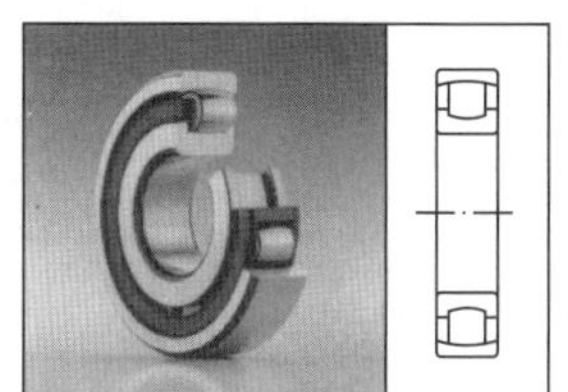

Figura 11.17 - Rolamento de rolos esféricos DIN 635.

Rolamento de rolos esféricos

O rolamento de rolos esféricos é indicado para aplicações com alta capacidadede carga radial e compensações de alinhamento, absorvendo choques na direção radial. A capacidade desse tipo de rolamento em absorver carga axial é reduzida.

Nesse rolamento, é possível encontrar dois tipos de furo: cilíndrico ou cônico.

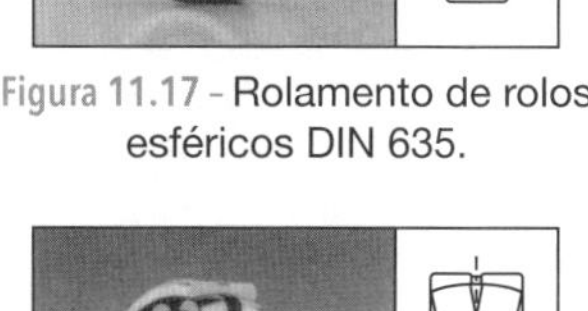

Figura 11.18 - Rolamento autocompensador de rolos DIN 635.

Rolamento autocompensador de rolos

Indicado para altas cargas, inclusive cargas vibratórias, compensando desalinhamentos entre o eixo e o alojamento.

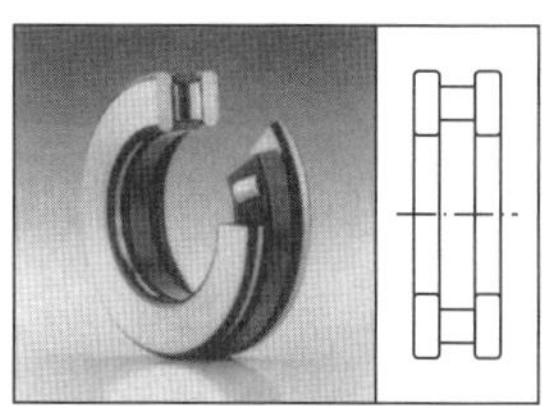

Figura 11.19 - Rolamento axial de rolos cilíndricos DIN 722.

Rolamento axial de rolos cilíndricos

O rolamento axial de rolos cilíndricos é utilizado quando os rolamentos axiais de esferas forem insuficientes, ou os axiais de agulhas. Esse rolamento suporta altas cargas axiais aplicadas em um único sentido.

Por ser um rolamento desmontável, não suporta carga radial.

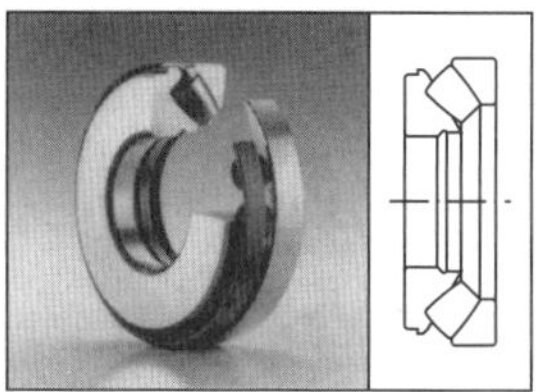

Figura 11.20 - Rolamento axial autocompensador de rolos DIN 728 iso 104.

Rolamento axial autocompensador de rolos

É indicado para suportar altas cargas axiais e altas rotações. Consegue ainda suportar carga radial desde que ela não ultrapasse a intensidade de 55% da carga axial.

11.3 Rolamentos de Agulhas

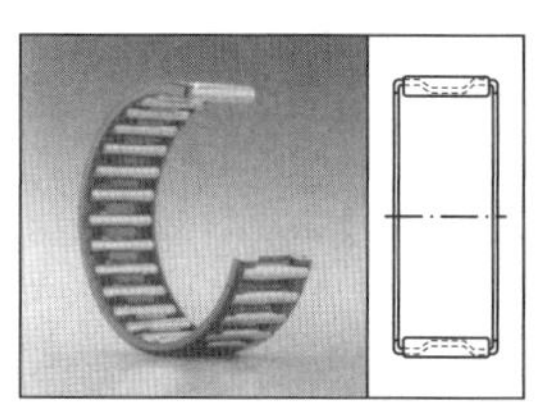

Figura 11.21 - Coroa de agulhas de uma carreira ISO 3030 DIN 5405.

Coroa de agulhas de uma carreira

É indicada para construções compactas e extremamente leves.

Admite somente cargas radiais.

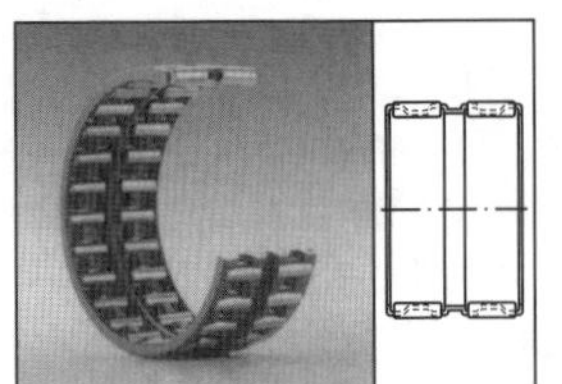

Figura 11.22 - Coroa de agulhas com dupla carreira ISO 3030 DIN 5405.

Coroa de agulhas com dupla carreira

Indicações idênticas à de uma carreira, porém admitem carga radial maior.

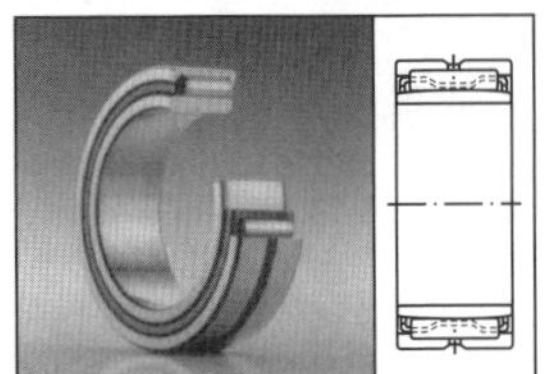

Figura 11.23 - Rolamento de agulhas de uma carreira ISO 1206 DIN 617.

Rolamento de agulhas de uma carreira

Indicado quando houver a necessidade de suportar altas cargas em espaço reduzido.

Recomendado somente para carga radial.

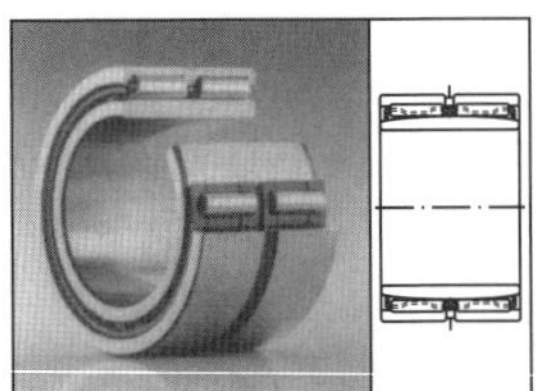

Figura 11.24 - Rolamento de agulhas de duas carreiras ISO 1206 DIN 617.

Rolamento de agulhas de dupla carreira

Indicações idênticas ao anterior, porém com maior capacidade de carga.

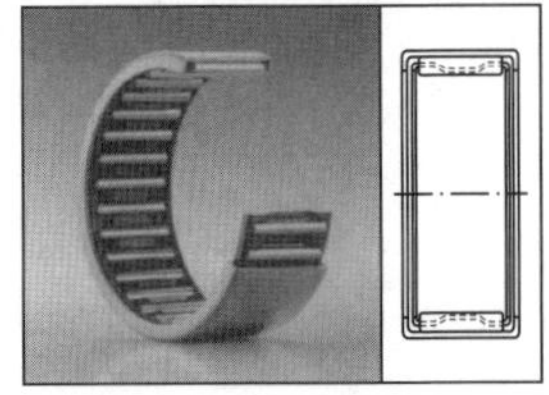

Figura 11.25 - Bucha de agulhas sem fundo ISO 3245 DIN 618.

Bucha de agulhas com fundo e sem fundo

São compostas por coroa de agulhas e uma capa fina, de chapa de aço, temperada, com o anel externo. As buchas de agulhas sem fundo são abertas de ambos os lados.

São indicadas para assentamento de pontas de eixo.

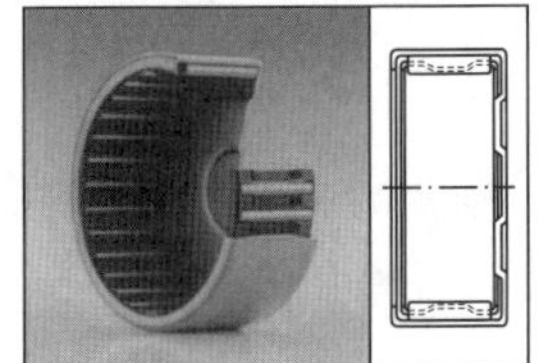

Figura 11.26 - Bucha de agulhas com fundo ISO 3245 DIN 618.

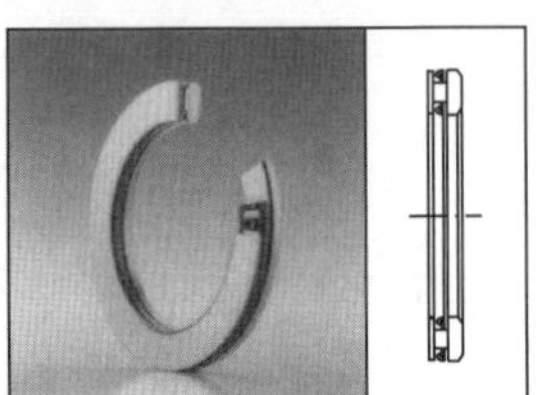

Figura 11.27 - Rolamento axial de agulhas ISO 3031 DIN 5405.

Rolamento axial de agulhas

Indicado para carga axial em espaço reduzido.

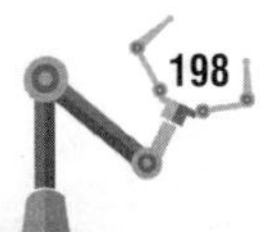

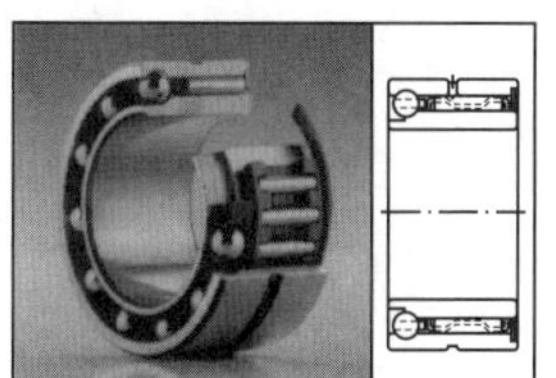

Figura 11.28 - Rolamento de agulhas de contato angular de esferas DIN 5429.

Rolamentos de agulhas combinados

São compostos de um rolamento de agulhas agindo como rolamento radial e um de esferas ou rolos cilíndricos agindo como rolamento axial.

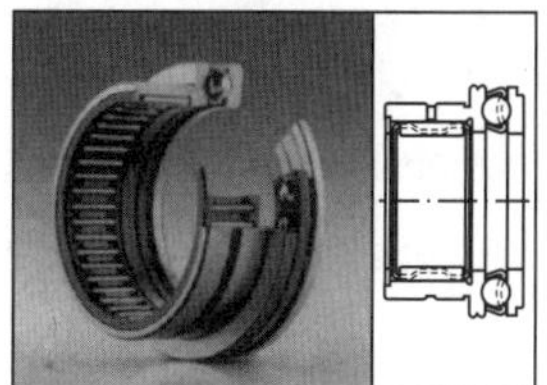

Figura 11.29 - Rolamento de agulhas axial de esferas DIN 5429.

11.4 Disposição dos Rolamentos

Mancal Fixo-Livre

- Par de rolamentos de contato angular da execução universal como rolamento fixo.

  a = disposição em O, b = disposição em X, c = disposição em Tandem (não apropriado como rolamento fixo, porque possibilita a guia axial em uma só direção).

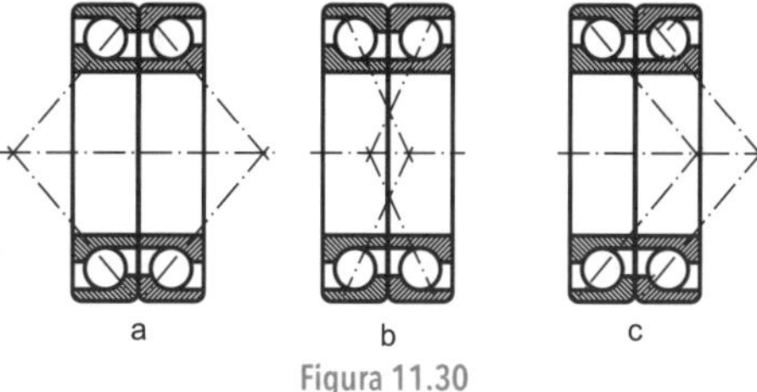

Figura 11.30

- Rolamento para fusos da execução universal como rolamento fixo.

  a = disposição em O, b = disposição em X, c = disposição em Tandem (não adequado para rolamento fixo, por possibilitar a guia axial em uma só direção), d = disposição em Tandem-O.

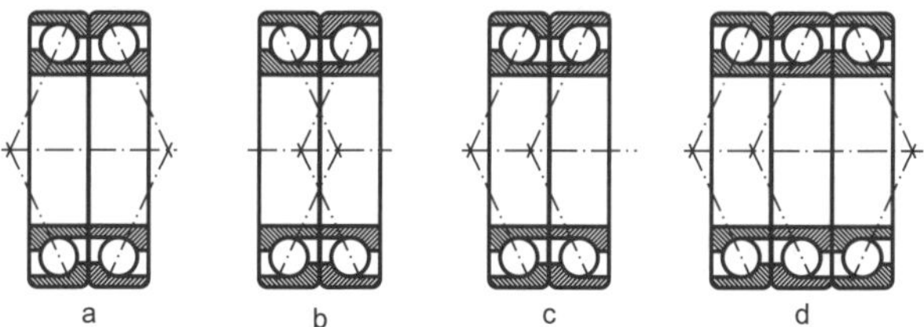

Figura 11.31

- Par de rolamentos de rolos cônicos como rolamento fixo.

  a = disposição em O, b = disposição em X.

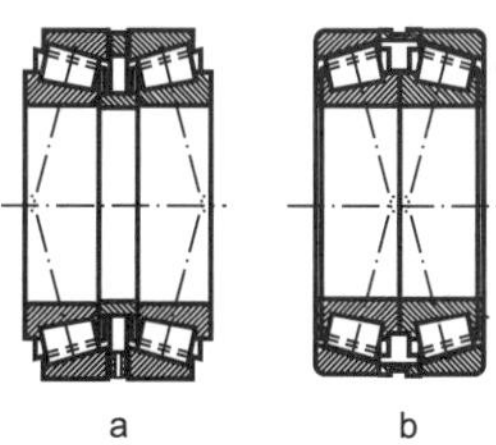

Figura 11.32

- Mancal ajustado com rolamentos de rolos cônicos na disposição X (a) e seus vértices do cone dos rolos.
- Mancal ajustado com rolamentos de rolos cônicos na disposição O,

  em que os vértices dos cones dos rolos coincidem (b),

  em que os vértices dos cones dos rolos não se cortam (c),

  em que os vértices dos cones dos rolos não se encontram (d).

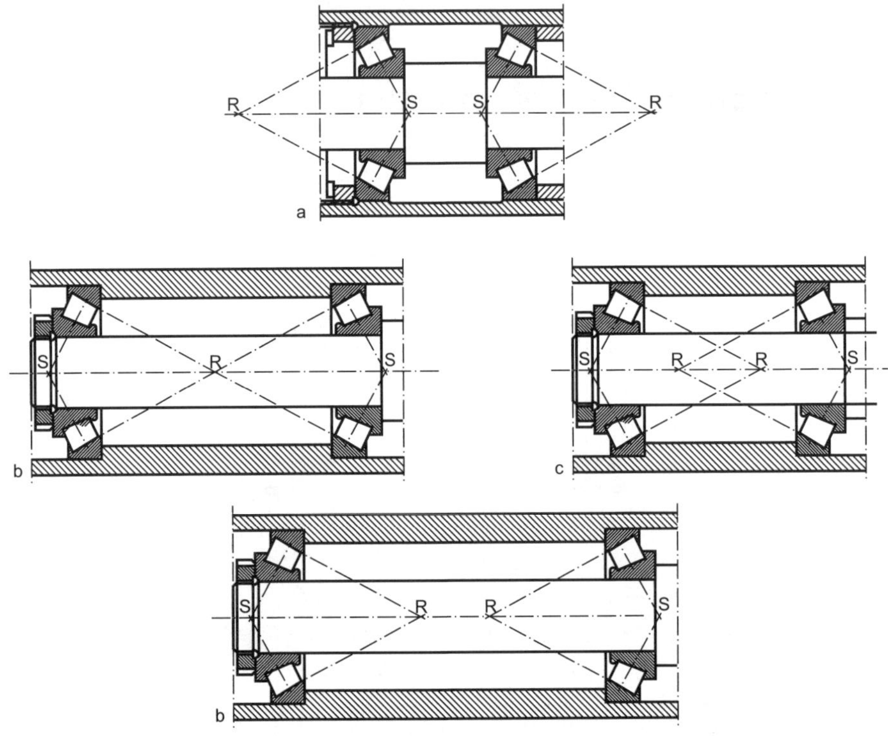

Figura 11.33

- Mancal ajustado na disposição em O (a).
- Mancal ajustado na disposição em X (b).

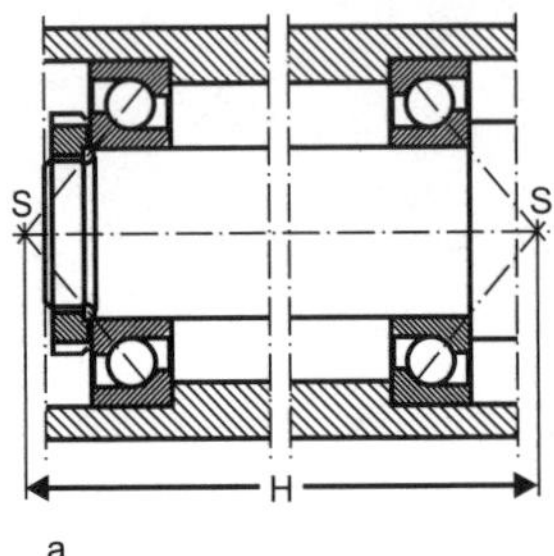

S S H

b

Figura 11.34

- Exemplos para uma disposição - rolamento fixo-livre

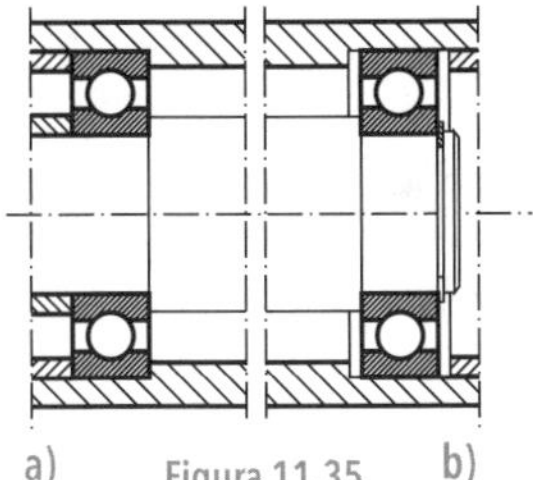

Figura 11.35

Rolamento fixo: fixo de esferas.

Rolamento livre: fixo de esferas.

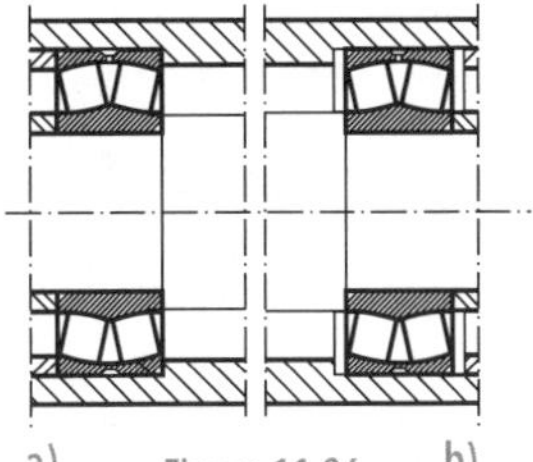

Figura 11.36

Rolamento fixo: autocompensador de rolos.

Rolamento livre: autocompensador de rolos.

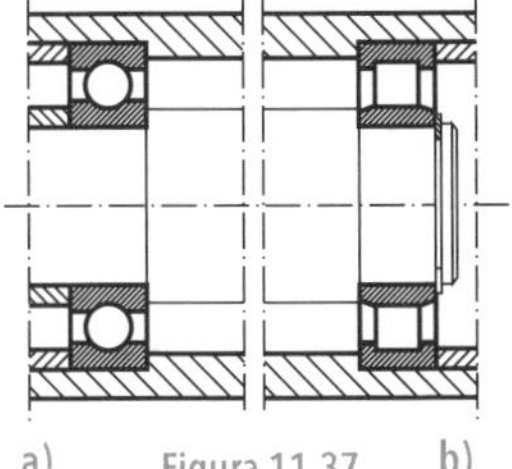

Figura 11.37

Rolamento fixo: fixo de esferas.

Rolamento livre: de rolos cilíndricos, série NU.

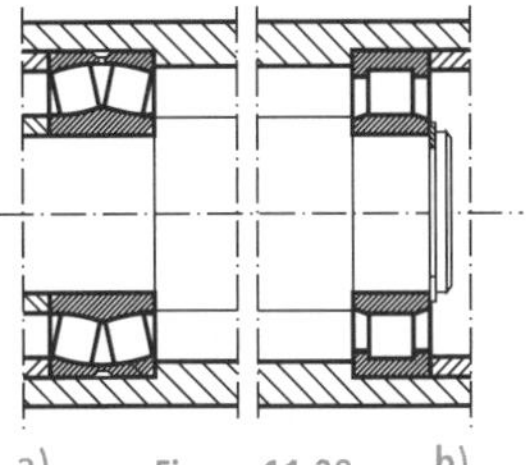

Figura 11.38

Rolamento fixo: autocompensador de rolos.

Rolamento livre: de rolos, cilíndricos, série NU.

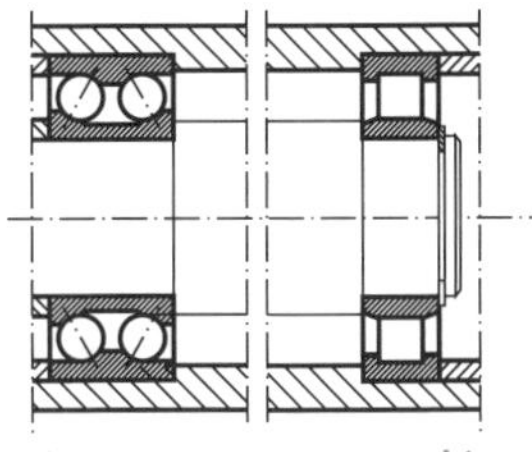

Figura 11.39

Rolamento fixo: de contato angular de esferas, de 2 carreiras.

Rolamento livre: de rolos cilíndricos, série NU.

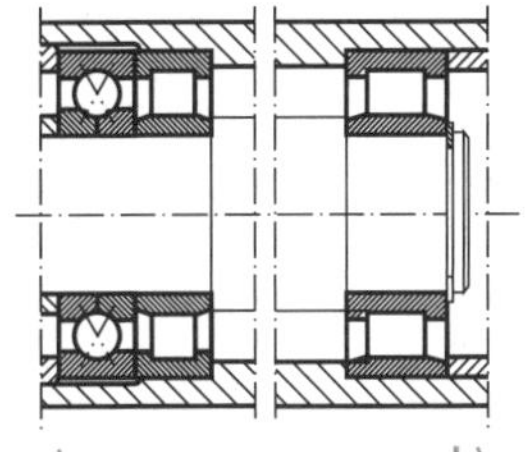

Figura 11.40

Rolamento fixo: de 4 pistas e de rolos cilíndricos, série NU.

Rolamento livre: de rolos cilíndricos, série NU.

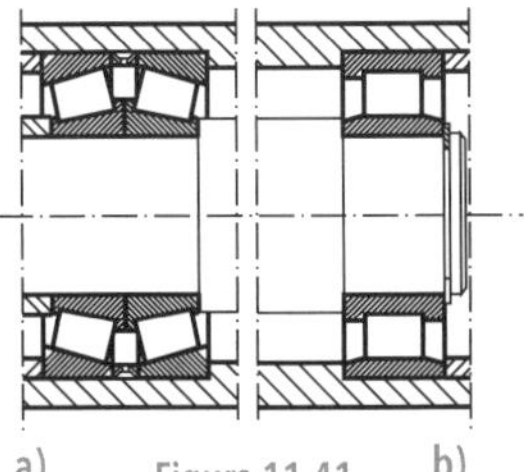

Figura 11.41

Rolamento fixo: dois rolamentos de rolos cônicos.

Rolamento livre: de rolos cilíndricos, série NU.

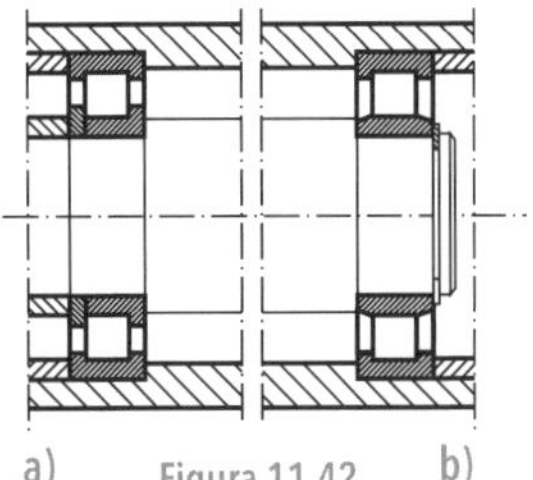

Figura 11.42

Rolamento fixo: de rolos cilíndricos, série NUP.

Rolamento livre: de rolos cilíndricos, série NU.

11.4.1 Tipo Construtivo do Rolamento

Tabela 11.1 - Tipos construtivos e suas características

Aptidão: ● Muito bom; ◕ Bom; ◐ Normal / possível; ◔ Com restrições; ○ Impróprio

Tipo construtivo	Adequado para: Carga axial	Carga axial de 2 direções	Compensação linear dentro do rolamento	Compensação linear por ajuste deslizante	Rolamentos separáveis	Compensação de desvios angulares	Precisão elevada	Alta rotação	Giro silencioso	Furo cônico	Vedação de um ou de ambos os lados	Alta rigidez	Reduzido atrito	Rolamento fixo	Rolamento livre
fixo de esferas	◕	◐	○	◐	○	◔	◐	●	●	○	●	◐	●	◕	◐
	◕	◐	○	◐	○	○	◔	○	◐	○	◐	◐	◐	◕	◐
separável de esferas	◐	◐ ←	◔	◐	●	◔	◐	○	◕	○	○	◐	◕	◐	○
de contato angular de esferas	◕	◕ ←	○	◐ [a]	○	○	◐	● [c]	◕	○	○	◕ [a]	◕	● [a]	◐ [a]
parafusos	◕	◕ ←	○	◐ [a]	○	○	●	● [c]	●	○	○	◕ [a]	◕	● [a]	◐ [a]
de quatro pistas	◔	◕	○	○	◐	○	◔	◔	◔	○	○	◐	◐	◕	○
de contato angular de esferas de duas carreiras	◕	◕	○	◐	◐	○	◐	◐	◔	○	◐	◕	◐	◕	◐
autocompensador de esferas	◕	◔	○	◐	○	●	○	◕	◔	● [d]	●	◔	◕	◐	◐
de rolos cilíndricos NU, N	●	○	●	○	●	◔	◕	●	◐	◐	○	◕	◕	○	●
NJ, NU + HJ	●	◐ ←	◔	○	●	◔	◐	◕ [b]	◔	○	○	◕	◕ [b]	◐	◐
NUP, NJ + HJ	●	◐	○	◐	●	◔	◐	◕ [b]	◔	○	○	◕	◕ [b]	◕	◔
NNU, NN	●	○	●	○	●	○	●	●	◐	●	○	●	◕	○	●
NCF, NJ23VH	●	◐ ←	◔	◐	◐	◔	○	○	○	○	○	●	○	◐	◐
NNC, NNF	●	◐	○	◐	○	○	○	○	○	○	◐	●	○	◐	◐
de rolos cônicos	●	● ←	○	◐ [a]	●	◔	◕	◐ [c]	◔	○	○	● [a]	◐	● [a]	◔ [a]
par de Rolamentos individuais JKOS na disposição em O	●	●	○	○	○	○	○	◔	◔	○	●	●	○	●	○

← Rolamentos individuais e rolamentos na disposição em Tandem em uma direção:

a) montagem aos pares;

b) reduzida carga axial;

c) aptidão reduzida na montagem aos pares;

d) também com buchas de fixação e de desmontagem.

Tabela 11.2 - Tipos construtivos e suas curvas características

Aptidão

● Muito bom ◕ Bom ◑ Normal / possível ◔ Com restrições ○ Impróprio

Tipo construtivo	Adequado para: Carga axial	Adequado para: Carga axial de 2 direções	Compensação linear dentro do rolamento	Compensação linear por ajuste deslizante	Rolamentos separáveis	Compensação de desvios angulares	Precisão elevada	Alta rotação	Giro silencioso	Furo cônico	Vedação de um ou de ambos os lados	Alta rigidez	Reduzido atrito	Rolamento fixo	Rolamento livre
rolos esféricos	●	◑	○	◑	○	●	○	◑	◔	● c	○	◕	◑	◕	◑
autocompensador de rolos	●	◕	○	◑	○	●	○	◑	◔	● c	◑	◕	◑	◕	◑
axial de esferas	○	◕→	○	○	●	◑ d	◕	◑	◔	○	○	◑	◑	◑	◑
	○	◕	○	○	●	◑ d	○	◔	○	○	○	◑	◔	◑	○
axial de contato angular de esferas	◔	◕→	○	○	○	◔	●	◕ b	◔	○	○	◕ a	◑	● a	○
	○	◕	○	○	●	○	●	●	◔	○	○	●	◑	●	○
axial de rolos cilíndricos	○	●→	○	○	●	○	◑	◔	○	○	○	◕	○	◕	○
axial autocompensador de rolos	◔	●→	○	○	●	●	○	◔	○	○	○	◕	◔	◕	○
de fixação rápida	◕	◑	◔	◔	○	◑ d	○	◔	○	○	●	◑	○	◑	○
coroa de agulhas	●	○	●	○	○	○	◑	◕	◑	○	◑ e	◕	◔	○	●
bucha de agulhas com e sem fundo	●	○	●	○	●	○	◔	◑	◔	○	●	◕	◔	○	●
de agulhas	●	○	●	○	●	○	◑	◕	◑	○	●	◕	◔	○	●
rolos de apoio e comando	●	◔	◑	○	◑	◑	◔	◑	◔	○	●	◕	◔	○	○
de agulha, combinado	●	◕→	○	○	◑	○	◔	◑	◔	○	◑	◕	◔	◑	○
coroa axial de agulhas	○	●→	○	○	○	○	◑	◔	◔	○	○	◕	○	◕	○

→ Rolamentos individuais e rolamentos na disposição em Tandem em uma direção:

a) montagem aos pares;

b) aptidão reduzida na montagem aos pares;

c) também com buchas de fixação e de desmontagem;

d) rolamentos de fixação rápida e axial de esferas com contraplacas compensam desalinhamento na montagem;

e) vedação DH.

11.5 Dimensionamento do Rolamento

Para dimensionar um rolamento, é importante definir inicialmente o tipo de solicitação ao qual estará submetido, carga estática ou dinâmica.

Na carga estática, o rolamento encontra-se parado ou oscila lentamente ($n < 10rpm$). Na carga dinâmica, o rolamento se movimenta com ($n \geq 10rpm$).

11.5.1 Carga Estática

Quando o rolamento estiver atuando parado ou com oscilações, é dimensionado por meio da capacidade de carga estática (C_0).

a) Capacidade de Carga Estática (C_o)

É a carga que provoca no elemento rolante e na pista, uma deformação plástica da ordem de 1/10000 do diâmetro do elemento rolante. Em condições normais de oscilação, isso corresponde a uma pressão de superfície Hertz de 4000 MPa.

$C_0 = f_s \cdot P_0 \quad [kN]$

Em que:

C_0 - capacidade de carga estática [kN]

f_s - fator de esforços estáticos [adimensional]

P_0 - carga estática equivalente [kN]

b) Carga Estática Equivalente (P_o)

É uma suposta carga resultante, determinada em função das cargas axial e radial, que atuam simultaneamente no rolamento.

Quando o rolamento for solicitado por uma carga radial ou axial isoladamente, esta será a carga equivalente.

Na atuação simultânea das cargas axial e radial, a carga equivalente é determinada pela fórmula:

$P_0 = X_0 F_r + Y_0 F_a \quad [kN]$

Em que:

P_0 - carga estática equivalente [kN]

X_0 - fator radial [adimensional]

Y_0 - fator axial [adimensional]

F_r - carga radial [kN]

F_a - carga axial [kN]

c) Fator de Esforços Estáticos (F_s)

É um coeficiente de segurança que preserva a ocorrência de deformações plásticas excessivas nos pontos de contato, entre os corpos rolantes e a pista. São indicados os seguintes valores:

$1{,}5 \leq f_s \leq 2{,}5$ para exigências elevadas

$1{,}0 \leq f_s \leq 1{,}5$ para exigências normais

$0{,}7 \leq f_s \leq 1{,}0$ para exigências reduzidas

d) Carga Dinâmica

Quando o rolamento atuar com movimento ($n \geq 10rpm$), é dimensionado pela capacidade de carga dinâmica (C).

e) Capacidade de Carga Dinâmica (C)

É a carga sob a qual 90% de um lote de rolamentos alcança um milhão de rotações, sem apresentar sinais de fadiga.

A capacidade de carga dinâmica dos diversos tipos de rolamento é encontrada nas tabelas que compõem os catálogos.

A capacidade de carga dinâmica que deve ter o rolamento para suportar com segurança as cargas aplicadas é determinada por:

$$C = \frac{f_\ell}{f_n} \cdot P$$

Em que:

C - capacidade de carga dinâmica [kN]

P - carga dinâmica equivalente [kN]

f_n - fator de rotação [adimensional]

f_ℓ - fator de esforços dinâmicos [adimensional]

f) Carga Dinâmica Equivalente (P)

Determina-se a carga dinâmica equivalente quando houver a atuação simultânea de cargas radial e axial no rolamento.

A carga dinâmica equivalente constitui-se de uma suposta carga resultante, sendo definida por meio de:

$$P = xF_r + yF_a$$

Em que:

P - carga dinâmica equivalente [kN]

F_r - carga radial [kN]

F_a - carga axial [kN]

x - fator radial [adimensional]

y - fator axial [adimensional]

g) Rolamentos Expostos a Altas Temperaturas

Nos rolamentos expostos a altas temperaturas, torna-se necessário considerar um fator de temperatura (f_t). Nesse caso, para determinar a capacidade de carga dinâmica, utiliza-se:

$$C = \frac{f_\ell}{f_n \cdot f_t} \cdot P$$

Em que:

C - capacidade de carga dinâmica [kN]

P - carga dinâmica equivalente [kN]

f_ℓ - fator de esforços dinâmicos [adimensional]

f_n - fator de rotação [adimensional]

f_t - fator de temperatura [adimensional]

Tabela 11.3 - Fator de temperatura

Temperatura máxima de serviço	120 °C	200 °C	250 °C	300 °C
Fator de temperatura (f_t)	1,0	0,73	0,42	0,22

11.6 Vida Útil do Rolamento

A vida útil do rolamento compreende o período em que ele desempenha corretamente a sua função. A vida útil termina quando ocorre o desgaste causado pela fadiga do material.

Duração até a Fadiga

A vida nominal de um rolamento L_h é determinada pela norma DIN-622. As recomendações da ISO permitem considerar no cálculo a melhoria na qualidade dos aços e a influência da lubrificação na fadiga do material.

Tem-se, então, que:

$$L_{na} = a_1 \cdot a_2 \cdot a_3 \cdot L_h \qquad \text{(h)}$$

Em que:

L_{na} - duração até fadiga (h)

a_1 - fator de probabilidade

a_2 - fator de matéria-prima [adimensional]

a_3 - fator das condições de serviço [adimensional]

L_h - vida nominal do rolamento (página 228) [adimensional]

Fator a_1 (probabilidade de falha)

O fator a_1 que prevê a probabilidade de falhas do material devido à fadiga é regido por leis estatísticas, sendo obtido na Tabela 11.4:

Tabela 11.4

Probabilidade de falha (%)	10	5	4	3	2	1
Duração	L_{10}	L_5	L_4	L_3	L_2	L_1
Fator a_1	1	0,62	0,53	0,44	0,33	0,21

Fator a_2 (matéria-prima)

O fator a_2 considera as características da matéria-prima e o respectivo tratamento térmico.

Para os aços de alta qualidade (FAG), recomenda-se $a_2 = 1$.

O fator a_2 se altera para altas temperaturas.

Fator a_3 (condições de serviço)

As condições de serviço influem na vida do rolamento.

A duração prolonga-se quando o ambiente de trabalho é limpo, a lubrificação é adequada e a carga atuante não é excessiva. O término da vida útil do rolamento ocorre quando há formação de "pittings" (erosão produzida por cavitação), originada na superfície das pistas.

Fator a_{23}

Com a interdependência dos fatores de adequação para matéria-prima (a_2) e as condições de serviço (a_3), é conveniente que seja indicado um único valor para o conjunto a_{23}.

Tem-se que $a_{23} = a_2 a_3$, portanto, $L_{na} = a_1 \; a_{23} \cdot L_h \, (h)$.

O fator a_{23} é determinado com a utilização dos diagramas seguintes:

Diagrama ② $\left[\text{viscosidade relativa} (\upsilon_1) \cdot \text{diâmetro médio do rolamento} \left(\frac{D+d}{2} \right) \right]$

Gráfico 11.1

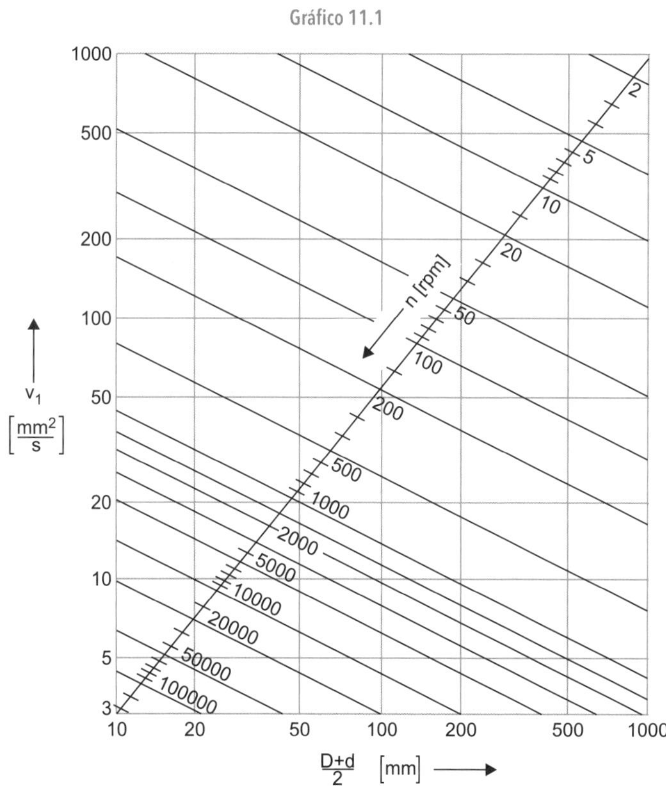

- Fator de temperatura f_t

Tabela 11.5

Temperatura de serviço	Fator de temperatura f_t
150 °C	1
200 °C	0,73
250 °C	0,42
300 °C	0,22

Diagrama ①

Determina-se a viscosidade relativa do óleo (υ_1) pelo diâmetro médio do rolamento que se localiza no eixo das abscissas. As linhas inclinadas representam a velocidade de trabalho (rotação em rpm).

Conhecido o diâmetro médio do rolamento, traça-se uma vertical até o ponto que representa a velocidade de trabalho.

Definido o ponto, faz-se a sua projeção no eixo das ordenadas e encontra-se, desta forma, a viscosidade relativa υ_1.

Exemplo 1

Supondo que o diâmetro médio do rolamento seja (D + d)/2 = 60mm e a rotação n = 360rpm, é preciso localizar (D + d)/2 = 60mm no eixo das abscissas. Traça-se uma vertical até encontrar a reta inclinada que representa 360rpm (reta localizada no diagrama posteriormente por meio de estimativa). Pelo ponto encontrado, traça-se uma paralela ao eixo das abscissas até encontrar o eixo das ordenadas υ_1. O ponto de encontro entre a paralela e o eixo das ordenadas define a viscosidade relativa υ_1.

Gráfico 11.2

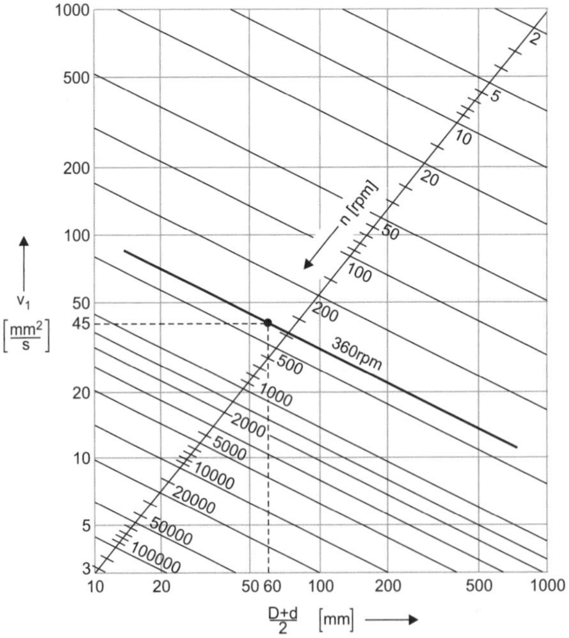

Tem-se, então, que: υ_1 = 45cSt

Diagrama ②

O diagrama υ – T é utilizado para determinar a viscosidade de serviço do óleo lubrificante.

São conhecidas:

1) A temperatura de serviço.

2) A viscosidade cinemática do óleo a 40°C.

Procede-se da seguinte forma:

O eixo das ordenadas representa a temperatura de serviço. As linhas inclinadas representam a viscosidade cinemática do óleo a 40°C. Localiza-se no eixo das ordenadas a temperatura de serviço.

Gráfico 11.3

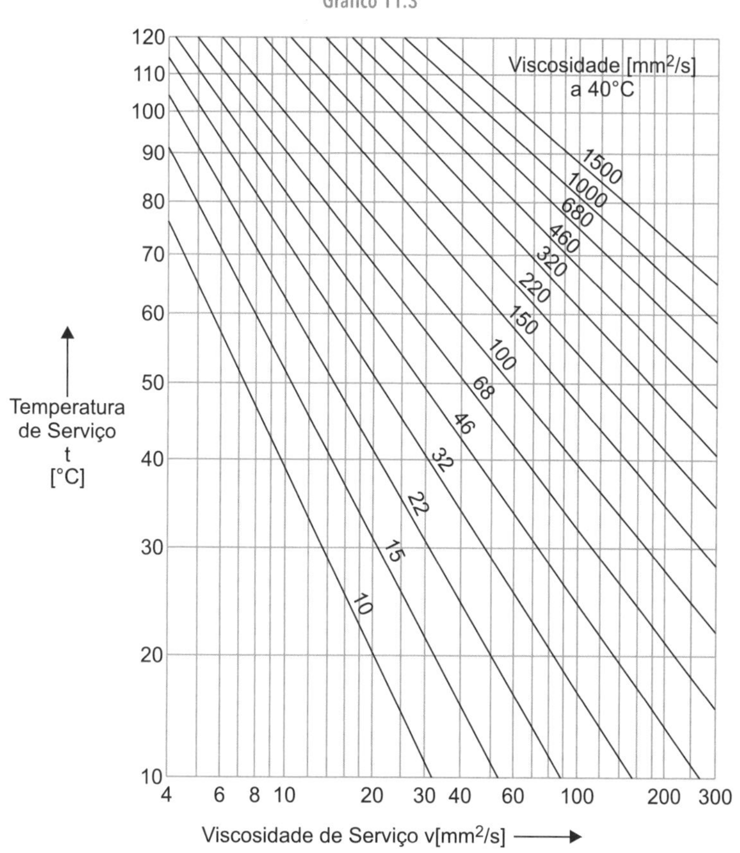

Traça-se uma reta horinzontal até encontrar a viscosidade do óleo a 40°C. Projeta-se o ponto encontrado no eixo das abscissas para encontrar a viscosidade de serviço do óleo na temperatura de trabalho.

Exemplo 2

Supondo que a temperatura de serviço de um determinado mecanismo seja 70°C e a viscosidade do óleo lubrificante a 40°C 180 cSt, determinar a viscosidade de serviço.

Procedimento:

Localiza-se 70°C no eixo das ordenadas. Traça-se uma paralela ao eixo das abscissas até o encontro com a reta inclinada que represente 180 cSt. Essa reta encontra-se aproximadamente no ponto médio entre as retas que representam 150 a 220 cSt.

O ponto determinado pela concorrência entre as retas da temperatura e da viscosidade é projetado para o eixo das abscissas, resultando na viscosidade de serviço.

Tem-se, então, que a viscosidade de serviço é $\upsilon = 45$ cSt.

Gráfico 11.4

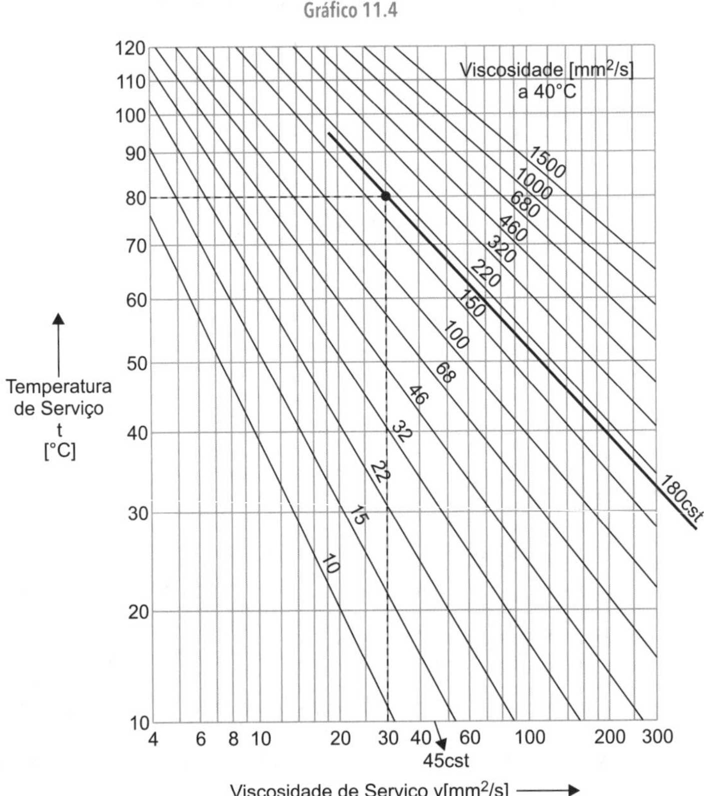

Diagrama ③

Determinadas a viscosidade relativa υ_1 no diagrama ① e a viscosidade de serviço no diagrama ②, faz-se a relação υ/υ_1 visando encontrar no diagrama ③ o fator a_{23}.

Exemplo 3

Supondo que os exemplos dos diagramas ① e ② pertençam à resolução do diagrama ③ e o campo de atuação indicado seja II.

Sabe-se que:

υ_1 = 45 cSt (diagrama ①)

υ = 45 cSt (diagrama ②)

A relação entre as viscosidades: $\frac{\upsilon}{\upsilon_1} = \frac{45}{45} = 1$

Localiza-se a relação $\upsilon/\upsilon_1 = 1$ no eixo das abscissas. Por meio de uma vertical partimos para a zona II. Nesse campo, indica-se a utilização do limite superior, supondo que as condições sejam ideais para trabalho (limpeza, lubrificante com aditivos etc.). Projetando o limite superior para o eixo das ordenadas, encontra-se:

$a_{23} = 1{,}5$ (expectativa otimista)

Gráfico 11.5

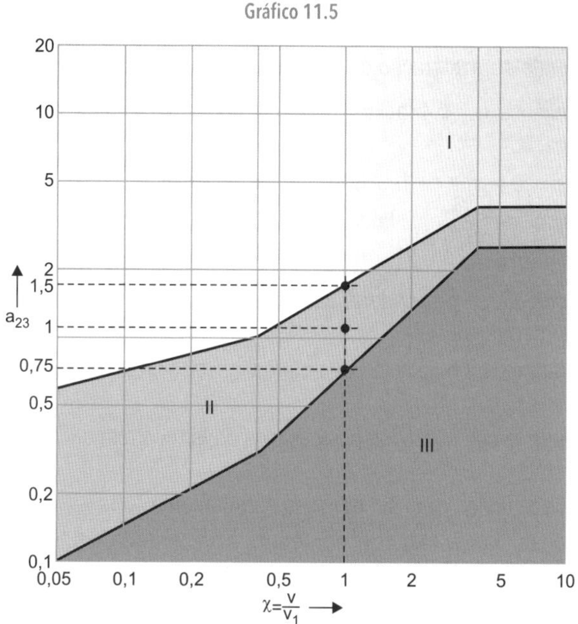

Análise dos valores obtidos do fator a_{23} para o exemplo em questão:

Obtida a relação $\upsilon/\upsilon_1 = 1$ traça-se o segmento de reta vertical até a faixa Ⅱ.

No ponto superior da faixa, encontra-se $a_{23} = 1{,}5$ que corresponde a uma expectativa otimista da duração do rolamento.

No ponto médio do segmento de reta na faixa Ⅱ, tem-se uma expectativa média de duração do rolamento que resulta em um fator $a_{23} = 1$.

No ponto inferior do segmento na faixa Ⅱ tem-se uma expectativa pessimista de vida do rolamento, o que ocorre nas lubrificações com graxa. Para este exemplo, tem-se $a_{23} = 0{,}75$.

Especificação dos Campos do Diagrama ③

Campo ①

Zona de transição para durabilidade permanente que vale para condições ideais de serviço.

Campo ②

É o mais importante do diagrama. Define o que é obtido na prática com a utilização de lubrificantes adequados e com aditivos.

Campo ③

Indica que pode ser obtido um prolongamento de vida útil ao melhorar o grau de limpeza, lubrificação e vedação.

Recomendações:

No campo ②, podem ser utlizados valores a_{23} no limite superior, desde que apresentem baixo componente de atrito por deslizamento, boa limpeza nos condutos de lubrificação e lubrificante com aditivos adequados.

Quando $\upsilon/\upsilon_1 < 1$ e quando houver risco de contaminação do lubrificante, recomenda-se a utilização do limite inferior da faixa.

Ao utilizar graxa, recomenda-se a utilização do limite inferior da faixa.

A zona II limita-se à relação $\upsilon/\upsilon_1 < 4$; acima de 4 entra-se na zona I, em que se torna imprescindível rigorosa limpeza na aplicação.

Para temperaturas de serviço acima de 120°C, a vida útil diminui.

Nesses casos, corrige-se o valor a_{23} pelo fator de redução f_t.

Limitação no cálculo da duração

O cálculo da vida útil somente corresponderá, na prática, à duração de serviço do rolamento se forem observadas as condições seguintes:

1) A lubrificação admitida no cálculo deve permanecer constante durante todo o período de funcionamento.
2) A rotação e os esforços utilizados nos cálculos devem corresponder às condições efetivas de serviço.
3) A temperatura de serviço deve ser admitida corretamente.
4) A contaminação no lubrificante deve ser reduzida no período de funcionamento.
5) A vida útil, limitada pela interrupção de lubrificação ou desgaste, não deve ser inferior ao tempo de duração até a fadiga.

11.7 Expressões das Cargas

11.7.1 Rolamentos FAG Fixos de Esferas

a) Carga Equivalente - Medidas de Montagem

Carga Estática Equivalente

Rolamentos fixos de esferas de uma e de duas carreiras:

$$P_o = F_r \qquad [kN] \qquad \text{para } \frac{F_a}{F_r} \leq 0{,}8$$

$$P_o = 0{,}6 \cdot F_r + 0{,}5 \cdot F_a \qquad [kN] \qquad \text{para } \frac{F_a}{F_r} \leq 0{,}8$$

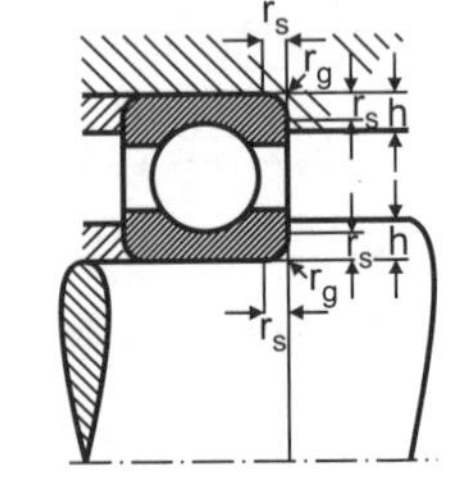

Figura 11.43 - Medidas de montagem conforme DIN 5418.

Medidas de Montagem

Os anéis do rolamento somente podem assentar no eixo, no furo da caixa e nas superfícies laterais. Não devem, portanto, encostar nos raios de arredondamento. Consequentemente, o maior raio r_g da peça contígua deve ser menor do que a menor dimensão de canto $r_{smín}$ do rolamento fixo de esferas.

A altura do encosto lateral deve ser tal que, mesmo com máxima medida r_s da dimensão de canto do rolamento, ainda haja uma superfície de encosto suficiente. Na Tabela 11.6 estão indicados os valores máximos de r_g e mínimos da altura de encosto h.

Tabela 11.6

R_s mín	R_g máx	h mín		
		Série do rolamento		
		618 160 161 60	62, 622 63, 623 42 43	64
mm				
0,15	0,15	0,4	0,7	
0,2	0,2	0,7	0,9	
0,3	0,3	1	1,2	
0,6	0,6	1,6	2,1	
1	1	2,3	2,8	
1,1	1	3	3,5	4,5
1,5	1,5	3,5	4,5	5,5
2	2	4,4	5,5	6,5
2,1	2,1	5,1	6	7
3	2,5	6,2	7	8
4	3	7,3	8,5	10
5	4	9	10	12

Carga Dinâmica Equivalente

Rolamentos fixos de esferas de uma e de duas carreiras:

$P = X \cdot F_r + Y \cdot F_a$ [kN]

Rolamentos com dupla carreira de esferas:

$P_o = 0{,}6 \cdot F_r + 0{,}5 \cdot F_a$ [kN] para $F_a / F_r \leq 0{,}3$

Fatores radiais e axiais dos rolamentos fixos de esferas:

Tabela 11.7

Folga do rolamento normal						**Folga do rolamento C3**					**Folga do rolamento C4**				
$\frac{F_a}{C_o}$	e	$\frac{F_a}{F_r} \leq e$		$\frac{F_a}{F_r} > e$		e	$\frac{F_a}{F_r} \leq e$		$\frac{F_a}{F_r} > e$		e	$\frac{F_a}{F_r} \leq e$		$\frac{F_a}{F_r} > e$	
		X	Y	X	Y		X	Y	X	Y		X	Y	X	Y
0,025	0,22	1	0	0,56	2	0,31	1	0	0,46	1,75	0,4	1	0	0,44	1,42
0,04	0,24	1	0	0,56	1,8	0,33	1	0	0,46	1,62	0,42	1	0	0,44	1,36
0,07	0,27	1	0	0,56	1,6	0,36	1	0	0,46	1,46	0,44	1	0	0,44	1,27
0,13	0,31	1	0	0,56	1,4	0,41	1	0	0,46	1,3	0,48	1	0	0,44	1,16
0,25	0,37	1	0	0,56	1,2	0,46	1	0	0,46	1,14	0,53	1	0	0,44	1,05
0,5	0,44	1	0	0,56	1	0,54	1	0	0,46	1	0,56	1	0	0,44	1

11.7.2 Rolamentos FAG de Contato Angular de Esferas e Rolamentos para Fusos

a) Carga Equivalente

Rolamentos para fusos, séries B719C, B70C e B72C, com ângulo de contato $\alpha = 15°$.

Rolamento individual:

$$P = F_r \quad [kN] \quad \text{para} \frac{F_a}{F_r} \leq e$$

$$P = 0{,}44 \cdot F_r + Y \cdot F_a \quad [kN] \quad \text{para} \frac{F_a}{F_r} > e$$

O fator axial Y e o valor e dependem, devido ao pequeno ângulo de contato $\alpha = 15°$, da relação $\frac{f_c \cdot F_a}{i \cdot C_o}$.

Tabela 11.8

$\frac{f_c \cdot F_a}{i \cdot C_o}$	e	Y
0,3	**0,4**	**1,4**
0,5	**0,43**	**1,31**
0,9	**0,45**	**1,23**
1,6	**0,48**	**1,16**
3	**0,52**	**1,08**
6	**0,56**	**1**

f_c - valor indicado no diagrama

C_o - capacidade de carga estática do rolamento individual [kN]

i - número de rolamentos

Par de rolamentos nas disposições em O ou X:

$$P = F_r + y \cdot F_a \quad [kN] \quad \text{para} \frac{F_a}{F_r} \leq e$$

$$P = 0{,}72 \cdot F_r + Y \cdot F_a \quad [kN] \quad \text{para} \frac{F_a}{F_r} > e$$

O fator axial Y e o valor e dependem, devido ao pequeno ângulo de contato $\alpha = 15°$, da relação $\frac{f_c \cdot F_a}{C_o}$.

Tabela 11.9

$\frac{f_c \cdot F_a}{C_o}$	e	Fa/Fr ≤ e Y	Fa/Fr > e Y
0,3	**0,4**	**1,56**	**2,26**
0,5	**0,43**	**1,47**	**2,15**
0,9	**0,45**	**1,38**	**2,02**
1,6	**0,48**	**1,31**	**1,9**
3	**0,52**	**1,21**	**1,78**
6	**0,56**	**1,12**	**1,66**

f_c - valor indicado no diagrama

C_o - capacidade de carga estática do rolamento individual [kN]

Fator f_c para rolamentos para fusos com o ângulo de contato $\alpha = 15°$.

Gráfico 11.6

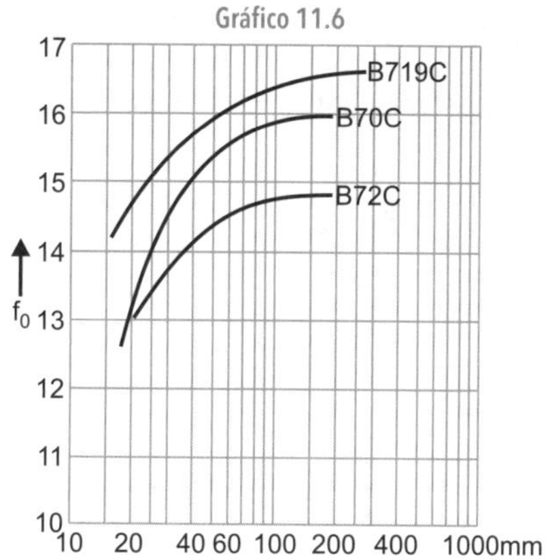

Rolamentos para fusos, séries B719E, B70E e B72E, com ângulo de contato $\alpha = 25°$.

Rolamento individual:

$$P = F_r \qquad [kN] \quad \text{para} \frac{F_a}{F_r} \leq 0,68$$

$$P = 0,41 \cdot F_r + 0,87 \cdot F_a \qquad [kN] \quad \text{para} \frac{F_a}{F_r} > 0,68$$

Par de rolamentos nas disposições em O ou X:

$$P = F_r + 0,92 \cdot F_a \qquad [kN] \quad \text{para} \frac{F_a}{F_r} \leq 0,68$$

$$P = 0,67 \cdot F_r + 1,41 \cdot F_a \qquad [kN] \quad \text{para} \frac{F_a}{F_r} > 0,68$$

Determinação da Força Axial em um Rolamento Individual

Devido às pistas inclinadas, uma carga radial, que atua em rolamentos de contato angular de esferas, gera forças axiais de reação, que devem ser consideradas na determinação de carga equivalente. A carga axial é calculada com as fórmulas da Tabela 11.10, apresentada mais adiante. O rolamento que recebe o esforço axial externo K_a, não considerando forças radiais, é denominado rolamento "A"; o outro, rolamento "B".

Capacidade de Carga Dinâmica C para Rolamentos de Contato Angular de Esferas e Rolamentos para Fusos Pareados

Se vários rolamentos de contato angular de esferas ou rolamentos para fusos, de mesmo tamanho e execução, forem montados justapostos, a capacidade de carga do grupo de rolamento é:

$C = i^{0,7} \cdot C_{\text{rolamento individual}}$ [kN]

C - capacidade de carga dinâmica do grupo de rolamentos [kN]

i - número de rolamentos

Para pares de rolamentos teremos:

$C = 1,625 \cdot C_{\text{rolamento individual}}$ [kN]

b) Carga Dinâmica Equivalente

Rolamentos de contato angular de esferas, séries 72B e 73B, com ângulo de contato $\alpha = 40°$.

Rolamento individual:

$P = F_r$ [kN] para $\frac{F_a}{F_r} \leq 1{,}14$

$P = 0{,}35 \cdot F_r + 0{,}57 \cdot F_a$ [kN] para $\frac{F_a}{F_r} > 1{,}14$

Par de rolamentos nas disposições em O ou X:

$P = F_r + 0{,}55 \cdot F_a$ [kN] para $\frac{F_a}{F_r} > 1{,}14$

$P = 0{,}57 \cdot F_r + 0{,}93 \cdot F_a$ [kN] para $\frac{F_a}{F_r} > 1{,}14$

11.7.3 Rolamentos FAG de Contato Angular de Esferas e Rolamentos FAG para Fusos

a) Carga Equivalente - Capacidade de Carga Estática

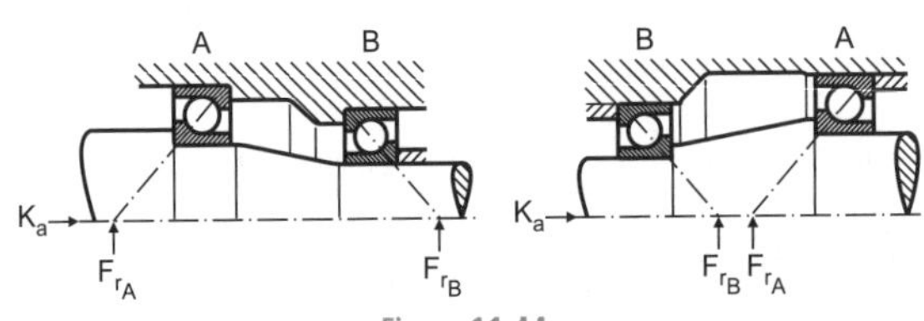

Figura 11.44

Tabela 11.10

Condições de carga	Força axial F_a a ser considerada no cálculo da carga dinâmica equivalente	
	Rolamento A	Rolamento B
$\frac{F_{rA}}{Y_A} \leq \frac{F_{rB}}{Y_B}$	$F_a = K_a + 0{,}5 \cdot \frac{F_{rB}}{Y_B}$	–
$\frac{F_{rA}}{Y_A} > \frac{F_{rB}}{Y_B}$ $K_a > 0{,}5 \cdot \left(\frac{F_{rA}}{Y_A} - \frac{F_{rB}}{Y_B}\right)$	$F_a = K_a + 0{,}5 \cdot \frac{F_{rB}}{Y_B}$	–
$\frac{F_{rA}}{Y_A} > \frac{F_{rB}}{Y_B}$ $K_a \leq 0{,}5 \cdot \left(\frac{F_{rA}}{Y_A} - \frac{F_{rB}}{Y_B}\right)$	–	$F_a = 0{,}5 \cdot \frac{F_{rA}}{Y_A} - K_a$

Os valores Y devem ser tomados das fórmulas da carga dinâmica equivalente (página 212). O valor Y é o fator do componente de esforço axial F_a. Nos casos para os quais não são indicadas fórmulas, a força axial F_a não é considerada.

No cálculo de rolamentos para fusos pré-carregados também deve ser considerada a força pré-carga. Veja as publicações FAG nº WL41 119/5 e WL 41 127.

Capacidade de Carga Estática C_0 para Dois Rolamentos de Contato Angular de Esferas e Rolamentos para Fusos Pareados

$C_o = 2 \cdot C_{o\ \text{rolamento individual}}$ [kN]

b) Carga Estática Equivalente

Rolamentos de contato angular de esferas, séries 72B e 73B, com ângulo de contato $\alpha = 40°$.

Rolamento individual:

$$P_o = F_r \quad [\text{kN}] \quad \text{para} \frac{F_a}{F_r} \leq 1{,}9$$

$$P_o = 0{,}5 \cdot F_r + 0{,}26 \cdot F_a \quad [\text{kN}] \quad \text{para} \frac{F_a}{F_r} > 1{,}9$$

Par de rolamentos nas disposições em O ou X:

$P_o = F_r + 0{,}52 \cdot F_a$ [kN]

Rolamentos para fusos, séries B719C, B70C e B72C, com ângulo de contato $\alpha = 15°$.

Rolamento individual:

$$P_o = F_r \quad [\text{kN}] \quad \text{para} \frac{F_a}{F_r} \leq 1{,}09$$

$$P_o = 0{,}5 \cdot F_r + 0{,}46 \cdot F_a \quad [\text{kN}] \quad \text{para} \frac{F_a}{F_r} > 1{,}09$$

Par de rolamentos nas disposições em O ou X:

$P_o = F_r + 0{,}92 \cdot F_a$ [kN]

Rolamentos para fusos, séries B719E, B70E e B72E, com ângulo de contato $\alpha = 25°$.

Rolamento individual:

$$P_o = F_r \quad [\text{kN}] \quad \text{para} \frac{F_a}{F_r} \leq 1{,}3$$

$$P_o = 0{,}5 \cdot F_r + 0{,}38 \cdot F_a \quad [\text{kN}] \quad \text{para} \frac{F_a}{F_r} > 1{,}3$$

Par de rolamentos nas disposições em O ou X:

$P_o = F_r + 0{,}76 \cdot F_a$ [kN]

11.7.4 Rolamentos FAG Autocompensadores de Esferas

a) Carga Equivalente - Medidas de Montagem

Tratamento Térmico

Os rolamentos FAG autocompensadores de esferas têm tratamento térmico que possibilita a sua aplicação em temperaturas de serviço de até 150°C. Nos rolamentos com gaiola de poliamida, deve ser respeitado o limite de aplicação desse material.

Pesos

Os pesos mencionados nas tabelas valem para rolamentos com furo cilíndrico. Os pesos indicados para rolamentos com bucha de fixação incluem o peso da bucha.

Carga Dinâmica Equivalente

$$P = F_r + Y \cdot F_a \qquad [kN] \quad \text{para } \frac{1}{2}\frac{F_a}{F_r} \leq e$$

$$P = 0{,}65 \cdot F_r + Y \cdot F_a \qquad [kN] \quad \frac{F_a}{F_r} > e$$

Os valores Y e e estão indicados nas Tabelas 11.8 e 11.9.

Carga Estática Equivalente

$$P_0 = F_r + Y_0 \cdot F_a \qquad [kN]$$

Os fatores axiais Y_0 estão indicados nas Tabelas 11.8 e 11.9.

Medidas de Montagem

Os anéis do rolamento somente podem assentar no eixo, no furo da caixa e nas superfícies laterais, mas não encostar nos raios de arredondamento. Consequentemente, o maior raio r_g da peça contígua deve ser menor do que a menor dimensão de canto $r_{smín}$ do rolamento autocompensador de esferas. A altura do encosto lateral deve ser tal que, mesmo com máxima medida r_s da dimensão de canto do rolamento, ainda haja uma superfície de encosto suficiente. Na Tabela 11.11 estão indicados os valores máximos de r_g e mínimos de altura do encosto h.

Na montagem de rolamentos autocompensadores de esferas com bucha de fixação, há que se considerar as medidas do anel de apoio. Em alguns rolamentos autocompensadores, as esferas sobressaem lateralmente. Os rolamentos dispostos na tabela apresentam saliências maiores:

Tabela 11.11

Rolamento	Saliência mm
1319M	1,6
1320M	2,4
1321M	2,5

Figura 11.45

11.7.5 Rolamentos FAG de Rolos Cilíndricos

a) Carga Equivalente

Carga Dinâmica Equivalente

Para rolamentos de rolos cilíndricos carregados puramente de forma radial vale a seguinte relação:

$P = F_r \qquad [kN]$

Se, além da força radial, agir uma força axial F_a, ela deve ser considerada da seguinte forma no cálculo de vida dos rolamentos, sendo $F_a \leq F_{az}$(F_{az} = força axial permitida):

Tabela 11.12

Série de medidas	Relação de carga	Carga dinâmica equivalente
19, 10, 2, 2E, 3, 3E, 4	$F_a / F_r \leq 0{,}11$	$P = F_r$
	$F_a / F_r > 0{,}11$	$P = 0{,}93 \cdot F_r + 0{,}69 \cdot F_a$
29V, 22, 22E, 23, 23E, 23VH	$F_a / F_r \leq 0{,}17$	$P = F_r$
	$F_a / F_r > 0{,}17$	$P = 0{,}93 \cdot F_r + 0{,}45 \cdot F_a$
30V	$F_a / F_r \leq 0{,}23$	$P = F_r$
	$F_a / F_r > 0{,}23$	$P = 0{,}93 \cdot F_r + 0{,}33 \cdot F_a$
50B, 50C	$F_a / F_r \leq 0{,}08$	$P = F_r$
	$F_a / F_r > 0{,}08$	$P = 0{,}96 \cdot F_r + 0{,}5 \cdot F_a$

11.7.6 Rolamentos FAG de Rolos Cônicos

a) Capacidade de Carga Dinâmica - Carga Equivalente

Carga Dinâmica Equivalente

Rolamento individual:

$$P = F_r \qquad [kN] \qquad \text{para } \frac{F_a}{F_r} \leq e$$

$$P = 0{,}4 \cdot F_r + Y \cdot F_a \qquad [kN] \qquad \text{para } \frac{F_a}{F_r} > e$$

Em rolamentos de rolos cônicos de uma carreira e em pares de rolamentos na disposição em Tandem, há que se considerar forças de reação. Os valores Y e e são indicados nas Tabelas 11.8 e 11.9.

As fórmulas para os rolamento de rolos cônicos de uma carreira também se aplicam para os rolamentos integrais, já que estes são considerados como rolamentos individuais.

Par de rolamentos nas disposições em O ou X:

$$P = F_r + 1{,}12 \cdot Y \cdot F_a \qquad [kN] \qquad \text{para } \frac{F_a}{F_r} \leq e$$

$$P = 0{,}67 \cdot F_r + 1{,}68 \cdot Y \cdot F_a \qquad [kN] \qquad \text{para } \frac{F_a}{F_r} > e$$

F_r e F_a são as forças atuantes sobre o par de rolamentos. Os valores Y e e são obtidos nas Tabelas 11.8 e 11.9 para rolamentos de uma carreira.

Rolamentos de rolos cônicos pareados conforme a Prescrição FAG N11CA:

$$P = F_r + Y \cdot F_a \qquad [kN] \qquad \text{para } \frac{F_a}{F_r} \leq e$$

$$P = 0{,}67 \cdot F_r + Y \cdot F_a \qquad [kN] \qquad \text{para } \frac{F_a}{F_r} > e$$

F_r e F_a são as forças atuantes sobre o par de rolamentos. Os valores Y e e valem para o par de rolamentos.

Capacidade de Carga Dinâmica C para um Par de Rolamentos de Rolos Cônicos

Ao montar dois rolamentos de rolos cônicos, do mesmo tamanho e execução na disposição em O ou em X justapostos, obtém-se a capacidade de carga do par de rolamentos de acordo com:

$C = 1{,}715 \cdot C_{\text{rolamento individual}}$ [kN]

Para os rolamentos de rolos cônicos pareados de acordo com a Prescrição FAG N11CA, são indicadas nas tabelas as capacidades de carga para o par de rolamentos.

Nos rolamentos de rolos cônicos integrais, cada rolamento é considerado por si. As tabelas contêm as capacidades de carga dos rolamentos individuais.

11.7.7 Rolamentos FAG de Rolos Esféricos

a) Execuções - Carga Equivalente - Medidas de Montagem

Carga Dinâmica Equivalente

$$P = F_r + 9{,}5 \cdot F_a \qquad [kN]$$

Carga Estática Equivalente

$$P_o = F_r + 5 \cdot F_a \qquad [kN]$$

- Medidas de montagem conforme DIN 5418

Tabela 11.13

R_s mín	R_g máx	h mín	
		Série do rolamento	
mm		202 203	204
1	1	2,8	
1,1	1	3,5	
1,5	1,5	4,5	5,5
2	2	5,5	6,5
2,1	2,1	6	7
3	2,5	7	8
4	3	8,5	10
5	4	10	

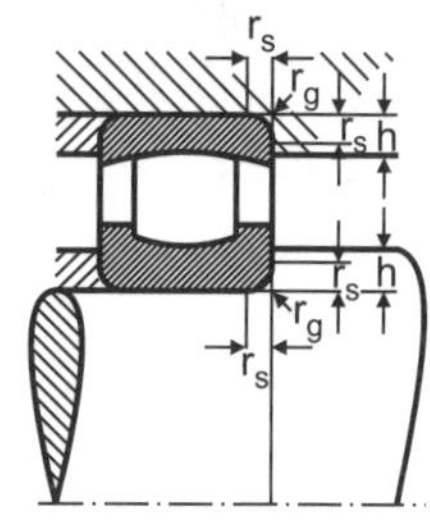

Figura 11.46

Na montagem de rolamentos de rolos esféricos com bucha de fixação, devem-se observar as medidas do anel de apoio.

11.7.8 Rolamentos FAG Axiais de Esferas

a) Carga Axial Mínima

Com elevado número de rotações, as forças de massa das esferas prejudicam o giro do rolamento, se a força axial F_a for menor que um valor mínimo. Essa carga axial $F_{amín}$ é calculada segundo a fórmula:

$$F_{amín} = M \cdot \left(\frac{n_{máx}}{1000} \right)^2 \qquad [kN]$$

A constante de carga mínima M é indicada nas tabelas. Como $n_{máx}$ deve-se tomar o número de rolamentos.

Carga Dinâmica Equivalente

Os rolamentos axiais de esferas transmitem somente forças axiais, para o que vale:

$$P = F_a \qquad [kN]$$

Carga Estática Equivalente

Os rolamentos axiais de esferas transmitem somente forças axiais, para o que vale:

$$P_o = F_a \qquad [kN]$$

11.7.9 Rolamentos FAG Axiais de Rolos Cilíndricos

a) Carga Axial Mínima - Carga Equivalente

Capacidade de Carga Dinâmica

$$P = F_a \qquad [kN]$$

Capacidade de Carga Estática

$P_o = F_a$ [kN]

Carga Axial Mínima

Para que não ocorram deslizamentos entre os rolos e os anéis, os rolamentos axiais de rolos cilíndricos devem estar sempre axialmente carregados. Se a carga externa for insuficiente, deve-se pré-carregar o rolamento, por exemplo, com molas. A carga axial mínima $F_{amín}$ é de $F_{amín} = 0{,}1 \cdot C_0/2200$ [kN]

Veja a capacidade de carga C_0 [kN] nas Tabelas 11.8 e 11.9.

11.7.10 Coroas FAG de Agulhas

a) Carga Equivalente

Carga Dinâmica Equivalente

As coroas de agulhas admitem somente cargas radiais, portanto, $P = F_r$ [kN]

Carga Estática Equivalente

As coroas de agulhas admitem somente cargas radiais, portanto, $P_o = F_r$ [kN]

11.7.11 Rolamentos FAG de Agulhas, Combinados

a) Carga Axial Mínima - Lubrificação - Carga Equivalente - Medidas de Montagem

Carga axial mínima para rolamentos de agulhas axiais de rolos cilíndricos: a carga axial mínima $F_{amín}$ dos rolamentos de agulhas axiais de rolos cilíndricos é calculada segundo a fórmula:

$F_{amín} = C_0/2200$ [kN]

C_o = a capacidade de carga estática [kN]

Carga Estática Equivalente

Rolamentos de agulhas contato angular de esferas, séries NJA59, DNJB59, NKJA59 e NKJB59.

Carreira de agulhas $P_o = F_r$ [kN]

Carreira de esferas $P_o = F_a$ [kN]

A carga axial não pode ser superior a $0{,}25F_r$.

Rolamentos de agulhas axiais de esferas, séries NAXK e NAXK.Z.

Carreira de agulhas

$P_o = F_r$ [kN]

Carreira de rolos cilíndricos

$P_o = F_a$ [kN]

Rolamentos de agulhas axiais de rolos cilíndricos, séries NAXK e NAXK.Z.

Carreira de agulhas

$P_o = F_r$ [kN]

Carreira de rolos cilíndricos

$P_o = F_a$ [kN]

Carga Dinâmica Equivalente

Rolamentos de agulhas contato angular de esferas, séries NJA59, DNJB59, NKJA59 e NKJB59.

Carreira de agulhas

$P = F_r$ [kN]

Carreira de esferas

$P = 1{,}5 \cdot F_a$ [kN]

A carga axial não pode ser superior a 0,25 · F_r

Rolamentos de agulhas axiais de esferas, séries NAXK e NAXK.Z.

Carreira de agulhas

$P = F_r$ [kN]

Carreira de esferas

$P = F_a$ [kN]

Rolamentos de agulhas axiais de rolos cilíndricos, séries NAXR e NAXR.Z.

Carreira de agulhas

$P = F_r$ [kN]

Carreira de rolos cilíndricos

$P = F_a$ [kN]

11.7.12 Coroas FAG Axiais de Agulhas

a) Execuções - Carga Axial Mínima - Carga Equivalente - Medidas de Montagem

Carga Axial Mínima

A carga axial mínima $F_{amín}$ das cargas axiais de agulhas é calculada mediante a fórmula:

$F_{amín} = C_o / 2200$ [kN]

C_o = a capacidade de carga estática [kN]

Carga Dinâmica Equivalente

$P = F_a$ [kN]

Carga Estática Equivalente

$P_o = F_a$ [kN]

Determinação do Tamanho dos Rolamentos

Tabela 11.14 - Valores orientativos para f_L e condições usuais de carga

Aplicação	Valor f_L a ser alcançado	Condições usuais de carga
Veículos automotores		**Acionamento**
Motocicletas	0,9 ... 1,6	Regime máximo de rotação do motor, considerando-se o momento de torção (torque) a ser transmitido. O valor médio de f_L é obtido dos valores individuais de f_{L1}, f_{L2}, f_{L3}... relativos às diferentes velocidades da caixa de câmbio e das quotas de tempo q_1, q_2, q_3 ... (%) em que cada uma delas é utilizada.
Carros de passageiro leves	1,4 ... 1,8	
Carros de passageiro pesados	1 ... 1,6	$f_L = \sqrt[3]{\dfrac{100}{\dfrac{q_1}{f_{L1}^3} + \dfrac{q_2}{f_{L2}^3} + \dfrac{q_3}{f_{L3}^3} + \ldots}}$
Caminhões leves	1,8 ... 2,4	
Caminhões pesados	2 ... 3	
Ônibus	1,8 ... 2,8	
		Rolamentos das rodas
		Carga de eixo admissível K_{estat} em velocidade média. Valor f_L médio (conforme anteriormente) resultante das três seguintes condições de rodagem: em linha reta, com boa pista com K_{estat} em linha reta, com pista irregular com $K_{estat} \cdot f_z$ em curva, com $K_{estat} \cdot f_z \cdot m$
		Tipo de veículo — Fator f_z
		Carros de passageiro, ônibus, motocicleta — 1,3
		Furgão, caminhão, cavalo mecânico — 1,5
		Caminhão, trator agrícola — 1,5 ... 1,7
		Veículos com pneu maciço de borracha — 1,7
		O fator m considera a aderência ao solo
		Tipos de roda — Fator m
		Rodas dirigíveis — 0,6
		Rodas não dirigíveis — 0,35
Motor de combustão interna	1,2 ... 2	Esforços máximos (pressão dos gases, força de inércia) no ponto morto superior com carga máxima, com o fator f_z.
		Regime de rotação máximo
		Fator$_z$
		Sistema — Gasolina — Diesel
		dois tempos — 0,35 — 0,5
		quatro tempos — 0,3 — 0,4

Aplicação	Valor f_L a ser alcançado	Condições usuais de carga
Veículos ferroviários		
Mancais de rolamentos para vagões de extração	2,5 ... 3,5	Carga estática sobre eixo com fator de correção f_Z (depende da velocidade máxima, tipo de veículo e superestrutura da via permanente).
Bondes	3,5 ... 4	
Vagões de passageiro	3 ... 3,5	
Vagões de carga	3 ... 3,5	Tipo de veículo — F_Z
Vagões de escombro	3 ... 3,5	vagões de escombo vagões de extração — 1,2 ... 1,4 vagões de mineração
Carros motor/carros tração	3,5 ... 4	vagões de carga vagões de passageiro carros motor/carros tração — 1,2 ... 1,5 bondes
Locomotivas/rolamento externo	3,5 ... 4	locomotivas — 1,3 ... 1,8
Locomotivas/rolamento interno	4,5 ... 5	
Caixa de engrenagem de veículos ferroviários	3 ... 4,5	Grupos de carga com seus correspondentes números médios de rotação. Valor fL médio (veja tabela acionamentos de veículos automotores).
Construção naval		
Rolamento de empuxo da hélice do navio	3 ... 4	Empuxo máximo da hélice, número de rotações nominal
Rolamento do eixo da hélice do navio	4 ... 6	Peso proporcional do eixo, número de rotações nominal
Grandes redutores marítimos	2,5 ... 3,5	Potência nominal, número de rotações nominal
Pequenos redutores marítimos	2 ... 3	Potência nominal, número de rotações nominal
Reversores para barcos	1,5 ... 2,5	Potência nominal, número de rotações nominal
		Rolamentos de leme de navio Solicitados estaticamente por peso do leme, esforço do leme e esforço do acionamento
Máquinas agrícolas		
Tratores agrícolas	1,5 ... 2	Igual a veículos automotores
Máquinas automotrizes	1,5 ... 2	Igual a veículos automotores
Máquinas de uso temporário	1 ... 1,5	Potência máxima, número de rotações nominal
Maquinaria de construção		
Tratores de esteira, carregadoras	2 ... 2,5	Igual a veículos automotores
Escavadeiras/mecanismo propulsor	1 ... 1,5	Valor médio do acionamento hidrostático,
Escavadeiras/mecanismo giratório	1,5 ... 2	Número médio de rotações
Rolos compressores vibratórios, Compactadores	1,5 ... 2,5	Força centrífuga · f_Z = 1,1 ... 1,3
Excitadores	1 ... 1,5	

Aplicação	Valor f_L a ser alcançado	Condições usuais de carga
Motores elétricos		
Motores elétricos para aparelhos eletrodomésticos	1,5 ... 2	Peso do motor · f_Z, número de rotações nominal
Motores de série	3,5 ... 4,5	Fator para motores estacionários f_Z = 1,5 ... 2 motores de tração f_Z = 1,5 ... 2,5 para acionamentos por pinhão: esforços generalizados
Motores de grande porte	4 ... 5	
Motores de tração	3 ... 3,5	
Laminadores e equipamentos siderúrgicos		
Laminadores	1 ... 3	Pressão média de laminação, velocidade de laminação (valor f_L conforme tipo de laminador e programa de laminação) potência nominal, número de rotações nominal
Acionamento de laminadores	3 ... 4	
Mesa de rolos	2,5 ... 3,5	Peso do material a laminar, choques, velocidade de laminação
Máquinas de fundição por centrifugação	3,5 ... 4,5	Peso, desbalanceamentos, número de rotações nominal
		Convertedor Solicitação estática por peso máximo
Máquinas-ferramenta		
Fusos de tornos, fusos de fresadoras	3 ... 4,5	Potência de corte, potência de acionamento, pré-carga
Fusos de furadeiras	3 ... 4	Peso da peça, número de rotações de serviço
Fusos de retificadoras	2,5 ... 3,5	
Fusos de porta-peças de retificadores	3,5 ... 5	
Caixas de engrenagens de máquinas-ferramenta	3 ... 4	Potência nominal, número de rotações nominal
Prensas/volante	3,5 ... 4	Peso do volante, número de rotações nominal
Prensas/eixo excêntrico	3 ... 3,5	Potência de prensagem, quotas de tempo, número de rotações nominal
Ferramentas elétricas e de ar comprimido	2 ... 3	Potência de corte e acionamento, número de rotações nominal
Máquinas de beneficiamento de madeira		
Fusos fresadores e eixos porta-facas	3 ... 4	Força de corte e de acionamento, número de rotações nominal
Rolamento principal de engenhos de serra	3,5 ... 4	Força de inércia, número de rotações nominal
Rolamento de biela de engenhos de serra	2,5 ... 3	Força de inércia, número de rotações nominal

Aplicação	Valor f_L a ser alcançado	Condições usuais de carga
Acionamento de máquinas em geral		
Redutores universais	2 ... 3	Potência nominal, número de rotações nominal
Motores de acionamento	2 ... 3	Potência nominal, número de rotações nominal
Engrenagens de grande porte, estacionárias	3 ... 4,5	Potência nominal, número de rotações nominal
Equipamentos de transporte e extração		
Acionamento de correias transportadoras	4,5 ... 5,5	Potência nominal, número de rotações nominal
Rolos de apoio de correias transportadoras, trabalho de superfície	4,5 ... 5	Peso da cinta e da carga, número de rotações de serviço
Rolos de apoio de correias transportadoras, em geral	2,5 ... 3,5	Peso da cinta e da carga, número de rotações de serviço
Tambores para correias transportadoras	4 ... 4,5	Força da cinta, peso da cinta e da carga, número de rotações de serviço
Escavadeiras de roda de pás, propulsão	2,5 ... 3,5	Potência nominal, número de rotações nominal
Escavadeiras de roda de pás, roda de pás	4,5 ... 6	Esforços de escavamento, peso, número de rotações de serviço
Escavadeira de roda de pás, acionamento da roda de pás	4,5 ... 5,5	Potência nominal, número de rotações nominal
Polia de cabos transportadores	4 ... 4,5	Esforços no cabo, número de rotações nominal (DIN 22410)
Bombas, sopradores, compressores		
Ventiladores, sopradores	3,5 ... 4,5	Empuxo axial ou radial, peso do rotor, desbalanceamento
Sopradores de grande porte	4 ... 5	Desbalanceamento = peso do rotor · f_z, número de rotações nominal
		Fator f_z = 0,5 para sopradores de ar fresco
		Fator f_z = 0,8 ... 1 para sopradores de gases quentes
Bomba de pistão	3,5 ... 4,5	Potência nominal, número de rotações nominal
Bomba centrífuga	3 ... 4,5	Empuxo axial, peso do rotor, número de rotações nominal

Aplicação	Valor f_L a ser alcançado	Condições usuais de carga
Bomba hidráulica axial de pistão e Bomba hidráulica radial de pistão	1 ... 2,5	Pressão nominal, número de rotações nominal
Bombas de engrenagens	1 ... 2,5	Pressão de serviço, número de rotações nominal
Compressores	2 ... 3,5	Pressão de serviço, força de inércia, número de rotações nominal
Centrífugas, misturadores		
Centrífuga	2,5 ... 3	Peso, desbalanceamento, número de rotações nominal
Misturadores de grande porte	3,5 ... 4	Peso, força de acionamento, número de rotações nominal
Britadores, moinhos, peneiras e. o.		
Britador de cone, rebritador de rolos	3 ... 3,5	Força de trituração, número de rotações nominal
Britadores de mandíbulas	3 ... 3,5	Potência de acionamento, raio de excentricidade, número de rotações nominal
Moinho misturador ou moinho de carga intermitente	3,5 ... 4,5	Peso do rotor · f_z, número de rotações nominal f_z = 2 ... 2,5
Moinhos de martelos	3,5 ... 4,5	Peso do rotor · f_z, número de rotações nominal f_z = 2,5 ... 3
Moinho de impacto ou impactador	3,5 ... 4,5	Peso do rotor · f_z, número de rotações nominal f_z = 3
Moinho de bolas (tubulares)	4 ... 5	Peso total · f_z, número de rotações nominal f_z = 1,5 ... 2,5
Moinhos vibratórios	2 ... 3	Força centrífuga · f_z, número de rotações nominal f_z = 1,2 ... 1,3
Moinhos verticais de rolos e pistas (Roller Mills)	4 ... 5	Esforço de pressão · f_z, número de rotações nominal f_z = 1,5 ... 2
Moinho de bola e pistas (Ball - Rice Mills)		
Peneiras vibratórias	2,5 ... 3	Força centrífuga · f_z, número de rotações nominal – f_z = 1,2
Prensas de briquetagem	3,5 ... 4	Esforço de pressão, número de rotações nominal
Roletes para fornos giratórios	3,5 ... 5	Carga dos roletes · f_z, número de rotações nominal Fator para cargas excêntricas f_z = 1,2 ... 1,3 Em casos de cargas elevadas, examinar também capacidade de carga estática

Aplicação	Valor f_L a ser alcançado	Condições usuais de carga
Máquinas de papel e impressoras		
Máquinas de papel/ parte úmida	5 ... 5,5	Tração de peneira, tração de feltro, pesos dos cilindros, força de compressão, número de rotações nominal
Máquinas de papel/ parte secadora	5,5 ... 6	
Máquinas de papel/ parte refinadora	5 ... 5,5	
Máquinas de papel/ calandras	4,5 ... 5	
Impressoras	4 ... 4,5	Peso dos cilindros, força de compressão, número de rotações nominal
Maquinaria têxtil		
Fiadeiras, fusos de teares, máquinas de malharia	3,5 ... 4,5 3 ... 4	Desbalanceamento, número de rotações nominal, força de acionamento, desbalanceamento, forças de massa, número de rotações nominal
Máquinas para processamento de plásticos		
Extrusoras	3 ... 3,5	Pressão máxima de injeção, número de rotações de serviço. Em máquina de injeção de plásticos deve-se verificar também a capacidade de carga estática
Calandras de borracha e material plástico	3,5 ... 4,5	Pressão média de laminação, número médio de rotações (temperatura)
Transmissões por correias e cabos		Força tangencial $\cdot f_z$ (devido à pré-carga e aos choques)
Transmissão por corrente		$f_z = 1,5$
Correias em v		$f_z = 2 ... 2,5$
Correias em fibra		$f_z = 2 ... 3$
Correias em couro		$f_z = 2,5 ... 3,5$
Cintas de aço		$f_z = 3 ... 4$
Correias dentadas		$f_z = 1,5 ... 2$

Determinação do Tamanho dos Rolamentos

Vida nominal L_h e fator de rotação f_n para rolamentos de esferas

Tabela 11.15 - Valores f_L para rolamentos de esferas

L_h h	f_L	L_h h	f_L	L_h h	f_L	L_h h	f_L	L_h h	f_L
100	0,585	420	0,944	1700	1,5	6500	2,35	28000	3,83
110	0,604	440	0,958	1800	1,53	7000	2,41	30000	3,91
120	0,621	460	0,973	1900	1,56	7500	2,47	32000	4
130	0,638	480	0,986	2000	1,59	8000	2,52	34000	4,08
140	0,654	500	1	2200	1,64	8500	2,57	36000	4,16
150	0,669	550	1,03	2400	1,69	9000	2,62	38000	4,24
160	0,684	600	1,06	2600	1,73	9500	2,67	40000	4,31
170	0,698	650	1,09	2800	1,78	10000	2,71	42000	4,38
180	0,711	700	1,12	3000	1,82	11000	2,8	44000	4,45
190	0,724	750	1,14	3200	1,86	12000	2,88	46000	4,51
200	0,737	800	1,17	3400	1,89	13000	2,96	48000	4,58
220	0,761	850	1,19	3600	1,93	14000	3,04	50000	4,64
240	0,783	900	1,22	3800	1,97	15000	3,11	55000	4,79
260	0,804	950	1,24	4000	2	16000	3,17	60000	4,93
280	0,824	1000	1,26	4200	2,03	17000	3,24	65000	5,07
300	0,843	1100	1,3	4400	2,06	18000	3,3	70000	5,19
320	0,862	1200	1,34	4600	2,1	19000	3,36	75000	5,31
340	0,879	1300	1,38	4800	2,13	20000	3.42	80000	5,43
360	0,896	1400	1,41	5000	2,15	22000	3,53	85000	5,54
380	0,913	1500	1,44	5500	2,22	24000	3,63	90000	5,65
400	0,928	1600	1,47	6000	2,29	26000	3,73	100000	5,85

Tabela 11.16 - Valores f_n para rolamentos de esferas

n $mín^{-1}$	f_n	n $mín^{-1}$	F_n	n $mín^{-1}$	F_n	n $mín^{-1}$	F_n	n $mín^{-1}$	F_n
10	1,49	55	0,846	340	0,461	1800	0,265	9500	0,152
11	1,45	60	0,822	360	0,452	1900	0,26	10000	0,149
12	1,41	65	0,8	380	0,444	2000	0,255	11000	0,145
13	1,37	70	0,781	400	0,437	2200	0,247	12000	0,141
14	1,34	75	0,763	420	0,43	2400	0,24	13000	0,137
15	1,3	80	0,747	440	0,423	2600	0,234	14000	0,134
16	1,28	85	0,732	460	0,417	2800	0,228	15000	0,131
17	1,25	90	0,718	480	0,411	3000	0,223	16000	0,128
18	1,23	95	0,705	500	0,405	3200	0,218	17000	0,125
19	1,21	100	0,693	550	0,393	3400	0,214	18000	0,123
20	1,19	110	0,672	600	0,382	3600	0,21	19000	0,121
22	1,15	120	0,652	650	0,372	3800	0,206	20000	0,119
24	1,12	130	0,635	700	0,362	4000	0,203	22000	0,115
26	1,09	140	0,62	750	0,354	4200	0,199	24000	0,112
28	1,06	150	0,606	800	0,347	4400	0,196	26000	0,109
30	1,04	160	0,593	850	0,34	4600	0,194	28000	0,106
32	1,01	170	0,581	900	0,333	4800	0,191	30000	0,104
34	0,993	180	0,57	950	0,327	5000	0,188	32000	0,101
36	0,975	190	0,56	1000	0,322	5500	0,182	34000	0,0993
38	0,957	200	0,55	1100	0,312	6000	0,177	36000	0,0975
40	0,941	220	0,533	1200	0,303	6500	0,172	38000	0,0957
42	0,926	240	0,518	1300	0,295	7000	0,168	40000	0,0941
44	0,912	260	0,504	1400	0,288	7500	0,164	42000	0,0926
46	0,898	280	0,492	1500	0,281	8000	0,161	44000	0,0912
48	0,886	300	0,481	1600	0,275	8500	0,158	46000	0,0898
50	0,874	320	0,471	1700	0,27	9000	0,155	50000	0,0874

Determinação do Tamanho dos Rolamentos

Vida nominal L_h e fator de rotação f_n para rolamentos de rolos e de agulhas

Tabela 11.17 - Valores f_L para rolamentos de rolos e de agulhas

L_h h	f_L	L_h h	f_L	L_h h	f_L	L_h h	f_L	L_h h	f_L
100	0,617	420	0,949	1700	1,44	6500	2,16	28000	3,35
110	0,635	440	0,962	1800	1,47	7000	2,21	30000	3,42
120	0,652	460	0,975	1900	1,49	7500	2,25	32000	3,48
130	0,668	480	0,988	2000	1,52	8000	2,3	34000	3,55
140	0,683	500	1	2200	1,56	8500	2,34	36000	3,61
150	0,697	550	1,03	2400	1,6	9000	2,38	38000	3,67
160	0,71	600	1,06	2600	1,64	9500	2,42	40000	3,72
170	0,724	650	1,08	2800	1,68	10000	2,46	42000	3,78
180	0,736	700	1,11	3000	1,71	11000	2,53	44000	3,83
190	0,748	750	1,13	3200	1,75	12000	2,59	46000	3,88
200	0,76	800	1,15	3400	1,78	13000	2,66	48000	3,93
220	0,782	850	1,17	3600	1,81	14000	2,72	50000	3,98
240	0,802	900	1,19	3800	1,84	15000	2,77	55000	4,1
260	0,822	950	1,21	4000	1,87	16000	2,83	60000	4,2
280	0,84	1000	1,23	4200	1,89	17000	2,88	65000	4,31
300	0,858	1100	1,27	4400	1,92	18000	2,93	70000	4,4
320	0,875	1200	1,3	4600	1,95	19000	2,98	80000	4,58
340	0,891	1300	1,33	4800	1,97	20000	3,02	90000	4,75
360	0,906	1400	1,36	5000	2	22000	3,11	100000	4,9
380	0,921	1500	1,39	5500	2,05	24000	3,19	150000	5,54
400	0,935	1600	1,42	6000	2,11	26000	3,27	200000	6,03

Tabela 11.18 - Valores f_n para rolamentos de rolos e de agulhas

n $mín^{-1}$	f_n	n $mín^{-1}$	f_n	n $mín^{-1}$	f_n	n $mín^{-1}$	f_n	n $mín^{-1}$	f_n
10	1,44	55	0,861	340	0,498	1800	0,302	9500	0,183
11	1,39	60	0,838	360	0,49	1900	0,297	10000	0,181
12	1,36	65	0,818	380	0,482	2000	0,293	11000	0,176
13	1,33	70	0,8	400	0,475	2200	0,285	12000	0,171
14	1,3	75	0,784	420	0,468	2400	0,277	13000	0,167
15	1,27	80	0,769	440	0,461	2600	0,271	14000	0,163
16	1,25	85	0,755	460	0,455	2800	0,265	15000	0,16
17	1,22	90	0,742	480	0,449	3000	0,259	16000	0,157
18	1,2	95	0,73	500	0,444	3200	0,254	17000	0,154
19	1,18	100	0,719	550	0,431	3400	0,25	18000	0,151
20	1,17	110	0,699	600	0,42	3600	0,245	19000	0,149
22	1,13	120	0,681	650	0,41	3800	0,242	20000	0,147
24	1,1	130	0,665	700	0,401	4000	0,238	22000	0,143
26	1,08	140	0,65	750	0,393	4200	0,234	24000	0,139
28	1,05	150	0,637	800	0,385	4400	0,231	26000	0,136
30	1,03	160	0,625	850	0,378	4600	0,228	28000	0,133
32	1,01	170	0,613	900	0,372	4800	0,225	30000	0,13
34	0,994	180	0,603	950	0,366	5000	0,222	32000	0,127
36	0,977	190	0,593	1000	0,36	5500	0,216	34000	0,125
38	0,961	200	0,584	1100	0,35	6000	0,211	36000	0,123
40	0,947	220	0,568	1200	0,341	6500	0,206	38000	0,121
42	0,933	240	0,553	1300	0,333	7000	0,201	40000	0,119
44	0,92	260	0,54	1400	0,326	7500	0,197	42000	0,117
46	0,908	280	0,528	1500	0,319	8000	0,193	44000	0,116
48	0,896	300	0,517	1600	0,313	8500	0,19	46000	0,114
50	0,885	320	0,507	1700	0,307	9000	0,186	50000	0,111

Observação!

Na prática, é de fundamental importância para o projetista que, ao dimensionar um rolamento, ele possua um catálogo de rolamentos, para que possa indicar corretamente o tipo ideal a ser utilizado no projeto.

Exercícios Resolvidos

1) O rolamento fixo de uma carreira de esferas, indicado no redutor da Figura 11.47, funcionará submetido à ação de uma carga radial 6kN atuando com uma rotação de 450rpm. O diâmetro do eixo é de 45mm. A temperatura de funcionamento encontra-se em torno de 80°C.

A viscosidade do óleo a 40°C é de 200cSt.

Dimensionar o rolamento. Determinar a sua vida útil, supondo uma probabilidade de falha de 5% e campo de atuação na faixa II.

Para diâmetro do eixo 45mm, encontram-se no catálogo os seguintes rolamentos: (FAG 41500/25A Sup. 41 ST 500 PB).

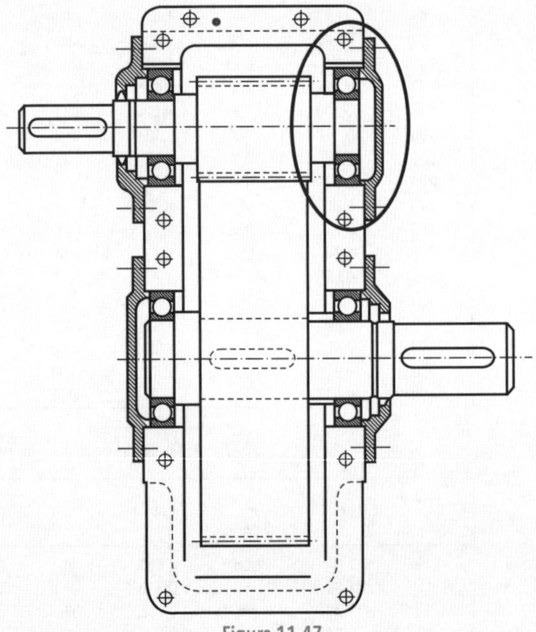

Figura 11.47

Tabela 11.19

Designação	Capacidade de carga		Diâmetro externo D (mm)
	C (kN)	C_0 (kN)	
61809	6,4	5,1	58
16009	15,6	10,6	75
6009	20,0	12,5	75
6209	32,5	17,6	85
6309	53,0	27,5	100
6409	76,5	39,0	120

a) Dimensionamento do rolamento

b) Fator de Esforços Dinâmicos f_ℓ

Para redutores universais encontra-se na Tabela 11.14: $2{,}0 \leq f_\ell \leq 3{,}0$

Fixa-se $f_\ell = 2{,}0$ para iniciar cálculos.

Fator de rotação f_n depende exclusivamente da rotação.

Para n = 450rpm encontra-se na Tabela 11.16: $f_n = 0{,}420$.

c) Capacidade de Carga Dinâmica (C)

c.1) Carga dinâmica equivalente

Como não existe carga axial, a carga dinâmica equivalente é a própria carga radial.

$P = F_r = 6kN$

c.2) Cálculo da capacidade de carga dinâmica

$$C = P \cdot \frac{f_l}{f_n} \Rightarrow C = 6 \cdot \frac{2{,}0}{0{,}420} \Rightarrow C = 28{,}5kN$$

O rolamento FAG 6209 possui C = 32,5kN e será o utilizado, pois ele possui carga dinâmica superior mais próxima do valor obtido nos cálculos do rolamento.

d) Fator de Esforços Dinâmicos do Rolamento f_ℓ

$$f_\ell = \frac{C}{P} \cdot f_n \Rightarrow f_\ell = \frac{32{,}5}{6} \cdot 0{,}420 \Rightarrow f_\ell = 2{,}27$$

portanto, f_ℓ encontra-se no intervalo indicado, donde se conclui que 6209 é o rolamento ideal.

11.8 Vida Útil do Rolamento

11.8.1 Fator a_1

Supondo uma probabilidade de falha de 5%, encontra-se, na Tabela 11.20, fator $a_1 = 0{,}62$.

Tabela 11.20

Probabilidade de falha (%)	10	5	4	3	2	1
Duração	L_{10}	L_5	L_4	L_3	L_2	L_1
Fator a_1	1	0,62	0,53	0,44	0,33	0,21

11.8.2 Fator a_{23}

No diagrama 1, determina-se a viscosidade relativa υ_1 em função do diâmetro médio do rolamento e da rotação.

Diâmetro médio do rolamento:

O diâmetro externo do rolamento 6209 é 85mm (Tabela 11.19).

Portanto:

$$d_m = \frac{D+d}{2} = \frac{85+45}{2} \Rightarrow d_m = 65mm$$

Obtido o diâmetro médio, marca-se no eixo das abscissas:

$d_m = 65mm$

As retas inclinadas representam as rotações. No ponto médio entre as retas que representam 400 e 500rpm, traça-se uma reta intermediária paralela às outras duas, que representa 450rpm. A partir do $d_m = 65mm$, traça-se uma vertical até o encontro com a reta de 450rpm.

Projetando o ponto obtido no eixo das ordenadas, encontra-se a viscosidade relativa υ_1.

Para o caso, $\upsilon_1 = 35cSt$.

Diagrama ①

Gráfico 11.7

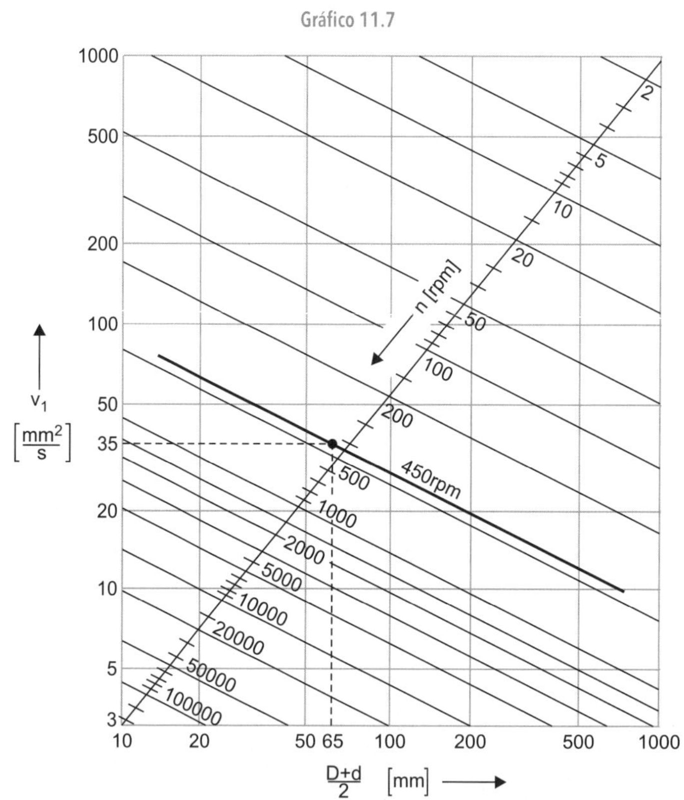

No diagrama ②, determina-se a viscosidade de trabalho da seguinte forma:

O eixo das ordenadas representa a temperatura de serviço (°C).

A temperatura de serviço foi estimada em ~80°C. Marca-se 80 no eixo.

As retas inclinadas representam a viscosidade do óleo a 40°C.

Como o óleo utilizado possui uma viscosidade de 200cSt a 40°C, torna-se necessário traçar uma reta entre 150 e 220cSt, que represente 200cSt, como mostra o diagrama 2.

Diagrama ②

Gráfico 11.8

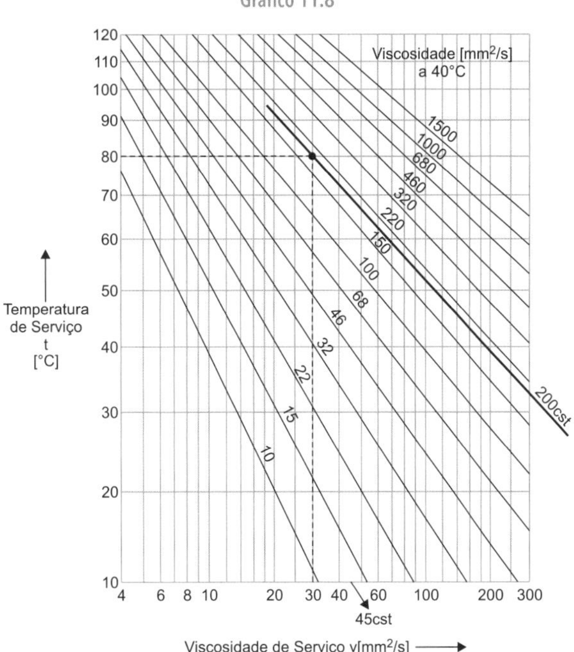

A partir de 80°C, traça-se uma reta paralela ao eixo das abscissas até concorrer com a reta que representa 200cSt.

Projeta-se o ponto de concorrência no eixo das abscissas e determina-se, desta forma, a viscosidade de serviço.

Para o caso do exercício:

$\upsilon = 30\text{cSt}$ (diagrama ②)

Gráfico 11.9

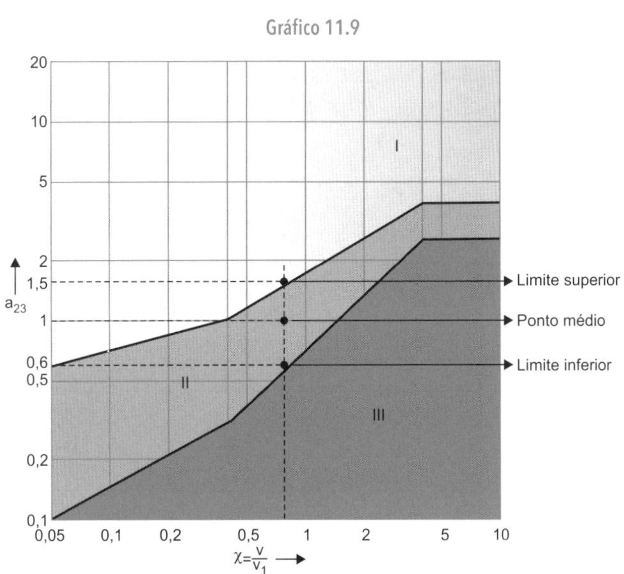

Determinadas a viscosidade relativa $\upsilon_1 = 35cSt$ no diagrama ① e a viscosidade de serviço $\upsilon = 30cSt$ no diagrama ②, partimos para o diagrama ③, visando determinar o fator a_{23}.

A relação entre as viscosidades é:

$$\frac{\upsilon}{\upsilon_1} = \frac{30}{35} \Rightarrow \frac{\upsilon}{\upsilon_1} \cong 0,85$$

O valor obtido é transportado para o eixo das abscissas no diagrama ③.

Traçando uma vertical, encontramos na faixa Ⓘ os limites superior e inferior do fator a_{23}.

Como $\upsilon/\upsilon_1 = 0\ 85 <, 1$ indica-se a utilização do limite inferior.

Projetando o limite inferior no eixo das ordenadas, encontramos $a_{23} = 0,6$.

Vida útil:

$L_{na} = a_1 \cdot a_{23} \cdot L_h$

Como $f_l = 2,27$, encontra-se na Tabela 11.15 de vida nominal, $L_h = 5.850h$ (interpolando os valores).

Portanto:

$L_{na_{min}} = 0,62 \cdot 0,6 \cdot 5.850$

$L_{na_{min}} \cong 2.200h$

O resultado corresponde a uma estimativa mínima de vida para o rolamento. Se optarmos por uma estimativa de vida média, utiliza-se $a_{23} = 1$ e tem-se que:

$L_{n_{méd}} = 0,62 \cdot 1 \cdot 5.850$

$L_{n_{méd}} = 3.600h$

O rolamento a ser utilizado é o FAG 6209, com estimativa de vida média de 3.600h e vida mínima de 2.200h.

Exercício Resolvido

1) O rolamento fixo de uma carreira de esferas funcionará em um redutor universal, submetido à ação de uma carga radial 8kN e uma axial de 2kN, atuando com uma rotação de 300rpm. O diâmetro do eixo é 60mm. A temperatura de serviço admite-se em torno de 80°C. A viscosidade do óleo a 40°C é de 220cSt.

   Dimensionar o rolamento.

   Considerar $f_s = 1,2$ (serviço normal)

Tabela 11.21

Designação	Capacidade de carga		Diâmetro externo D (mm)
	C (kN)	C_0(kN)	
61812	9,3	8,5	78
16012	20,0	15,3	95
60124	29,0	20,0	95
62124	52,0	31,0	110
63124	81,5	45,0	130
64124	110,0	60,0	150

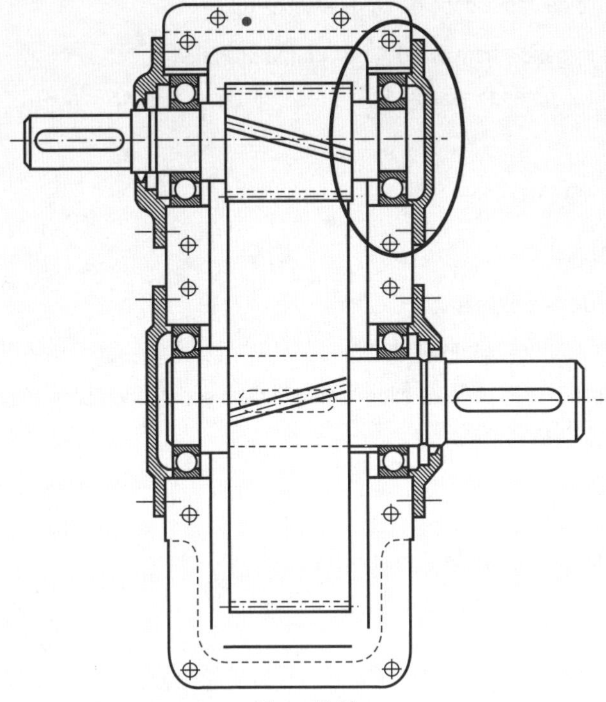

Figura 11.48

a) Dimensionamento do rolamento

a.1) Fator de esforços dinâmicos f

Para redutores universais encontra-se na Tabela 11.14: $2 \leq f_\ell \leq 3$

Fixa-se inicialmente $f_\ell = 2{,}0$ para iniciar os cálculos como no exercício anterior.

a.2) Fator de rotação f_n depende exclusivamente da rotação.

Para n = 300rpm encontra-se na Tabela 11.16: $f_n = 0{,}481$

a.3) Capacidade de carga estática (C_o)

Como o rolamento encontrar-se-á solicitado por cargas (radial e axial), torna-se indispensável determinar a capacidade de carga estática C_o, pois será necessária para determinar a relação F_a/C_o.

I) Carga estática equivalente (P)

Relação entre as cargas F_a/F_r:

$$\frac{F_a}{F_r} = \frac{2}{8} = 0{,}25$$

Portanto:

$$P = F_r, \text{ pois } \frac{F_a}{F_r} < 0{,}8 \quad P_o = F_r = 8kN$$

II) Cálculo da capacidade de carga estática (C_o)

Para exigência normal $1,0 \leq f_s \leq 1,5$ (página 203).

Fixa-se $f_s = 1,2$, obtendo assim:

$C_o = f_s \cdot P_o$

$C_o = 1,2 \cdot 8 = 9,6kN$

$\boxed{C_o = 9,6kN}$

a.4) Capacidade de carga dinâmica (C)

I) Carga dinâmica equivalente (P)

A relação F_a/C_o define a expressão que deve ser utilizada para determinar a carga dinâmica equivalente (P).

$$F_a/C_o = \frac{2}{9,6} \cong 0,21$$

Interpolando os valores, encontra-se que:

0,134 0,31
0,144 0,315
0,154 0,32
0,164 0,325
0,174 0,33
0,184 0,335
0,194 0,34
0,204 0,345
0,214 0,35
0,224 0,355
0,234 0,36
0,244 0,365
0,254 0,37

Para $F_a/C_o = 0,21$ $e = 0,35$

Como $F_a/C_o = 0,25$, portanto, $x = 1$ e $y = 0$

A carga dinâmica equivalente é a própria carga radial.

$P = F_r = 8kN$

Capacidade de carga dinâmica (C)

$$C = P \cdot \frac{f_\ell}{f_n} \Rightarrow C = 8 \cdot \frac{2,0}{0,481} \Rightarrow C = 33,26kN$$

O rolamento a ser utilizado é o FAG 6212 com carga dinâmica C = 52kN.

a.5) Fator de esforços dinâmicos do rolamento

$$f_\ell = \frac{C}{P} \cdot f_n \Rightarrow f_\ell = \frac{52}{8} \cdot 0{,}481 \Rightarrow f_\ell = 3{,}13$$

Como $f_\ell = 3{,}13$, e está próximo ao limite máximo indicado $2 \leq f_\ell \leq 3$ conclui-se que o rolamento está bem dimensionado.

a.6) Vida útil do rolamento

I) Fator a_1

Para uma probabilidade de falha de 5%, o fator $a_1 = 0{,}62$.

Tabela 11.22

Probabilidade de falha (%)	10	5	4	3	2	1
Duração	L_{10}	L_5	L_4	L_3	L_2	L_1
Fator a_1	1	0,62	0,53	0,44	0,33	0,21

Gráfico 11.10

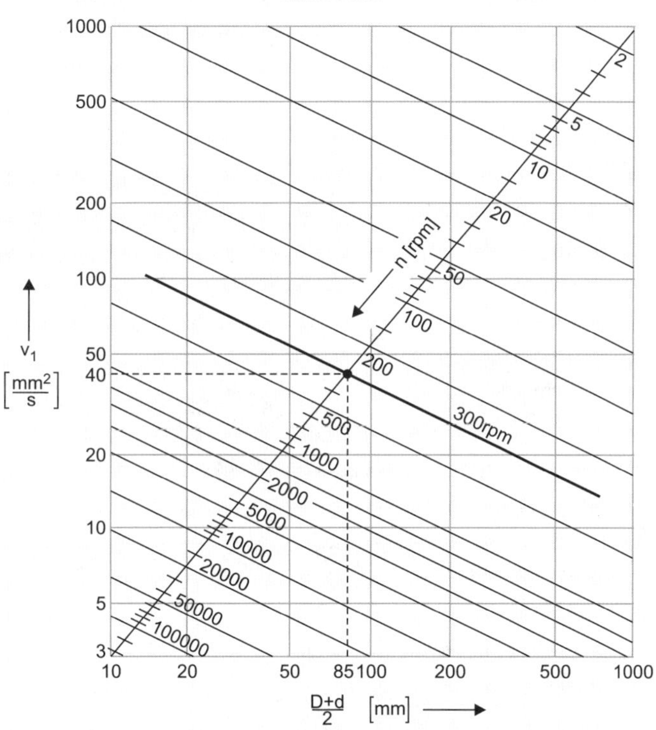

O diâmetro médio do rolamento FAG 6212 é:

$$d_m = \frac{D+d}{2} = \frac{110+60}{2} \Rightarrow d_m = 85mm$$

A rotação $n = 300rpm$

Analogamente ao exercício anterior, obtém-se no diagrama:

$\upsilon_1 = 38\text{cSt}$

No diagrama ②, tem-se que:

A temperatura de serviço a 80°C e viscosidade do óleo a 40°C - 220cSt resulta uma viscosidade de serviço: $\upsilon = 38\text{cSt}$

Gráfico 11.11

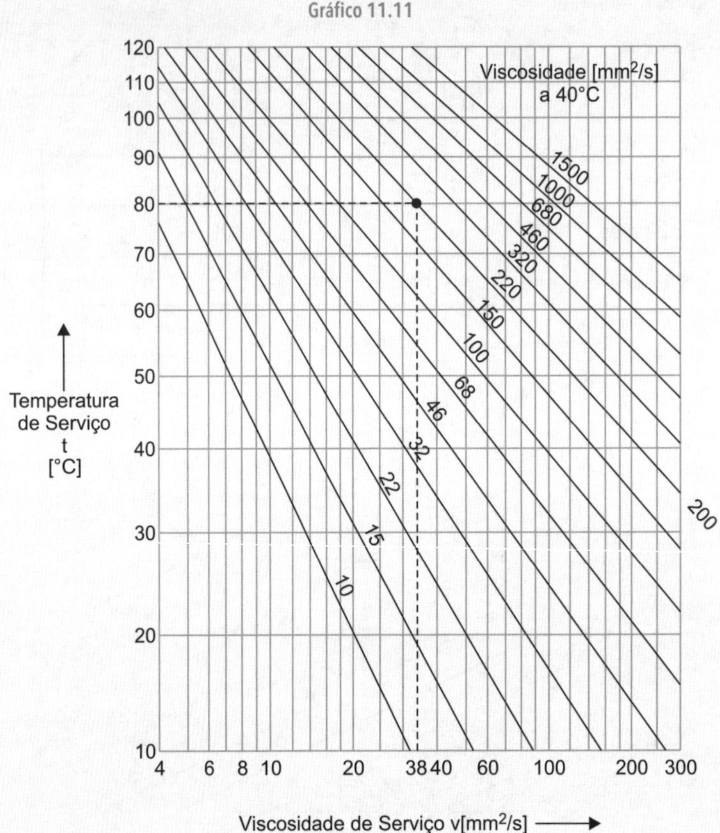

No diagrama ③, tem-se que:

A relação entre as viscosidades é: $\frac{\upsilon}{\upsilon_1} = \frac{38}{40} \Rightarrow 0{,}95 < 1$

Indica-se a utilização do limite inferior da faixa do fator a_{23}, que, no caso, é $a_{23} = 0{,}7$ (analogicamente ao exercício anterior).

Fator a_{23}

Gráfico 11.12

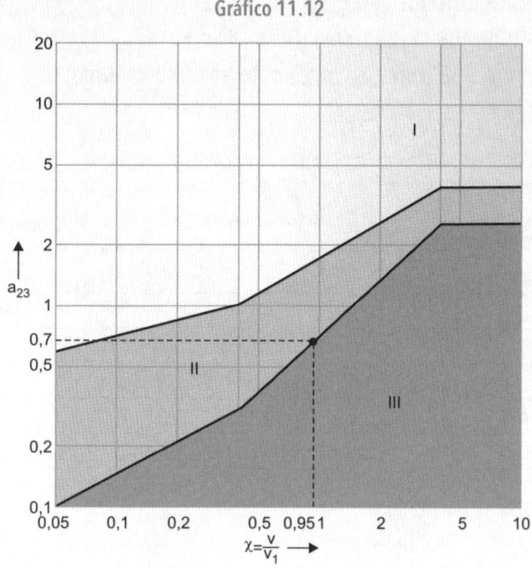

II) Duração em horas de trabalho

$L_{na} = a_1 \cdot a_{23} \cdot L_h$

Vida nominal (L_h)

Para $f_\ell = 3{,}11$ $L_h = 15.000h$

$f_\ell = 3{,}17$ $L_h = 16.000h$

Valores transcritos da Tabela 11.15.

Interpolando os valores, tem-se que:

f_ℓ	L_h (h)
3,11	15.000
3,12	15.167
3,13	15.334
3,14	15.500
3,15	15.667
3,16	15.834
3,17	16.000

Portanto, para $f_\ell = 3{,}13$, $L_h = 15.334h$ ou então, $L_h = 15.300h$ (arredondado por ser um cálculo estimativo).

$L_{na} = 0{,}62 \cdot 0{,}7 \cdot 15.300$

$L_{na} = 0{,}640h$

Como o cálculo é estimativo, arredonda-se o valor L_{na} para 7.000h.

a.7) Especificação e vida nominal do rolamento

O rolamento a ser utilizado é o FAG 6212, com previsão de vida útil em torno de 7.000h.

Exercícios Resolvidos

3) Na construção de um tambor para cabos, utiliza-se no "mancal livre" um rolamento radial de rolos cilíndricos que vai suportar uma carga radial $F_r = 30kN$.

A rotação do rolamento é n = 40rpm. O diâmetro do eixo é d = 40mm.

Dimensionar o rolamento.

Tabela 11.23

Designação	Capacidade de carga		Diâmetro externo D (mm)
	C (kN)	C_0 (kN)	
MU 214	80	91,5	125
UM 2214	116	146	125
MI 314	160	170	150
MU 2314	224	260	150
UM 414	224	232	180

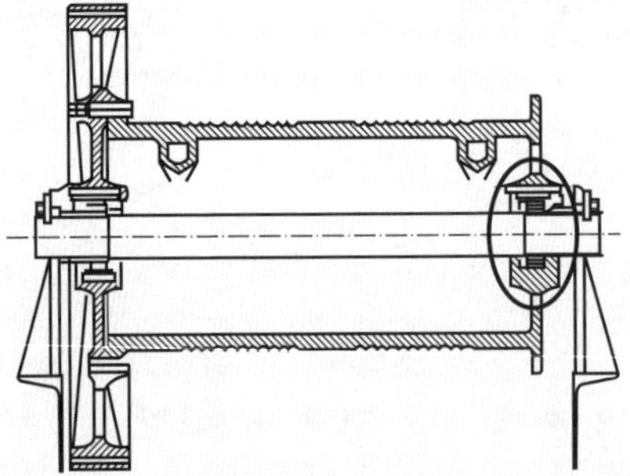

Figura 11.49

Resolução

a) Dimensionamento do rolamento

a.1) Fator de esforços dinâmicos f_ℓ

Para tambores de cabos indica-se na Tabela 11.14.

$4{,}0 \leq f_\ell \leq 4{,}5.$

Fixa-se $f_\ell = 4{,}25$

a.2) Fator de rotação (f_n)

A rotação n = 40rpm resulta em um fator de rotação $f_n = 0{,}947$ (rolamento de rolos).

a.3) Capacidade de carga dinâmica (c)

I) Carga dinâmica equivalente

$P = F = 30kN$

II) Capacidade de carga dinâmica necessária ao rolamento

$$C = P \cdot \frac{f_\ell}{f_n} \qquad C = \frac{30 \cdot 4{,}25}{0{,}947}$$

O rolamento a ser utilizado é o M 314 com C = 160kN.

4) Em um "moitão" para ponte rolante é utilizado rolamento axial de esferas, que deve suportar uma carga $F_a = 20tf$. O rolamento sofre oscilações; supor trabalho com exigências elevadas $f_s = 2,0$. O diâmetro do guincho no suporte é d = 85mm.

Dimensionar o rolamento.

Tabela 11.24

Designação	Capacidade de carga		Diâmetro externo D (mm)
	C (kN)	C_0 (kN)	
5117	45,5	114	110
51217	98,0	212	125
53217	98,0	212	125
51417 MP	320	655	180

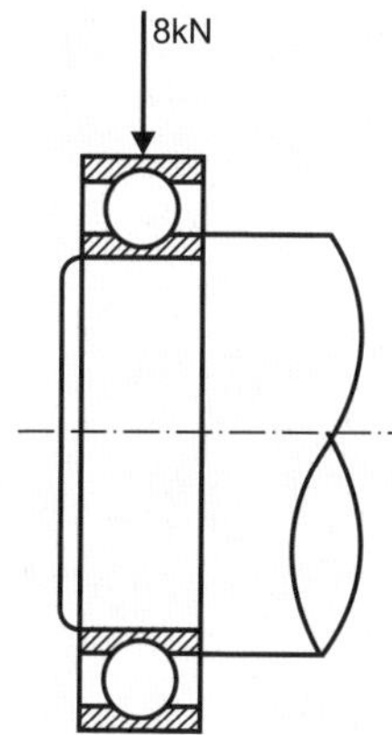

Figura 11.50

Resolução

a) Dimensionamento do rolamento

Como o rolamento trabalha apenas com algumas oscilações, é dimensionado somente em função da carga estática.

a.1) Carga estática equivalente

$P_0 = F_a = 20tf$

$P_0 = 20tf \leq 200kN$

a.2) Capacidade de carga estática

$C_0 = f_s \cdot P_0$

$C_0 = 2 \cdot 200 = 400kN$

O rolamento a ser utilizado é o 51.417 MP, cuja capacidade de carga estática é $C_0 = 655kN$.

Procure sempre trabalhar a favor da segurança.

Exercícios Propostos

1) O rolamento fixo de uma carreira de esferas funcionará em um redutor de velocidade, submetido à ação de uma carga radial F_r = 8kN, atuando com uma rotação de n = 600rpm. O diâmetro da árvore no assento do rolamento é d = 50mm, a temperatura de serviço encontra-se prevista em t_s = 80°C e a viscosidade do óleo a 40°C é υ_{oleo} = 180cSt.

Pede-se:

a) Dimensionar o rolamento.

b) Determinar sua vida útil média.

Supor probabilidade de falha do material em 5% e o campo de atuação na faixa Ⓘ.

Para d = 50mm, encontram-se no catálogo os seguintes rolamentos:

8kN

Figura 11.51

Tabela 11.25

Designação	Capacidade de carga		Diâmetro externo D (mm)
	C (kN)	C_o (kN)	
16010	16	11,6	80
6010	20,8	13,7	80
6210	36,5	20,8	90
6310	62,0	32,5	110
6410	76,5	39,0	120

Respostas

Rolamento: FAG 6310

Duração: $L_{na} \cong 10000h$

2) O rolamento fixo de uma carreira de esferas da figura atuará no mancal de um tear para malhas (máquina de malharia), submetido à ação de uma carga radial F_r = 4kN, atuando com a rotação n = 1000rpm. O diâmetro do eixo árvore é d = 45mm, a temperatura de serviço está prevista em t_s = 70°C e a viscosidade da graxa a 40°C é υ_{graxa} = 120cSt.

Pede-se:

a) Dimensionar o rolamento.

b) Determinar sua vida útil.

Supor probabilidade de falha do material em 5% e o campo de atuação na faixa Ⓘ.

No catálogo, encontram-se os rolamentos a seguir (d = 45mm):

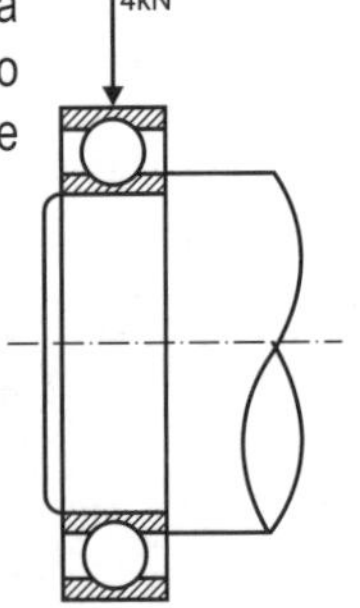

Figura 11.52

Tabela 11.26

Designação	Capacidade de carga		Diâmetro externo D (mm)
	C (kN)	C_o (kN)	
16009	15,6	10,6	75
6009	20,0	12,5	75
6209	32,5	17,6	85
6309	53,0	27,5	100
6409	76,5	39,0	120

Respostas

Rolamento: FAG 6309

Vida útil: $L_{na} \cong 24000h$

3) O rolamento fixo de esferas do mancal Ⓐ do motor elétrico representado na Figura 11.53, encontra-se submetido a ação de uma carga radial F_r = 2800N, atuando com rotação n = 1140rpm. O diâmetro da árvore no assento do rolamento é d = 30mm, a temperatura de serviço prevista é 70°C e a lubrificação é efetuada com graxa com viscosidade υ_{graxa} = 180cSt a 40°C, o rolamento é blindado.

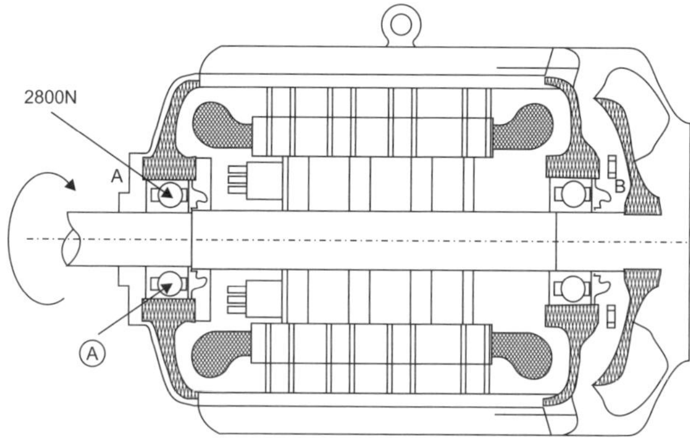

Figura 11.53

Pede-se:

a) Dimensionar o rolamento.

b) Determinar sua vida útil do mesmo.

Supor probabilidade de falha do material em 10% e o campo de atuação na faixa Ⓘ.

Considere motor de acionamento de máquinas para determinar o (f_ℓ).

Para d = 30mm, encontra-se no catálogo os seguintes rolamentos.

Tabela 11.27

Designação	Capacidade de carga		Diâmetro externo D (mm)
	C (kN)	C_0 (kN)	
16009	11,2	6,4	55
6006	12,7	6,95	55
6206	19,3	9,8	62
6306	29,0	14,0	72
6406	42,5	20,0	90

Respostas

Introdução ao dimensionamento

$f_\ell = 2,0$

P = 2,8kN

C = 18,22kN

Escolha do rolamento

Número do rolamento = 6206

$C_{rol} = 19,2kN$

$f_{\ell_{rol}} = 2,12$

Duração do rolamento

$a_1 = 1,0$

$a_{23} = 1,25$

$L_h = 4800h$

$L_{na} = 6000h$

O rolamento será substituído a cada 6000h.

12

Eixos e Eixos Árvore

12.1 Conceitos Gerais

Eixos são elementos de construção mecânica que se destinam a suportar outros elementos de construção (polias, engrenagens, rolamentos, rodas de atrito etc.), com a finalidade de transmitir movimento. São classificados em dois tipos:

- Eixos (trabalham fixos). Exemplo: o eixo dianteiro de um veículo com tração traseira.
- Eixos árvore (trabalham em movimento). Exemplo: eixos que compõem a caixa de mudanças de um veículo.

12.2 Fabricação

Os eixos árvore com d < 150mm são torneados ou trefilados a frio. Os materiais indicados são:

Tabela 12.1 - Aço-carbono (DIN 1611)

DIN	Composição (teores médios %)	ABNT
St 42,11	C 0,25 Si 0,2 Mn 0,6	1025
St 50,11	C 0,35 Si 0,2 Mn 0,7	1035
St 60,11	C 0,45 Si 0,2 Mn 0,8	1045
St 70,11	C 0,50 Mn 0,8	1060

Tabela 12.2 - Aço-liga

DIN	Composição (teores médios %)	ABNT
20 Mn Cr_4	C 0,2 Mo 0,5 Cr0,4	4120
25 Mo Cr_4	C 0,3 Mo 0,5	4130
50 Cr V_4	C 0,5 Si 0,3 Mn 0,9 Cr V0,2	6150

Tensões (DIN 1611)

Aços para construção de máquinas (eixos e eixos árvore)

Tabela 12.3 - Aço-carbono

Designação	Tensão de ruptura σ (N/mm^2)	Tensão de escoamento σ_e (N/mm^2)	Dureza Brinell HB (N/mm^2)
St 42,11	500	230	1200/ 1400
St 50,11	600	270	1400/ 1700
St 60,11	700	300	1700/ 1950
St 70,11	850	350	1950/ 2400

Tabela 12.4 - Aço-liga (DIN 17210)

Designação	Tensão de ruptura σ (N/mm^2)	Tensão de escoamento σ_e (N/mm^2)	Dureza Brinell HB (N/mm^2)
20 Mo Cr_4	100	600	207
25 Mo Cr_4	1200	700	217
50 Cr V_4	1200	700	220

Para St 5011 (ABNT 1035), recomenda-se a utilização das tensões admissíveis:

$$\sigma_{fad} = 40 \text{ a } 50\text{N/mm}^2 \text{ (flexão)}$$

$$\tau_{fad} = 30 \text{ a } 50\text{N/mm}^2 \text{ (torção)}$$

Para os demais aços, utilizar os seguintes coeficientes de segurança (k):

$$5 \le k \le 7 \text{ (flexão)}$$

$$6 \le k \le 9 \text{ (torção)}$$

Fatores que serão aplicados em relação à tensão de escoamento do material σ_e.

12.3 Esforços nas Transmissões

12.3.1 Engrenagens Cilíndricas

a) Engrenagens Cilíndricas de Dentes Retos

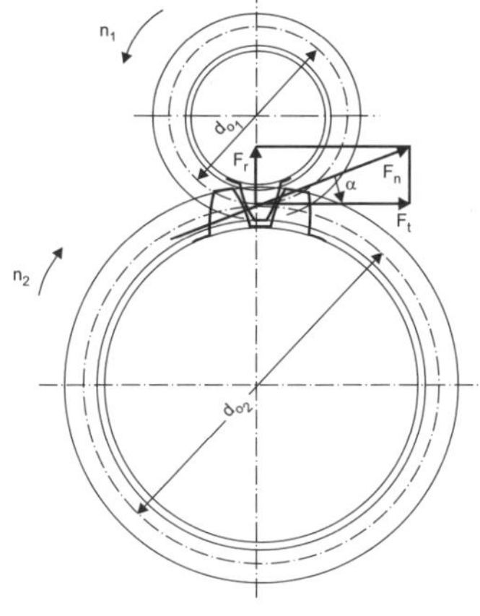

Figura 12.1

Força Tangencial (F_T)

A força tangencial que atua na transmissão é a carga responsável pelo movimento, sendo definida por meio de:

$$F_T = \frac{2M_T}{d_o} \qquad F_T = \frac{P}{v_p}$$

Em que:

F_T - força tangencial [N]

M_T - torque [Nmm]

d_o - diâmetro primitivo [mm]

P - potência [W]

v_p - velocidade periférica [m/s]

Torque

$$M_T = \frac{30000}{\pi} \cdot \frac{P}{n}$$

Em que:

M_T - torque [Nmm]

P - potência [W]

n - rotação [rpm]

π - constante 3,1415...

Velocidade Periférica

$$v_p = \frac{\pi \cdot d_o \cdot n}{60 \cdot 1000}$$

Em que:

P - potência [W]

n - rotação [rpm]

d_o - diâmetro primitivo [mm]

v_p - velocidade periférica (m/s)

π - constante 3,1415...

Carga Radial (F_r)

O acionamento da engrenagem motora dá origem a uma carga radial na engrenagem movida que reage na motora com uma carga de mesma intensidade e sentido contrário.

A relação entre a carga radial e a tangencial resulta na tangente do ângulo de pressão α.

$$\frac{F_r}{F_T} = tg\alpha \qquad \Rightarrow F_r = F_T \cdot tg\alpha$$

Em que:

F_r - carga radial [N]

F_T - força tangencial [N]

α - ângulo de pressão [graus]

Carga Resultante (F_n)

É a resultante das cargas radial e axial, que se obtém por meio de:

$$F_n = \sqrt{F_T^2 + F_r^2}$$

$$F_n = \frac{F_T}{\cos\alpha} \quad \text{ou} \quad F_n = \frac{F_r}{\text{sen}\alpha}$$

Em que:

F_n - carga resultante [N]

F_T - carga tangencial [N]

F_r - carga radial [N]

α - ângulo de pressão [graus]

Esquematização dos esforços nas engrenagens e mancais, como mostra a Figura 12.2:

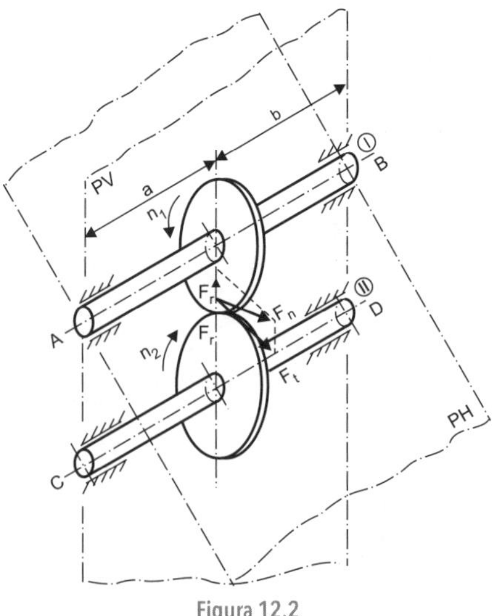

Figura 12.2

Eixo Árvore ①

Plano Vertical (PV)

Na Figura 12.3, tem-se que:

O momento fletor no plano vertical é determinado em função da carga radial que atua no mecanismo.

Como as fibras do eixo sofrem esforços alternados (tração e compressão), admite-se o giro de 180° e a utilização da representação ao lado:

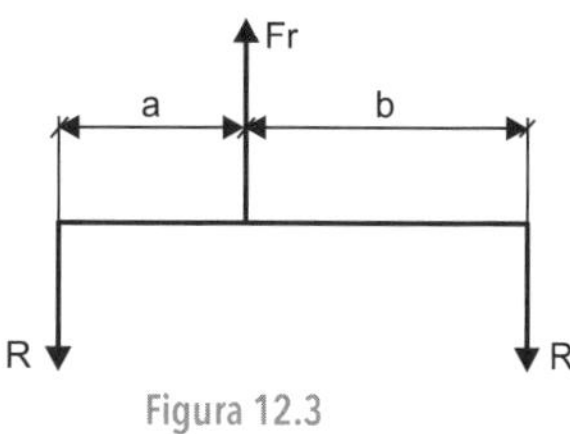

Figura 12.3

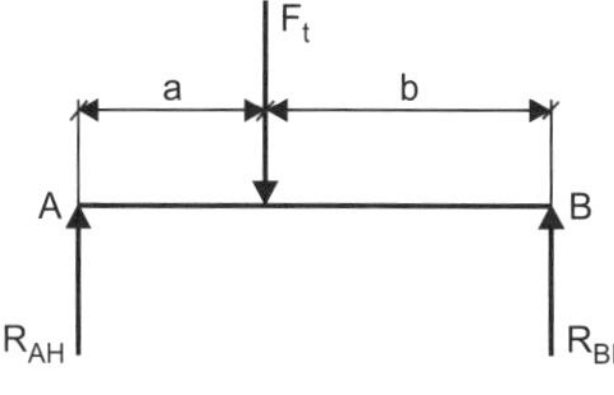

Figura 12.4

Quando se utilizam engrenagens helicoidais, cônicas ou parafuso sem fim, surge outro esforço na transmissão que é a carga axial, originada pela inclinação do ângulo da hélice.

Tem-se então:

Esforço axial

$$\frac{F_a}{F_T} = tg\beta_o$$

$$F_a = F_T \cdot tg\beta_o$$

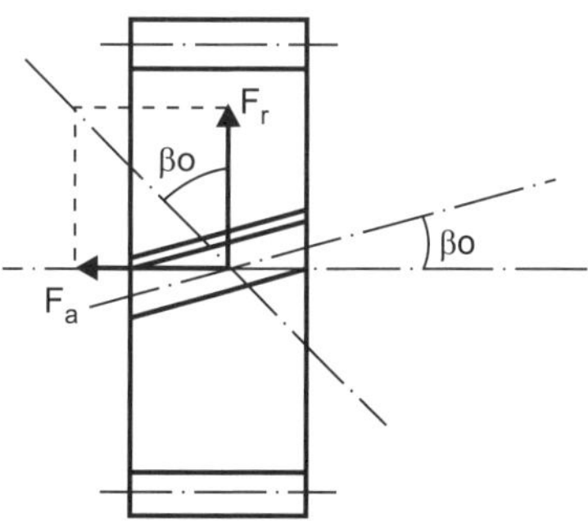

Figura 12.5

Esforços Tangecial e Radial

Força tangencial:

$$F_T = \frac{2M_T}{d_o}$$

Força radial:

$$F_r = F_T \cdot tg\alpha$$

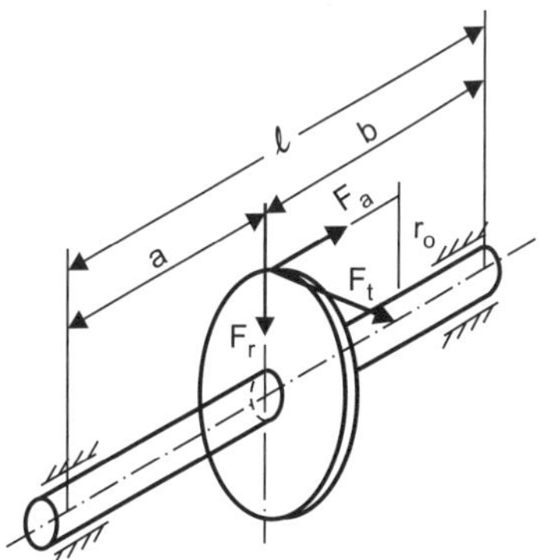

Figura 12.6

Em que:

F_a - carga axial [N]

F_T - carga tangencial [N]

F_r - carga radial [N]

α - ângulo de pressão

β_o - ângulo de inclinação da hélice

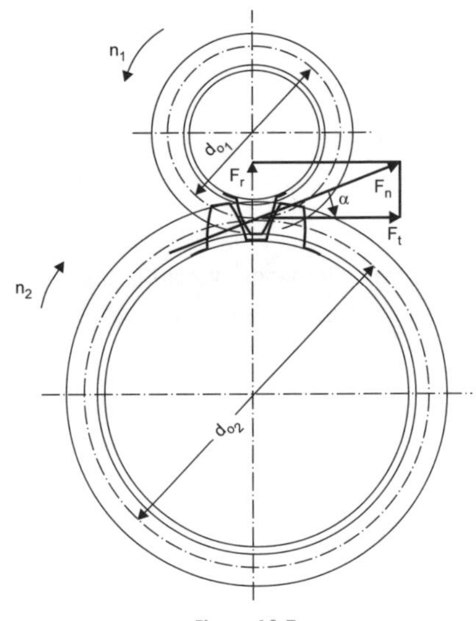

Figura 12.7

Momento Fletor no PV

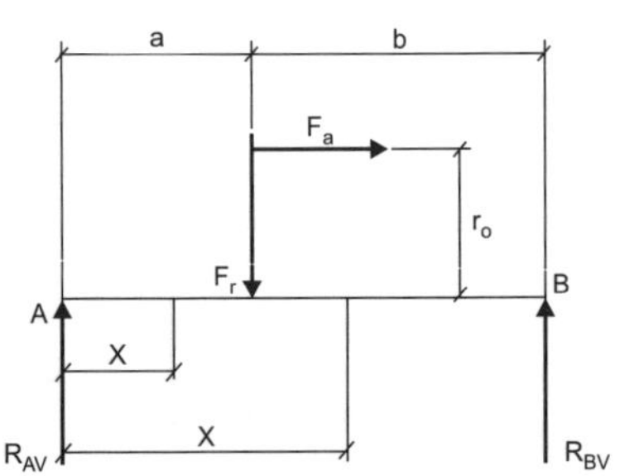

Figura 12.8

Esforços nos mancais:

$$\sum M_A = 0$$

$$R_{VB}(a+b) + F_1 \cdot a + F_a \cdot r_o = 0 \qquad R_{VB} = \frac{F_r \cdot a + F_a \cdot r_o}{(a+b)}$$

$$\sum M_B = 0$$

$$R_A \cdot (a+b) - F_r \cdot b + F_a \cdot r_o = 0 \qquad R_{AV} = \frac{F_r \cdot b - F_a \cdot r_o}{a+b}$$

Momento fletor:

$0 < x < a$

$M = R_{AV} \cdot x$

$x > 0 \rightarrow M = 0$

$x = a \rightarrow M = R_{AV} \cdot a$

$a < x < a + b$

$M = a \rightarrow M = R_{AV} \cdot a + F_a \cdot r_o - F_r (x - a)$

$x = a \rightarrow M = R_{AV} \cdot a + F_a \cdot r_o$

$x = a + b \rightarrow M = 0$

Momento Fletor no PH

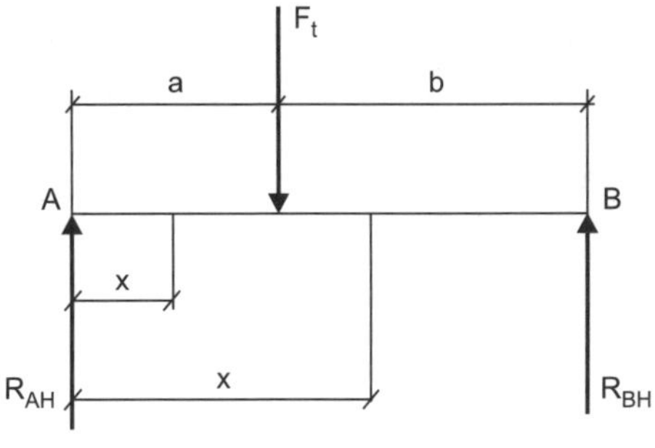

Figura 12.9

Esforços nos mancais: $\sum M_A = 0$

$$R_{BH} = (a+b) = F_T \cdot a \quad R_{BH} = \frac{F_T \cdot a}{(a+b)}$$

$$R_{AH} = (a+b) = F_T \cdot b \quad R_{AH} = \frac{F_T \cdot b}{(a+b)}$$

Momento fletor

$0 < x < a$

$M = R_{AH} \cdot x$

$x = 0 \longrightarrow M = 0$

$x = a \longrightarrow M = R_{AH} \cdot a$

$a < x < a + b$

$M = R_{AH} \cdot x - F_T (x - a)$

$x = a + b \longrightarrow M = 0$

Momento fletor resultante

$$M_R = \sqrt{M^2_{vmáx} + M^2_{Hmáx}}$$

Momento resultante é aquele utilizado para determinar o momento ideal, visando dimensionar o eixo.

Dimensionamento:

Para dimensionar uma árvore (flexo-torção), utiliza-se a sequência apresentada a seguir:

1) **Determinam-se as grandezas:**
   a) Torque no eixo
   b) Esforços na transmissão
   c) Momento fletor no PV
   d) Momento fletor no PH
   e) Momento fletor resultante (M_r)

$$M_r = \sqrt{M^2_{vmáx} + M^2_{Hmáx}}$$

f) Momento ideal (M_i)

$$M_i = \sqrt{M_r^2 + \left(\frac{a}{2} \cdot M_T\right)^2}$$

1.6.1) Coeficiente de Bach (a)

$$a = \frac{\sigma_{fad_m}}{\tau_{tad_m}}$$

g) Diâmetro da árvore

$$d \geq 2{,}17 \sqrt[3]{\frac{b \cdot M_i}{\sigma_{fad_m}}}$$

g.1) Fator de forma (b)

b = 1 → Eixo maciço

$$b = \frac{1}{1 - \left(\frac{d}{D}\right)^4} \rightarrow \text{Eixo vazado}$$

$$b = 1{,}065 \text{ quando } \frac{d}{D} = 0{,}5$$

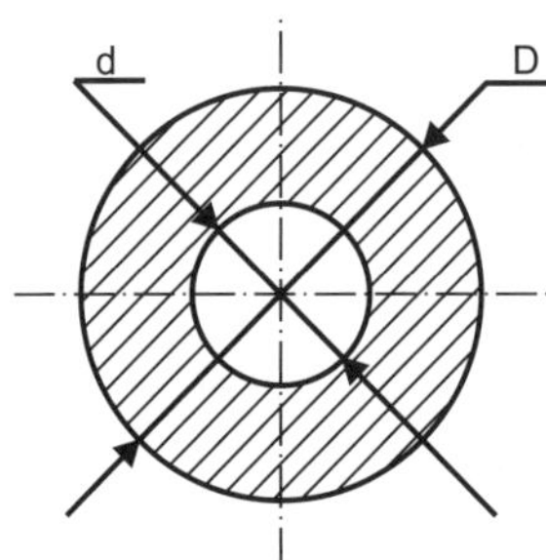

Figura 12.10

Em que:

- D - diâmetro externo da árvore vazada [mm]
- d - diâmetro interno da árvore vazada ou diâmetro externo da árvore maciça [mm]
- b - fator de forma [adimensional]
- M_i - momento ideal [Nmm]
- σ_{fad_m} - tensão admissível de flexão [N/mm²]
- τ_{tad_m} - tensão admissível na torção [N/mm²]
- M_T - torque na árvore [Nmm]
- M_r - momento fletor resultante [Nmm]
- $M_{V_{máx}}$ - momento fletor máximo no PV [Nmm]
- $M_{H_{(máx)}}$ - momento fletor máximo no PH [Nmm]
- a - coeficiente de Bach [adimensional]

Exercícios Resolvidos

1) A transmissão representada na Figura 12.11 é movida por um motor elétrico, assíncrono, de indução, trifásico, com potência P = 3 kW (~ 4cv) e rotação n = 1730rpm.

Dimensionar o diâmetro da árvore Ⓘ da transmissão, sabendo-se que o material a ser utilizado é o ABNT 1035 (ST 5011).

As engrenagens são ECDR e possuem as seguintes características geométricas:

pinhão ① → Z_1 = 25 dentes

coroa ② → Z_2 = 64 dentes

ângulo de pressão: α = 20°

módulo: m = 2mm

Para o ABNT 1035 (ST 5011) são indicadas as seguintes tensões admissíveis:

σ_{fad_m} = 50N/mm² (50MPa)

τ_{tad_m} = 40N/mm² (40MPa)

Desprezar as perdas.

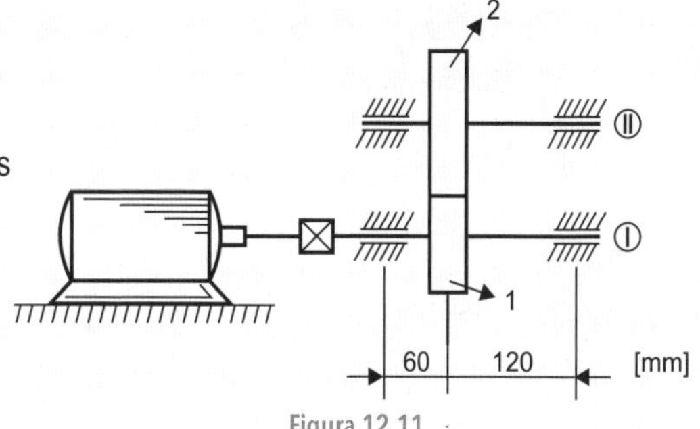

Figura 12.11

Resolução

a) Torque na árvore Ⓘ

Como a árvore Ⓘ está acoplada ao eixo do motor, conclui-se que o torque do motor é o torque da árvore Ⓘ, pois as perdas estão desprezadas.

A potência do motor é P = 3kW, portanto, P = 3000W.

$$M_{T_1} = M_{T_{motor}} = \frac{30000}{\pi} \cdot \frac{P}{n}$$

$$M_{T_1} = M_{T_{motor}} = \frac{30000}{\pi} \cdot \frac{3000}{1730}$$

$$\boxed{M_{T_1} = M_{T_{motor}} \cong 16.560\text{Nmm}}$$

b) Esforços na transmissão

b.1) Força tangencial

$$F_T = \frac{2M_{T_1}}{d_{o_1}}$$

b.1.1) Diâmetro primitivo do pinhão ①

$d_{o_1} = m \cdot Z1$

$d_{o_1} = 2 \cdot 25$

$$\boxed{d_{o_1} = 50\text{mm}}$$

b.1.2) Cálculo da força tangencial

$$F_T = \frac{2 \cdot 16560}{50}$$

$$\boxed{F_T \cong 662N}$$

b.2) Força radial (F_r)

$F_r = F_T \cdot tg\alpha$

$F_r = F_T \cdot tg20°$

$F_r = 662 \cdot tg20°$

$$\boxed{F_r = 240N}$$

b.3) Força resultante (F_n)

$$F_n = \sqrt{F_T^2 + F_r^2}$$

$$F_n = \sqrt{662^2 + 240^2}$$

$$\boxed{F_n \cong 704N}$$

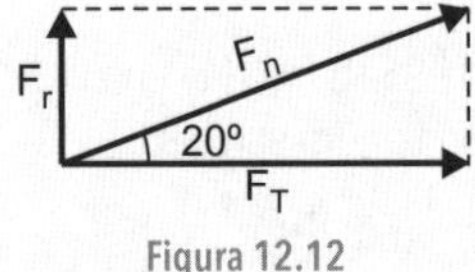

Figura 12.12

c) Momento fletor

c.1) Momento fletor resultante (M_r)

Como a transmissão está construída com um único par de engrenagens, podemos partir direto para determinar o momento resultante por meio da força resultante (F_n).

c.1.1) Reações de apoio

$$\sum MA = 0$$

$$180R_B = 704 \cdot 60$$

$$\boxed{R_B \cong 235N}$$

$$\sum Fy = 0$$

$$R_A + R_B = 704$$

$$\boxed{R_A \cong 469N}$$

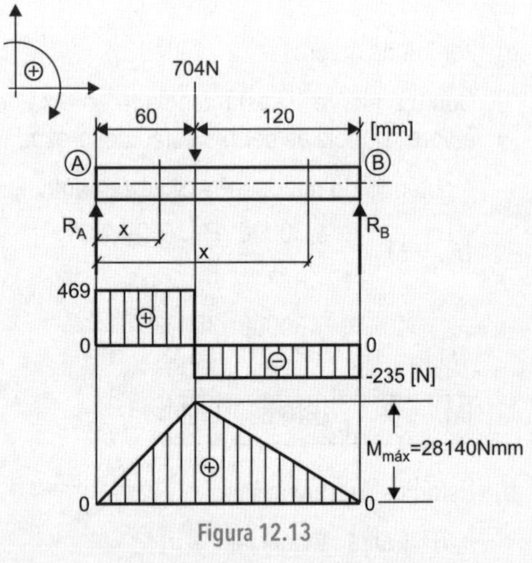

Figura 12.13

c.1.2) Cálculo do momento fletor resultante (M_r)

$0 < x < 60$

$Q = R_A = 469N$

$M = R_A \cdot x$

$x = 0 \rightarrow M = 0$

$$\boxed{x = 60 \rightarrow M_{r(máx)} 28140Nmm}$$

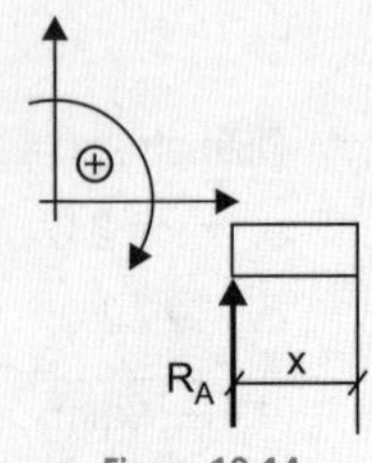

Figura 12.14

$60 < x < 180$

$Q = R_A - 704$

$Q = -235\ N$

$M = R_A \cdot x - 704\ (x - 60)$

$x = 180 \rightarrow M_r = 0$

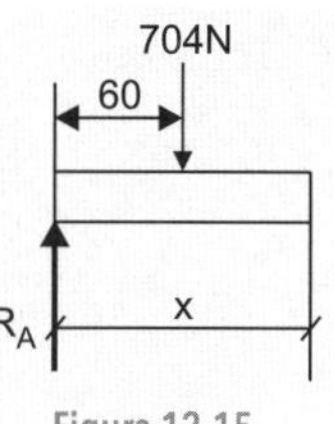

Figura 12.15

Observação!

No ponto $x = 180 \rightarrow M_r = 0$, pois o desvio observado no desenvolvimento da equação (no caso, 60Nmm) foi originado pelo arredondamento das reações.

d) Momento ideal (M_i)

$$M_i = \sqrt{M_{r(máx)}^2 + \left(\frac{a}{2} M_T\right)^2}$$

d.1) Coeficiente de Bach

$$a = \frac{\sigma_{fad_m}}{\tau_{tad_m}} = \frac{50}{40}$$

$$\boxed{a = 1{,}25}$$

$$M_i = \sqrt{28140^2 + \left(\frac{1{,}25}{2} \cdot 16560\right)^2}$$

$$\boxed{M_i = 29.983\text{Nmm}}$$

e) Diâmetro da árvore ①

$$d \geq 2{,}17 \sqrt[3]{\frac{b \cdot M_i}{\sigma_{fad_m}}}$$

b = 1 eixo maciço

$$d \geq 2{,}17 \sqrt[3]{\frac{1 \cdot 29983}{50}}$$

$$\boxed{d \geq 18{,}3\text{mm}}$$

A árvore possuirá d = 20mm.

2) A transmissão representada na Figura 12.16 é movida por um motor elétrico, assíncrono, de indução, trifásico, com potência P = 3,7kW (~5cv) e rotação n = 1140rpm.

Dimensionar o diâmetro da árvore Ⓘ, sabendo-se que a árvore é maciça e o material utilizado é o ABNT 1045 (ST 60.11).

As engrenagens são ECDR e possuem as seguintes características geométricas:

Z_1 - 23 dentes

Z_2 - 49 dentes

Z_3 - 28 dentes

Z_4 - 47 dentes

m - 2,5 mm (módulo)

α - 20° (ângulo de pressão)

As tensões admissíveis indicadas são:

$\sigma_{f_{adm}} = 60N/mm^2$ (60MPa)

$\tau_{t_{adm}} = 50N/mm^2$ (50MPa)

Desprezar as perdas.

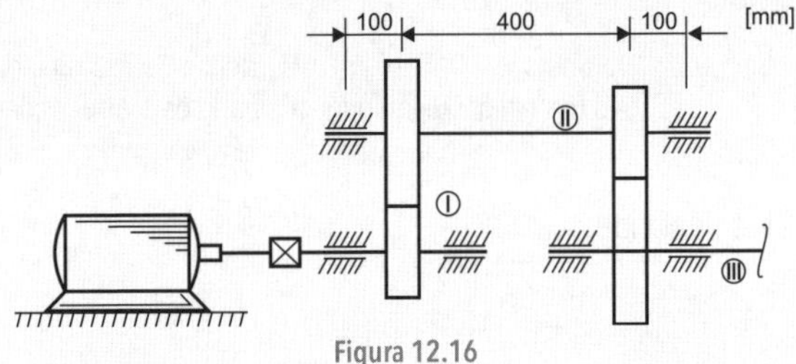

Figura 12.16

a) Torque na árvore Ⓘ

$$M_{T_2} = \frac{30000}{\pi} \cdot \frac{P}{n} \cdot \frac{Z_2}{Z_1}$$

A potência do motor.

P = 3,7kW = 3700W

portanto,

$$M_{T_2} = \frac{30000}{\pi} \cdot \frac{3700}{1140} \cdot \frac{49}{23}$$

$$\boxed{M_{T_2} = 66.030Nmm}$$

b) Esforços na transmissão

b.1) Força tangencial (F_T)

b.1.1) Força tangencial (primeiro par)

$$F_{T_1} = \frac{2M_{T_2}}{d_{o_2}}$$

Diâmetro primitivo (d_{o_2})

$d_{o_2} = m_n \cdot Z_2$

$d_{o_2} = 2,5 \cdot 49$

$$\boxed{d_{o_2} = 122,5mm}$$

$$F_{T_1} = \frac{2 \cdot 66030}{122,5}$$

$$\boxed{F_{T_1} = 1078N}$$

b.1.2) Força tangencial (segundo par)

$$F_{T_2} = \frac{2M_{T_2}}{d_{o_3}}$$

diâmetro primitivo (d_{0_3})

$d_{0_3} = m \cdot Z_3$

$d_{0_3} = 2{,}5 \cdot 28$

$\boxed{d_{0_3} = 70mm}$

portanto,

$$F_{T_2} = \frac{2 \cdot 66030}{70}$$

$\boxed{F_{T_2} = 1887N}$

b.2) Força radial (F_r)

b.2.1) Força radial (primeiro par)

$F_{r_1} = F_{T_1} \cdot tg20°$

$F_{r_1} = 1078 \cdot tg20°$

$\boxed{F_{r_1} = 392N}$

b.2.2) Força radial (segundo par)

$F_{r_2} = F_{T_2} \cdot tg20°$

$F_{r_2} = 1887 \cdot tg20°$

$\boxed{F_{r_2} = 687N}$

c) Momento fletor

c.1) Plano vertical (PV)

c.1.1) Reações de apoio

$\sum M_A = 0$

$600R_{BV} = 687 \cdot 500 + 392 \cdot 100$

$\boxed{R_{BV} \cong 638N}$

$\sum {}'F_y = 0$

$R_{AV} + R_{BV} = 392 + 687$

$\boxed{R_{AV} \cong 441N}$

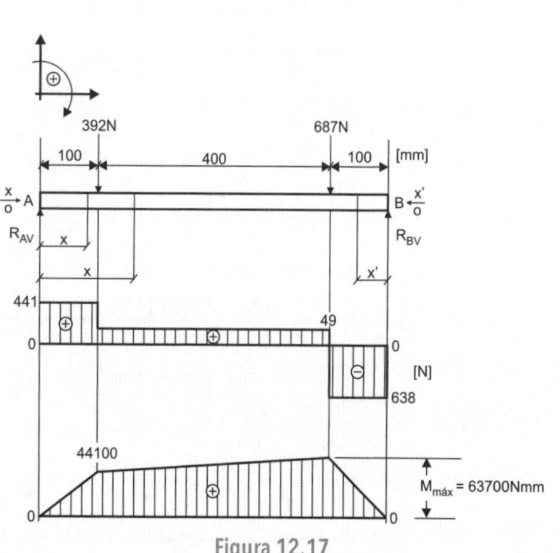

Figura 12.17

c.1.2) Momento fletor

$0 < x < 100$

$Q = R_{AV} = 441N$

$$M = R_{AV} \cdot x \begin{cases} x = 0 \rightarrow M = 0 \\ x = 100 \rightarrow M = 44.100Nmm \end{cases}$$

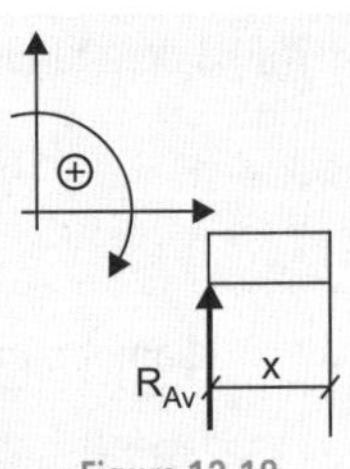

Figura 12.18

$100 < x < 500$

$Q = R_{AV} - 392 = 49N$

$M = R_{AV} \cdot x - 392(x-100)$

$$\boxed{x = 500 \rightarrow M_{V(máx)} = 63.700Nmm}$$

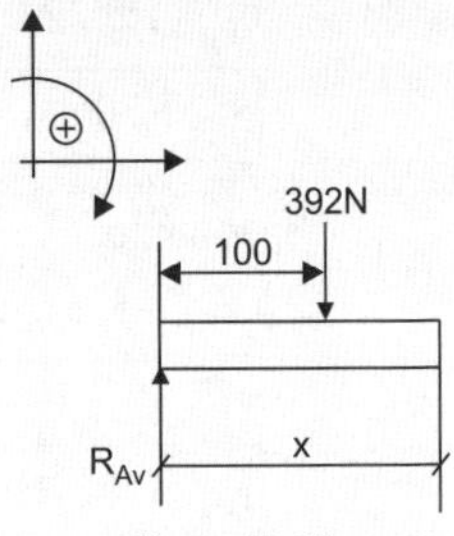

Figura 12.19

$0 < x' < 100$

$Q = - RBV = - 638N$

$M = R_{BV} \cdot x'$

$x' = 0 \rightarrow M = 0$

$x' = 100 \rightarrow \boxed{M = 63800Nmm}$

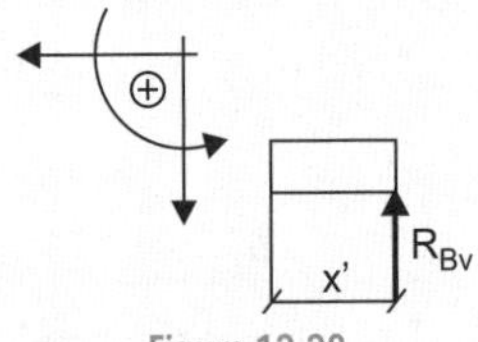

Figura 12.20

Observe que o ponto x = 500 e o mesmo ponto x' = 100, um desvio de 100Nmm entre os resultados foi originado pelo arredondamento das reações.

Para o caso utiliza-se por opção $M_{V(máx)} = 63700Nmm$

c.2) Plano horizontal (PH)

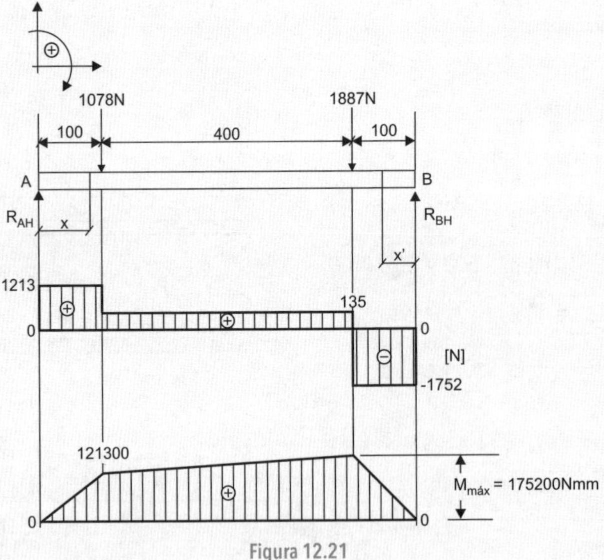

Figura 12.21

c.2.1) Reações de apoio

$$\sum M_A = 0$$

$$600R_{BH} = 1887 \cdot 500 + 1078 \cdot 100$$

$$\boxed{R_{BH} \cong 1752N}$$

$$\sum F_y = 0$$

$$R_{AH} + R_{AH} = 1078 + 1887$$

$$\boxed{R_{AH} = 1213N}$$

c.2.2) Momento fletor no (PH)

$$0 < x < 100$$

$$Q = R_{AH} = 1213N$$

$$M = R_{AH} \cdot x$$

$$x = 0 \rightarrow M = 0$$

$$x = 0 \rightarrow M = 121300Nmm$$

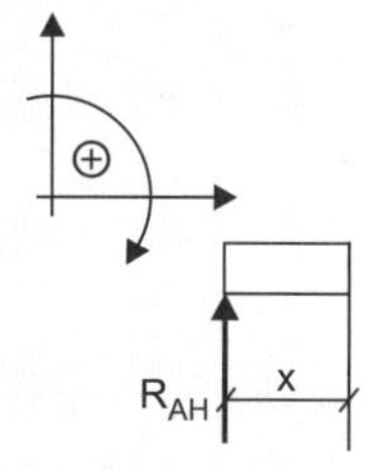

Figura 12.22

$$0 < x' < 100$$

$$Q = R_{BH} = -1752N$$

$$M = R_{BH} \cdot x'$$

$$x' = 0 \rightarrow M = 0$$

$$x' = 100 \rightarrow \boxed{M_{H(máx)} = 175200Nmm}$$

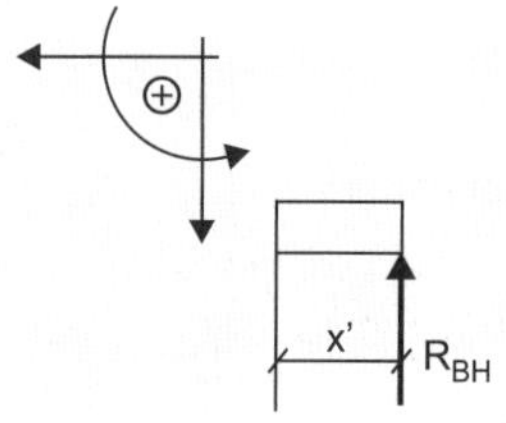

Figura 12.23

c.3) Momento fletor resultante (M_r)

$$M_{r(máx)} = \sqrt{M^2_{V(máx)} + M^2_{H(máx)}}$$

$$M_{r(máx)} = \sqrt{63700^2 + 175200^2}$$

$$\boxed{M_{r(máx)} = 186420Nmm}$$

d) Momento ideal (Mi)

$$Mi = \sqrt{M^2_{r(máx)} + \left(\frac{a}{2}M_T\right)^2}$$

coeficiente de Bach (a)

$$a = \frac{\sigma_{fadm}}{\tau_{tadm}} = \frac{60}{50}$$

$$\boxed{a = 1{,}2}$$

$$Mi = \sqrt{186420^2 + \left(\frac{1,2}{2} \cdot 66030\right)^2}$$

$$\boxed{Mi = 190583Nmm}$$

e) Diâmetro da árvore Ⓘ

$$d \geq 2,17\sqrt[3]{b \cdot \frac{Mi}{\sigma_{f\,adm}}}$$

$b = 1 \rightarrow$ eixo maciço

$$d \geq 2,17\sqrt[3]{1 \cdot \frac{190583}{60}}$$

$$\boxed{d \geq 31,89mm}$$

A árvore possuirá d = 32mm.

3) Dimensionar o eixo árvore de entrada Ⓘ da transmissão representada na figura; o acionamento será efetuado por meio de um motor elétrico de potência P = 7,5kW (~10cv) e rotação n = 1150rpm.

As engrenagens são cilíndricas de dentes helicoidais (ECDH) e possuem as seguintes características geométricas:

$Z_1 = 21$; $Z_2 = 49$

$m_n = 3mm$ (ferramenta)

$\alpha_0 = 20°$ (ângulo de pressão)

$\beta_0 = 20°$ (ângulo de hélice)

O material a ser utilizado é o ABNT 1035 (st 50 · 11) e as tensões admissíveis indicadas são:

$\alpha_{fadm} = 50N/mm^2$ (50MPa)

$\tau_{tadm} = 40N/mm^2$ (40MPa)

Desprezar as perdas.

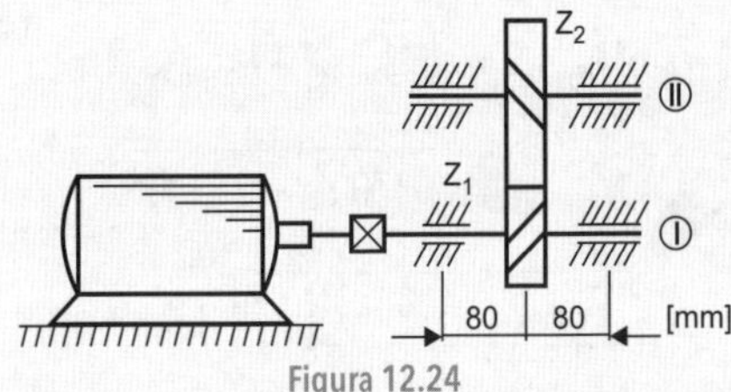

Figura 12.24

a) Torque na árvore Ⓘ

Como as perdas estão desprezadas e a árvore Ⓘ está acoplada ao motor, conclui-se que o torque do motor é o torque do eixo árvore Ⓘ.

$$M_{T_1} = \frac{30000}{\pi} \cdot \frac{P}{n}$$

$$M_{T_1} = \frac{30000}{\pi} \cdot \frac{7500}{1150}$$

$$\boxed{M_{T_1} = 62.278Nmm}$$

b) Esforços na transmissão

b.1) Diâmetro primitivo do pinhão ①

$$d_{o_1} = m_s \cdot Z_1 = \frac{m_n}{\cos\beta_o} \cdot Z_1$$

$$d_{o_1} = \frac{3}{\cos 20^\circ} \cdot 21$$

$$\boxed{d_{o_1} = 67mm}$$

b.2) Força tangencial (F_T)

$$F_T = \frac{2M_{T_1}}{d_{o_1}} = \frac{6.62278}{67}$$

$$\boxed{F_T = 1859Nmm}$$

b.3) Força radial (F_r)

$$F_r = F_T \cdot tg\alpha_{so} = 1859 \cdot tg20^\circ$$

$$\alpha_{so} = 20^\circ$$

$$\boxed{F_T \cong 677N}$$

b.4) Força resultante (F_n)

$$F_n = \sqrt{F_T^2 + F_r^2}$$

$$F_n = \sqrt{1859^2 + 677^2}$$

$$\boxed{F_n = 1978N}$$

b.5) Força axial (F_a)

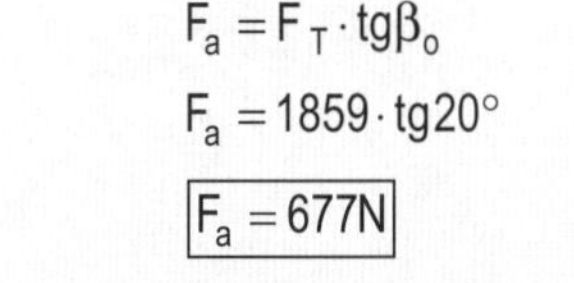

$$F_a = F_T \cdot tg\beta_o$$

$$F_a = 1859 \cdot tg20^\circ$$

$$\boxed{F_a = 677N}$$

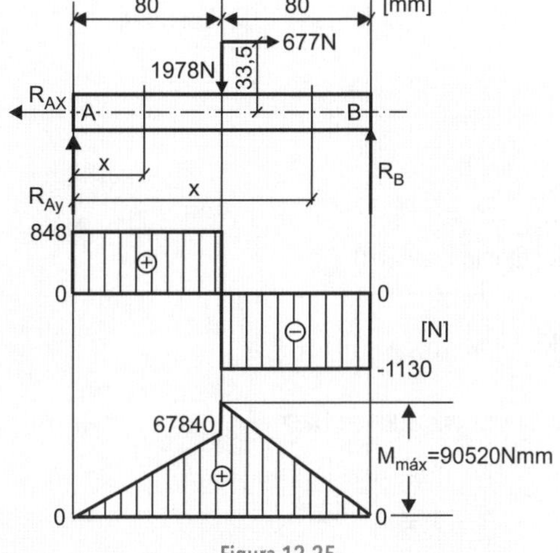

Figura 12.25

c) Momento fletor resultante

c.1) Reações de apoio

$$\sum F_x = 0$$

$$\boxed{R_{AX} = 677N}$$

R_{AX} não influi na determinação do momento fletor.

$$\sum M_A = 0$$

$$160R_B = 1978 \cdot 80 + 677 \cdot 33,5$$

$$\boxed{R_B = 1.130N}$$

$$\sum F_v = 0$$

$R_{Ay} + R_B = 1978$

$R_{Ay} = 1978 - 1130$

$$\boxed{R_{Ay} = 848N}$$

c.2) Momento fletor (M_r)

$0 < x < 80$

$Q = R_{Ay} = 848N$

$M_r = R_{Ay} \cdot x$

$x = 0 \rightarrow M = 0$

$x = 80 \rightarrow \boxed{M_r = 67840Nmm}$

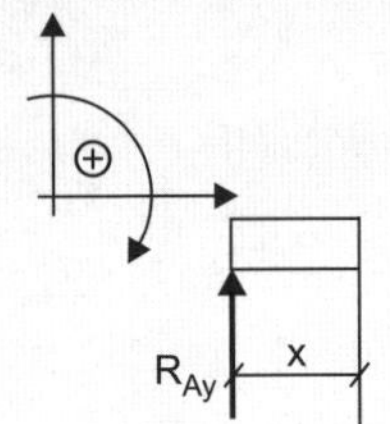

Figura 12.26

$80 < x < 160$

$M = R_{Ay} \cdot x - 1978\,(x - 80) + 677 \cdot 33{,}5$

$x = 80 \rightarrow \boxed{M_{r(máx)} = 90520Nmm}$

$x = 160 \rightarrow M_r = 0$

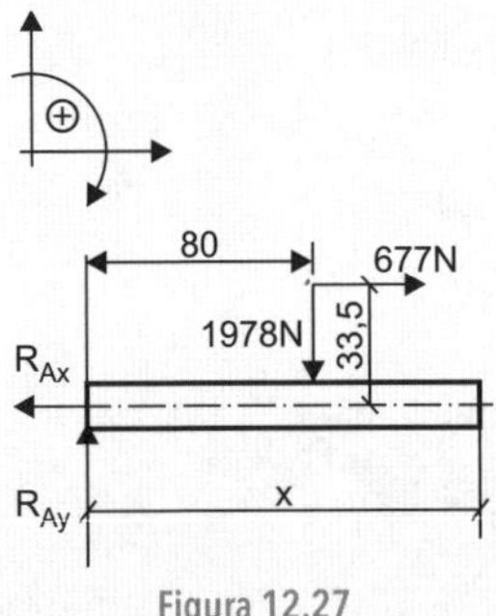

Figura 12.27

d) Momento ideal (Mi)

$$Mi = \sqrt{M_{r(máx)}^2 + \left(\frac{a}{2} \cdot M_T\right)^2}$$

d.1) Coeficiente de Bach

$$a = \frac{\sigma_{f\,adm}}{\tau_{t\,adm}} = \frac{50}{40}$$

$$\boxed{a = 1{,}25}$$

d.2) Momento ideal no eixo árvore

$$Mi = \sqrt{90520^2 + \left(\frac{1{,}25}{2} \cdot 62278\right)^2}$$

$$\boxed{Mi \cong 98534Nmm}$$

e) Diâmetro do eixo árvore

$$d \geq 2{,}17 \sqrt[3]{b \cdot \frac{Mi}{\sigma_{f\,adm}}}$$

$$d \geq 2{,}17\sqrt[3]{1 \cdot \frac{98534}{50}}$$

b = 1, pois a árvore é maciça

$d \geq 27{,}2mm$

O eixo árvore possuirá d = 28mm.

Exercícios Propostos

1) Dimensionar o eixo árvore Ⓘ da transmissão representada na Figura 12.28. O material a ser utilizado é o sf 5011 (ABNT 1035).

As engrenagens são cilíndricas de dentes retos (ECDR) e possuem as seguintes características geométricas:

$Z_1 = 21$; $Z_2 = 49$; $Z_3 = 25$; $Z_4 = 57$

$m = 3mm$

$\alpha = 20°$

As polias possuem:

$d_1 = 200mm$

$d_2 = 500mm$

O motor que aciona a transmissão possui potência $P = 15kW$ (~20cv) e rotação $n = 1140rpm$.

As tensões admissíveis indicadas são:

$\sigma_{fadm} = 50N/mm^2$ (50MPa)

$\tau_{tadm} = 40N/mm^2$ (40MPa)

Desprezar as perdas.

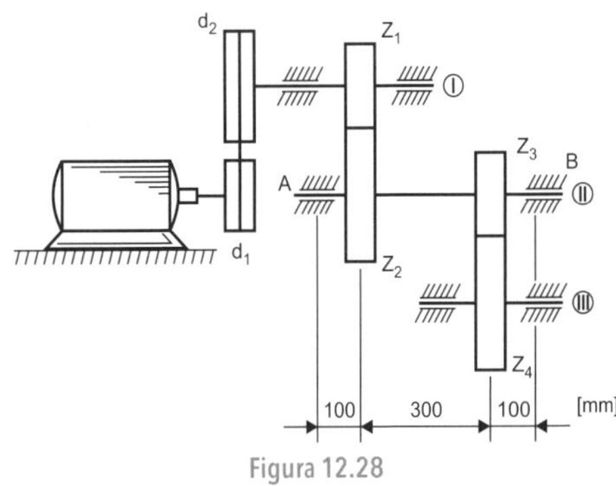

Figura 12.28

Respostas

$M_T \cong 732950Nmm$

$F_{T_2} \cong 19545N$

$F_{r_2} \cong 7114N$

$M_{Hmáx} \cong 1.364.200Nmm(PH)$

$M_i \cong 1.563.110Nmm$

$F_{T_1} \cong 9972N$

$F_{r_1} \cong 3630N$

$M_{Vmáx} \cong 496.500Nmm(PV)$

$M_{rmáx} \cong 1.451.742Nmm(PR)$

$d \cong 68mm$

Observação!

As respostas estão arredondadas e pode ocorrer algum desvio nos resultados.

2) Dimensionar o eixo árvore (II) da transmissão representada na Figura 12.29. O material a ser utilizado é o ST 5011 (ABNT 1035).

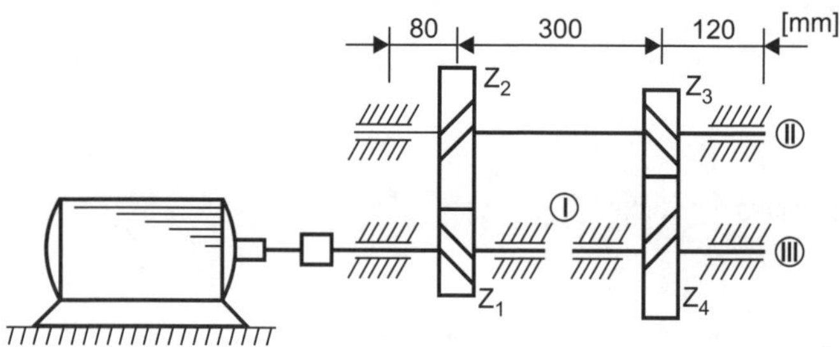

Figura 12.29

As engrenagens são cilíndricas de dentes helicoidais (ECDH) e possuem as seguintes características geométricas:

$Z_1 = 25; Z_2 = 51; Z_3 = 27; Z_4 = 63$

$m_n = 4$ mm

$\alpha = 20°$ (ângulo de pressão)

$\beta = 20°$ (ângulo de hélice)

O motor elétrico que aciona a transmissão possui potência P = 18,5kW (~25cv) e rotação n = 1740rpm.

As tensões admissíveis indicadas são:

$\sigma_{f\,adm} = 50N/mm^2$ (50MPa)

$\tau_{t\,adm} = 40N/mm^2$ (40MPa)

Desprezar as perdas.

Respostas

$M_{T_2} = 210.000Nmm$

$F_{T_2} = 3660Nmm$

$F_{r_2} \cong 1330N$

$F_{a_2} = 1330N$

$M_{Hmáx} = 372000Nmm$

$M_i = 417500Nmm$

$F_{T_1} = 1940Nmm$

$F_{r_1} = 700N$

$F_{a_1} = 700N$

$M_{Vmáx} = 136300Nmm$

$M_{rmáx} = 396200Nmm$

d = 45mm

Observação!

As respostas estão arredondadas e pode ocorrer algum desvio nos resultados.

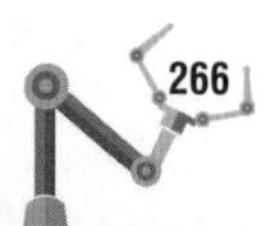

13

Cabos de Aço

São elementos de construção mecânica utilizados em transporte de carga, como guindaste, elevador, ponte rolante, escavadeira, bate-estacas etc.

Quanto à composição, classificam-se em três tipos:

- Warrington;
- Seale;
- Filler.

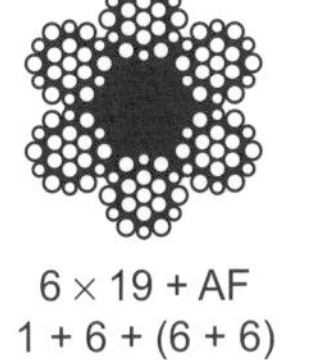

6 × 19 + AF
1 + 6 + (6 + 6)

Figura 13.1 - Warrington.

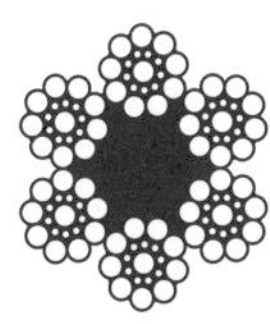

6 × 19 + AF
1 + 9 + 9

Figura 13.2 - Filler.

6 × 25 + AACI
1 + 6 + 6 + 12

Figura 13.3 - Seale.

13.1 Torção dos Cabos

Pernas torcidas da esquerda para a direita: "torção à direita"

Pernas torcidas da direita para a esquerda: "torção à esquerda"

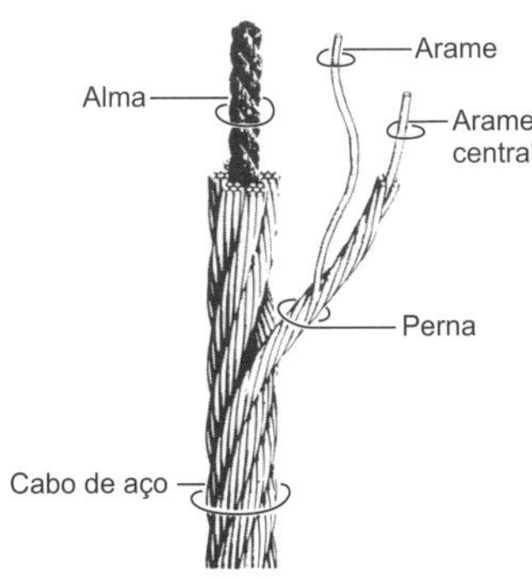

Figura 13.4

- **Torção Regular:** os fios de cada perna são torcidos em sentido oposto à torção das pernas.
- **Torção Lang:** os arames de cada perna são torcidos no mesmo sentido das pernas.

Figura 13.5 - Regular à direita.

Figura 13.6 - Regular à esquerda.

Figura 13.7 - Lang à direita.

Figura 13.8 - Lang à esquerda.

13.2 Alma dos Cabos

Alma de Fibra

São utilizadas fibras naturais (AF) de sisal ou rami, ou fibras artificiais de polipropileno.

As fibras artificiais (AFA) são utilizadas em cabos especiais, por seu custo ser superior ao da fibra natural, porém apresentam vantagens em relação às outras fibras, pois não se deterioram em contato com a água ou substâncias agressivas e não absorvem umidade.

Figura 13.9 - Cabo com Alma de Fibra: AF (fibra natural) ou AFA (fibra artificial).

Figura 13.10 - Cabo com Alma de Aço, formado por cabo independente (AACI).

Alma de Aço

As almas de aço garantem maior resistência aos amassamentos e aumentam a resistência à atração.

Figura 13.10 1 - Cabo com Alma de Aço, formado por uma perna AA.

13.3 Classificação Construtiva dos Cabos

Cordoalhas

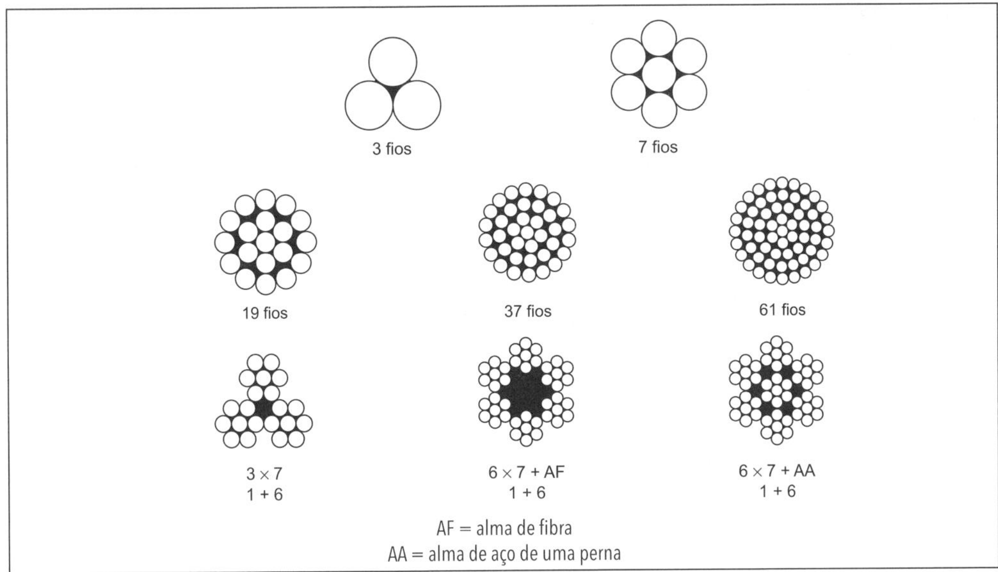

Figura 13.12 - Classificação 7 fios.

Cabos

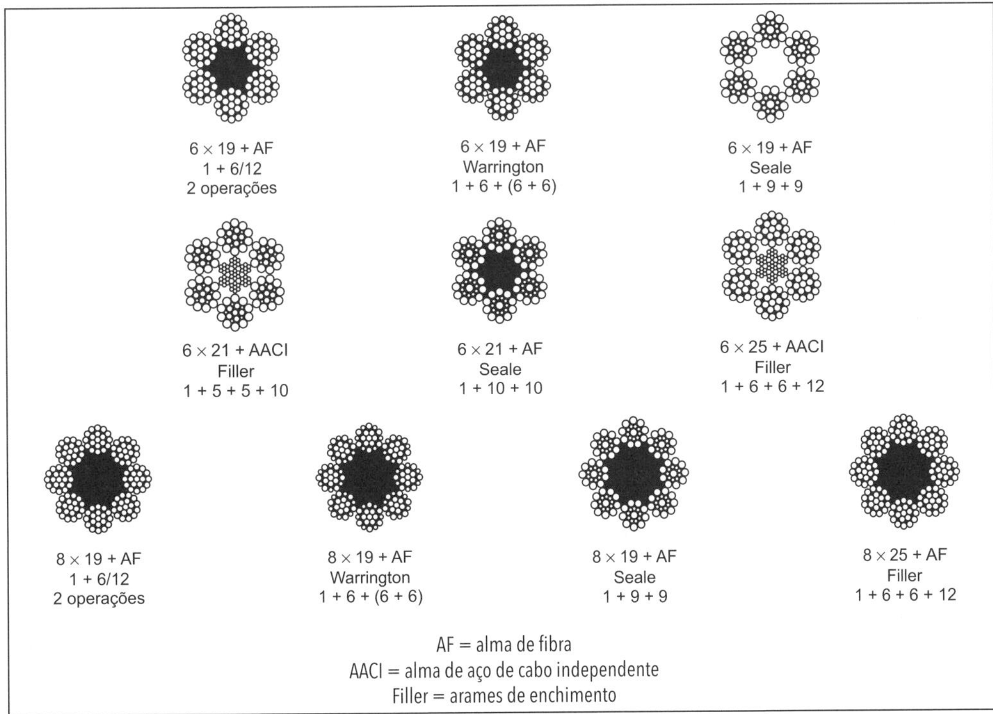

Figura 13.13 - Classificação 8 × 19.

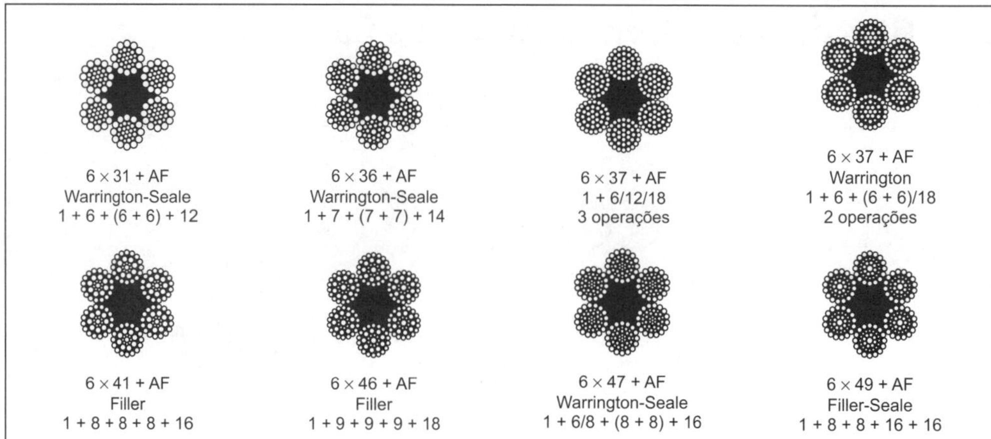

Figura 13.14 - Classificação 6 × 37.

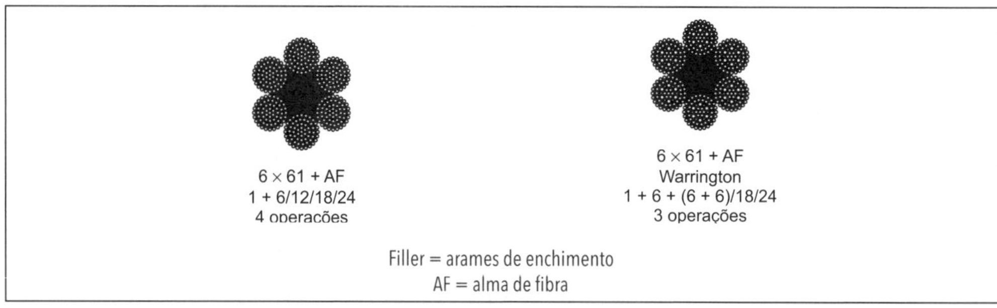

Figura 13.15 - Classificação 6 × 61.

Não Rotativos

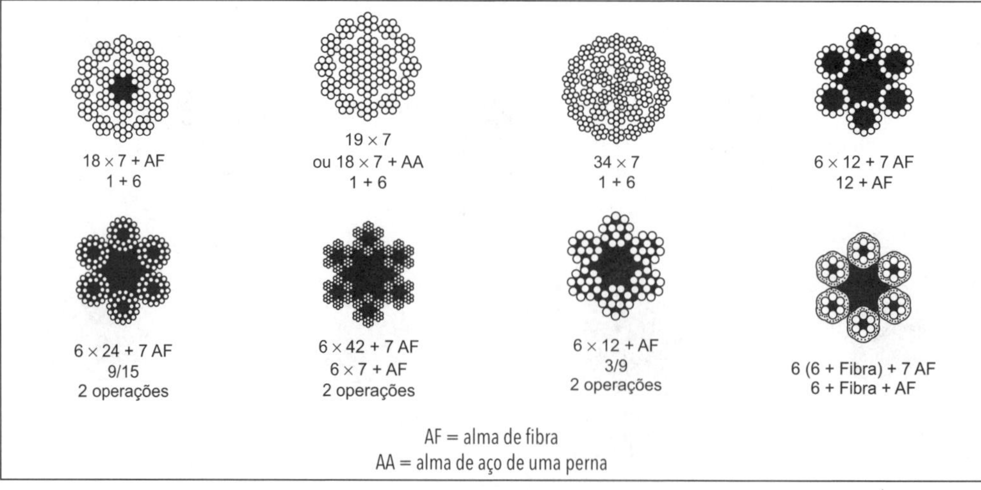

Figura 13.16 - Outras construções.

13.4 Resistência dos Cabos

Carga de Ruptura Teórica

É determinada pelo produto entre a tensão de ruptura dos arames e a área total da secção transversal de todos os arames.

Carga de Ruptura Efetiva

É menor que a carga teórica, em virtude do encablamento dos arames. Essa constatação ocorre em laboratório, quando o cabo é submetido a teste de ruptura.

Tabela 13.1 - Relação entre as cargas efetiva e teórica em %

Porcentagem %	Construção do cabo
96	Cordoalha de 3 a 7 fios
94	Cordoalha de 19 fios
90	$6 \times 12{,}0$
87,5	$6 \times 24{,}0$
86	$6 \times 7{,}0$
82,5	$6 \times 25{,}6 \times 19{,}8 \times 19{,}0$
80	$6 \times 41{,}6 \times 37{,}0$
72	$6 \times 42{,}18 \times 7{,}0$

13.5 Cargas de Trabalho e Fatores de Segurança

A carga de trabalho para cabo, em casos gerais, não deve exceder 1/5 da carga de ruptura mínima efetiva especificada para ele.

Fator de Segurança

A utilização do fator de segurança ideal acarreta:

- segurança da operação, evitando rupturas;
- aumento da vida útil do cabo.

Seguem os fatores de segurança, indicados para as diferentes aplicações (páginas 267/268).

Aplicações	Fatores de segurança
Cabos e cordoalhas estáticas	3 a 4
Cabo para tração horizontal	4 a 5
Guinchos	5
Pás, guindastes, escavadeiras	5
Pontes rolantes	6 a 8
Talhas elétricas e outras	7
Derriks (guindaste estacionário)	6 a 8
Laços (slings)	5 a 6
Elevadores de baixa velocidade (carga)	8 a 10
Elevadores de alta velocidade (passageiros)	10 a 12

Deformação Elástica

A deformação elástica é medida pela lei de Hooke, ou seja:

$$\Delta_\ell = \frac{F \cdot \ell}{A_m \cdot E}$$

Em que:

F - carga aplicada [N]

ℓ - comprimento do cabo [mm]

A_m - área metálica $(mm)^2$

E - módulo de elasticidade $[N/mm^2]$

Δ_ℓ - alongamento [mm]

Área Metálica

A área metálica do cabo é definida por meio de:

$$A = F \cdot d^2$$

Em que:

A - área metálica $[mm^2]$

F - fator de construção do cabo [adimensional]

d - diâmetro nominal do cabo de aço ou da cordoalha [mm]

Tabela 13.2

Construção do cabo de aço				Fator "F"
6	×	7		0,380
6	×	19	(2 operações)	0,395
6	×	19	Warrington	0,395
6	×	19	Seale	0,395
6	×	21	Filler	0,395
6	×	25	Filler	0,405
6	×	31	WS	0,405
6	×	36	WS	0,405
6	×	37	Warrington	0,400
6	×	41	Filler	0,405
6	×	41	WS	0,405
8	×	19	Warrington	0,352
8	×	19	Seale	0,352
18	×	7	- não rotativo	0,426
1	×	7	- cordoalha	0,596
1	×	19	- cordoalha	0,580

Observação!

Para cabos de seis pernas com AACI, adicionar 15% à área metálica; com AA, adicionar 20%; e para cabos de oito pernas com AACI, adicionar 20% à sua área metálica.

De uma maneira geral, pode-se estimar em 0,25% a 0,50% a deformação elástica de um cabo de aço, quando ele for submetido a uma tensão correspondente a 1/5 de sua carga de ruptura, dependendo de sua construção.

Observação!

A deformação elástica é proporcional à carga aplicada, desde que ela não ultrapasse o valor do limite elástico do cabo. Esse limite para cabos de aço usuais é de aproximadamente 55% a 60% da carga de ruptura mínima efetiva dele.

13.6 Módulos de Elasticidade de Cabos de Aço

O módulo de elasticidade de um cabo de aço aumenta durante a sua vida em serviço, dependendo de sua construção e condições sob as quais é operado, como intensidade das cargas aplicadas, cargas constantes ou variáveis, dobragens e vibrações às quais ele é submetido.

O módulo de elasticidade é menor nos cabos sem uso, e para cabos usados ou novos pré-esticados o módulo de elasticidade aumenta cerca de 20%.

A seguir, apresentamos os módulos de elasticidade aproximados de construções usuais de cabos de aço novos.

Tabela 13.3

Cabos de aço com alma de fibra	
Classificação	E em N/mm^2
6 × 7	90.000 a 100.000
6 × 19	85.000 a 95.000
6 × 37	75.000 a 85.000
8 × 19	65.000 a 75.000

Tabela 13.4

Cabos de aço com alma de aço	
Classificação	E em N/mm^2
6 × 7	105.000 a 115.000
6 × 19	100.000 a 110.000
6 × 37	95.000 a 105.000

Tabela 13.5

Cordoalhas galvanizadas	
Classificação	E em N/mm^2
7 fios	145.000 a 155.000
19 fios	130.000 a 140.000
37 fios	120.000 a 130.000

Escolha da Composição em Vista da Aplicação

A flexibilidade de um cabo de aço está em proporção inversa ao diâmetro dos seus arames externos, enquanto a resistência à abrasão é diretamente proporcional a esse diâmetro. Em consequência, escolher-se-á uma composição com arames finos quando prevalecer o esforço à fadiga de dobramento, e uma composição de arames externos, mais grossos, quando as condições de trabalho exigirem grande resistência à abrasão.

Em regra geral, vale o quadro seguinte:

Tabela 13.6

Flexibilidade	Composição	Tipo	Resistência à abrasão
Flexibilidade máxima ↑	6 × 41	Filler ou Warrington-seale	Resistência à abrasão mínima ↑
	6 × 36	Filler ou Warrington-seale	
	6 × 25	Filler	
	6 × 21	Filler	
	6 × 19	Seale	
Flexibilidade mínima ↓	6 × 7		Resistência à abrasão máxima ↓

Pelo quadro, o cabo 6 × 41 é o mais flexível, graças ao menor diâmetro dos seus arames externos, porém é o menos resistente à abrasão, enquanto o contrário ocorre com o cabo 6 × 7.

Diâmetros Indicados para Polias e Tambores

Existe uma relação entre o diâmetro do cabo e o diâmetro da polia ou tambor que deve ser observada, a fim de garantir uma duração razoável do cabo. A Tabela 13.7 indica a proporção recomendada e a mínima entre o diâmetro da polia ou do tambor e o diâmetro do cabo, para as diversas composições de cabos.

Tabela 13.7

Composição do cabo	Diâmetro da polia do tambor	
	Recomendado	Mínimo
6 × 7	72	42 vezes o ∅ do cabo
6 × 19 Seale	51	34 vezes o ∅ do cabo
18 × 7 não rotativo	51	34 vezes o ∅ do cabo
6 × 21 Filler	45	30 vezes o ∅ do cabo
6 × 25 Filler	39	26 vezes o ∅ do cabo
6 × 19 (2 operações)	39	26 vezes o ∅ do cabo
8 × 19 Seale	39	26 vezes o ∅ do cabo
6 × 36 Filler	34	23 vezes o ∅ do cabo
6 × 41 Filler ou Warrington-Seale	31	21 vezes o ∅ do cabo
8 × 25 Filler	31	21 vezes o ∅ do cabo
6 × 37 (3 operações)	27	18 vezes o ∅ do cabo
6 × 43 Filler (2 operações)	27	18 vezes o ∅ do cabo
6 × 61 Warrington (3 operações)	21	14 vezes o ∅ do cabo

13.7 Ângulo de Desvio Máximo de um Cabo de Aço

Esse ângulo não deve exceder 1°30' quando o enrolamento é feito em um tambor liso (sem canais) e 2° quando tiver canais (Figura 13.17).

No caso de o ângulo de desvio ser maior do que o máximo recomendado e o tambor tiver canais, teremos dois inconvenientes:

1) O cabo raspa na flange da polia, aumentando o desgaste de ambos.
2) Durante o enrolamento, o cabo raspa na volta adjacente já enrolada no tambor, aumentando o seu desgaste.

No caso de o tambor ser liso e o ângulo de desvio maior do que o recomendado, teremos o inconveniente de o cabo deixar vazios entre as voltas de enrolamento no tambor, fazendo com que a camada superior entre nesses vazios, proporcionando um enrolamento desordenado com todas suas más consequências para a vida do cabo.

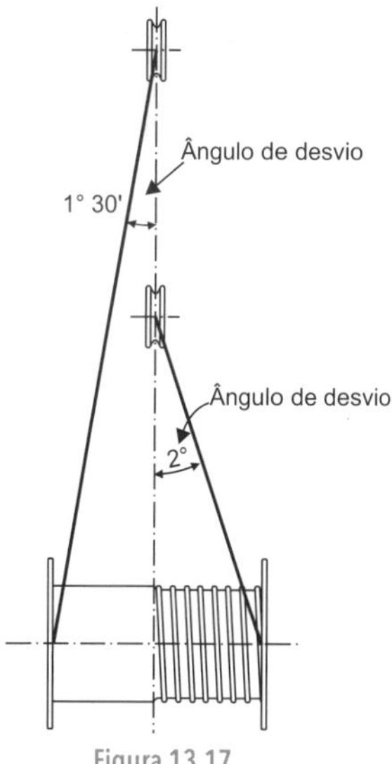

Figura 13.17

13.8 Inspeção e Substituição dos Cabos de Aço em Uso

Inspeção

Os cabos de aço, quando em serviço, devem ser inspecionados periodicamente, a fim de que a sua substituição seja determinada sem que o seu estado chegue a apresentar o perigo de uma ruptura.

Em geral, uma inspeção correta compreende as seguintes observações:

1) Número de Arames Rompidos

Deve-se anotar o número de arames rompidos em um passo ou em cinco passos do cabo. Observar se as rupturas estão distrbuídas uniformemente, ou se estão concentradas em uma ou duas pernas apenas. Nesse caso, há perigo de essas pernas se romperem antes do cabo. É importante também observar a localização das rupturas: se são externas, internas ou no contato entre as pernas.

2) Arames Gastos por Abrasão

Mesmo que os arames não cheguem a se romper, podem atingir um ponto de desgaste tal que diminua consideravelmente o coeficiente de segurança do cabo de aço, tornando o seu uso perigoso.

Na maioria dos cabos flexíveis, o desgaste por abrasão não constitui um motivo de substituição, se não apresentarem arames partidos. Quando se observa uma forte redução da seção dos fios externos e, consequentemente, do diâmetro do cabo, deve-se verificar periodicamente o coeficiente de segurança, para que ele não atinja um mínimo perigoso.

3) Corrosão

Durante a inspeção, deve-se verificar cuidadosamente se o cabo de aço não sofre corrosão. É conveniente também uma verificação no diâmetro do cabo em toda sua extensão para investigar qualquer diminuição brusca. Essa redução pode ser devido à decomposição da alma de fibra por ter secado e deteriorado, mostrando que não há mais lubrificação interna no cabo e, consequentemente, pode existir também uma corrosão interna.

As informações técnicas deste capítulo foram compiladas do catálogo C-8 da CIMAF.

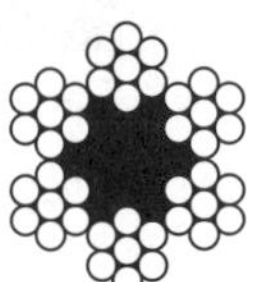

6 × 7 + AF
1 + 6

Figura 13.18

Tabela 13.8

Diâmetro em polegadas	Peso aprox. em N/m	Carga de ruptura mínima efetiva em N	
		Plow Stell (PS) 1600 1800 N/mm^2	Improved Plow Stell (IPS) 1800 2000N/mm^2
5/64	0,13	2080	2360
3/32	0,19	3000	3400
1/8	0,34	5200	6000
3/16	0,78	11.800	13.500
1/4"	1,40	20.900	23.900
5/16	2,20	32.300	37.200
3/8	3,10	46.300	53.200
7/16	4,30	62.600	71.900
1/2"	5,60	81.300	93.400
9/16	7,10	102.000	118.000
5/8	8,80	126.000	144.000
3/4"	12,50	180.000	206.000
7/8	17,10	242.000	278.000
1	22,30	313.000	360.000
1.1/8	28,30	393.000	452.000
1.1/4	34,80	481.000	553.000
1.3/8	42,30	577.000	663.000
1.1/2	50,30	680.000	782.000

Observação: Esses cabos podem ser fornecidos com alma de aço. Nesse caso, a carga de ruptura aumenta em 7,5% e o seu peso, em aproximadamente 10%.

Cabo de Aço Polido da Classificação 6 × 19

Com alma de aço de cabo independente (AACI)

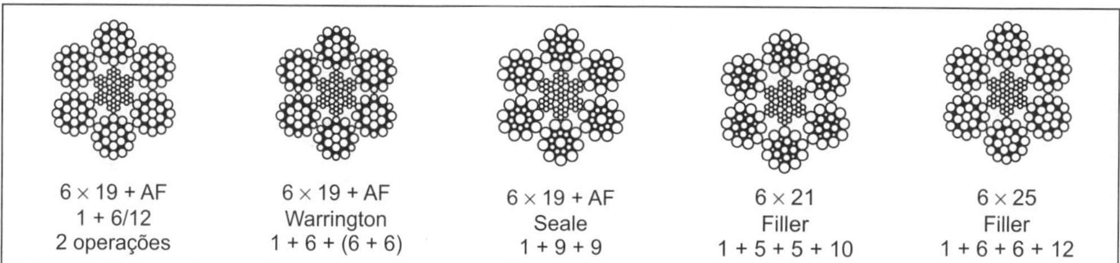

Figura 13.19

Tabela 13.9

Diâmetro em polegadas	Peso aprox. em N/m	Carga de ruptura mínima efetiva em N	
		Plow Stell (PS) 1600 1800N/mm²	Improved Plow Stell (IPS) 1800 2000N/mm²
* 1/8	0,43	6600	7700
* 3/16	0,96	15.000	17.300
1/4"	1,71	26.600	30.800
5/16	2,67	41.500	47.800
3/8	3,82	59.400	68.450
7/16	5,28	80.600	92.500
1/2"	6,84	104.100	120.650
9/16	8,78	131.100	152.400
5/8	10,71	162.300	186.850
3/4"	15,48	232.200	266.700
7/8	21,13	313.900	361.050
1	27,53	407.400	469.000
1.1/8	34,82	512.800	589.65 0
1.1/4	43,00	629.900	724.850
1.3/8	52,08	757.900	870.900
1.1/2	61,90	897.600	1.034.200
1.5/8	72,51	1.044.000	-
1.3/4	84,28	1.204.000	-
1.7/8	96,53	1.376.000	-
2	110,05	1.558.700	-
2.1/8	124,25	1.741.500	-
2.1/4	139,28	1.945.700	-
2.3/8	155,15	2.100.000	-

* Nota: Esses cabos são fabricados com alma de aço formada por uma perna (AA).

Cabo de Aço Polido da Classificação 6 × 19

Com alma de fibra (AF)

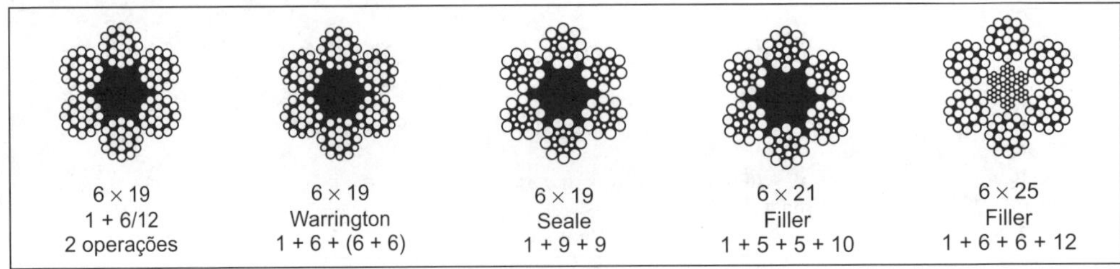

Figura 13.20

Tabela 13.10

Diâmetro em polegadas	Peso aprox. em N/m	Carga de ruptura mínima efetiva em N		
		Mild Plow Stell 1400 1600N/mm^2	Improved Plow Stell (IPS) 1800 2000N/mm^2	CIMAX 1900 2100N/mm^2
1/8	0,39	-	6200	6600
3/16	0,88	-	14.000	14.800
1/4"	1,56	-	24.800	26.300
5/16	2,44	-	38.600	40.900
3/8	3,51	-	55.300	58.600
7/16	4,76	-	75.000	79.500
1/2"	6,25	-	97.100	102.900
9/16	7,88	-	122.000	129.900
5/8	9,82	114.000	151.000	160.000
3/4"	14,13	163.000	216.000	229.000
7/8	19,19	220.000	292.000	309.500
1	25,00	-	379.000	401.700
1.1/8	31,69	-	477.000	506.000
1.1/4	39,13	-	586.000	621.100
1.3/8	47,32	-	705.000	749.000
1.1/2	56,25	-	835.000	885.000
1.5/8	66,07	-	971.000	-
1.3/4	76,64	-	1.120.000	-
1.7/8	87,95	-	1.280.000	-
2	100,00	-	1.450 .000	-
2.1/8	112,95	-	1.620.000	-
2.1/4	126,64	-	1.810.000	-
2.3/8	141,07	-	1.950.000	-

Cabo de Aço Polido da Classificação 6 × 37

Com alma de aço de cabo independente (AACI)

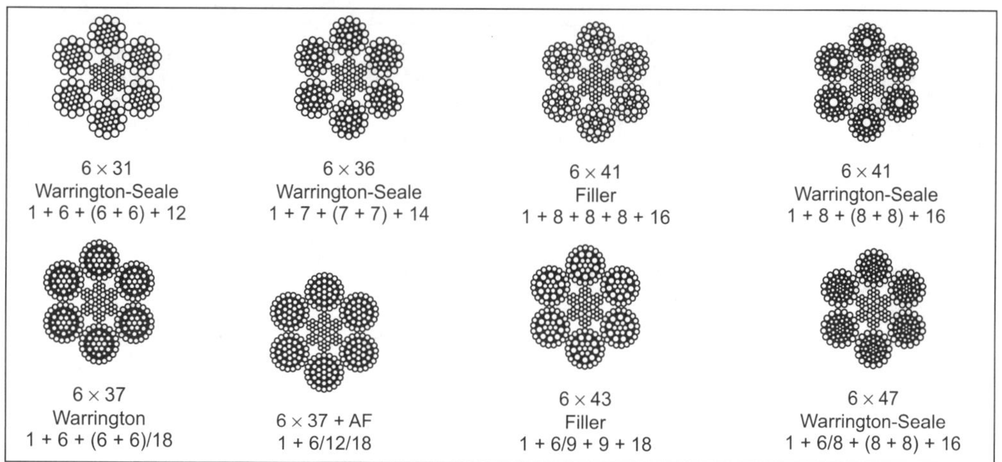

Figura 13.21

Tabela 13.11

Diâmetro em polegadas	Peso aprox. em N/m	Carga de ruptura mínima efetiva em N	
		Plow Stell (PS) 1800 2000N/mm²	Extra Improved Plow Stell CIMAX Faixa Amarela (EIPS) 2000 2300N/mm²
* 3/16	0,96	15.000	17.300
1/4"	1,71	26.600	30.800
5/16	2,67	41.500	47.800
3/8	3,82	59.400	68.450
7/16	5,28	80.600	92.500
1/2"	6,84	104.100	120.650
9/16	8,78	131.100	152.400
5/8	10,71	162.300	186.850
3/4"	15,48	232.200	266.700
7/8	21,13	313.900	361.050
1	27,53	407.400	469.000
1.1/8	34,82	512.800	589.650
1.1/4	43,00	629.900	724.850
1.3/8	52,08	757.900	870.900
1.1/2	61,90	897.600	1.034.200
1.5/8	72,51	1.044.000	1.197.500
1.3/4	84,28	1.204.000	1.388.000
1.7/8	96,53	1.376.000	1.578.500
2	110,05	1.558.700	1.796.250
2.1/8	124,25	1.741.500	2.004.850
2.1/4	139,28	1.945.700	2.240.700
2.3/8	155,15	2.100.000	2.400.000
** 2.1/2	171,93	2.350.000	2.650.000

Notas: * Esse cabo é fabricado com alma de aço formada por uma perna (AA).

** Esse cabo é fabricado na construção 6 × 67.

Cabo de Aço Polido da Classificação 6 × 37

Com alma de fibra (AF)

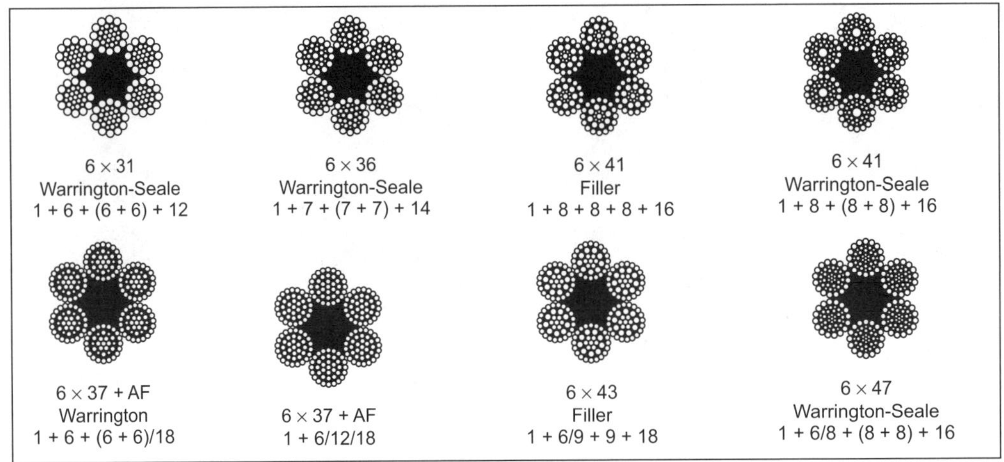

Figura 13.22

Tabela 13.12

Diâmetro em polegadas	Peso aprox. em N/m	Carga de ruptura mínima efetiva em kN Improved Plow Stell (IPS) 1800 2000N/mm^2
3/16	0,88	14
1/4"	1,56	24,8
5/16	2,44	38,6
3/8	3,51	55,3
7/16	4,76	7,5
1/2"	6,25	97,1
9/16	7,88	122
5/8	9,82	151
3/4"	14,13	216
7/8	19,19	292
1	25,00	379
1.1/8	31,69	477
1.1/4	39,13	586
1.3/8	47,32	705
1.1/2	56,25	835
1.5/8	66,07	971
1.3/4	76,54	1120
1.7/8	87,95	1280
2	100,00	1450
2.1/8	112,95	1620
2.1/4	126,64	1810
2.3/8	141,07	1960
2.1/2	156,33	2160

Notas: Esse cabo é fabricado na construção 6 × 67.

Cabo de Aço Polido da Classificação 8 × 19

Com alma de fibra (AF)

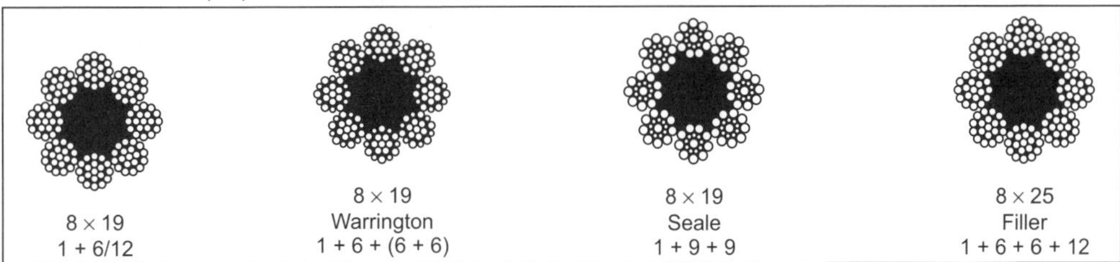

Figura 13.23

Tabela 13.13

Diâmetro em polegadas	Peso aprox. em N/m	Carga de ruptura mínima efetiva em N Improved Plow Stell (IPS) 1800 2000N/mm^2
1/4"	1,46	21.300
5/16"	2,23	33.100
3/8"	3,27	47.500
7/16"	4,46	64.300
1/2"	5,80	83.700
9/16"	7,44	105.000
5/8"	9,08	130.000
3/4"	13,10	186.000
7/8"	17,85	251.000
1"	23,40	326.000
1.1/8"	29,60	411.000
1.1/4"	36,46	505.000
1.3/8"	44,20	609.000

Notas: Esses cabos podem ser fabricados com alma de aço (AACI). Nesse caso, a carga de ruptura aumenta em 10% e o seu peso, em aproximadamente 20%.

Cabo de Aço Polido

Especial para elevadores

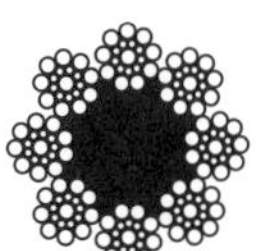

Figura 13.24

Tabela 13.14 – Qualidade: arame de aço próprio para elevadores (Traction Steel)

Diâmetro em polegadas	Peso aprox. em N/m	Carga de ruptura mínima efetiva em kN
3/8"	3,15	37,2
1/2"	5,60	65,8
5/8"	8,80	104,0

Cabo de Aço Polido - Construção 6 × 42 + 7 AF

Tiller Rope é composto de seis cabos 6 · 7 + AF mais uma AF central.

6 × 42 + 7 AF
(Tiller Rope)
6 (1 + 6)

Figura 13.25

Tabela 13.14

Diâmetro em polegadas	Peso aprox. em N/m	Carga de ruptura mínima efetiva em kN Improved Plow Steel (IPS)
1/4"	1,0	13,7
5/16"	1,6	21,3
3/8"	2,4	30,6
7/16"	3,1	41,5
1/2"	4,2	54,1
9/16"	5,2	68,1
5/8"	6,4	83,9

Observação: Esse cabo pode ser fornecido com acabamento galvanizado. Nesse caso, a carga de ruptura mínima efetiva diminui 10%.

Cordoalhas de 19 e 37 Fios Galvanizados

Para tirantes e fins estruturais

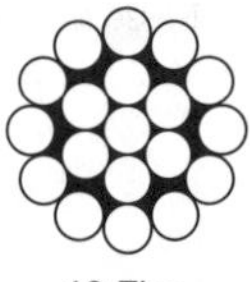

19 Fios
1 + 6/12

Figura 13.26

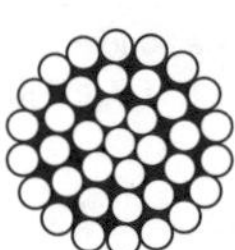

37 Fios
1 + 6/12/18

Figura 13.27

Tabela 13.15

Diâmetro nominal polegadas	Construção da cordoalha	Peso aproximado em N/m	Carga de ruptura mínima efetiva em kN
½"	1 × 19	7,74	130
9/16	1 × 19	9,82	170
5/8	1 × 19	12,20	210
11/16	1 × 19	14,73	260
3/4"	1 × 37	17,56	290
7/8	1 × 37	23,96	400
1	1 × 37	31,25	500
1.1/8	1 × 37	39,58	600

Observação: Essas cordoalhas podem ser fornecidas pré-esticadas (pré-deformadas) a fim de terem o menor alongamento possível em serviço (páginas 52 e 53).

Escolha o Cabo de Aço Ideal Para Seu Trabalho

Tabela 13.16

Aplicação	Cabo de aço ideal
Pontes rolantes	6 × 41 Warrington Seale + AF (cargas frias) ou AACI (cargas quentes), torção regular, preformado, IPS, polido
Monta-carga (guincho de obra)	6 × 25 Filler + AACI, torção regular, EIPS, polido
Perfuração por percussão	6 × 19 Seale + AFA (alma de fibra artificial), torção regular à esquerda, IPS, polido
Cabo trator teleférico	6 × 19 Seale + AFA, torção lang, IPS, polido
Elevadores de passageiros	8 × 19 Seale, + AF, torção regular, traction steel, polido
Pesca	6 × 19 Seale + AFA e 6 × 7 + AFA, torção regular, galvanizado, IPS
Guindastes e gruas	6 × 25 Filler + AACI ou 19 × 7, torção regular, EIPS, polido
Laços para uso geral	6 × 25 Filler + AF ou AACI, ou 6 × 41 Warrington Seale + AF ou AACI, polido
Bate-estacas	6 × 25 Filler + AACI, torção regular EIPS, polido

Exercícios Resolvidos

1) A ponte rolante da Figura 13.28 será projetada para transportar carga máxima P = 200kN (~20tf).

Determinar o diâmetro do cabo que vai levantar a carga. O projeto prevê o levantamento de cargas frias.

Para pontes rolantes (cargas frias) o tipo de cabo indicado é o 6 × 41 Warrington Seale + AF, torção regular, pré-formado, IPS, polido (catálogo CIMAF).

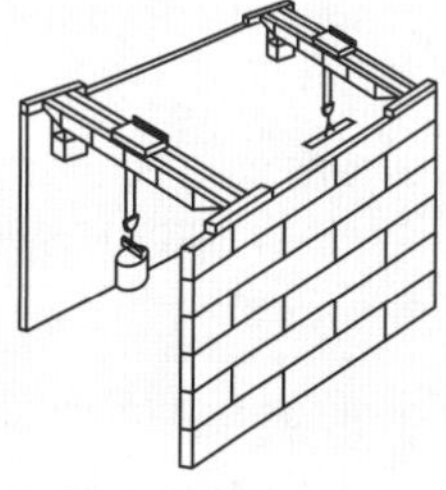

Figura 13.28

Resolução

a) Carga no cabo

Como a ponte transportará carga máxima P = 200kN, tem-se que no "moitão" a carga divide-se metade para cada ramificação do cabo, portanto, a força axial no cabo é: $F_{cabo} = 100kN$.

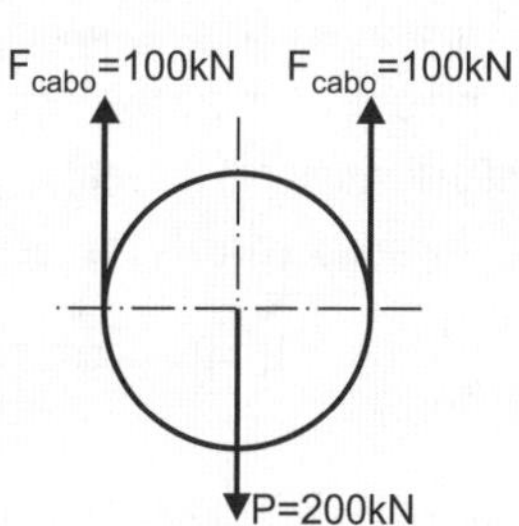

Figura 13.29

b) Coeficiente de segurança (k)

O coeficiente de segurança (k) indicado para ponte rolante é $6 \leq k \leq 8$ (catálogo CIMAF).

Para desenvolver os cálculos, adota-se k = 6.

c) Carga mínima do cabo

A carga mínima da ruptura do cabo será:

$$F_{mín} = F_{cabo} \cdot k$$

$$F_{mín} = 100 \cdot 6$$

$$\boxed{F_{mín} = 600kN = 600.000N}$$

O cabo a ser utilizado é $d = 1\frac{3}{8}''$ ($d \cong 35mm$) 6 × 41 W.S. IPS (improved plow steel) polido, torção regular pré-formado, cuja carga mínima de ruptura é $F_{mín_{(rup)}} = 705kN$.

d) Coeficiente de segurança (k) real do cabo

$$k = \frac{F_{mín_{(rup)}}}{F_{cabo}} = \frac{705\,kN}{100\,kN}$$

$$\boxed{k = 7,05}$$

Como o coeficiente de segurança k = 7,05 está no intervalo indicado, ou seja, 6 ≤ k ≤ 8, conclui-se que o cabo está bem dimensionado.

e) Como fazer o pedido do cabo: suponhamos que para esse projeto haja a necessidade de 30m de cabo. Para fazer o pedido, procede-se da seguinte forma:

30m de cabo $d = 1\frac{3}{8}''$ (35mm) 6 × 41W.S. (AF) torção regular, pré-formado, IPS (improved plow steel) polido.

2) Dimensionar o cabo (C), utilizado para segurar a lança do guindaste representado na Figura 13.30. A carga máxima que atuará no cabo é F = 30 kN (~3tf).

Para guindastes, a norma recomenda utilização do cabo 6 × 25 Filler AACI ou 19 × 7 torção regular, EIPS, polido.

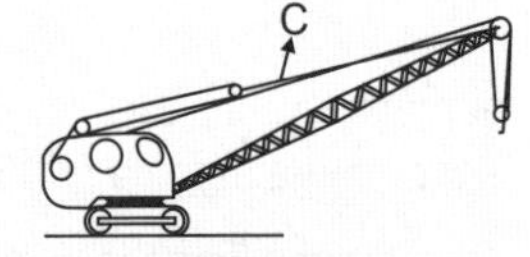

Figura 13.30

Resolução

a) Coeficiente de segurança (k). Para guindastes, a norma ASME/ AMSI B30.5 - 1989 indica k = 5.

b) Carga mínima de ruptura do cabo.

$$F_{mín_{(rup)}} = k \cdot F_{cabo}$$

$$F_{mín_{(rup)}} = 5 \cdot 30$$

$$\boxed{F_{mín_{(rup)}} = 150kN = 150000N}$$

c) Dimensionamento do cabo. Por meio da carga mínima de ruptura $F_{mín_{(rup)}} = 150000N$ encontra-se na tabela de cabo de aço polido da classificação 6 × 19 (Tabela 13.9), que o cabo indicado é $d = \frac{9}{16}''$ ($d \cong 15mm$) com carga mínima de ruptura F = 152400N.

d) Coeficiente de segurança (k) do cabo.

$$k = \frac{F_{rup_{cabo}}}{F_{cabo}} = \frac{152400N}{30000N}$$

$$\boxed{k = 5,08}$$

e) Como fazer o pedido

Suponha que o projeto necessite de 5m de cabo. Nesse caso, o pedido é feito da seguinte forma (instruções CIMAF):

5m de cabo 6 × 25 Filler, alma de aço (AACI), torção regular, pré-formado, CIMAX - faixa amarela.

3) A Figura 13.31 representa um elevador de carga utilizado na construção de edifícios. A carga máxima de elevação prevista para transporte é P = 12kN (~1,2 tf).

Determinar:

a) o diâmetro do cabo

b) o diâmetro do tambor

O cabo indicado para elevador de obra é o 6 × 25 Filler AACI, torção regular, EIPS, polido.

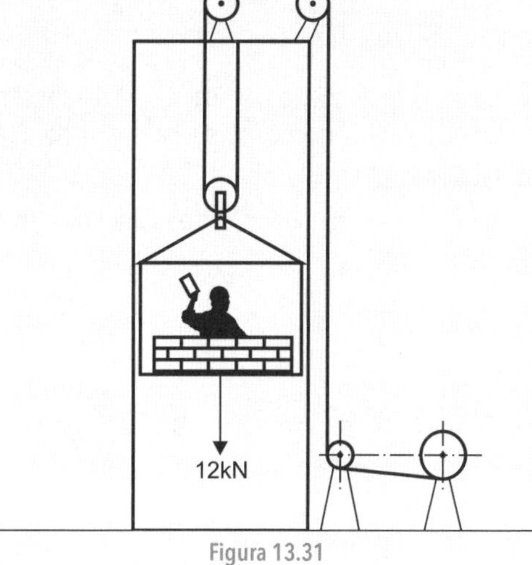

Figura 13.31

Resolução

a) Coeficiente de segurança (k)

No dimensionamento de cabos para elevadores de baixa velocidade (carga), o coeficiente de segurança k varia de 8 a 10.

Para iniciar os cálculos, adota-se k = 8. O cabo a ser utilizado terá carga igual ou superior ao valor obtido nos cálculos.

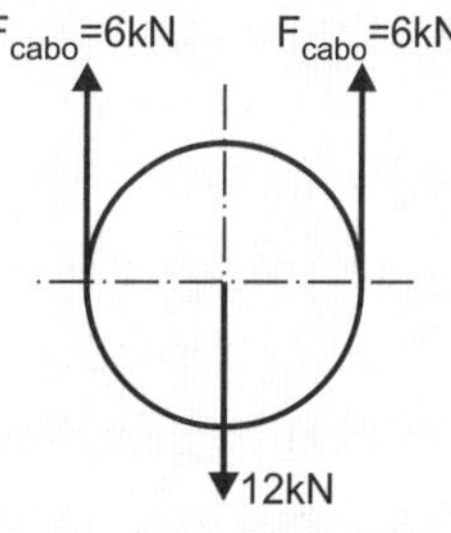

Figura 13.32

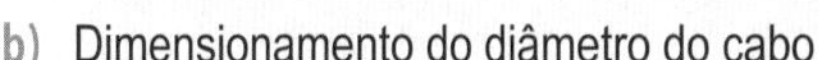

b) Dimensionamento do diâmetro do cabo

b.1) Carga atuante no cabo

A carga que atua no cabo é:

$$\sum M_B = 0$$

$$F_{cabo} = \frac{12}{2}$$

$$\boxed{F_{cabo} = 6kN}$$

b.2) Carga mínima de ruptura no cabo

$$F_{mín} = k \cdot F_{cabo}$$
$$F_{mín} = 8 \cdot 6$$
$$\boxed{F_{mín} = 48kN}$$

b.3) Diâmetro do cabo

O cabo indicado para o projeto possuirá $d = \frac{3"}{8}$ (~10mm) 6 × 25 Filler AACI, torção regular, EIPS, polido.

c) Coeficiente de segurança do cabo

$$k = \frac{F_{mín_{rup}}}{F_{cabo}} = \frac{68450\cancel{N}}{6000\cancel{N}} \qquad \boxed{k = 11,4}$$

Como se percebe, o coeficiente (k) ultrapassou a faixa a favor da segurança. No caso, apresenta-se como a melhor opção, pois o cabo anterior fica aquém do coeficiente de segurança indicado.

d) Diâmetro do tambor

A relação recomendada entre diâmetro do tambor e diâmetro do cabo é:

$d_{tambor} = 39d_{cabo}$

$d_{tambor} = 39 \cdot 10$

$\boxed{d_{tambor} \cong 390mm}$

A relação mínima recomendada é:

$d_{tambor} = 26.\ d_{cabo}$

$d_{tambor} = 39 \cdot 10$

$\boxed{d_{tambor} \cong 260mm}$

portanto, o diâmetro do tambor para esse projeto estará entre:

$\boxed{260 \leq d_{tambor} \leq 390}$ [mm]

4) Um automóvel com massa m = 100kg, encontra-se avariado em um local plano da rodovia dos Imigrantes. A Ecovias é acionada enviando para o local socorro mecânico para guinchar o veículo.

Determinar:

a) a força do cabo (F_{cabo})

b) diâmetro mínimo do cabo para executar o serviço (d_{cabo})

c) diâmetro da polia e do tambor (D) $d_{mín} \leq D \leq d_{máx}$

d) coeficiente de segurança do cabo (k_{cabo})

O cabo do guincho é o 6 × 25 Filler (AACIPS) considere $g = 10m/s^2$.

Coeficiente de atrito entre o pneu e a rampa de acesso é $\mu = 0,25$.

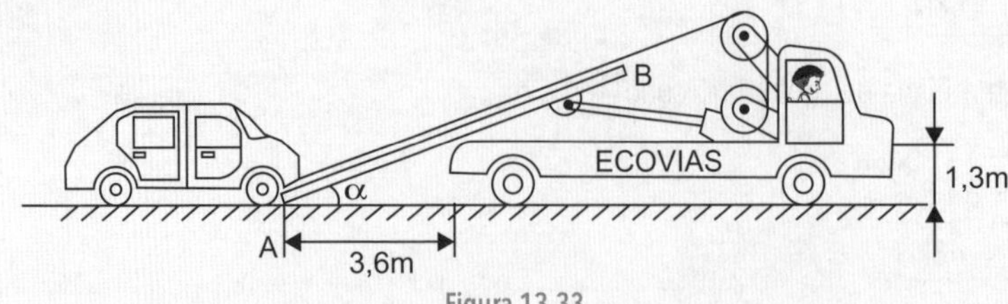

Figura 13.33

Resolução

a) Força no cabo F_{cabo}

ângulo α

$$tg\ \alpha = \frac{1,3}{3,6}$$

$\boxed{\alpha \simeq 20^\circ}$

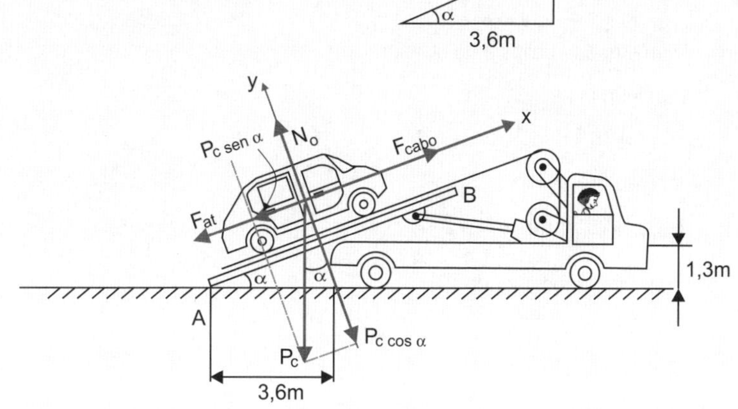

Figura 13.34

Peso do carro (Pc)

$$Pc = m \cdot g$$

$$Pc = 1000 \times 10$$

$$\boxed{Pc = 10000N}$$

Força normal ao plano (N_o)

$$\Sigma F_y = 0 \qquad N_o = P_c \cdot \cos\ \alpha = 10000 \times \cos\ 20^\circ$$

$$\boxed{N_o \cong 9397N}$$

Força de atrito (F_{at})

$$F_{at} = N_o = \mu = 9397 \times 0,25$$

$$\boxed{F_{at} \cong 2350N}$$

Força no cabo (F_{cabo})

$$\Sigma F_x = 0 \qquad F_{cabo} = P_c\ \text{sen}\ \alpha + F_{at}$$

$$F_{cabo} = 1000 \times \text{sen}\ 20^\circ + 2350$$

$$F_{cabo} = 3420 + 2350 \Rightarrow \boxed{F_{cabo} = 5770N}$$

b) Diâmetro mínimo do cabo para executar o serviço (d_{cabo})

$k = 5$ (guincho)

Força no cabo (F_{cabo})

$$F_{mín} = k \cdot F_{cabo}$$

$$F_{mín} = 5 \times 5770$$

$$\boxed{F_{mín} = 28.850N}$$

conclui-se que:

O diâmetro do cabo é, $d_{cabo} = \frac{1"}{4} = 6{,}35mm$ carga de ruptura mínima efetiva $F_{mín\ de\ rup} = 30.880N$.

c) Diâmetro das polias e do tambor

Diâmetro mínimo

$d_{mín} = 26 \times d_{cabo}$

$d_{mín} = 26 \times 6{,}35$

$\boxed{d_{mín} = 165mm}$

Diâmetro recomendado (D)

$D = 39 \times d_{cabo}$

$D = 39 \times 6{,}35$

$\boxed{D \cong 248mm}$

$165 \leq D \leq 248$ [mm]

d) Coeficiente de segurança do cabo (k_{cabo})

$$k_{cabo} = \frac{\text{carga de ruptura mínima do cabo}}{\text{carga no cabo}}$$

$$k_{cabo} = \frac{30800N}{5770N}$$

$\boxed{k_{cabo} \cong 5{,}34}$

Coeficiente de segurança do cabo é $k_{cabo} \cong 5{,}34$.

Exercícios Propostos

1) Dimensionar o cabo do guincho do transportador de toras de madeira, representado na Figura 13.35.

A carga máxima que atuará no cabo é F_{cabo} = 30kN(~3tf).

Dimensionar o tambor ($d_{médio} = 30\ d_{cabo}$).

A CIMAF indica para esse trabalho os cabos:

6 × 25 Filler, alma de aço (AACI), torção regular pré-formado Cimax faixa amarela ou 6 × 31 Warrington-Seale, alma de aço (AACI), torção regular pré-formado, Cimax-faixa amarela ou 6 × 36 Warrington-Seale, alma de aço (AACI), torção regular, pré-formado Cimax-faixa amarela.

Figura 13.35

Respostas

$O_{cabo} = 9/16"$ ($d \cong 15mm$) como um dos especificados no enunciado.

$d_{tambor} = 16{,}875"$ ou 430mm

2) Dimensionar o cabo de elevação do transportador de minério representado na Figura 13.36. A carga máxima que atua no cabo é: $F_{cabo} = 20kN$ (~2 tf). Dimensionar o tambor.

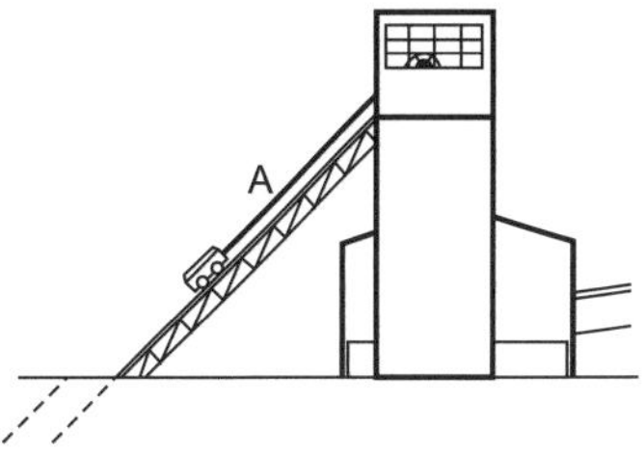

Figura 13.36

Os cabos indicados para essa atividade são:

6 x 19 Seale, alma de fibra (AF), torção regular, pré-formado, Cimax 6×21 Filler, alma de fibra, torção regular, pré-formado Cimax.

Utilizar: 6×19 Seale $d_{tambor} = 50\ d_{cabo}$

6×21 Filler $d_{tambor} = 45\ d_{cabo}$

Respostas

$d_{cabo} = 1/2" \rightarrow d_{cabo} \cong 13mm$

d_{tambor} 1 - 6×19 Seale - $d_{tambor} = 25"$ ou 635mm

2 - 6×21 Filler - $d_{tambor} = 22{,}5"$ ou $\cong$ 570mm

3) Dimensionar o cabo de elevação da caçamba (A) da escavadeira, representada na Figura 13.37. A carga máxima que atuará no cabo é:

$F_{cabo} = 100kN$ (~10tf)

Dimensionar o tambor $(d_{tambor} \cong 30d_{cabo})$

Para esse trabalho encontra-se indicado no catálogo que:

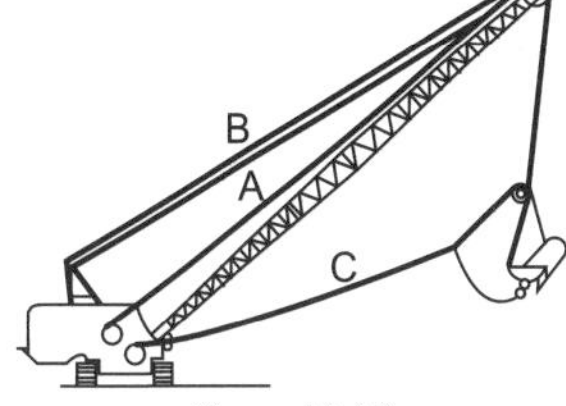

Figura 13.37

a) Até 1 1/8" inclusive, utilizar 6×25 Filler, alma de aço (AACI), torção Lang, pré-formado Cimax - faixa amarela.

b) Maior que 1 1/8" utilizar 6×41 Warrington-Seale ou 6×47 Warringtom-Seale alma de aço (AACI), torção Lang, pré-formado, IPS ou Cimax-faixa amarela.

Respostas

$d_{cabo} = 1\ 1/8" \rightarrow d_{cabo} \cong 28{,}5mm$

$d_{tambor} = 33{,}75"$ ou

$d_{tambor} \cong 850mm$

4) O guincho da figura está sendo projetado para elevar a carga máxima $Q_{máx} = 20kN$. Cabo indicado (AACI), 6×19 torção regular (EIPS) polido.

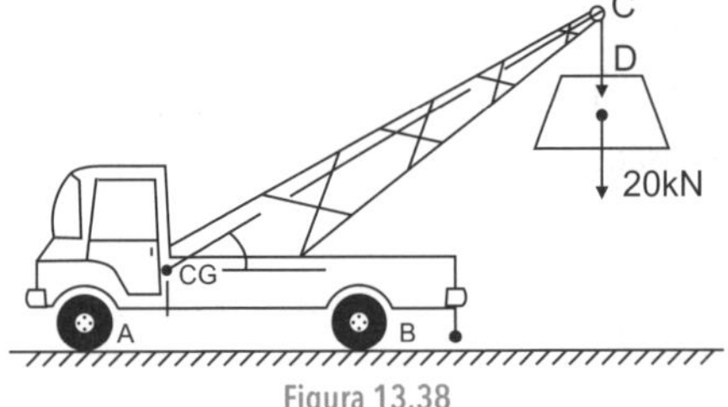

Figura 13.38

Dimensionar

a) O diâmetro do cabo (d_{cabo})
b) Coeficiente de segurança (k_{cabo})
c) Diâmetro mínimo do tambor (d_{tambor})

Respostas

a) $d_{cabo} = \frac{1"}{2}$ ou 12,7mm

b) $k = 6,03$

c) $d_{tambor} \cong 330mm$ (diâmetro mínimo)

5) O guindaste da Figura 13.39, será projetado para transportar uma carga máxima $Q_{máx} = 1,5t_f$ (15kN). O cabo recomendado é 6×25 Filler (AACIPS).

Figura 13.39

Determinar para o projeto:

a) O diâmetro do cabo (d_c)
b) O diâmetro das polias e tambor, considere a resposta apresentada como solução o $d_{máx}$ e $d_{mín}$ do intervalo indicado $d_{mín} \leq D \leq d_{máx}$
c) O coeficiente de segurança (k_{cabo}) do cabo $t_f \cong 10kN$

Respostas

a) $d_{cabo} = d_c = \frac{7"}{16} \cong 11mm$

b) $295 \leq D \leq 443$ (mm), qualquer dimensão do intervalo define os diâmetros do tambor e das polias

c) $k_{cabo} \cong 6,17$

6) A ponte rolante representada na Figura 13.40, será projetada para deslocar carga de $10t_f$. Dimensionar o cabo de levantamento da carga. O projeto prevê o trabalho com cargas frias. Utilizar cabo 6 × 41 Warrington Seale (AF) IPS. Dimensione o tambor utilizando a relação mínima para o projeto. Qual é o coeficiente de segurança (k) do cabo?

$t_f \cong 10kN$

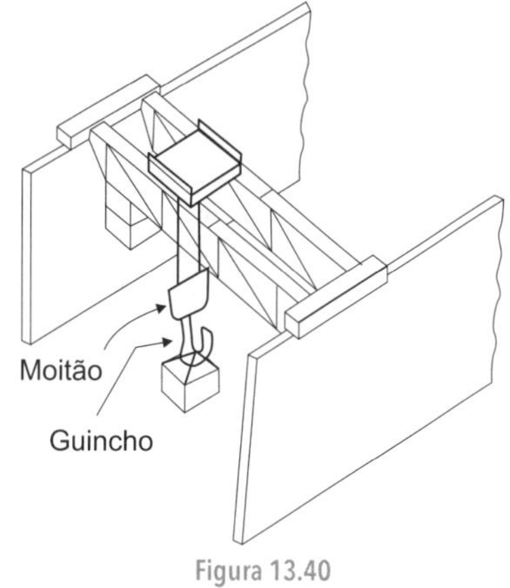

Figura 13.40

Respostas

$d_{cabo} = 1" \cong 25mm$ (diâmetro normalizado)

$D_{tambor} = 525mm$ (relação mínima)

$k_{cabo} = 7,58$ (coeficiente de segurança)

13.9 O que é a Construção de um Cabo de Aço?

Os cabos de aço apresentam diversas construções. A construção do cabo é determinada pelo número de pernas que o compõem e pelo número de fios de cada perna. O cabo 6 × 19, por exemplo, é composto de seis pernas de 19 fios cada.

Já a alma do cabo pode ser identificada pelas seguintes siglas: AF (alma de fibra natural), AFA (alma de fibra artificial), AA (alma de aço formada por uma perna) e AACI (alma de aço de cabo independente).

É importante saber que os cabos de aço CIMAF estão consagrados há muitos anos por sua alta durabilidade nas mais diferentes aplicações. Como maior fabricante da América Latina, a CIMAF produz cabos de aço cuja qualidade é reconhecida em todo o mundo, em todos os tipos e construções, com diâmetro de até 6 polegadas (154 milímetros) e em bobinas com até 100 toneladas de cabo em um único lance.

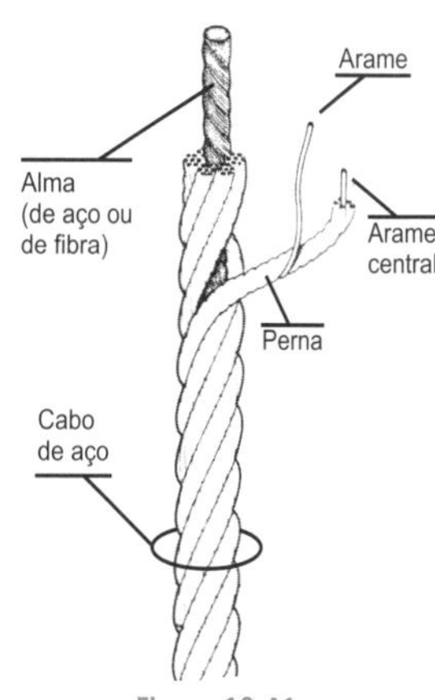

Figura 13.41

13.10 O que é o Passo de um Cabo?

O passo de um cabo é a distância em que uma perna dá uma volta completa em torno da alma do cabo. Veja o exemplo:

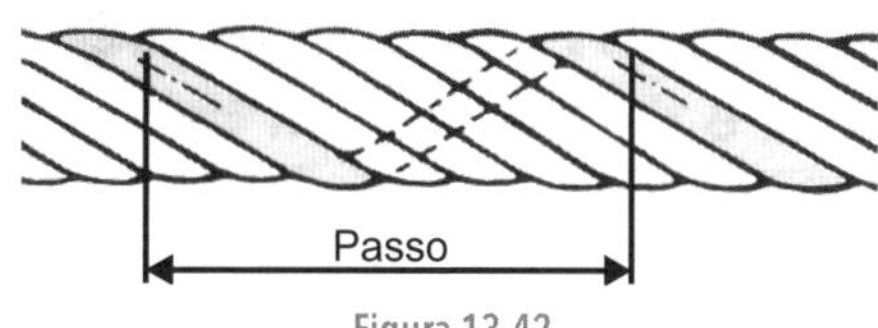

Figura 13.42

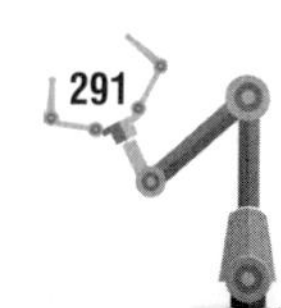

13.11 Como Medir o Diâmetro de um Cabo?

O diâmetro de um cabo é aquele de sua circunferência máxima. Assim, atenção quando for medi-lo:

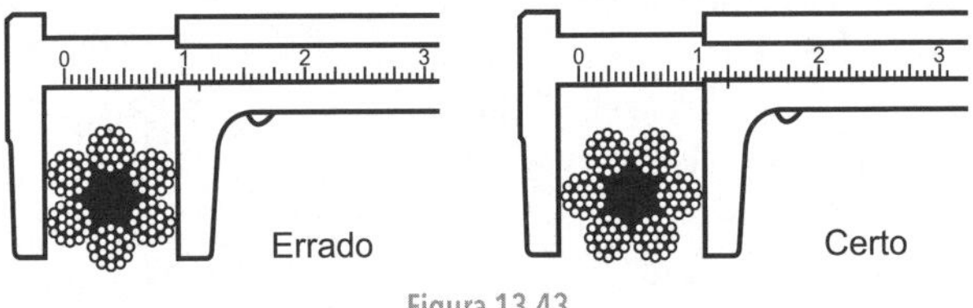

Figura 13.43

13.12 Os Cabos de Aço Têm Diversas Composições

A composição dos cabos varia de acordo com os diversos tipos fabricados: Seale, Filler ou Warrington, ou ainda suas combinações. Chama-se composição a forma de disposição dos fios em cada perna.

13.13 Cuidados para Aumentar a Durabilidade dos Cabos de Aço

1) Manuseie Corretamente

Como enrolar e desenrolar um cabo de aço.

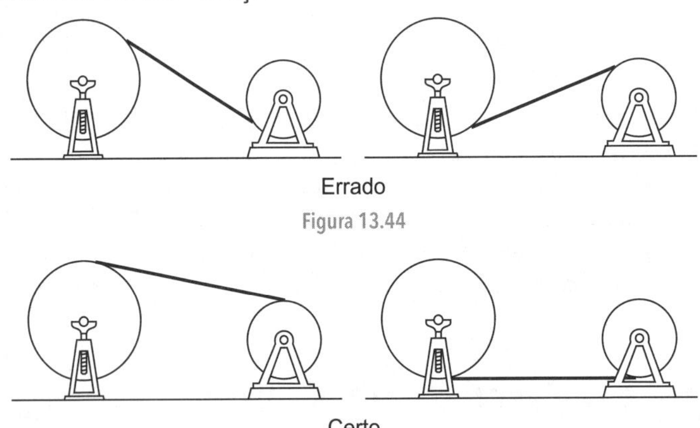

Figura 13.44

Figura 13.45

a) Com Cavaletes

Para desenrolar um cabo, coloque a bobina em um eixo horizontal sobre dois cavaletes. O repassamento da bobina para o tambor do equipamento nunca deve ser feito no sentido inverso de enrolamento do cabo (formando um S), porque isso provoca tensões internas prejudiciais à sua vida útil. O melhor repassamento é aquele que obedece ao sentido original de enrolamento do cabo na bobina.

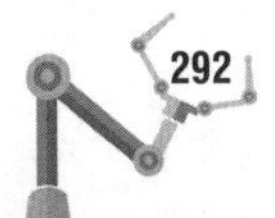

b) Com Mesas Giratórias

Outra boa forma de desenrolar cabos é com a ajuda de mesas giratórias. Cuidado, porém, com o caso ilustrado na Figura 13.47, em que a bobina e o rolo estão fixos.

Figura 13.46 - Certo.

Figura 13.47 - Errado.

2) Verifique Sempre as Polias

A seção transversal do canal da polia deve permitir um perfeito assentamento do cabo (Figura 13.48).

O canal das polias não pode apresentar desgaste ou defeitos superficiais (Figura 13.49).

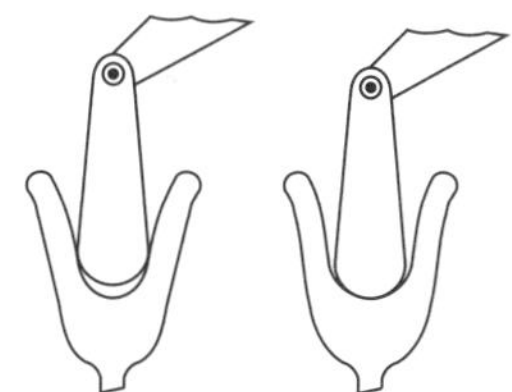

Figura 13.48 - Assentamento do cabo na polia.

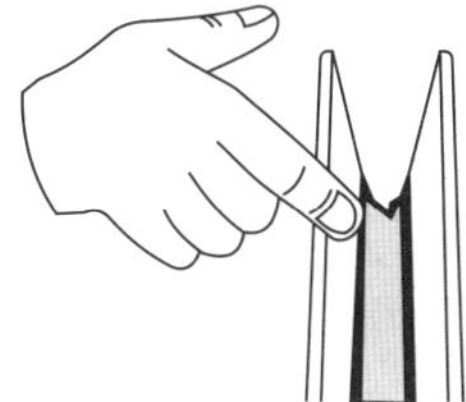

Figura 13.49 - Inspeção da polia deve ser periódica.

3) Cuidado com os Nós

Nunca deixe que o cabo de aço tome a forma de um pequeno laço (Figura 13.50). Ele é o começo de um nó e por isso deve ser imediatamente desfeito. Com o nó feito (Figura 13.51), a resistência do cabo é reduzida ao mínimo.

Figura 13.50

Figura 13.51

4) A Lubrificação é Importante

Lubrifique periodicamente cabos de aço e laços feitos com cabos de aço. A boa lubrificação protege contra a corrosão e aumenta a durabilidade do cabo. Para essa operação, nunca use óleo queimado; prefira os lubrificantes especialmente desenvolvidos para isso.

Exemplo de lubrificação

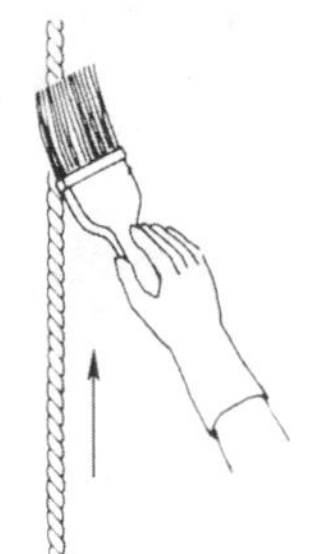

Figura 13.52 - Com pincel.

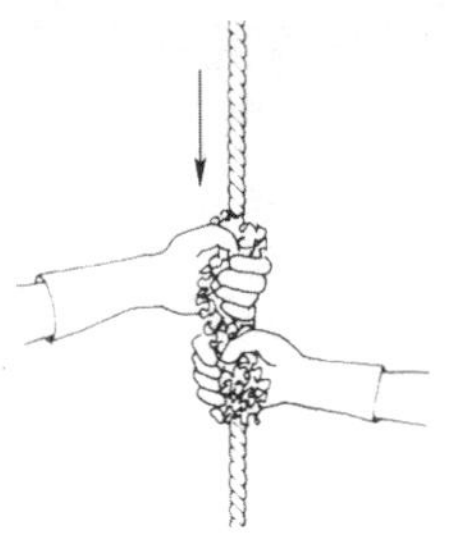

Figura 13.53 - Com estopa.

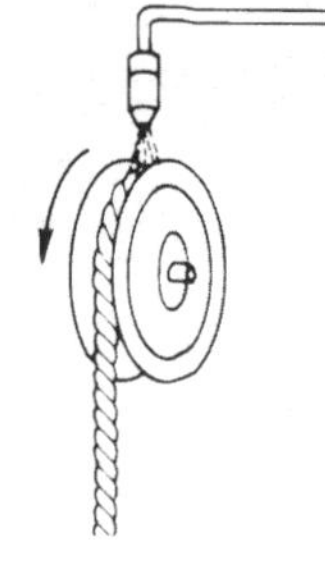

Figura 13.54 - Gotejamento ou pulverização.

5) Colocação dos Grampos (Clipes)

Lembre-se: USE APENAS GRAMPOS DO TIPO PESADO!

Confira em seguida os erros mais comuns na aplicação de grampos aos cabos de aço. Observe que a maneira correta é com a base colocada no trecho mais comprido do cabo, ou seja, aquele que vai em direção ao outro olhal.

Para cabos de diâmetro até 5/8 (16mm) use, no mínimo, três grampos. Esse número deve ser aumentado para cabos de diâmetros maiores.

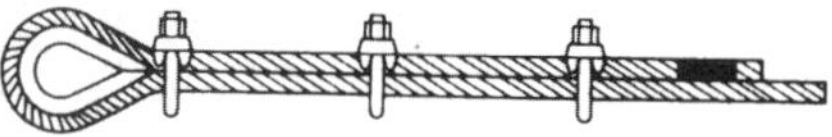

Figura 13.55 - Errado.

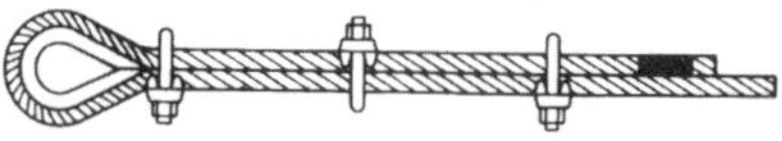

Figura 13.56 - Errado.

Figura 13.57 - Errado.

13.14 Substitua o Cabo Quando

1) Os arames rompidos visíveis no trecho mais prejudicado atingirem os seguintes limites:

   Seis fios rompidos em um passo;

   Três fios rompidos em uma única perna.

2) Aparecer corrosão acentuada.

3) Os arames externos se desgastarem mais do que 1/3 de seu diâmetro orginal.

4) O diâmetro do cabo diminuir mais do que 5% em relação ao seu diâmetro nominal.

5) Aparecerem sinais de danos por alta temperatura no cabo.

6) Aparecer qualquer distorção no cabo (como dobra, amassamento ou "gaiola de passarinho").

Distorções mais comuns

Figura 13.58 - Alma saltada.

Figura 13.59 - "Gaiola de passarinho".

Figura 13.60 - Dobra.

13.15 Cuidados de Segurança no Uso dos Cabos de Aço

É lamentável, mas muita gente é enganada quando compra cabos de aço. Alguns distribuidores inescrupulosos fornecem cabos de segunda mão como se fossem novos, especificações erradas ou com marcas falsificadas, que podem causar acidentes graves ou, no mínimo, grandes prejuízos financeiros.

Veja algumas dicas simples para se defender de quem quer lhe vender "gato por lebre".

1) Olho Vivo nos Cabos de Aço dos Equipamentos e nos Laços!

Em guinchos, guindastes, bate-estacas e laços (slings), é necessário usar cabos da construção 6 × 19 ou 6 × 25, o que significa que possuem seis pernas com 19 ou 25 arames cada uma.

Cuidado

Verifique (visualmente ou por meio do certificado de qualidade) se não foram entregues cabos 6 × 7, que apresentam baixa flexibilidade e sofrem ruptura por fadiga em pouco tempo de uso!

Figura 13.61

2) Pontes Rolantes: Não Deixe por Menos!

Para uso em pontes rolantes, são necessários os cabos da construção 6 × 36, 6 × 41 ou 6 × 47.

É importante verificar se não estão lhe fornecendo cabos de outras construções, com menor número de arames por perna. Apesar de mais baratos, esses cabos não têm a resistência à fadiga exigida em pontes rolantes.

Também é importante saber se o cabo foi fabricado em uma única operação, conforme exigem as normas brasileiras e internacionais de segurança.

É fundamental verificar com atenção todos esses fatores. Só assim você terá garantia de que seu trabalho ficará 100% livre de acidentes.

Figura 13.62

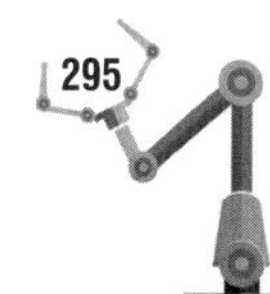

3) Usado, nem de graça!

É comum venderem cabos de aço usados como se fossem novos. Os cabos são engraxados novamente para enganar o comprador.

Cuidado outra vez!

Exija a marca CIMAF Faixa Amarela aparente (uma das pernas do cabo deve conter graxa de cor amarela).

Figura 13.63

Outra dica de segurança

Com a ajuda de um solvente, limpe um trecho de 10cm do cabo de aço para verificar se os arames estão desgastados ou se os fios estão partidos (sinal de que o cabo já foi usado).

4) Manuais e Catálogos Ajudam

Os manuais dos equipamentos que utilizam cabos de aço normalmente trazem a especificação correta dos cabos para que o usuário possa fazer a reposição de forma adequada. Verifique sempre o manual do fabricante do equipamento antes de especificar a compra do cabo de aço para reposição.

Se você tiver dúvida, consulte o catálogo e as tabelas de aplicação de cabos de aço fornecidos pela CIMAF. Verifique também se o seu equipamento exige o uso de cabos com alma de aço, e, no recebimento, confirme se a especificação foi atendida.

Figura 13.64

Lembre-se

Nunca é demais prestar atenção na hora de comprar cabos de aço. Sua segurança e a segurança de seu trabalho têm de estar acima de tudo!

14

Transmissões por Corrente (DIN 8180)

DIN 8187, 8180, 8188, 8181

14.1 Aplicações

- Nos locais em que transmissões por meio de engrenagens ou correias não sejam possíveis.
- Quando houver a necessidade de acionamento de vários eixos por um único eixo motor. Nesse caso, torna-se de fundamental importância que todas as rodas dentadas pertençam a um mesmo plano.

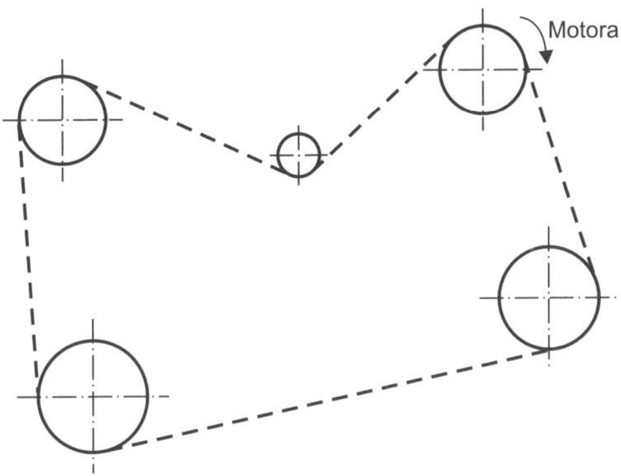

Figura 14.1

14.2 Tipos de Corrente

14.2.1 Correntes de Rolos

1) Roda dentada
2) Pino
3) Bucha
4) Rolo
5) Tala

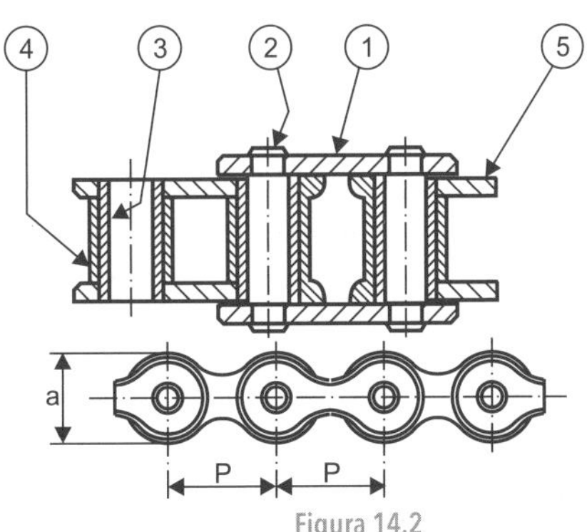

Figura 14.2

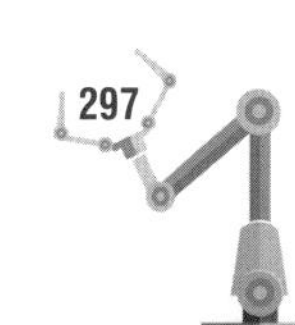

Em que:

d_r - diâmetro do rolo [mm]

S - espessura [mm]

t - passo da corrente [mm]

b_z - largura do dente [mm]

b_l - largura interna da corrente [mm]

b - largura externa da corrente [mm]

d_B - diâmetro do pino [mm]

d_H - diâmetro da bucha [mm]

14.2.2 Correntes de Buchas

São correntes constituídas de buchas e pinos, suportam mais carga, porém se desgastam com maior facilidade.

Em que:

t - passo da corrente

b_a - largura da corrente

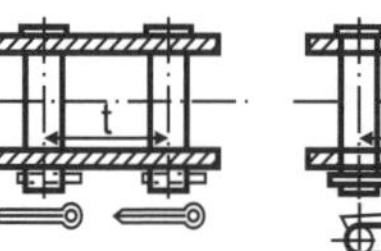

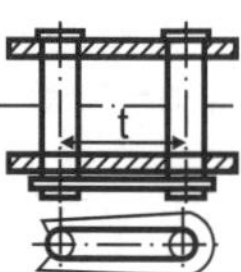

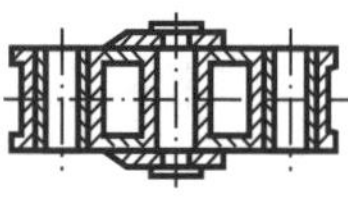

Figura 14.3

14.2.3 Correntes de Dentes

Nesses tipos de corrente, as talas se dispõem sobre os rolos, podendo construir correntes mais largas.

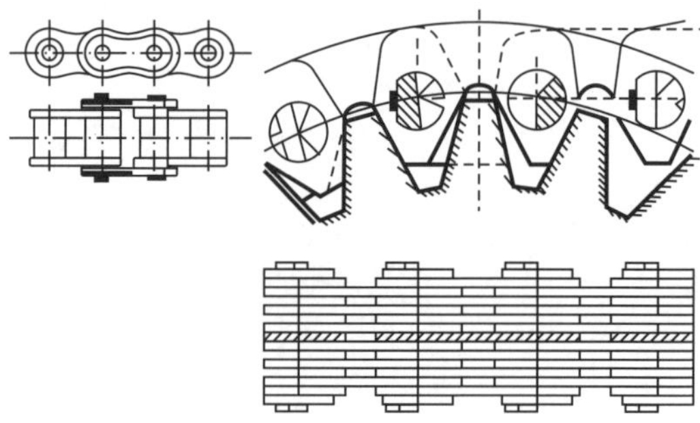

Figura 14.4

14.2.4 Correntes com Elos Fundidos

De aplicação rudimentar, são utilizadas em baixas velocidades (v < 2m/s), aparecem com frequência em máquinas agrícolas, consistindo em elos fundidos em forma de correntes com pinos de aço.

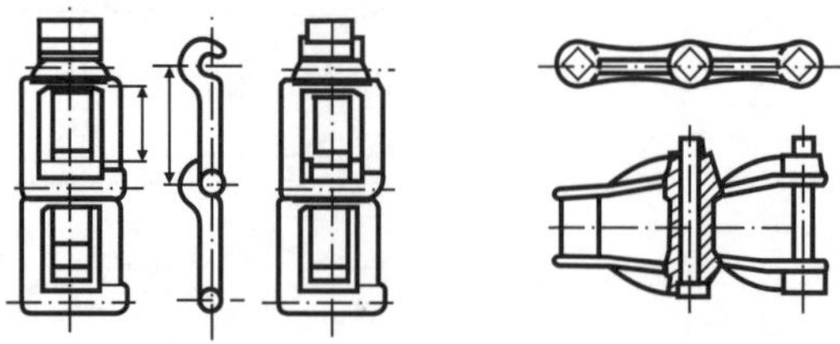

Figura 14.5

14.3 Rodas Dentadas para Correntes

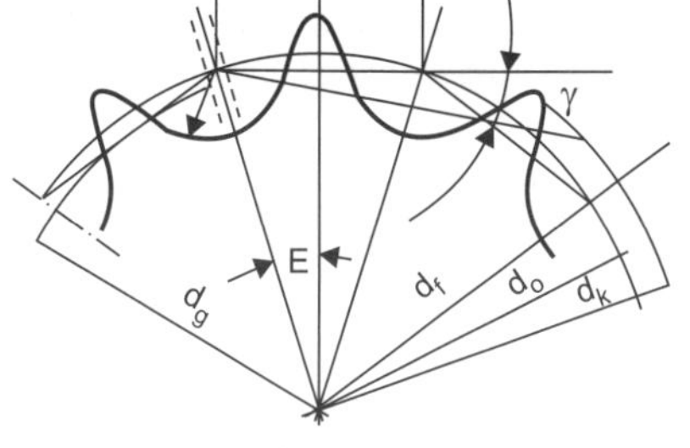

Figura 14.6

Em que:

Diâmetro primitivo: $d_o = \dfrac{t}{\operatorname{sen}\alpha}$

mas $\alpha = 180/z$ $\quad d_o = \dfrac{t}{\operatorname{sen} 180/z}$

diâmetro de base: $d_g = d_o \cos\alpha$

diâmetro interno: $d_f = d_o - 1{,}01\, d_r$

percurso do rolo no engrenamento do elo da corrente.

Espessura axial do dente (medida do primitivo) $\ell = 0{,}95b - 0{,}25d_r$

Em que:

b - largura interna da corrente [mm]

d_r - diâmetro do rolo [mm]

ℓ - espessura axial [mm]

diâmetro externo: $d_k = d_o + 0{,}7d_r\,(Z < 12)$

$d_k = d_o + 0{,}83\, d_r\,(12 < Z < 25)$

$d_k = d_o + 0{,}87\, d_r\,(25 < Z < 38)$

$d_k = d_o + 0{,}90\, d_r\,(Z < 38)$

diâmetro de divisão: $2\alpha = \dfrac{360°}{Z}$ ângulo dos flancos γ

14.4 Rendimento

O rendimento das transmissões por correntes varia de 0.98 a 0.99.

14.5 Dimensionamento (Norma GOST-URSS)

14.5.1 Critério de Desgaste

O desgaste é o principal critério que deve ser levado em conta nas transmissões por correntes. Os valores encontrados para a roda dentada e a corrente nesse critério asseguram o perfeito funcionamento da transmissão.

Durabilidade

Considera-se a transmissão desgastada quando ocorrer alongamento provocado pelo estiramento das talas e o desgaste das articulações, no momento em que o alongamento atingir aproximadamente 3% do comprimento original.

14.5.2 Número Mínimo de Dentes

A utilização de um número reduzido de dentes na engrenagem menor diminui a vida da corrente e aumenta sensivelmente o ruído. Para que não ocorra esse incoveniente, utiliza-se a Tabela 14.1, que determina o número de dentes da engrenagem menor por meio da relação de transmissão.

Tabela 14.1

Tipo de corrente	Relação de transmissão					
	1	2	3	4	5	6
Corrente de rolos	31	27	25	23	21	17
Corrente silenciosa	40	35	31	27	23	19

Observação!

Se for necessário utilizar em algum projeto engrenagem com o número de dentes inferior aos valores indicados na Tabela 14.1, devemos utilizar os limites mínimos seguintes:

- Número mínimo de dentes:
  - correntes de rolos - $Z_{mín} \geq 9$
  - correntes silenciosas - $Z_{mín} \geq 13$
- Número máximo de dentes:
  - correntes de rolos - $Z_{máx} \geq 120$
  - correntes silenciosas - $Z_{máx} \geq 140$

Passo da Corrente

Quanto menor for o passo, melhor será para a transmissão (choques, força centrífuga e atrito), que tem diminuída a sua intensidade. O número de dentes da engrenagem e o passo da corrente limitam a rotação da engrenagem menor.

Correntes Dentadas

A rotação máxima do pinhão para o passo correspondente será:

Tabela 14.2

Passo	1/2"	5/8	3/4"	1	1 1/4"
$rpm_{máx}$	3300	2650	2200	1650	1300

A velocidade periférica não pode exceder os limites seguintes:

correntes de rolos – $v_p = 12m/s$

correntes dentadas – $v_p = 16m/s$

Carga Máxima na Corrente

Corrente de rolos:

$$F_{máx} = \frac{F_{rup}}{n_s \cdot k}$$

Corrente dentada:

$$F_{máx} = \frac{F_{rup} \cdot b}{10 \cdot n_s \cdot k}$$

Em que:

$F_{máx}$ - carga máxima que deve atuar na corrente [N]

F_{rup} - carga de ruptura da corrente (para correntes dentadas é a carga de ruptura atuante em 10 mm da largura) [N]

n_s - coeficiente de segurança [adimensional]

k - fator de operação [adimensional]

b - largura da corrente [mm]

Tabela 14.3 - Coeficientes de segurança n_S

Passo	RPM da engrenagem menor								
	50	200	400	600	800	1000	1200	1600	2000
Cor. de rolos 1/2" 5/8	7,0	7,8	8,6	9,4	10,2	11,0	11,7	13,2	14,8
3/4" 1/4"	7,0	8,2	9,4	10,3	11,7	12,9	14,0	16.3	--
1 1/4" 1 1/2"	7,0	8,6	10,2	13,2	14,8	16,3	19,5	--	--
Cor. Dentadas 1/2" 5/8	20,0	22,2	24,4	28,7	29,0	31,0	33,4	37,8	42,0
3/4" 1/4"	20,0	23,4	26,7	30,0	33,4	36,8	40,0	46,5	53,5

Fator de Operação k

$$k = k_s \cdot k_{(l)} \cdot k_{po}$$

k_s - fator de serviço

k_s - 1,0 carga constante, operação intermitente

k_s - 1,3 com impactos, operação contínua

k_s - 1,5 impactos fortes, operação contínua

$k_{(l)}$ - fator de lubrificação

$k_{(l)}$ - 1,0 lubrificação contínua

$k_{(l)}$ - 1,3 lubrificação periódica

k_{po} - fator de posição

k_{po} - 1,0 $\rightarrow$ quando a linha de centro da transmissão é horizontal, ou possui uma inclinação de até 45° em relação à horizontal

k_{po} - 1,3 $\rightarrow$ quando a linha de centro da transmissão possui uma inclinação superior a 45° em relação à horizontal

Tabela 14.4 - Número máximo de rotações (rpm)

Tipo de corrente	Nº de dentes do pinhão	Passo da corrente t (mm)				
		12	15	20	25	30
Rolos	15	2300	1900	1350	1150	1000
	19	2400	2000	1450	1200	1050
	23	2500	2100	1500	1250	1100
Cilíndricos	27	2550	2150	1550	1300	1100
	30	2600	2200	1550	1300	1100
		12,70	**15,87**	**19,05**	**25,40**	**31,75**
Elos dentados	15 a 35	3300	2650	2200	1650	1300

Distância entre Centros (Estimativa)

$$C = (30 \text{ a } 50)t$$

Em que:

C - distância entre centros [mm] (estimativa)

t - passo da corrente [mm]

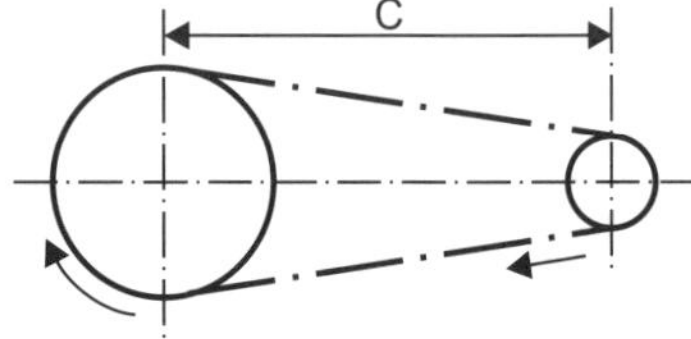

Figura 14.7

Número de Elos

O número de elos é determinado pela expressão:

$$y = \frac{Z_1 + Z_2}{2} + \frac{2C}{t} + \left(\frac{Z_2 - Z_1}{2\pi}\right)^2 \cdot \frac{t}{C}$$

Em que:

y - número de elos [adimensional]

Z_1 - número de dentes do pinhão

Z_2 - número de dentes da coroa

t - passo [mm]

C - distância entre centros [mm]

π - constante trigonométrica [3,1415...]

Distância Correta entre Centros

$$C = \frac{t}{4}\left[y - \frac{Z_1 + Z_2}{2} + \sqrt{\left(y - \frac{Z_1 + Z_2}{2}\right)^2 - 8\left(\frac{Z_2 - Z_1}{2\pi}\right)^2}\right]$$

O valor de A pode ser diminuído de 2 a 5 mm para ajuste da transmissão.

Força na corrente (força tangencial):

$$F_T = \frac{P}{v_c} \qquad [N]$$

É determinada por meio de:

$$F_T = \frac{2M_T}{d_o} \qquad [N]$$

Comprimento da Corrente

Em que:

F_T - força tangencial [N]

P - potência transmitida [W]

v_c - velocidade periférica da corrente [m/s]

M_T - torque [N.mm]

d_o - diâmetro primitivo da engrenagem [mm]

Velocidade da Corrente

$$v_c = \frac{Z_1 \cdot t \cdot n_1}{60 \cdot 1000} \qquad (m/s)$$

Em que:

v_c - velocidade da corrente [m/s]

Z_1 - número de dentes do pinhão [adimensional]

t - passo da corrente [mm]

n - rotação [rpm]

Informações Técnicas

As transmissões por corrente devem ser utilizadas somente em eixos paralelos. A relação de transmissão máxima a ser utilizada $i \leq 10$ sendo a faixa ideal $i \leq 6$.

A potência máxima de que se tem conhecimento, que foi transmitida até hoje por corrente, é de 5000cv (~3700kW) e rotação n = 5000rpm.

Lubrificação

A lubrificação das transmissões por correntes pode ser periódica ou contínua. A lubrificação periódica se realiza com uma azeiteira ou pincel, sendo recomendada para velocidade v < 4m/s.

Nos casos em que a velocidade oscilar de 4 a 6m/s, aconselha-se submergir a corrente em determinados intervalos, introduzindo o ramal conduzido no lubrificante.

Pressão Admissível

rolos cilíndricos: $P_{adm} = 35N/mm^2$ para n < 50rpm [pinhão]

$P_{adm} = 13,7N/mm^2$ para n < 2800rpm [pinhão]

elos dentados: $P_{adm} = 7,8N/mm^2$ para n < 2800rpm

Área da Superfície de Contato

$A_s = 0,5d_r \cdot b_r$ - articulação simples

Em que:

A_s - área da superfície de contato [mm²]

d_r - diâmetro do rolo [mm]

b_r - largura do rolo [mm]

Para corrente duplex:

$A_s = 0,76d_r \cdot b_r$

Carga Atuante no Eixo

A carga atuante no eixo árvore é determinada por meio de:

$F_{arv} = F_T \cdot 2k_o \cdot q \cdot C$

Em que:

F_{arv} - carga atuante no eixo [N]

F_T - carga tangencial [N]

k_o - fator de posição [adimensional]

q - peso da corrente [N/m]

C - distância entre centros [m]

Fator de Posição k_o

k_o - 1 (na posição vertical)

k_o - 2 (a 45°)

k_o - 4 (na posição horizontal)

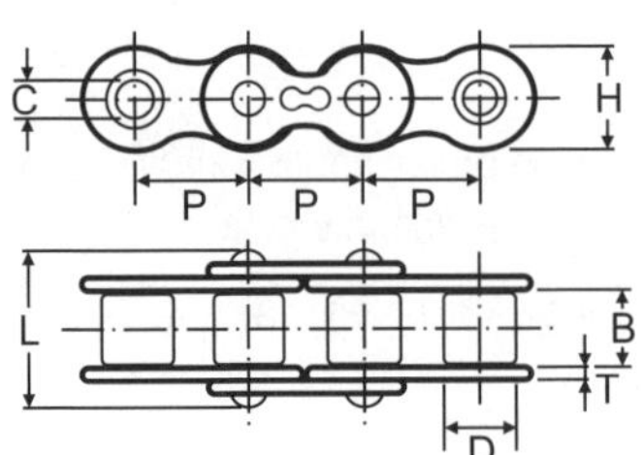

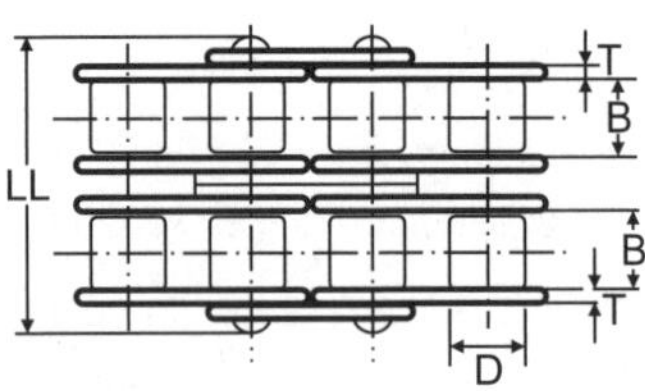

Figura 14.8 - Correntes de rolo série S.

Tabela 14.5

GKW Nº	ASA Nº	Passo	Rolo		Lateral		Piso G	Largura L/LL mm	Carga de ruptura N
			Largura B	Diâmetro D	Espessura T	Altura H = mm			
Simplex									
Import.	40	1/2"	5/16	5/16	1,5 mm	12,0	5/32	15,5	15.000
Import.	50	5/8	3/8	0,400	2,0 mm	15,2	3/16	20,2	20.000
S 401	60	3/4"	1/2"	15/32	2,5 mm	18,4	1/4"	24,6	25.000
S 501	80	1	5/8	5/8	1/8	24,4	5/16	32,5	43.000
S 601	100	1 1/4"	3/4	3/4"	3/16	29,0	3/8	41,5	70.000
S 701	120	1 1/2"	1	7/8	3/18	34,0	7/16	48,5	100.000
S 801	140	1 3/4"	1	1	1/4"	42,0	1/2"	57,0	135.000
S 901	160	2	1 1/4	1 1/8	1/4"	47,6	9/16	63,5	170.000
S 901 R	160 H	2	1 1/4	1 1/8	5/16	47,6	9/16	70,0	200.000
S 901 RR	-	2	1 1/4	1 1/8	3/8	47,6	3/4"	77,0	260.000
S 1001	200	2 1/2"	1 1/2"	1 9/16	5/16	57,0	51/64	76,0	275.000
Duplex									
Import.	D 40	1/2"	5/16	5/16	1,5 mm	12,0	5/32	31,5	25.000
Import.	D 50	5/8	3/8	0,400	2,0 mm	15,2	3/16	39,2	40.000
S 402	D 60	3/4"	1/2"	15/32	2,5 mm	18,4	1/4"	47,2	50.000
S 502	D 80	1	5/8	5/8	1/8	24,4	5/16	65,0	86.000
S 602	D 100	1 1/4"	3/4"	3/4"	3/16	29,0	3/8	78,5	140.000
S 702	D 120	1 1/2"	1	7/8	3/16	34,0	7/16	93,5	200.000
S 802	D 140	1 3/4"	1	1	1/4"	42,0	1/2"	138,0	270.000
S 902	D 160	2	1 ¼	1 1/8	1/4"	47,6	9/16	122,5	340.000
S 1002	D 200	2 1/2"	1 1/2"	1 9/16	5/16	57,0	51/64	147,0	550.000
Triplex									
S 403	E 60	3/4"	1/2"	15/32	2,5 mm	18,4	1/4"	70,7	75.000
S 503	E 80	1	5/8	5/8	1/8	24,4	5/16	95,0	129.000
S 603	E 100	1 1/4"	3/4"	3/4"	3/16	29,0	3/8	117,5	210.000
S 703	E 120	1 1/2"	1	7/8	3/16	34,0	7/16	139,5	300.000
S 803	E 140	1 3/4"	1	1	1/4"	42,0	1/2"	161,0	405.000
S 903	E 160	2	1 1/4"	1 1/8	1/4"	47,6	9/16	181,5	510.000
S 1003	E 200	2 1/2"	1 1/2"	1 9/16	5/16	57,0	51/64	218,0	825.000

Atenção

As correntes com passo de 3/4" até 2 1/2" podem ser fornecidas com contrapinos.

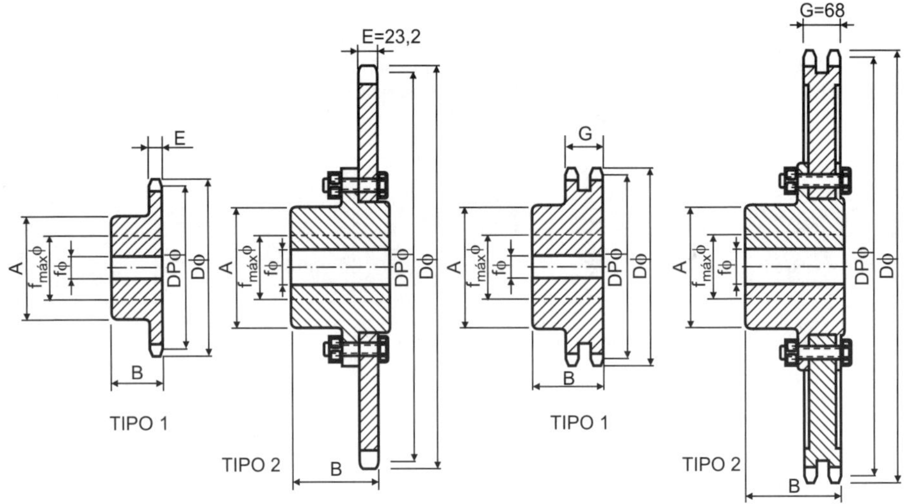

Figura 14.9 - Engrenagens standart para correntes de rolo, passo 1 1/2".

Tipo 1 = em aço SAE-1020

Tipo 2 = disco em aço SAE-1020, conjugado com flange aparafusada

Tabela 14.6

Nº de dentes	Diâmetro primitivo D_p Ø	Diâmetro externo D Ø	Simplex					Duplex				
			Tipo	A	B	F atd	$F_{máx}$	Tipo	A	B	F atd	$F_{máx}$
12	147,21	164,5	1	106	50	15/16"	2 11/16"	1	106	95	15/16"	2 11/16"
13	159,21	176,5	1	116	55	15/16"	3"	1	116	100	15/16"	3"
14	171,22	188,5	1	116	55	15/16"	3"	1	120	100	15/16"	3"
15	183,25	200,5	1	120	60	15/16"	3"	1	126	100	15/16"	3"
16	195,29	212,5	1	120	60	15/16"	3"	1	126	100	15/16"	3"
17	207,35	225	1	120	60	1 3/16"	3"	1	130	105	1 3/16"	3"
18	219,41	237	1	120	60	1 3/16"	3"	1	130	105	1 3/16"	3"
19	231,47	249	2	110	65	1"	2 1/4"	1	130	105	1 3/16"	3"
20	243,54	263	2	110	65	1"	2 1/4"	1	130	105	1 3/16"	3"
21	255,63	272	2	138	89	1 1/4"	3	1	130	105	1 3/16"	3"
23	279,81	298	2	164	99	1 1/4"	3 1/2"	1	130	105	1 3/16"	3"
25	303,99	321	2	170	103	1 1/2"	3 1/2"	1	130	110	1 3/16"	3"
30	364,49	383	2	170	103	1 1/2"	3 1/2"	2	170	130	1 1/2"	3 1/2"
38	461,37	480	2	170	103	1 1/2"	3 1/2"	2	170	130	1 1/2"	3 1/2"
45	546,18	566	2	206	118	1 1/2"	4"	2	206	140	1 1/2"	4"
57	691,6	712	2	206	118	1 1/2"	4"	2	206	140	1 1/2"	4"
76	921,3	942	2	206	118	1 1/2"	4"	2	250	140	1 1/2"	5"

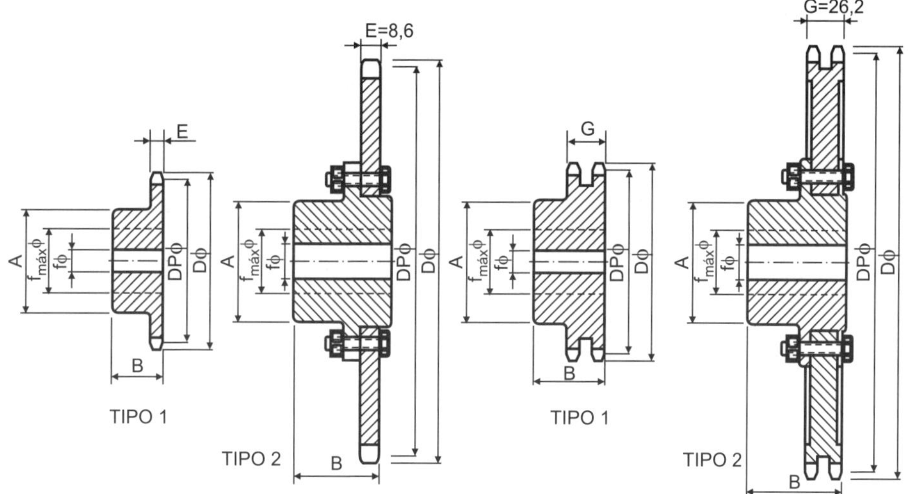

Figura 14.10 - Engrenagens standart para correntes de rolo, passo 5/8".

Tipo 1 = em aço SAE-1020

Tipo 2 = disco em aço SAE-1020, conjugado com flange aparafusada

Tabela 14.7

Nº de dentes	Diâmetro primitivo D_pØ	Diâmetro externo DØ	Simplex					Duplex				
			Tipo	A	B	F atd	$F_{máx}$	Tipo	A	B	F atd	$F_{máx}$
12	61,34	69	1	43	30	3/4"	1 1/16"	1	43	45	3/4"	1 1/6"
13	66,34	74	1	48	30	3/4"	1 1/4"	1	48	45	3/4"	1 1/4"
14	71,34	79	1	51	30	3/4"	1 3/8"	1	51	45	3/4"	1 3/8"
15	76,35	84	1	58	30	3/4"	1 1/2"	1	58	45	3/4"	1 1/2"
16	81,37	89	1	64	30	3/4"	1 5/8"	1	64	45	3/4"	1 5/8"
17	86,39	94	1	68	30	3/4"	1 3/4"	1	68	45	3/4"	1 3/4"
18	91,42	99	1	73	30	3/4"	1 7/8"	1	73	45	3/4"	1 7/8"
19	96,45	104	1	73	30	3/4"	1 7/8"	1	78	45	3/4"	2"
20	101,48	109,2	1	73	35	3/4"	1 7/8"	1	80	50	3/4"	2"
21	106,51	114,3	1	75	35	3/4"	1 7/8"	1	83	50	3/4"	2 1/8"
23	116,59	124,5	1	75	35	3/4"	1 7/8"	1	83	50	3/4"	2 1/8"
25	126,67	135	2	62	39	5/8"	1 1/4"	1	83	50	3/4"	2 1/8"
30	151,87	160	2	62	39	5/8"	1 1/4"	1	83	50	7/8"	2 1/8"
38	192,25	201	2	73	46	3/4"	1 1/2"	1	83	60	7/8"	2 1/4"
45	227,58	236	2	75	46	3/4"	1 1/2"	2	94	69	7/8"	1 3/4"
57	228,19	297	2	75	46	3/4"	1 1/2"	2	110	75	1"	2 1/4"
76	384,15	393	2	94	56	7/8"	1 3/4"	2	110	75	1"	2 1/4"
95	480,74	490	2	94	56	7/8"	1 3/4"	2	110	75	1"	2 1/4"
114	576	585	2	94	56	7/8"	1 3/4"	2	130	85	1 1/4"	2 1/4"

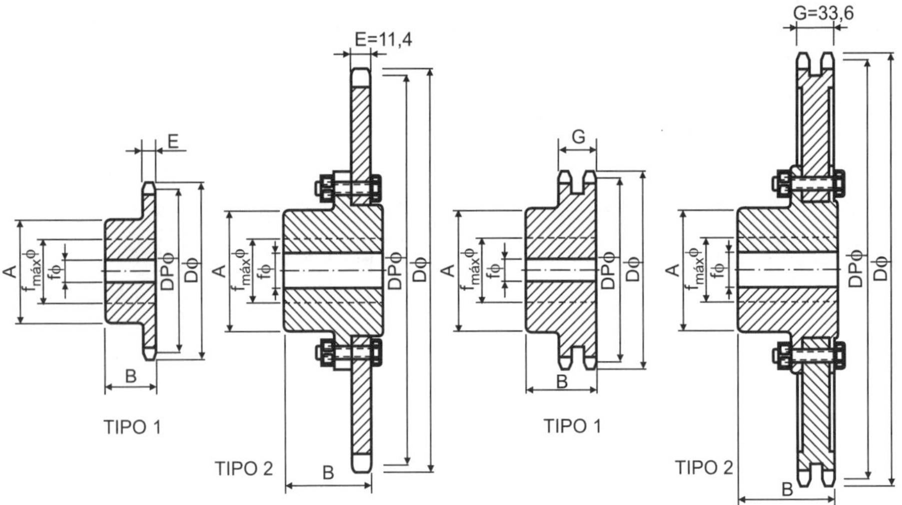

Figura 14.11 - Engrenagens standart para correntes de rolo, passo 3/4".

Tipo 1 = em aço SAE-1020

Tipo 2 = disco em aço SAE-1020, conjugado com flange aparafusada

Tabela 14.8

Nº de dentes	Diâmetro primitivo $D_p Ø$	Diâmetro externo DØ	Simplex					Duplex				
			Tipo	A	B	F atd	$F_{máx}$	Tipo	A	B	F atd	$F_{máx}$
12	73,60	83,0	1	55	35	3/4"	1 5/16"	1	55	55	15/16"	1 5/16"
13	79,60	89,9	1	59	35	3/4"	1 1/2"	1	59	55	15/16"	1 1/2"
14	85,61	95,0	1	65	35	3/4"	1 11/16"	1	65	55	15/16"	1 11/16"
15	91,62	101,0	1	70	35	3/4"	1 3/4"	1	70	55	15/16"	1 13/16"
16	97,65	107,2	1	76	35	3/4"	2"	1	76	55	15/16"	2"
17	103,67	113,2	1	82,5	40	3/4"	2 1/8"	1	82,5	60	15/16"	2 1/8"
18	109,71	119,3	1	82,5	40	3/4"	2 1/8"	1	89	60	15/16"	2 1/4"
19	115,74	125,3	1	82,5	40	3/4"	2 1/8"	1	95	60	15/16"	2 7/16"
20	121,78	131,3	1	82,5	40	3/4"	2 1/8"	1	95	60	15/16"	2 1/8"
21	127,82	137,4	1	82,5	40	3/4"	2 1/8"	1	95	60	15/16"	2 1/8"
23	139,90	150	2	62	41	5/8"	1 1/4"	1	95	60	15/16"	2 1/8"
25	151,99	162	2	62	41	5/8"	1 1/4"	1	95	60	15/16"	2 1/8"
30	182,25	192	2	75	51	3/4"	1 1/2"	1	100	70	15/16"	2 1/4"
38	230,69	241	2	75	51	3/4"	1 1/2"	1	100	70	15/16"	2 1/4"
45	273,10	284	2	94	60	7/8"	1 3/4"	2	110	80	1"	2 1/4"
57	345,82	357	2	94	60	7/8"	1 3/4"	2	130	90	1 1/4"	2 1/2"
76	460,98	472	2	94	60	7/8"	1 3/4"	2	130	90	1 1/4"	2 1/2"
95	576,15	587	2	94	60	7/8"	1 3/4"	2	138	94	1 1/4"	3"
114	691,4	703	2	106	80	1"	2 1/4"	2	158	110	1 1/4"	3 1/2"

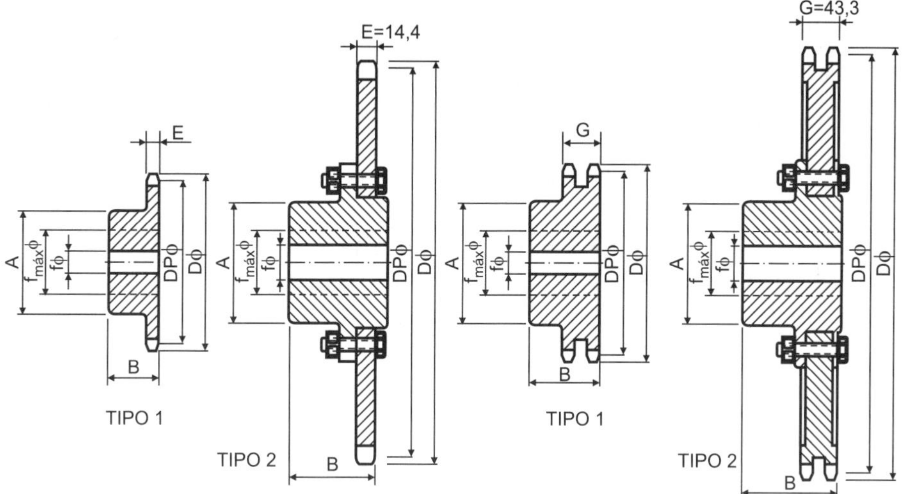

Figura 14.12 - Engrenagens standart para correntes de rolo, passo 1".

Tipo 1 = em aço SAE-1020

Tipo 2 = disco em aço SAE-1020, conjugado com flange aparafusada

Tabela 14.9

Nº de dentes	Diâmetro primitivo $D_p\phi$	Diâmetro externo D ϕ	Simplex					Duplex				
			Tipo	A	B	F atd	$F_{máx}$	Tipo	A	B	F atd	$F_{máx}$
12	98,14	110,5	1	70	35	15/16"	1 3/4"	1	70	60	15/16"	3 1/4"
13	106,14	118,5	1	78	40	15/16"	2"	1	78	65	15/16"	2"
14	114,15	126,5	1	88	40	15/16"	2 1/4"	1	88	65	15/16"	2 1/4"
15	122,17	134,5	1	95	40	15/16"	2 1/2"	1	95	65	15/16"	2 1/2"
16	130,20	142,9	1	102	45	15/16"	2 3/4"	1	104	70	15/16"	2 3/4"
17	138,23	151,0	1	102	45	15/16"	2 3/4"	1	111	70	15/16"	2 7/8"
18	146,27	159,0	1	102	45	15/16"	2 3/4"	1	114	70	15/16"	3"
19	154,34	167	2	75	50	3/4"	1 1/2"	1	114	70	15/16"	3"
20	162,36	174	2	75	50	3/4"	1 1/2"	1	114	70	15/16"	3"
21	170,44	183	2	75	50	3/4"	1 1/2"	1	114	75	15/16"	3"
23	186,54	200	2	94	61	7/8"	1 3/4"	1	114	75	15/16"	3"
25	202,67	215	2	94	61	7/8"	1 3/4"	1	114	75	15/16"	3"
30	243	256	2	110	65	1"	2 1/4"	1	114	85	15/16"	3 1/4"
38	307,59	321	2	110	65	1"	2 1/4"	2	138	100	1 1/4"	3"
45	364,13	378	2	110	65	1"	2 1/4"	2	138	100	1 1/4"	3"
57	461,09	475	2	130	75	1 1/4"	2 1/2"	2	164	110	1 1/4"	3"
76	614,63	629	2	138	77	1 1/4"	3"	2"	170	120	1 1/2"	3 1/2"
95	768,2	782	2	138	77	1 1/4"	3"	2"	200	130	1 1/2"	4"
114	921,8	936	2	164	89	1 1/4"	3 1/2"	2"	200	130	1 1/2"	4"

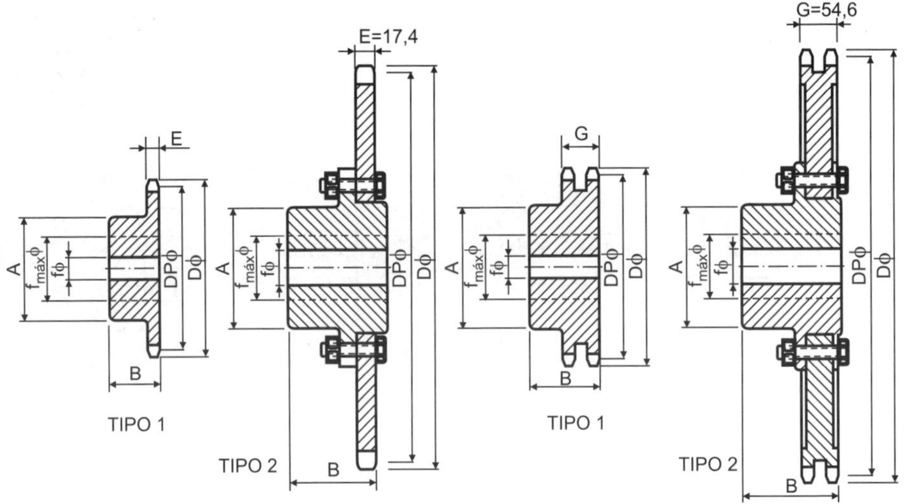

Figura 14.13 - Engrenagens standart para correntes de rolo, passo 1 1/4".

Tipo 1 = em aço SAE-1020

Tipo 2 = disco em aço SAE-1020, conjugado com flange aparafusada

Tabela 14.10

Nº de dentes	**Diâmetro primitivo D_pØ**	**Diâmetro externo DØ**	**Simplex**					**Duplex**				
			Tipo	A	B	F atd	$F_{máx}$	Tipo	A	B	F atd	$F_{máx}$
12	122,67	137,5	1	88	40	15/16"	2 1/4"	1	88	75	15/16"	2 1/4"
13	132,67	147,5	1	98	45	15/16"	2 7/16	1	98	75	15/16"	2 7/16"
14	142,69	157,9	1	108	45	15/16"	2 3/4"	1	108	80	15/16"	2 3/4"
15	152,71	157,5	1	110	45	15/16"	2 3/4"	1	118	80	15/16"	3 1/16"
16	162,74	177,5	1	110	45	15/16"	2 3/4"	1	128	80	15/16"	3 3/8"
17	172,79	187,5	1	110	50	15/16"	2 3/4"	1	128	80	15/16"	3 3/8"
18	182,84	197,5	1	115	50	15/16"	2 3/4"	1	128	80	15/16"	3 3/8"
19	192,91	208	2	120	55	1"	2 1/4"	1	130	86	15/16"	3 1/2"
20	203,27	218	2	120	55	1"	2 1/4"	1	130	86	13/16"	3 1/2"
21	213,03	228	2	110	71	1"	2 1/4"	1	130	86	13/16"	3 1/2"
23	233,17	248	2	138	81	1 1/4"	3"	1	130	86	13/16"	3 1/2"
25	253,31	268	2	138	81	1 1/4"	3"	1	130	100	13/16"	3 1/2"
30	303,73	320	2	138	81	1 1/4"	3"	2	130	100	1 1/4"	3 1/2"
38	384,48	400	2	138	81	1 1/4"	3"	2	138	100	1 1/4"	3"
45	455,17	472	2	164	91	1 1/4"	3 1/2"	2	164	110	1 1/4"	3 1/2"
57	576,32	593	2	164	91	1 1/4"	3 1/2"	2	170	130	1 1/2"	3 1/2"
76	768,3	788	2	164	110	1 1/2"	3 1/2"	2	200	130	1 1/2"	4"

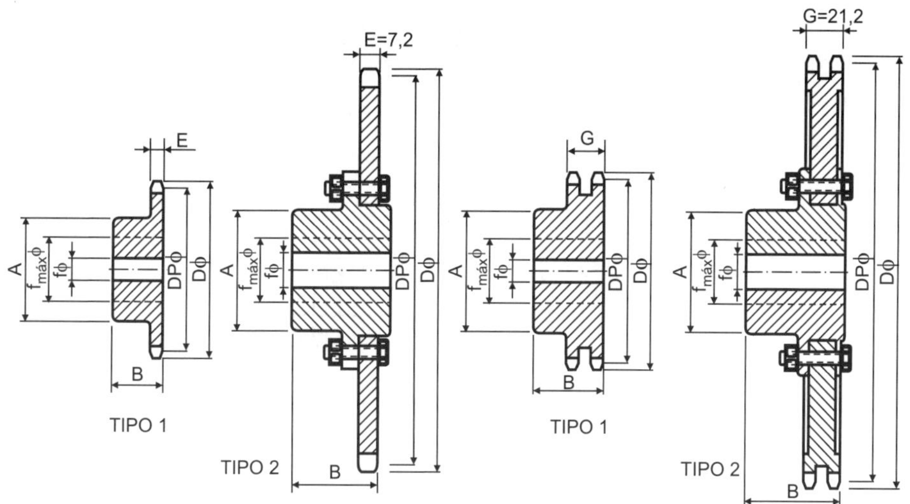

Figura 14.14 - Engrenagens standart para correntes de rolo, passo 1 1/2".

Tipo 1 = em aço SAE-1020

Tipo 2 = disco em aço SAE-1020, conjugado com flange aparafusada

Tabela 14.11

Nº de dentes	Diâmetro primitivo D_p∅	Diâmetro externo D∅	Simplex					Duplex				
			Tipo	A	B	F atd	$F_{máx}$	Tipo	A	B	F atd	$F_{máx}$
12	49,07	55,5	1	35	25	5/8"	7/8"	1	35	40	5/8"	7/8"
13	53,07	59,0	1	39	25	5/8"	1"	1	39	40	5/8"	1"
14	57,07	63,5	1	43	25	5/8"	1 1/8"	1	43	40	5/8"	1 1/8"
15	61,08	67,5	1	47	25	5/8"	1 1/4"	1	47	40	5/8"	1 1/4"
16	65,10	71,5	1	51	25	5/8	1 3/8"	1	51	40	5/8"	1 3/8"
17	69,12	75,5	1	55	25	5/8	1 7/16"	1	55	40	5/8"	1 7/16"
18	73,14	79,5	1	59	25	5/8	1 9/16"	1	59	40	5/8"	1 9/16"
19	77,16	83,5	1	63	25	5/8	1 11/16"	1	63	40	5/8"	1 11/16"
20	81,18	87,6	1	65	30	5/8"	1 11/16"	1	65	45	5/8"	1 3/4"
21	85,21	91,6	1	66	30	5/8"	1 3/4"	1	70	45	5/8"	1 3/4"
23	93,27	99,6	1	66	30	5/8"	1 3/4"	1	70	45	5/8"	1 3/4"
25	101,33	107,7	1	66	30	5/8"	1 3/4"	1	76	45	5/8"	1 3/4"
30	121,49	128	2	62	48	5/8"	1 1/4"	1	83	45	7/8"	1 3/4"
38	153,80	160	2	62	48	5/8"	1 1/4"	1	83	45	7/8"	1 3/4"
45	182,07	189	2	62	48	5/8"	1 1/4"	1	94	66	7/8"	1 3/4"
57	230,53	238	2	75	56	3/4"	1 1/2"	2	94	66	7/8"	1 3/4"
76	307,06	314	2	75	56	3/4"	1 1/2"	2	94	66	7/8	1 3/4"
95	384,10	391	2	75	56	3/4"	1 1/2"	2	110	72	1	2 1/4"
114	460,91	468	2	75	56	3/4"	1 1/2"	2	110	72	1	2 1/4"

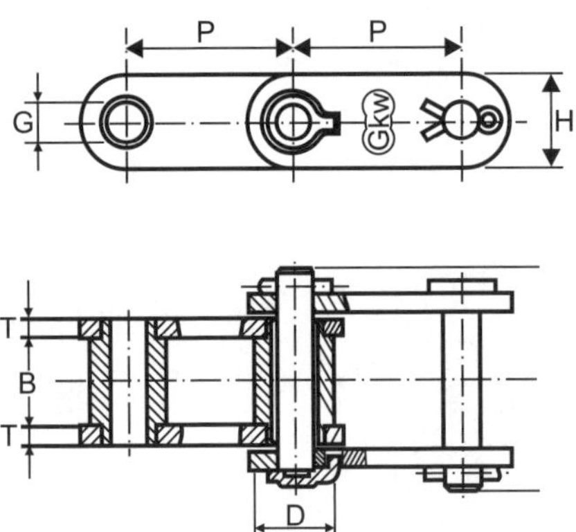

Figura 14.15 - Correntes de rolos fixos Série B.

Tabela 14.12

GKW nº	Passo em		Carga de ruptura aproxim. N	Diâmetro do rolo D	Largura interna B	Lateral externo T x H	Lateral interno T x H	Diâmetro do pino G
	Poleg.	mm.						
B 12	--	20,00	20.000	15/32"	19/32"	1/8" × 11/16"	1/8" × 11/16"	5/16"
B 15	1"	25,40	18.000	1/2"	1/2"	1/8" × 24,4"	1/8" × 24,4"	3/16"
B 16	1"	25,40	18.000	1/2"	5/8"	1/8" × 24,4"	1/8" × 24,4"	3/16"
B 17	1,375"	34,90	45.000	9/16"	5/8"	1/8" × 7/8"	5/32" × 7/8"	5/16"
B 171	1,375"	34,90	45.000	3/4"	3/4"	1/8" × 1"	5/32" × 1"	13/32"
B 22	1,625"	41,30	55.000	3/4"	3/4"	3/16" × 1"	3/16" × 1"	3/8"
B 221	1,625"	41,30	70.000	13/16"	1"	3/16" × 1 1/8"	3/16" × 1 1/8"	7/16"
B 26	1,624"	42,00	70.000	13/16"	1"	3/16" × 1 1/8"	3/16" 1 1/8"	13/32"
B 28	2,250"	57,15	125.000	1 1/8"	1 3/4"	1/4" × 1 1/2"	5/16" × 1 1/2"	5/8"
B 31	2,308"	58,60	92.000	3/4"	3/4"	3/16" × 1"	1/4" × 1	1/2"
B 310	2,308	58,60	120.000	3/4"	1"	1/4" × 1 1/4"	5/16" × 1 1/4"	1/2"
B 370	2,609	66,30	109.000	7/8"	1 1/32"	1/4" × 1 1/4"	5/16" × 1 1/4"	1/2"
B 40	3,075"	78,10	175.000	1 1/4"	1 3/16"	5/16" × 1 1/2"	3/8" × 1 1/2"	5/8"
B 41	3,075"	78,10	199.000	1 1/4"	1 3/16"	3/8" × 1 1/2"	1/2" × 1 1/2"	5/8"
B 102	4"	101,60	150.000	1"	2 1/8"	3/8" × 1 1/2"	3/8" × 1 1/2"	5/8"
B 103	4"	101,60	181.000	1"	2 7/8"	3/8" × 1 5/8"	3/8" × 1 5/8"	5/8"
B 110	4,04"	102,60	241.000	1 1/4"	2 1/4"	3/8" × 2"	3/8" × 2"	3/4"
B 111	4,04"	102,60	236.000	1 3/8"	3"	3/8" × 2"	3/8" × 2"	3/4"
B 613	6"	152,40	226.000	1 1/2"	1 7/8"	3/8" × 2"	3/8" × 2"	3/4"
B 615	6"	152,40	147.000	1 1/4"	2 1/8"	3/8" × 1 1/2"	3/8" × 1 1/2"	5/8"
B 616	6"	152,40	255.000	1 1/2"	2 1/4"	3/8" × 2"	3/8" × 2	3/4"
B 618	6"	152,40	211.000	1 3/4"	1 1/4"	3/8" × 2"	3/8" × 2"	7/8
B 619	6,05"	153,67	187.000	1 3/4"	4 5/16"	1/2" × 2	1/2" × 2"	1"
B 6220	6,05"	153,67	347.000	1 3/4"	3 5/16"	1/2" × 2 1/2"	1/2" × 2 1/2"	1"
B 621	6,05"	153,67	187.000	1 3/4"	3 1/8"	1/2" × 2	1/2" × 2"	1"
B 6300	7,09"	180,00	170.000	1 1/4"	1 11/32"	1/4" × 2	5/16" × 2"	7/8"

Exercício Resolvido

1) Um compressor será acionado por uma transmissão por corrente, por um motor de 15kW (~20cv) que possui uma rotação nominal de 1200 rpm e uma rotação efetiva de 1160rpm.

Um motor elétrico com potência P = 15kW (~20cv) e rotação n = 1160rpm aciona um compressor por meio de uma transmissão por corrente.

O volante do compressor deve girar com 290rpm. O trabalho é considerado normal e a distância entre centros estimada em 600mm. Considere a linha de centros com inclinação inferior a 45° em relação à horizontal. A lubrificação é contínua.

Dimensionar a transmissão.

Especificar o lubrificante.

Resolução

a) Relação de transmissão i

Como a corrente de rolos cilíndricos é mais simples e possui o menor custo, opta-se por esse tipo de corrente.
Nesse caso, a v_p fica limitada no máximo a 12m/s ($v_p < 12$m/s).

$$i = \frac{n_{motor}}{n_{compressor}} = \frac{1160}{290} \qquad i = 4$$

b) Número de dentes do pinhão

Para i = 4, encontra-se na Tabela 14.1 que $Z_1 = 23$ dentes.

Número de dentes da coroa:

$Z_2 = Z_1 \cdot i = 23 \cdot 4 = 92$ dentes

Como $Z_{máx} = 120$, conclui-se que a coroa com 92 dentes encontra-se no intervalo de perfeito funcionamento.

c) Passo da corrente

O pinhão possui $Z_1 = 23$ dentes e gira com n = 1160rpm. A Tabela 14.4 indica que, com exceção d = 30mm, qualquer outro passo pode ser utilizado. Quanto menor for o passo, melhor será para a transmissão, pois diminuem os choques, a força centrífuga e o atrito. Por essas razões, escolhe-se o passo

t = 1/2" = 12,7 mm.

d) Velocidade periférica da corrente

$$v_p = \frac{Z_1 \cdot t \cdot n_1}{60 \cdot 1000} = \frac{23 \cdot 12{,}7 \cdot 1160}{60 \cdot 100} \qquad vp = 5{,}65\text{m/s, portanto,}$$

$v_p < 12$ m/s, está verificada a condição.

e) Fator de operação k

O fator de operação leva em consideração as condições de trabalho.

$k = k_s \cdot k_\ell \cdot k_{po}$

Fator de serviço k_s

k_s - 1,0 carga constante

$k\ell$ - fator de lubrificação

k_ℓ - 1,0 lubrificação contínua

k_{po} - fator de posição

k_{po} - 1, pois a linha de centros tem inclinação inferior a 45° em relação à horizontal.

$k = k_s \cdot k_\ell \cdot k_{po} = 1 \cdot 1 \cdot 1 = 1 \Rightarrow k = 1$

f) Carga tangencial na corrente

$$F_T = \frac{P}{v_p} = \frac{15000}{5,65}$$

F_T = 2655N (carga máxima atuante na corrente)

g) Carga de ruptura da corrente

$F_{rup} = F_{máx} \cdot n_s \cdot k$

Na Tabela 14.3, obtém-se que:

$$n_s = 11,7, \text{ pois } \begin{cases} n = 1160\text{rpm} \\ t = 1/2" = (12,7\text{mm}) \end{cases}$$

portanto,

$F_{rup} = F_{máx} 2655 \cdot 11,7 \cdot 1$

$$\boxed{F_{rup} = 31.063\text{N}}$$

Consultando o catálogo da GKW, observa-se que se as correntes de t = 1/2" (t = 12,7mm) forem utilizadas, o projeto perde sua qualidade com a diminuição do coeficiente de segurança.

Aumentando o passo para t = 5/8"(15,875mm), recalcula-se o projeto.

h) Velocidade periférica

$$v_p = \frac{Z_1 \cdot t \cdot n_1}{60 \cdot 100} = \frac{23 \cdot 15,875 \cdot 1160}{60 \cdot 100}$$

$$\boxed{v_p = 7,05\text{m/s}}$$

portanto, $v_p < 12$m/s está verificada a condição.

i) Carga tangencial na corrente

$$F_T = \frac{P}{v_p} = \frac{15000}{7,05}$$

$\boxed{F_T = 2128\text{N}}$ (carga máxima atuante na corrente)

j) Carga de ruptura da corrente

$F_{rup} = F_{máx} \cdot n_s \cdot k$

Na Tabela 14.3, obtém-se que:

$$n_s = 11{,}7\text{, pois } \begin{cases} n = 1160\text{rpm} \\ t = 5/28 = (15{,}875\text{mm}) \end{cases}$$

portanto,

$F_{rup} = 2128 \cdot 11{,}7 \cdot 1$

$F_{rup} \cong 25.000\text{N}$

Utiliza-se uma corrente GKW duplex DSO (ASA) F_{rup} = 40000N

Especificar:

GKW duplex 5/8" 40000 norma ASA D50

k) Verificação da distância entre centros

C = (30 a 50) t

$$\frac{C}{t} = \frac{600}{15{,}875} = 37{,}8$$

A relação está no intervalo especificado (30 a 50), de onde conclui-se que a distância entre centros será mantida.

l) Número de elos

$$y = \frac{Z_1 + Z_2}{2} + \frac{2C}{t} + \left(\frac{Z_2 - Z_1}{2\pi}\right)^2 \cdot \frac{t}{C}$$

$$y = \frac{23 + 92}{2} + \frac{2 \cdot 600}{15{,}875} + \left(\frac{92 - 23}{2\pi}\right)^2 \cdot \frac{15{,}875}{600}$$

$$\boxed{y = 136\text{elos}}$$

m) Comprimento da corrente

$$\ell = y \cdot t \quad \rightarrow \quad \ell = 136 \cdot 15{,}875$$

$$\boxed{\ell = 2159\text{mm}}$$

n) Carga no eixo árvore

ko = 2 (inclinação próxima a 45°)

q ≅ 20N/m (DIN 8187) para corrente duplex com t = 5/8” (15,875mm)

C = 0,6m (distância entre centros)

$F_{arv} = 2128 + 2 \cdot 2 \cdot 20 \cdot 0{,}6$

$F_{arv} = 2176\text{N}$

Engrenagens

Pinhão: número de dentes $Z_1 = 23$

Diâmetro primitivo:

$$d_{o_1} = \frac{t}{\frac{\text{sen}\,180°}{Z_1}} = \frac{15,875}{\frac{\text{sen}\,180°}{23}} \qquad d_{o_1} = 116,58\text{mm}$$

Diâmetro externo:

$d_{k_1} = d_{o_1} + 0,83d_r (12 < Z_1 < 25)$

$d_{k_1} = 116,58 + 0,83 \cdot 0,4 \cdot 25,4 \quad d_{k_1} = 125\text{mm}$

Diâmetro da base:

$d_{g_1} = d_{o_1} \cos\alpha$

Em que:

$$\boxed{2\alpha = \frac{360°}{Z_1} = \frac{360}{23} = 15°40'}$$

$\alpha = 7°50'$

$d_{g_1} = 116,58 \cos 7°50'$

$d_{g_1} = 115,5\text{mm}$

Diâmetro interno:

$d_{f_1} = d_o - 1,01d_r$

$d_{f_1} = 116,58 - 1,01 \cdot 0,4 \cdot 25,4$

$d_{f_1} = 106,3\text{mm}$

Coroa: número de dentes $Z_2 = 92$

Diâmetro primitivo:

$$d_{o_2} = \frac{t}{\frac{\text{sen}180°}{Z_2}} = \frac{15,875}{\frac{\text{sen}180°}{92}} \qquad d_{o_2} \cong 465\text{mm}$$

Diâmetro de base:

$d_{g_2} = d_{o_2} \cos\alpha$

$d_{g_2} = 465 \cos 7°50'$

$d_{g_2} = 460,66\text{mm}$

Diâmetro externo:

$d_{k_2} = d_{o_2} - 0,9d_r$

$d_{k_2} = 465 - 0,9 \cdot 0,4 \cdot 25,4$

$d_{k_2} = 474,14mm$

Diâmetro interno:

$d_{f_2} = d_{o_2} - 1,01d_r$

$d_{f_2} = 465 - 1,01 \cdot 0,4 \cdot 25,4$

$d_{f_2} = 454,73mm$

Lubrificação

Pressão específica:

$$p = \frac{F_T}{A_s} = \frac{F_T}{0,76d_r \cdot b_r}$$

$$p = \frac{2128}{0,76 \cdot 0,4 \cdot 25,4 \cdot 3/8 \cdot 25,4}$$

$d_r = 0,4 \cdot 25,4$ e $b = 3/8 \cdot 25,4$ (tabela de correntes GKW)

$p = 28,9\ N/mm^2$

Escolha do Lubrificante

A lubrificação é manual, a pressão específica na articulação da corrente é de $28,9N/mm_2$ e a velocidade da corrente é $v = 7,05m/s$, de onde se conclui que a viscosidade do óleo a 50°C é de 80 cSt.

Exercício Proposto

1) O acionamento de um redutor é efetuado pela transmissão por correntes, movido por um motor elétrico de potência $P = 22kW$ (~30cv) e rotação $n = 1180rpm$.

A rotação do eixo de entrada do redutor é 600rpm. O trabalho é considerado normal e a distância entre centros admitida em 500mm. Considere a linha de centro na vertical. A lubrificação é contínua. Dimensionar a transmissão. Especificar o lubrificante.

Será utilizada a corrente de rolos cilíndricos por ser mais simples e possuir o menor custo. A vp fica limitada a 12m/s (vp < 12m/s).

Respostas

$Z_1 = 27$ dentes

$Z_2 = 53$ dentes

t = 5/8" (15,875mm)

$F_T = 267kgf$

$P_{rup} = 4061kgf$

y = 104 elos

$\ell = 1651mm$

$P_{arv} = 269kgf$

Corrente ASA D 50

Engrenagens

Pinhão:

$d_{o_1} = 136{,}75mm$

$d_{k_1} = 145{,}59$

$d_{g_1} = 135{,}82mm$

$d_{f_1} = 126{,}49$

Coroa:

$d_{o_2} = 267{,}98mm$

$d_{g_2} = 266{,}17mm$

$d_{k_2} = 277{,}12mm$

$d_{f_2} = 257{,}71mm$

Lubrificação:

$p = 3{,}63kgf/mm^2$

Óleo a ser utilizado:

$v = 60\ cSt$

15

Junções do Eixo Árvore com o Cubo

15.1 Valores de Referência

Valem para eixos com material ST 42.

Comprimento do cubo

$\ell = 2x \cdot \sqrt[3]{M_T}$

Espessura do cubo

$\ell = 2y \cdot \sqrt[3]{M_T}$

Em que:

ℓ - comprimento do cubo [mm]

M_T - torque [N.mm]

x e y - fatores de serviço

S - espessura do cubo [mm]

15.1.1 Fatores x e y

Tabela 15.1

Tipo de ajuste	Material do cubo			
	Fofo cinzento		Aço	
	x	y	x	y
Ajuste a quente, prensado ou cônico	0,42 - 0,53	0,21 - 0,30	0,21 - 0,35	0,18 - 0,26
Ajuste de cunha de mola ou de aperto	0,53 - 0,70	0,18 - 0,21	0,35 - 0,46	0,14 - 0,18
Eixo ranhurado, série média DIN 5463	0,21 - 0,30	0,14 - 0,18	0,13 - 0,21	0,12 - 0,16

Quando houver esforços basculantes, torna-se necessário aumentar o comprimento do cubo, dimensionamento indicado para uniões com chavetas e chavetas tangenciais.

15.1.2 Junções por Atrito

Sempre que houver atrito entre o cubo e o assento, recomenda-se a utilização de:

$M_T = 0{,}5\pi d^2 \cdot \ell \cdot p \cdot \mu$

Em que:

M_T - torque [N.mm]

d - diâmetro do eixo [mm]

ℓ - comprimento do cubo [mm]

p - pressão de contato (cubo-eixo) [N/mm^2]

μ - coeficiente de atrito [adimensional]

π - constante trigonométrica [3,1415...]

a) Tipos de Junção por Atrito

As junções por atrito podem ocorrer nas seguintes condições: a quente, do tipo cone, de aperto, chaveta côncava e anel de aperto.

15.1.3 Junções por Ligação de Forma

Quando houver (n) superfícies de sustentação (exemplo: eixos ranhurados) com uma altura útil de sustentação (h) e uma pressão de contato p, utiliza-se:

$M_T = 0{,}5d \cdot n \cdot h \cdot \ell \cdot p$

Em que:

M_T - torque [Nmm]

d - diâmetro do eixo [mm]

n - número de superfícies de sustentação

h - altura útil de sustentação [mm]

ℓ - comprimento do cubo [mm]

p - pressão de contato (cubo-eixo) [N/mm^2]

a) Tipos de Ligação por Forma

Esses tipos de ligação ocorrem por meio de:

- molas de ajuste,
- polígono,
- eixo ranhurado,
- entalhe dentado.

Exercícios Propostos

1) Dimensionar o cubo de um pinhão que transmite um torque $M_T = 94000Nmm$ e encontra-se unido ao eixo por meio da chaveta simples.

Materiais utilizados:

eixo ST 42.11 (~SAE 1030)

pinhão SAE 8640

Considere o ajuste prensado.

a) Fatores x e y

Por meio da tabela de fatores x e y (Tabela 15.1), encontramos que para cubo de aço tem-se:

x – 0,21 a 0,35

y – 0,18 a 0,26

b) Comprimento do cubo

para x = 0,21, tem-se:

$$\ell = 2x \cdot \sqrt[3]{M_T}$$

$$\ell = 2 \cdot 0{,}21 \cdot \sqrt[3]{94000}$$

$$\boxed{\ell \cong 20mm}$$

para x = 0,35, tem-se:

$$\ell = 2x \cdot \sqrt[3]{M_T}$$

$$\ell = 2 \cdot 0{,}35 \cdot \sqrt[3]{94000}$$

$$\boxed{\ell \cong 32mm}$$

portanto, o comprimento do cubo pode variar de 20 a 34mm.

Fixa-se um valor médio, por exemplo, $\ell = 25mm$.

c) Espessura do cubo

No item 1 da resolução, encontra-se na Tabela 15.1 de fatores que:

$0{,}18 \leq y \leq 0{,}26$

para y = 0,18 tem-se:

$$S = 2y \cdot \sqrt[3]{M_T}$$

$$S = 2 \cdot 0{,}18 \cdot \sqrt[3]{94000}$$

$$\boxed{S \cong 17mm}$$

para y = 0,26 tem-se:

$$S = 2y \cdot \sqrt[3]{M_T}$$

$$S = 2 \cdot 0{,}26 \cdot \sqrt[3]{94000}$$

$$\boxed{S \cong 24mm}$$

portanto, a espessura do cubo pode variar de 17 a 24mm.

Fixa-se um valor médio, por exemplo, S = 20mm.

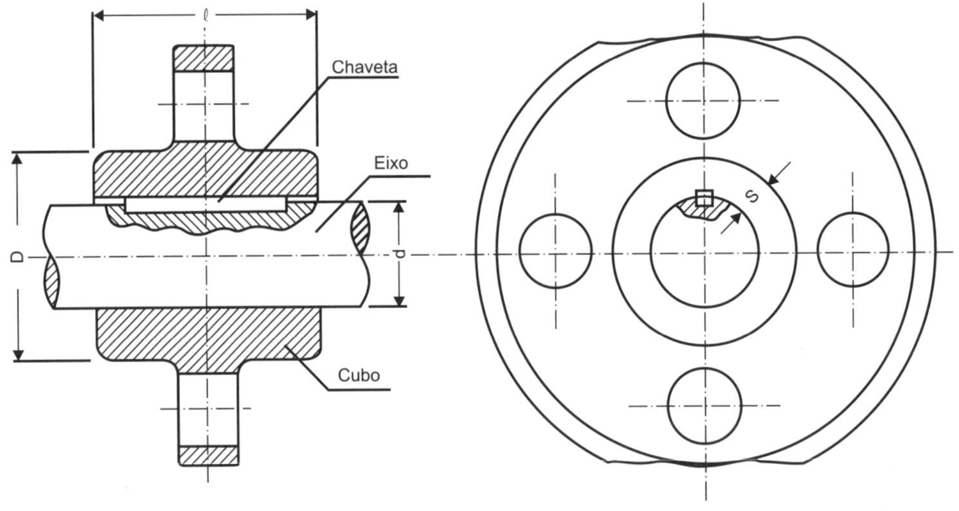

Figura 15.1

16

Chavetas

<table>
<tr><th></th><th>Características:</th></tr>
<tr><td> Figura 16.1 - Chaveta plana DIN6885.</td><td>É mais comum, sendo indicada para torque de sentido único.</td></tr>
<tr><td> Figura 16.2 - Chaveta inclinada DIN6886.</td><td>O cubo é montado à força. O torque transmissível é maior que nas chavetas planas.</td></tr>
<tr><td> Figura 16.3 - Chaveta meia-lua DIN6888.</td><td>Ajusta-se automaticamente, tornando-se mais econômica. Utiliza-se esse tipo de chaveta em máquinas operatrizes, automóveis e em transmissões em geral com o torque médio.</td></tr>
<tr><td> 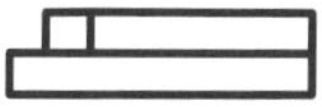Figura 16.4 - Chaveta tangencial DIN271.</td><td rowspan="2">Admite aplicações de torque nos dois sentidos.</td></tr>
<tr><td> Figura 16.5 - Chaveta inclinada com cabeça DIN6887.</td></tr>
</table>

Dimensionamento:

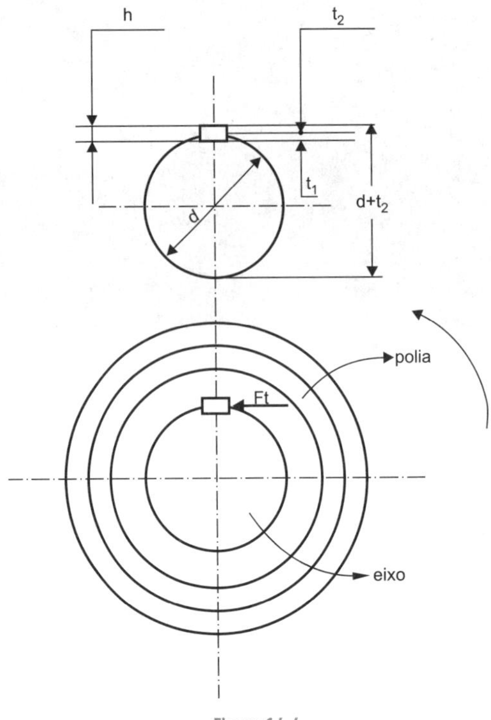

Figura 16.6

A carga tangencial atuante tende a provocar cisalhamento na superfície $b \cdot \ell$ da chaveta.

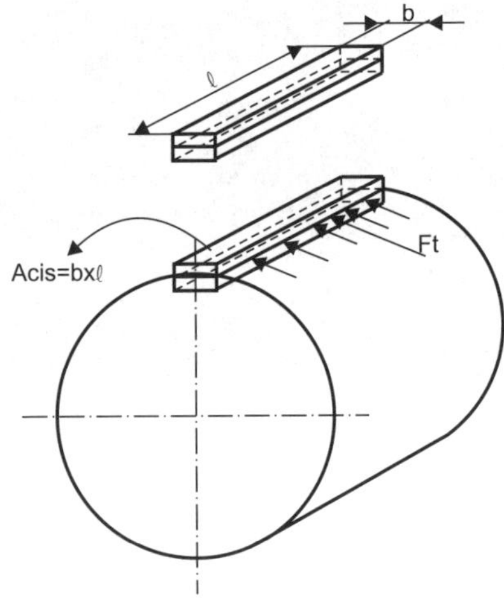

Figura 16.7

A tensão do cisalhamento é dada por:

$$\tau = \frac{F_T}{A_{cis}} = \frac{F_T}{b \cdot \ell} \qquad \tau = \frac{F_T}{b \cdot \ell}$$

A pressão de contato entre o cubo e a chaveta, que pode acarretar o esmagamento da chaveta e do próprio rasgo no cubo, é dada por:

$$\sigma_d = \frac{F_T}{A_{esm}} = \frac{F_T}{\ell(h - t_1)}$$

Material indicado para chavetas é o st60 ou st80 (ABNT 1050 ou 1060).

Pressão média de contato $\bar{\sigma}_d = 100\text{MPa}$.

Tensão admissível de cisalhamento $\bar{\tau} = 60\text{MPa}$.

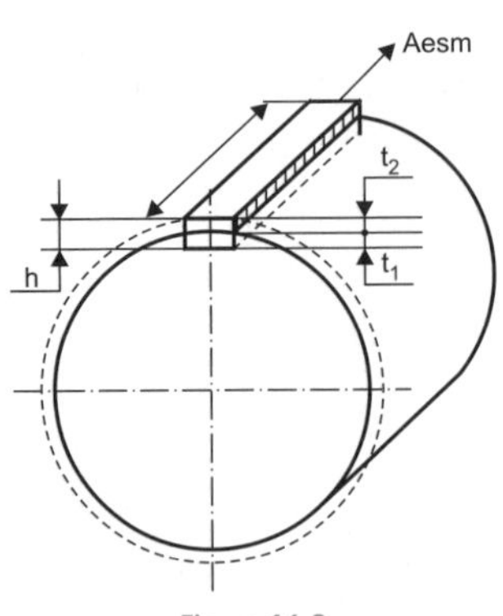

Figura 16.8

Exercício Resolvido

O eixo árvore de uma máquina possui diâmetro d = 20mm, seu material é o ABNT 1050 (st60.11), vai transmitir uma potência P = 3kW (~4cv), girando com rotação n = 1730rpm, por meio de engrenagem chavetada ao eixo.

Dimensionar chaveta para a transmissão (DIN 6885).

Resolução

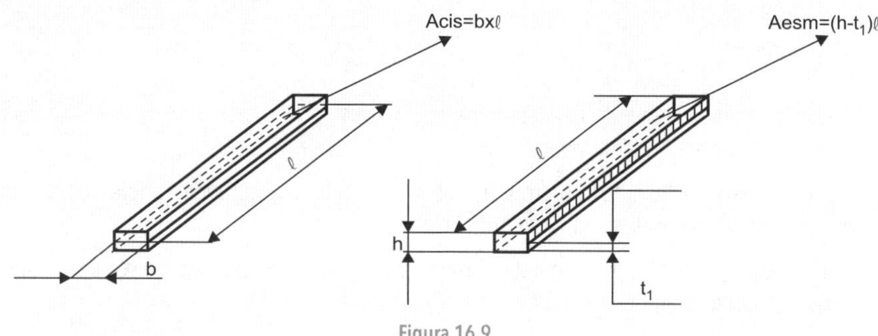

Figura 16.9

Por meio do DIN 6885 (chaveta plana) encontram-se os seguintes valores:

$$d_{eixo} = 20mm \rightarrow chaveta \begin{cases} b = 6mm \\ h = 6mm \\ t_1 = 3,5mm \end{cases}$$

O material especificado na norma é o st60 (ABNT 1050) e as tensões admissíveis indicadas são:

$\bar{\tau} = 60N/mm^2$ (tensão admissível de cisalhamento)

$\bar{\sigma}_d = 100N/mm^2$ (pressão média de contato)

1) Torque na árvore

$$M_T = \frac{30000}{\pi} \cdot \frac{p}{n}$$

$$M_T = \frac{30000}{\pi} \cdot \frac{3000}{1730}$$

$$M_T \cong 16560Nmm$$

2) Força tangencial (F_T)

$$F_T = \frac{M_T}{r}$$

$$F_T = \frac{16560}{10}$$

$$F_T = 1656N$$

Raio da árvore

$$r = \frac{d}{2} = \frac{20}{2}$$

$$r = 10mm$$

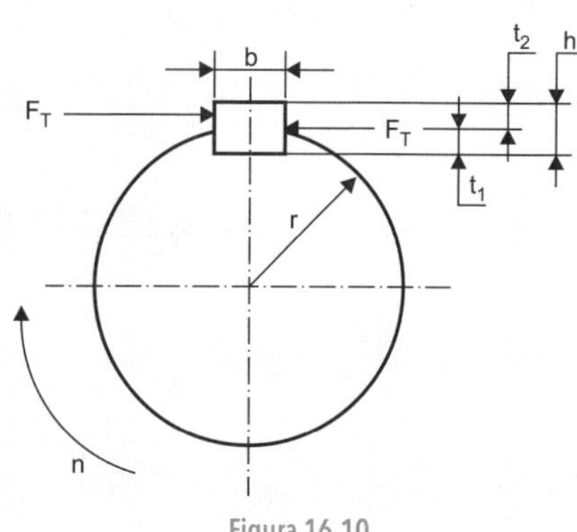

Figura 16.10

3) Dimensionamento do comprimento da chaveta

a) Cisalhamento

$$\bar{\tau} = \frac{F_T}{b \cdot \ell_c}$$

$$\ell_c = \frac{F_T}{b \cdot \bar{\tau}} = \frac{1656}{6 \cdot 60}$$

$$\ell_c = 4{,}6\text{mm}$$

b) Pressão de contato (esmagamento)

$$\sigma_d = \frac{F_T}{\ell_e(h - t_1)} \Rightarrow \ell_e = \frac{F_T}{\sigma_d(h - t_1)}$$

$$\ell_e = \frac{1656}{100(6 - 3{,}5)} \Rightarrow \ell_e \cong 6{,}6\text{mm}$$

O comprimento mínimo da chaveta será $\ell_{mín} = 7\text{mm}$, pois $\ell_e > \ell_c$ e $\ell_e \cong 7\text{mm}$. Acima de 7mm qualquer valor pode ser utilizado.

Por questão de estabilidade entre a árvore e o cubo da engrenagem, adota-se o comprimento da chaveta com o mesmo comprimento do cubo.

Então, fica a pergunta: por que determinar o comprimento da chaveta se ela terá, em princípio, o mesmo comprimento do cubo?

Porque em vários casos o comprimento mínimo da chaveta será maior que o comprimento do cubo, e nesses casos podem ser adotadas duas ou três chavetas entre o cubo e a árvore.

Exercício Proposto

1) O eixo árvore de uma máquina encontra-se chavetado a uma engrenagem para transmitir uma potência P = 51,5kW (~70cv), girando com rotação n = 1440rpm. O diâmetro da árvore é d = 100mm. Determinar o comprimento mínimo ($\ell_{mín}$) da chaveta.

Material ABNT1050 (DIN6885) $\longrightarrow$ chaveta plana.

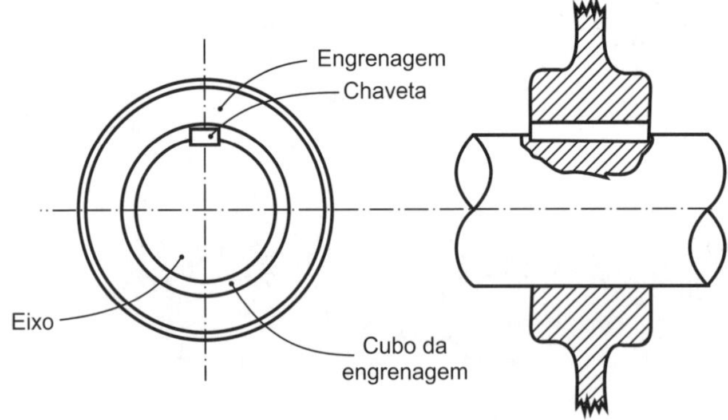

Figura 16.11

Resposta

$\ell_{mín} \cong 14\text{mm}$

17

Mancais de Deslizamento

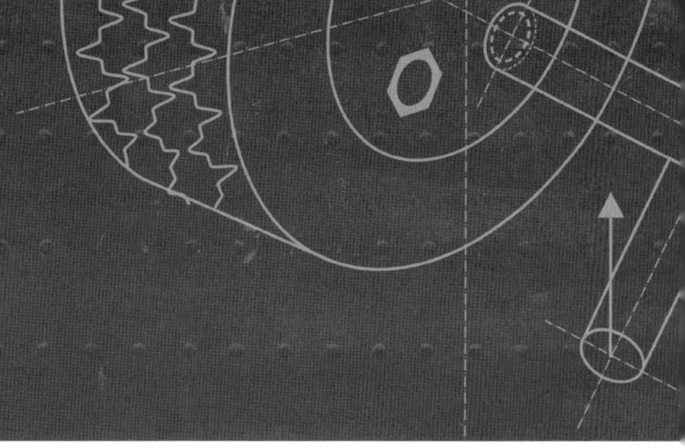

Denomina-se mancal de deslizamento o conjunto eixo-casquilho.

Funcionamento

O eixo desenvolve movimento giratório, apoiado no casquilho de formato circular, separado dele por uma película de lubrificante.

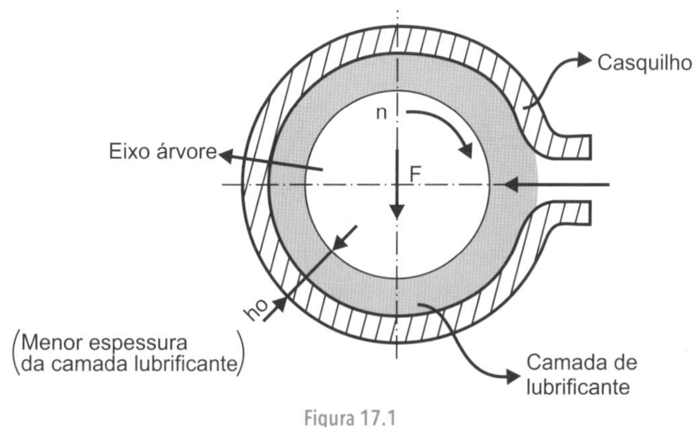

Figura 17.1

17.1 Coeficiente de Somerfield (S_o)

$$S_o = \frac{p_m \cdot \varphi^2}{Z \cdot \omega}$$

Em que:

S_o - coeficiente de Somerfield [adimensional]

p_m - pressão superficial média [N/mm²]

φ - jogo relativo do mancal [adimensional]

Z - viscosidade dinâmica do meio lubrificante [N.s/mm²]

ω - velocidade angular [rad/s]

Espessura da camada do lubrificante no ponto mais estreito (h_o)

$$h_o = \frac{C_1 \cdot Z \cdot \omega}{P_m \cdot \varphi}$$

Com a introdução do coeficiente de Somerfield escreve-se que:

$$h_o = \frac{C_1 \cdot \varphi}{S_o}$$

h_o mínimo, igual à rugosidade média das superfícies de contato, que pode variar de 2 até 10μm, sendo na maioria dos casos menor que 5μm.

Em que:

h_o - camada mínima de lubrificante admissível [mm]

C_1 - coeficiente relativo à largura e diâmetro do mancal [adimensional]

φ - folga relativa do mancal [adimensional]

S_o - coeficiente de Somerfield [adimensional]

Z - viscosidade dinâmica do meio lubrificante $\left[\frac{N}{mm^2} \cdot S\right]$

P_m - pressão superficial média [N/mm2]

ω - velocidade angular [rad/s]

17.2 Coeficiente de Atrito μ

$$\mu = C_2 \cdot \varphi \cdot \sqrt{h_r}$$

Em que:

μ - coeficiente de atrito [adimensional]

C_2 - coeficiente entre diâmetro e largura do mancal [adimensional]

φ - folga relativa do mancal [adimensional]

h_r - espessura relativa da fenda [adimensional]

17.3 Espessura Relativa da Fenda (h_r)

$$h_r = \frac{h_o}{R - r} \quad \text{ou} \quad h_r = \frac{h}{\varphi \cdot r}$$

R - raio do orifício [mm]

r - raio da árvore [mm]

Em que:

h_r - espessura relativa da fenda [adimensional]

h_o - espessura da camada de lubrificante no ponto mais estreito [mm]

h - espessura da película lubrificante [mm]

Ao passar pelo orifício de entrada, o óleo é carregado até a zona de estreitamento do arraste, em que a pressão atuante atinge o ponto máximo.

Ao ultrapassar o ponto mais estreito (h_o), a pressão do óleo volta a ser nula.

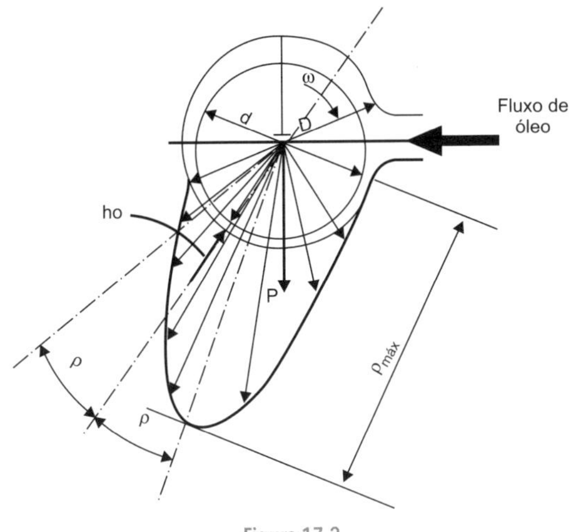

Figura 17.2

17.3.1 Espessura da Película Lubrificante (h)

h = 0,01 a 0,08mm ou Ra < h < 10 Ra

Utilização usual: 1,5 a 4,0 Ra

$$Ra = \sqrt{Ra_e^2 + Ra_m^2}$$

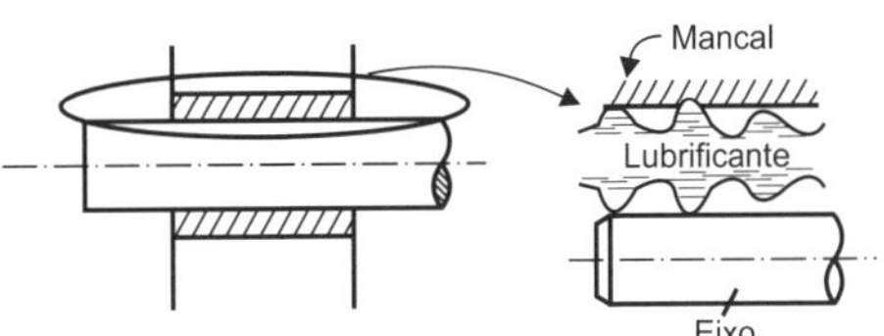

Figura 17.3

Em que:

Ra - rugosidade do conjunto (eixo bucha) [μm]

Ra_e - rugosidade do eixo [μm]

Ra_m - rugosidade do mancal [μm]

17.4 Posição do Eixo em Relação ao Mancal em Função da Velocidade

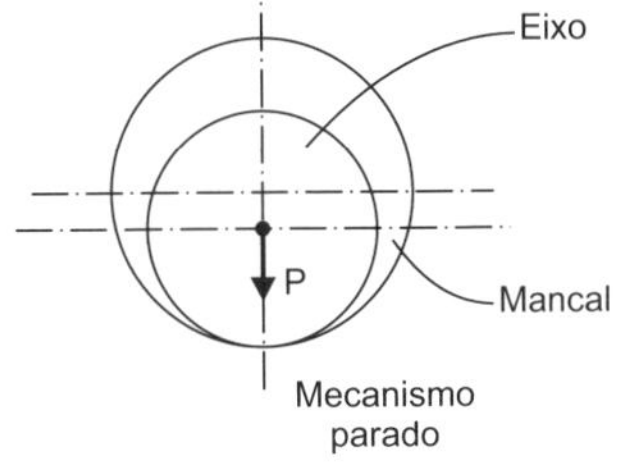

Figura 17.4 - Mecanismo parado.

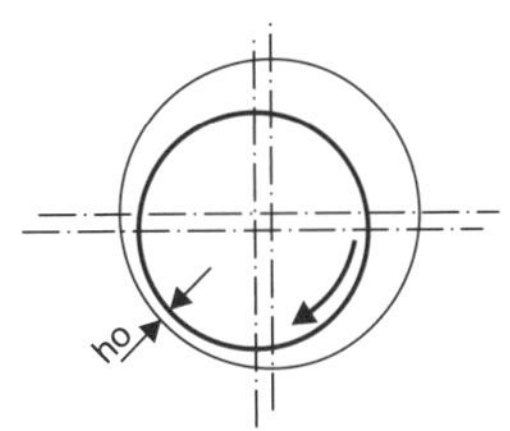

Figura 17.5 - Mecanismo em baixa rotação.

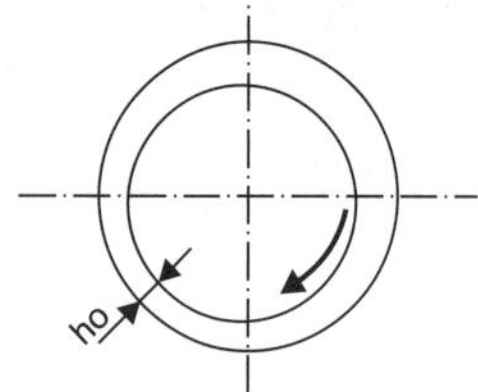

Figura 17.6 - Mecanismo em alta rotação.

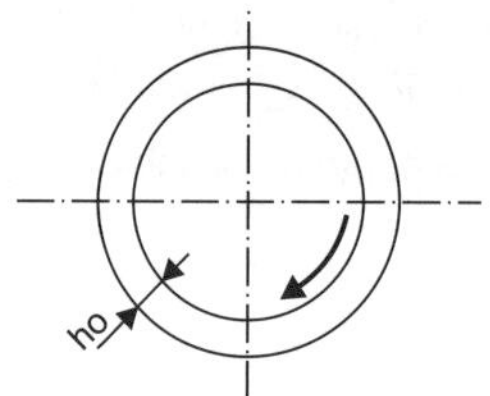

Figura 17.7 - Mecanismo em altíssima rotação.

17.5 Folga do Mancal φ

$$\varphi = \frac{R - r}{r} = \frac{D - d}{d}$$

Em que:

φ - folga do mancal [adimensional]

R - raio do mancal [mm]

r - raio do eixo [mm]

D - diâmetro do mancal [mm]

d - diâmetro do eixo [mm]

Valores de φ recomendados em 10^{-3} (milésimos)

φ - independe do material, porém, em face dos diferentes valores dos coeficientes de dilatação linear dos materiais, recomendam-se:

- metal branco: $0,5 \le \varphi \le 1,0$
- bronze de chumbo: $1,0 \le \varphi \le 1,5$
- liga de Al: $2,0 \le \varphi \le 3,0$
- Fe sintetizado: $1,0 \le \varphi \le 2,0$
- material plástico: $3,0 \le \varphi \le 4,0$

Tabela 17.1

Materiais	Frequência		
	Baixa	Média	Elevada
p_m médio	0,7 a 1,2	1,4 a 2,0	2,0 a 3,0
p_m elevado	0,3 a 0,6	0,8 a 1,4	1,5 a 2,5
Bronze ao chumbo		1,0 a 1,5	
Bronze ao estanho, bronze vermelho		$\ge 1,7$	
Ferro sinterizado		2,0	
Liga de zinco		1,5	
Materiais prensados		$\ge 4,5$	
Metal branco		0,5 a 1,0	

17.6 Dimensionamento do Mancal

Para dimensionar o mancal radial de deslizamento, utiliza-se a pressão média admissível.

$$p_m = \frac{F}{d \cdot b}$$

Em que:

p_m - pressão média [N/mm²]

F - carga atuante [N]

d - diâmetro do eixo árvore [mm]

b - largura do mancal [mm]

17.7 Pressão Máxima de Deslizamento

Tabela 17.2

Utilização	Valores máximos admissíveis		Material mancal/eixo	Relação b/d
	p_m (N/mm²)	v (m/s)		
Transmissões	0,2	3,5	F_oF_o/aço	1 a 2
	0,8	1,5	F_oF_o/aço	1 a 2
	0,5	6,0	Metal branco/aço	1 a 2
	1,5	2,0	Metal branco/aço	1 a 2
Funcionamento contínuo	0,6	0,5	Resina sintética/aço	1 a 2
	2,0	0,15	Resina sintética/aço	1 a 2
Funcionamento intermitente	0,6	1,0	Resina sintética/aço	1 a 2
	4,0	0,15	Resina sintética/aço	1 a 2
Máquinas de levantamento				
roda, polia, tambor	6,0	-	F_oF_o/aço	0,8 a 1,8
roda, polia, tambor	12,0	-	Bronze vermelho/aço	0,8 a 1,8
Máquinas operatrizes	2,0 a 5,0	-	Metal branco/aço	1,2 a 2
			Bronze vermelho/aço	1,2 a 2
			Bronze/aço	1,2 a 2
			F_oF_o/aço	1,2 a 2
Motores de automóveis e aviões				
de baixa rotação, biela	12,0	-	Metal branco/aço	0,5 a 0,6
de baixa rotação virabrequim	8,0	-	Bronze ao chumbo/aço	0,5 a 0,6
Motores diesel				
Mancal virabrequim, 4 tempos	5,5 a 13,0	-	-	0,45 a 0,90
Mancal de biela, 4 tempos	12,5 a 25,0	-	-	0,50 a 0,80
Mancal de virabrequim, 2 tempos	5,0 a 9,0	-	-	0,60 a 0,75
Mancal de biela, 2 tempos	10,0 a 15,0	-	-	0,55 a 0,6

Para os casos que não constarem na Tabela 17.2, utilizar $0,5 \leq b/d \leq 1,0$.

Gráfico 17.1

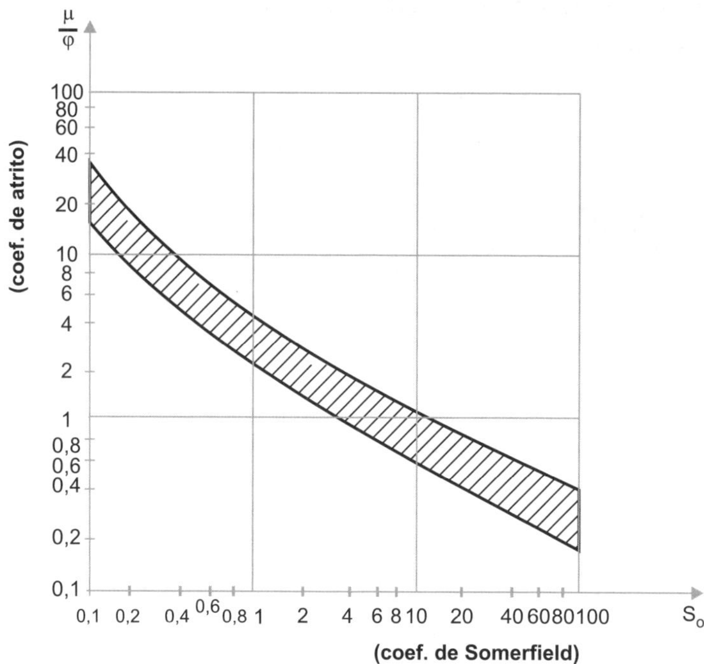

Gráfico 17.2

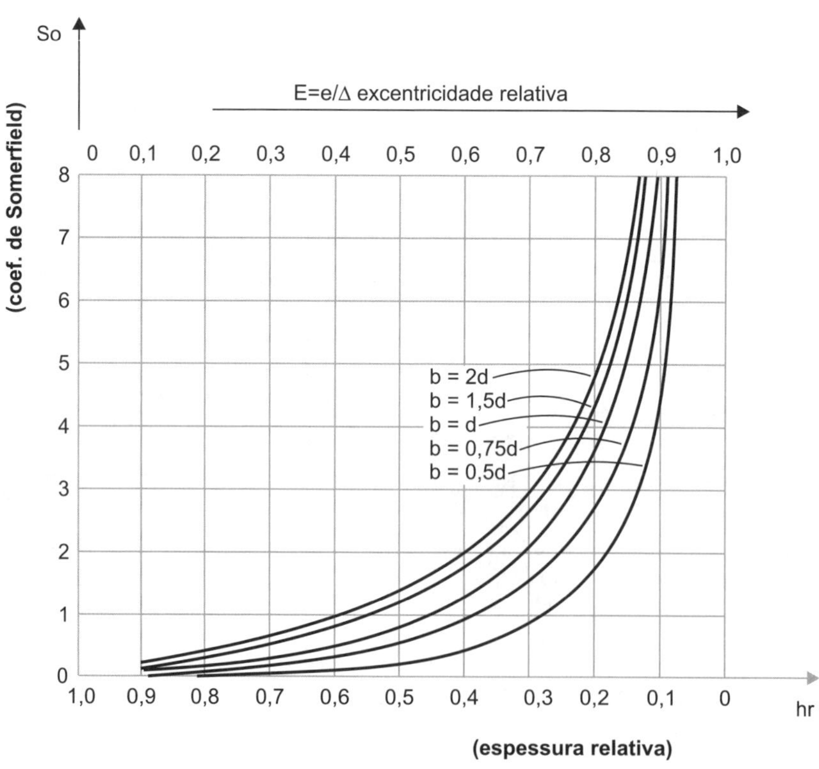

17.7.1 Materiais

a) Trabalho nas Condições Críticas

Com atrito ou semifluido

Características principais:

Resistência Mecânica e à Fadiga

O mancal de delizamento é submetido a elevadas pressões hidrodinâmicas que podem causar trincas ou ruptura no mancal. Por essa razão, recomenda-se que o mancal seja fabricado com material de alta resistência à fadiga.

Coeficiente de Atrito

Os coeficientes de atrito a serem utilizados devem possuir valores baixos, visando facilitar o movimento de partida.

Compatibilidade

O atrito seco na partida pode vir a provocar riscos nas superfícies de contato, por meio da ligação dos seus picos microscópicos, diminuindo a vida do mancal. Para minimizar o atrito, recomenda-se a utilização de materiais não aderentes.

Incrustabilidade

É a capacidade de "absorver" impurezas, evitando riscamento e desgaste.

Materiais metálicos têm boa incrustabilidade.

Os não metálicos possuem menor incrustabilidade.

Condutividade Térmica

O atrito gerado no mancal deve ser dissipado em forma de calor para o meio ambiente. Materiais bons condutores de calor conseguem manter baixa a temperatura na película do óleo lubrificante, o que umenta a resistência mecânica e à fadiga.

Resistência à Corrosão

Os componentes oxidantes dos lubrificantes atacam as ligas de cobre, cádmio, zinco e chumbo. Para a minimização do efeito, recomenda-se a aplicação de uma camada de índio (In) nas ligas de cádmio (Cd) ou chumbo (Pb).

Acrescentar estanho (Sn) à liga de Babbit ao chumbo (Pb), que normalmente não são afetados por óleos oxidados.

Conformabilidade

Denomina-se conformabilidade a característica do material em compensar desalinhamento ou algum outro erro geométrico originados por deformação elástica. Os materiais com baixo módulo de elasticidade têm boa conformabilidade.

Usinabilidade

A usinagem deve ser realizada por meio de processos convencionais sem utilizar operações complicadas, visando reduzir custo.

Retenção de Lubrificante

Visando evitar o atrito seco e as suas consequências, é necessário garantir um mínimo de lubrificante na partida.

17.7.2 Materiais Utilizados

Na fabricação dos mancais deslizantes são utilizados os seguintes materiais:

1) Metais com base em chumbo e estanho (DIN 1703)
2) Bronze de chumbo fundido e bronze de chumbo e estanho fundido (DIN 1716)

   Composição:

   Cu (cobre): 60%

   Pb (chumbo) ou Sn (estanho): até 10% (elemento de liga)

   Ni (níquel): até 2,5% (elemento adicional)

   Zn (zinco): até 3% (elemento adicional)

Bronze de Estanho

Composição: Cu (cobre) e Sn (estanho) desoxidados com P (fósforo) DIN 1705.

Em mancais, utilizam-se ligas plásticas de Cu (cobre), bronze de Sn (estanho) DIN 17662.

Bronze Vermelho (Tambaque) Rg 7 e GZ-Rg 7 DIN 1705

Composição de Cu (cobre) e Sn (estanho) ultrapassa 90%, sendo indicada para mancais com solicitação média e elevada.

Ligas de Alumínio

São indicadas na construção de motores e resistem a solicitações elevadas. $v \leq 3{,}5m/s$

Metal Sinterizado

Pó de metal prensado sob altíssima pressão.

Composição: bronze ou ferro com 2 a 5% de Pb (chumbo); existem casos em que se adiciona 5% de grafite.

Os mancais de Fe possuem a mesma qualidade dos mancais de bronze.

Após a sinterização, mergulha-se a peça em óleo.

Fundição Gris

Material para mancais de deslizamento, devendo ser utilizado nas seguintes condições:

Baixa velocidade

Baixa pressão $p_m \leq 80N/cm^2$

Temperatura de funcionamento $t \leq 100°C$

Nylon

Empregado em aplicações em que a lubrificação é problemática e o carregamento é reduzido.

Teflon (PTFE)

Pode ser utilizado isoladamente ou combinado com outros elementos, como:

Cobre - para melhorar a condutividade térmica.

Fibra de vidro - para aumentar a resistência mecânica.

Dissulfeto de molibdênio - como lubrificante.

São também utilizados recobrimentos de camada fina em que se utilizam liga de Cu, 5n, 5b, Teflon, Babbit, prata etc. que são aplicados em camadas nos aços, F_0F_0 e bronze, visando aumentar a pressão admissível, resistência à fadiga e diminuir o atrito.

Aplica-se esse processo para minimizar custo.

Tabela 17.3 - Características dos materiais

Material	v (m/s)	$\bar{p}$ (N/mm²)			Dureza do eixo HB (N/mm²)	$t_{máx}$ (°c)
		Q_1	Q_2	Q_3		
Bronze fosforoso	8	4/5	20/30	250/300	4000	200
Latão	6	4/5	25/40	200/250	3000	150
Ferro fundido	5	10/12	20/25	30/40	2500	100
Ligas de Al	5	1/1.5	4/6	250/350	3000	130
Babbit ao Sn	8	-	-	55/110	4000	130

Em que temos as vazões do óleo lubrificante:

Vazão (cm³/mín)		
Q_1	Q_2	Q_3
0,2	3/6	10

Vazão (mm³/s)		
Q_1	Q_2	Q_3
3	50 a 100	150

Tabela 17.4 - Características do bronze

v (m/s)	$\bar{p}$ (N/mm²)	$(pv)_{máx}$ (N/mm² m/s)	Observação
8	-	30	Lubrificação forçada
3,5	-	2 a 3	Lubrificação com anel de óleo
0,9	-	2 a 3	Lubrificação à graxa
0,5	-	1,5 a 2,0	Utilização em rodas
0,3	-	1,5 a 2,0	Utilização em tambores e polias
0,05	15,0	-	Utilização em articulações
-	40,0	-	Utilização em máquinas manuais

Observação!

1) O $(pv)_{máx}$ especificado será alterado conforme as condições de trabalho:

   a) serviço pesado (plana carga, utilização frequente): reduzir 20%;

   b) serviço leve (raramente a plena carga, utilização pouco frequente): aumentar em 20%.

2) $$\bar{p} = \frac{(pv)_{máx}}{v}$$

Tabela 17.4 - Relação b/d

b/d	b	Observação
0,3	0,3 d	Utilizado quando d > 100 mm
0,8 a 1,2	(0,8 a 1,2) d	Faixa de utilização normal
1,5 a 2,0	(1,5 a 2,0) d	Utilização com eixos rígidos
		Utilização bastante restrita
2,0 a 4,0	(2,0 a 4,0) d	Utilização em máquinas operatrizes

Para b/d = 0,3

Existe a possibilidade de fuga do lubrificante, pois as bordas estão muito próximas, portanto, devem ser utilizados somente quando existem restrições quanto à dimensão axial.

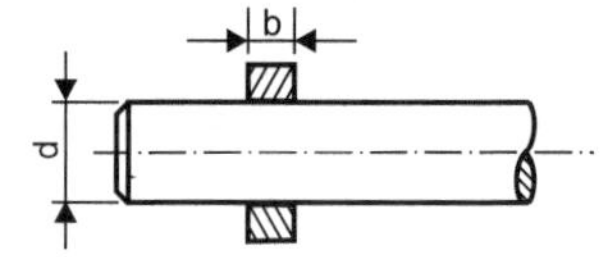

Figura 17.8

Para b/d = 1,5 a 2,0

São muito sensíveis ao desalinhamento, portanto, a espessura da película lubrificante deve ser grande.

Desalinhamento ou flexão do eixo sobrecarregam as bordas do mancal.

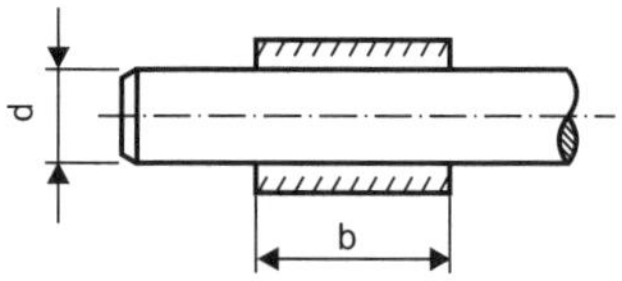

Figura 17.9

Eixo de aço + lubrificante com	Coeficiente de atrito (μ)
Bronze	0,002 a 0,003
Ferro fundido	0,005 a 0,008
Ligas de Al	0,003 a 0,004
Babbit ao Sn	0,001 a 0,002

Ou μ pode ser obtido do gráfico, em função de hr e b/d.

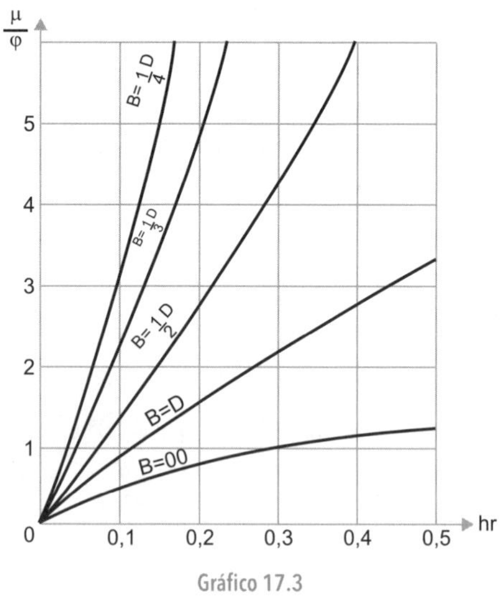

Gráfico 17.3

17.7.3 Temperatura do Filme Lubrificante (t_f)

A potência de atrito (P_{at}) é transformada em calor.

A dissipação do calor será feita por condução, por intermédio do mancal à carcaça e desta ao meio ambiente, e, em alguns casos, outra parte será levada pelo óleo lubrificante, sendo refrigerada por ar ou água antes de retornar ao mancal.

$P_{at} = Q_{d_{ar}} \; Q_{d_{óleo}} \quad \left[\frac{Nmm}{s}\right]$ Potência de atrito - no equilíbrio térmico

$Q_{d_{ar}} = \alpha \pi d b (t_f - t_a) \quad \left[\frac{Nmm}{s}\right]$ Quantidade de calor dissipada pela carcaça/segundo

α - coeficiente de difusidade térmica [N/mm°C]

d - diâmetro do eixo [mm]

b - largura do mancal [mm]

t_f - temperatura do filme lubrificante [°C]

t_a - temperatura do ar ambiente [°C]

Calor dissipado pelo óleo

$Q_{d_{óleo}} = \beta Q (t_s - t_e) \quad \left[\frac{Nmm}{s}\right]$ Quantidade de calor dissipada pelo óleo/segundo

Em que:

β - coeficiente térmico do lubrificante $\left[\frac{N}{mm^2 \, °C}\right]$

$Q_{d_{óleo}}$ - vazão do lubrificante [mm³/s]

t_e - temperatura do óleo na entrada do mancal [°C]

t_s - temperatura do óleo na saída do mancal [°C]

Lubrificação forçada

$$\Delta t = (t_s - t_e) = \frac{P_{at} - \mu \cdot \omega \cdot r}{\beta Q} = \frac{P_m \cdot \theta}{\beta}$$

$$t_f = \Delta t + t_a$$

Em que:

Δt - variação de temperatura no mancal [ºC]

P_m - pressão média $\left[\frac{N}{mm^2}\right]$

θ - coeficiente de aquecimento [adim]

β - calor específico do óleo $\left[\frac{N}{mm^2 \, °C}\right]$

μ - coeficiente de atrito [adimensional]

ω - velocidade angular [rad/s]

r - raio [mm]

Mancais Lubrificados pelo Ar (Lubrificação por Anel de Óleo ou Graxa)

Utilizar: $t_f = \dfrac{P_{at}}{\alpha\pi d \cdot b} + t_a \qquad [°C]$

t_t - temperatura do filme lubrificante [°C]

P_{at} - potência de atrito [W]

t_a - temperatura ambiente [°C]

$\alpha\pi$ - coeficiente de difusibilidade [N/mms°C]

d - diâmetro do eixo [mm]

b - largura do mancal [mm]

Tabela 17.5 - Coeficiente de difusibilidade térmica ($\alpha\pi$)

$\alpha\pi$ [N/mms °C]	Condições de refrigeração
0,16	Mancais leves em ambiente sem ventilação
0,44	Mancais pesados e com grande área para traca de calor
2,2	Mancais com ventilação forçada

$t_s = 20$ a 110°C

$t_e = 35$ a 55°C

$\beta \cong 1{,}65 \dfrac{N}{mm^2\,°C}$

A expressão é válida quando conhecemos o valor de Q (vazão).

Nos casos em que o resfriamento é feito somente pelo mancal, $Q_{d_{óleo}} = 0$.

Nos casos em que o resfriamento é feito somente pelo óleo, $Q_{d_{ar}} = 0$.

Seleção do Lubrificante

Os lubrificantes para mancais de deslizamento podem ser óleo ou graxa.

No caso de óleo lubrificante, podemos utilizar os chamados "motor oil" (óleo para motores de combustão interna), que normalmente suprem as condições necessárias, além de serem facilmente encontrados. Para condições mais severas, poderemos recorrer aos chamados óleos industriais com aditivos específicos.

No caso de graxa, as mais utilizadas são à base de cálcio, sódio ou lítio, com óleo mineral na viscosidade adequada e o número de consistência NGLI 1 ou 2.

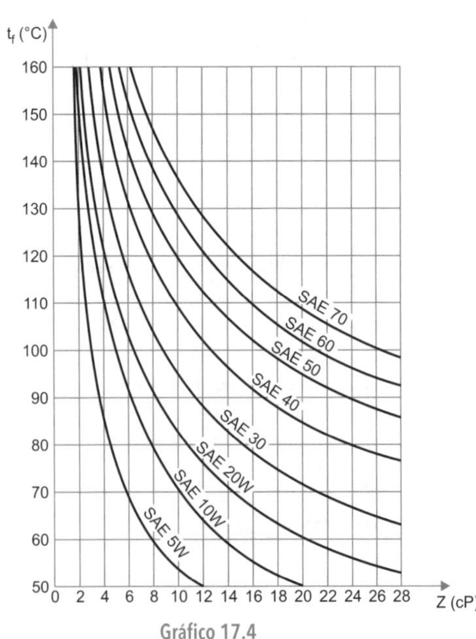

Gráfico 17.4

Vazão do Lubrificante (Q)

A vazão necessária para manter as temperaturas do óleo lubrificante dentro dos limites de:

$t_s = 90/110°C$

$t_e = 35/55°C$, é:

$$Q = \frac{d^2 b \mu n}{19{,}2\theta}\left[mm^3/s\right]$$

Em que:

θ - coeficiente característico de aquecimento

d - diâmetro do eixo [mm]

b - largura do mancal [mm]

μ - coeficiente de atrito [adimensional]

n - rotação [rpm]

θ - coeficiente de aquecimento

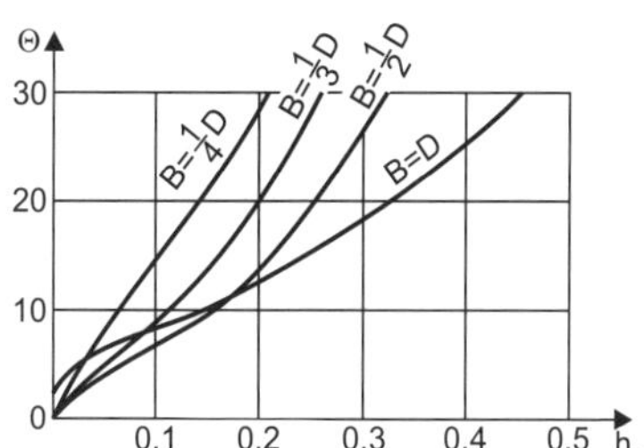

Gráfico 17.5 - Coeficiente de aquecimento (θ).

Q pode ser obtido pelo gráfico em função de:

- hr espessura relativa e
- relação B/D

Observação!

Lembrar que o lubrificante deve ser introduzido sempre na zona de baixa pressão, a fim de facilitar a alimentação.

Viscosidade Dinâmica do Lubrificante (Z)

Pode ser determinada pelo gráfico em função de

- hr espessura relativa e
- relação B/D

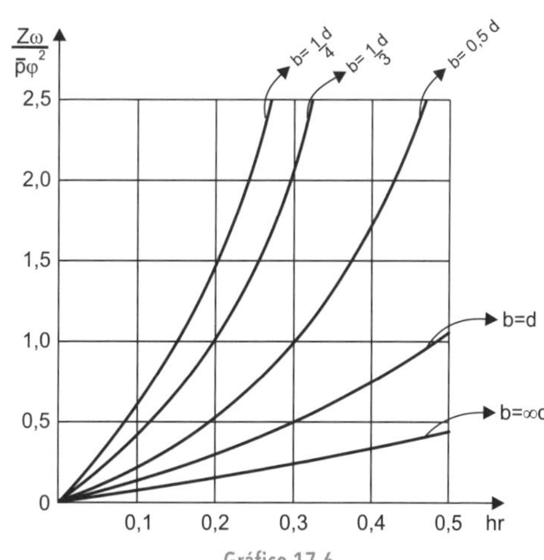

Gráfico 17.6

Diâmetro Externo da Bucha para Casos Gerais

$$\boxed{De = 1{,}25Di}$$

Em que:

De - diâmetro externo da bucha [mm]

Di - diâmetro interno da bucha [mm]

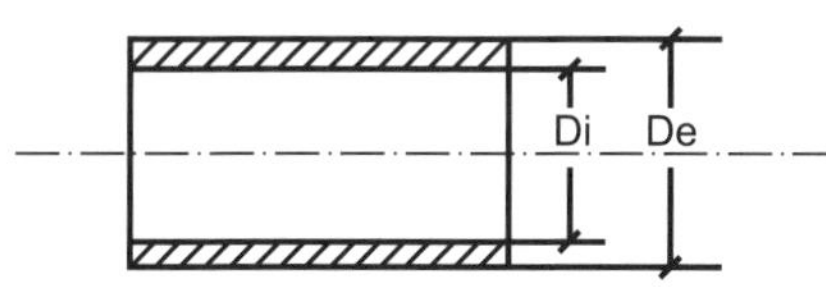

Figura 17.10

Exercício Resolvido

1) Dimensionar o mancal de deslizamento do virabrequim de automóvel que atuará com lubrificação forçada com rotação n = 2400rpm submetido à carga radial F = 12kN. O diâmetro da árvore é d = 48mm. Considere:

- material da bucha: bronze ao chumbo
- temperatura ambiente: $t_a = 50°C$
- coeficiente de atrito: $\mu = 0{,}0025$
- relação largura/diâmetro: $\frac{b}{d} = 0{,}5$
- folga do mancal: $\varphi = 0{,}002$
- espessura da película lubrificante: $h = 5\mu m$.

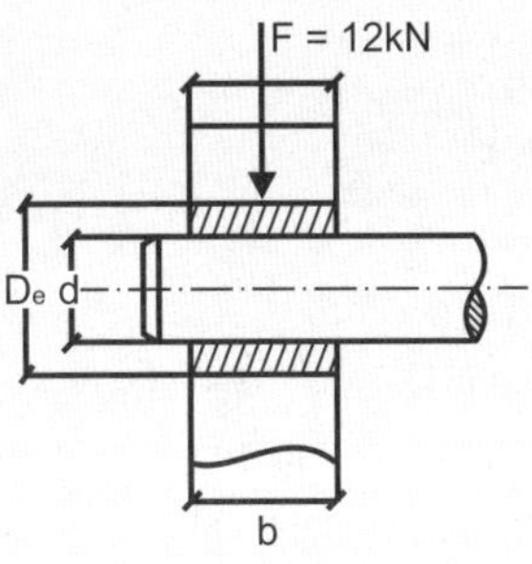

Figura 17.11

Dimensionar:

a) velocidade periférica da árvore [v]
b) pressão admissível $[\overline{p}]$
c) largura do mancal [b]
d) diâmetro externo da bucha [De]
e) espessura da fenda do lubrificante [hr]
f) potência de atrito [Pat]
g) vazão do lubrificante [Q]
h) temperatura final do lubrificante $[t_f]$
i) viscosidade dinâmica [z]
j) escolha do lubrificante

a) Velocidade periférica da árvore (v)

$$v = \frac{\pi \cdot r \cdot n}{30} \quad \rightarrow \quad r = \frac{d}{2} = \frac{48}{2} = 24mm$$

$$v = \frac{\pi \cdot 0{,}024 \cdot 2400}{30} \qquad \boxed{r = 0{,}024}$$

$$\boxed{v \cong 6m/s}$$

b) Pressão admissível $(\overline{P})$

$$pv_{máx} = 30\frac{N}{mm^2} \cdot {}^{m}\!/_{s} \rightarrow \text{tabela (C. do bronze)}$$

$$\overline{P} = \frac{pv_{máx}}{v}$$

$$\overline{P} = \frac{30\frac{N}{mm^2}}{6}$$

$$\boxed{\overline{P} = 5N/mm^2}$$

c) Largura do mancal (b)

$$\frac{b}{d} = 0{,}5$$

$$b = 0{,}5\ d$$

$$b = 0{,}5 \cdot 48$$

$$\boxed{b = 24mm}$$

d) Diâmetro externo da bucha (De)

$$De = 1{,}25\ d$$

$$De = 1{,}25 \cdot 48$$

$$\boxed{De = 60mm}$$

e) Espessura relativa da fenda do lubrificante (hr)

$$hr = \frac{h}{\varphi \cdot r}$$

$$hr = \frac{0{,}005\,\cancel{mm}}{0{,}002 \cdot 24\,\cancel{mm}}$$

$$\boxed{hr \cong 0{,}10}$$

f) Potência de atrito (Pat)

Coeficiente de atrito $\mu = 0{,}0025$. Tem-se, então, que:

$$Pat = \mu \cdot F \cdot v$$

$$Pat = 0{,}0025 \cdot 12000 \cdot 6$$

$$\boxed{Pat = 180W}$$

g) Vazão do lubrificante (Q)

Coeficiente de aquecimento (θ)

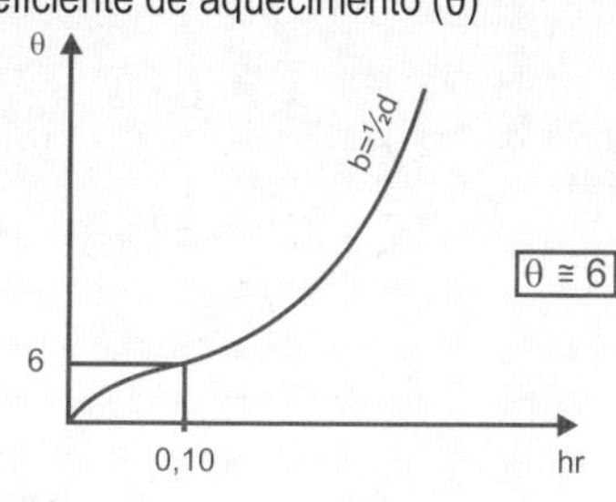

portanto,

$$Q = \frac{d^2 \cdot b \cdot \mu \cdot n}{19{,}2\theta}$$

$$Q = \frac{48^2 \cdot 24 \cdot 0{,}0025 \cdot 2400}{19{,}2 \cdot 6}$$

$$\boxed{Q = 2880\text{mm}^3/\text{s}}$$

Como $\text{mm}^3 = 10^{-6}\ell$, conclui-se que:

$$\boxed{\begin{aligned} Q &= 2{,}88 \cdot 10^{-3}\,\ell \\ Q &= 2{,}88\text{m}\ell. \end{aligned}}$$

h) Temperatura final do lubrificante (t_f)

$$t_f = (t_s - t_e) + t_a$$

$$\Delta_t = (t_s - t_e) = \frac{p_m \cdot \theta}{\beta}$$

pressão média (p_m)

$$p_m = \frac{F}{d \cdot b} = \frac{12000\text{N}}{48\text{mm} \cdot 24\text{mm}}$$

$$\boxed{p_m = 10{,}42\text{N/mm}^2}$$

coeficiente térmico do lubrificante (β)

$$\beta = 1{,}65 \frac{\text{N}}{\text{mm}^2\,°\text{C}}$$

portanto,

$$\Delta t = (t_s - t_e) = \frac{p_m \cdot \theta}{\beta} = \frac{10{,}42 \cdot 6}{1{,}65°\text{C}}$$

$$\Delta t \cong 38°\text{C}$$

logo,

$$t_s = \Delta t + t_e$$

$$t_e = t_a = 50°$$

então:

$$t_s = 38 + 50$$

$$\boxed{t_s = 88°\text{C}}$$

$\boxed{t_f = t_s = 88°\text{C}}$ temperatura final do lubrificante

i) Viscosidade dinâmica (Z)

para relação $\frac{b}{d} = 0{,}5$ e $h_r = 0{,}10$

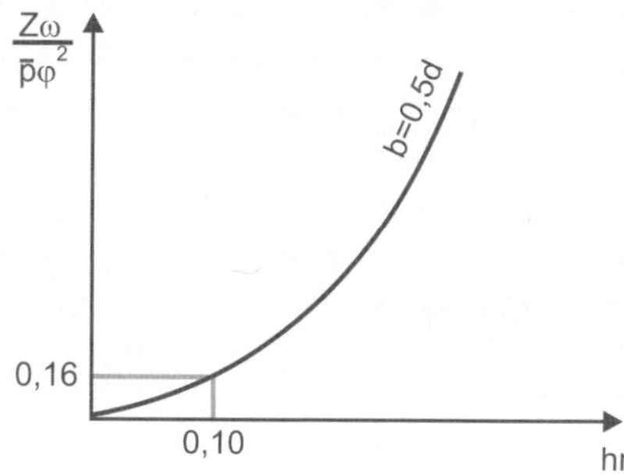

portanto,

$$\frac{z\omega}{\bar{p}\varphi^2} = 0{,}16$$

$$z = \frac{0{,}16 \cdot \bar{p} \cdot \varphi^2}{\omega}$$

como $\omega = \frac{\pi n}{30}$, tem-se:

$$z = \frac{0{,}16 \cdot \bar{p} \cdot \varphi^2 \cdot 30}{\pi \cdot n}$$

$$z = \frac{0{,}16 \cdot 5 \cdot (2 \cdot 10^{-3})^2 \cdot 30}{\pi \cdot 2400}$$

$$z = \frac{0{,}16 \cdot 5 \cdot 2^2 \cdot 10^{-6} \cdot 30}{\pi \cdot 2400}$$

$$z = 0{,}0127 \cdot 10^{-6} \frac{\text{Ns}}{\text{mm}^2}$$

$$z = 12{,}7 \cdot 10^{-9} \frac{\text{Ns}}{\text{mm}^2}$$

como $10^{-9} \frac{\text{Ns}}{\text{mm}^2} = \text{cP}$ conclui – se que :

$\boxed{z = 12{,}7\text{cP}}$ viscosidade dinâmica do lubrificante

j) Escolha do lubrificante

O lubrificante a ser utilizado é o SAE 20W.

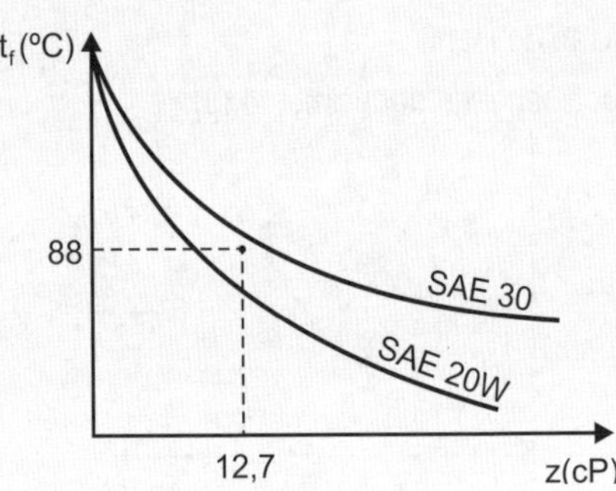

Exercícios Propostos

1) Dimensionar o mancal de deslizamento de um motor elétrico com rotação n = 1160rpm submetido à carga radial F = 6000N. O diâmetro do rotor é d = 80mm. Considere a lubrificação em anel de óleo, rugosidade superficial R_a = 0,004mm, bucha de bronze ao chumbo e rotor de aço.

Admita: $b/d = 0{,}75$

φ = 0,002 (folga do mancal)

h = 3Ra (espessura da película de óleo)

t_a = 40°C (temperatura ambiente)

$\alpha\pi$ = 0,44 (mancal pesado)

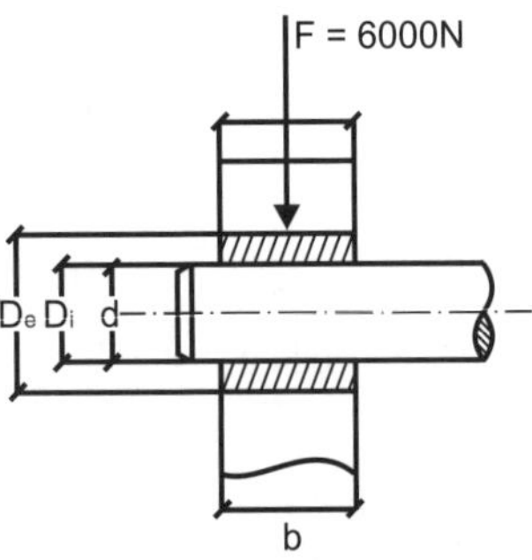

Figura 17.12

Dimensionar:

a) largura do mancal
b) espessura da película de óleo [h]
c) espessura da fenda de óleo [hr]
d) velocidade periférica do rotor [v_p]
e) pressão admissível [$\overline{p}$]
f) diâmetro externo da bucha [De]
g) potência de atrito [Pat]
h) temperatura da película do lubrificante [t_f]
i) escolha do lubrificante

Respostas:

a) b = 60mm
b) h = 0,012
c) hr = 0,15
d) v_p = 4,86m/s
e) $\overline{p}$ = 0,62N/mm²
f) De = 100mm
g) Pat ≅ 88W
h) t_f = 82°C
i) Z = 5,1cP

Óleo recomendado SAE 10W

Mancal de deslizamento

2) O mancal de deslizamento da Figura 17.13 é componente de uma bomba de engrenagens, com rotação n = 1740rpm, submetido à carga radial F = 4kN. O diâmetro da árvore é d = 25mm, lubrificado por banho de óleo.

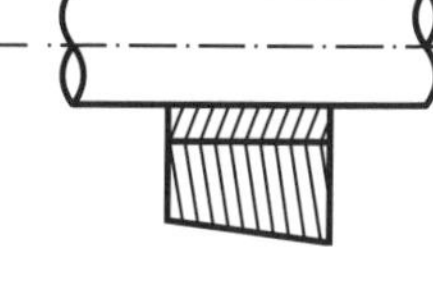

Figura 17.13

Considere:

$\frac{b}{d} = 1$ relação largura/diâmetro

$\varphi =$ 0,0015 - folga do mancal

$h =$ 3μm - espessura da película do lubrificante

$t_a =$ 45ºC - temperatura ambiente

$\alpha\pi = 0{,}44 \frac{N}{mm \cdot s \cdot {}^{\circ}C}$ - coeficiente de difusibilidade térmica (mancal com grande troca de calor)

bucha de bronze ao chumbo com eixo de aço

$pv\max = 3 \frac{N}{mm^2} \cdot \frac{m}{s}$ (lubrificado a banho de óleo)

Dimensionar:

a) Velocidade periférica da árvore [v]
b) Largura do mancal [b]
c) Pressão admissível $[\overline{p}]$
d) Diâmetro externo da bucha [De]
e) Espessura relativa da fenda do lubrificante [hr]
f) Potência de atrito [Pat]
g) Vazão do lubrificante [Q]
h) Temperatura final do lubrificante $[t_f]$
i) Viscosidade de dinâmica [Z]
j) Escolha do lubrificante

Respostas

a) v = 2,28m/s
b) b = 25mm
c) $\overline{p}$ = 1,32 N/mm^2
d) De = 31,25mm
e) hr ≅ 0,16
f) Pat ≅ 18W
g) Q = 283mℓ/s
h) t_f = 110°C
i) Z = 4cP

Óleo SAE 10W

3) O compressor da Figura 17.14, possui nos mancais buchas de bronze ao chumbo. O mancal A é o mais solicitado, sendo que a carga radial máxima no mesmo é $F_r = 4kN$. A árvore é de aço, e possui $d = 40mm$, e atua com rotação $n = 750rpm$.

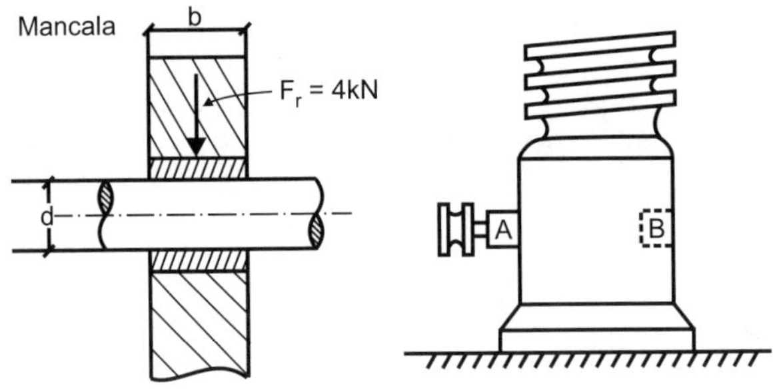

Figura 17.14

Considere:

$pv_{máx} = \dfrac{3N}{mm^2} \cdot m/s$ - Lubrificação com anel de óleo

$t_a = 50°C$ - temperatura ambiente

$b/d = 1{,}2$ - relação largura diâmetro

$\mu = 0{,}003$ - coeficiente de atrito

$\varphi = 1{,}5 \times 10^{-3}$ - folga do mancal

$h = 5\mu m$ - espessura da película do lubrificante

$\alpha\pi = 0{,}44$ - coeficiente de difusibilidade térmica

Dimensionar:

a) Velocidade periférica da árvore [v]
b) Pressão admissível [$\overline{p}$]
c) Largura do mancal [b]
d) Diâmetro externo da bucha [De]
e) Espessura relativa da fenda do lubrificante [hr]
f) Potência de atrito [Pat]
g) Coeficiente de aquecimento [θ]
h) Vazão do lubrificante [Q][l/s]
i) Temperatura final do lubrificante [t_f]
j) Viscosidade de dinâmica [Z]
k) Escolha do lubrificante

Respostas

a) $v \cong 1{,}57m/s$
b) $\overline{p} = 1{,}91N/mm^2$
c) $b = 48mm$
d) $De = 50mm$
e) $hr \cong 0{,}17$
f) $Pat \cong 19W$
g) $\theta = 10$
h) $Q = 9m\ell/s$
i) $t_f = 72°C$
j) $Z = 9cP$

Lubrificante: SAE 10W

18 Acoplamentos Elásticos (Teteflex)

18.1 Acoplamentos Elásticos com Buchas Amortecedoras de Borracha Nitrílica

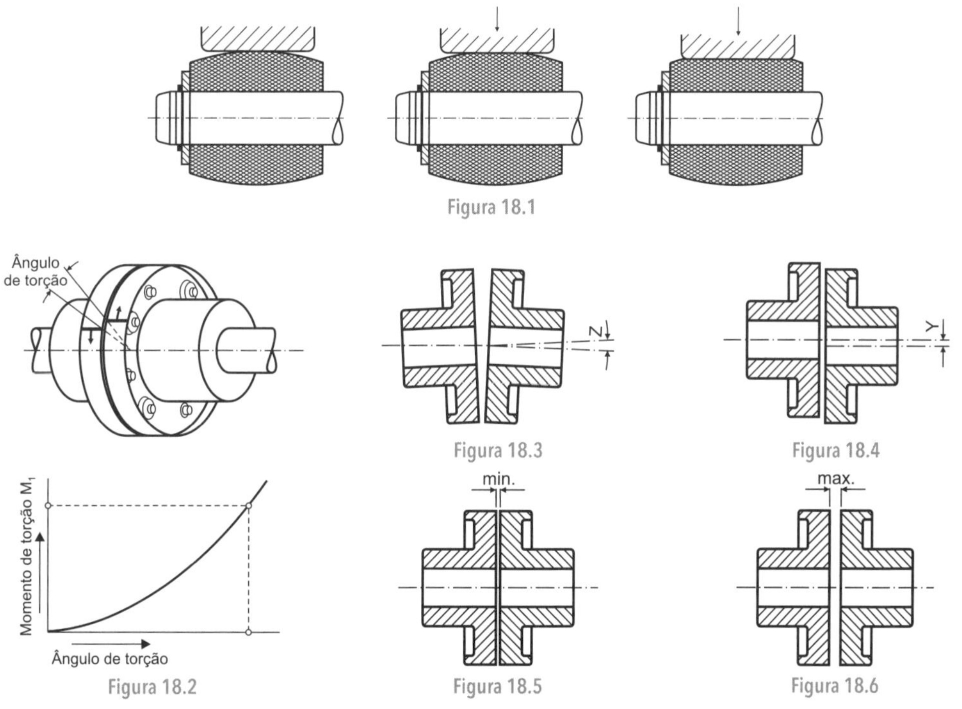

Figura 18.1

Figura 18.2

Figura 18.3

Figura 18.4

Figura 18.5

Figura 18.6

Teteflex é um acoplamento elástico de construção simples aprovada graças às ótimas características técnicas dos elementos elásticos de borracha nitrílica. Consiste em dois flanges simétricos e inteiramente usinados, pinos de aço com superfícies retificadas e buchas amortecedoras de borracha nitrílica, à prova de óleo, fixadas por anéis Seeger de aço.

Absorve vibrações e choques (Figura 18.1); permite desalinhamento paralelo (Figura 18.4); angular (Figura 18.3) e deslocamento longitudinal (Figura 18.5).

Tem grande elasticidade torcional (Figura 18.2), e não dá origem a forças axiais prejudiciais aos mancais (Figura 18.6).

É indicado para trabalhar em altas e baixas velocidades, em posições horizontal e vertical.

Pode ser facilmente adaptado em volantes, freios etc.

Permite desacoplar os eixos sem remover as máquinas ou o próprio acoplamento, pois os pinos e buchas são removíveis.

Remove as máquinas sem deslocá-las longitudinalmente.

Permite substituição das buchas amortecedoras sem desmontagem do próprio acoplamento.

Não requer manutenção nem lubrificação.

Não tem necessidade de peças adicionais de proteção contra acidentes.

Tabela 18.1

	Furo (1)		d	$D^{(2)}$	L	C	m	a	i	b	y	z	$GD^{(2)}$ $Nm^{(2)}$	p_nF	MT Nm	Peso (N)
	máx.	mín.									máx. (3)	máx. (4)				
D - 3	35	18	58	112	50	104	25	54	4 ± 1,5	27	0,4	1°00'	0,126	0,02	142	36
D - 4	40	20	68	125	55	114	30	54	4 ± 1,5	27	0,4	1°00'	0,27	0,03	225	52
D - 5	45	25	74	140	60	124	30	64	4 ± 1,5	35	0,4	1°00'	0,50	0,05	360	66
D - 6	50	28	85	160	70	144	37	70	4 ± 1,5	35	0,4	1°00'	0,98	0,08	550	99
D - 7	60	30	98	170	80	164	45	74	4 ± 1,5	35	0,4	1°00'	1,5	0,13	900	131
D - 9	76	35	125	225	95	197	50	97	7 ± 2	48	0,4	1°00'	5,1	0,25	1800	284
D - 11	100	40	170	270	115	237	65	107	7 ± 2	48	0,8	1°00'	15	0,5	3600	540
D - 13	130	55	220	360	145	300	80	140	10 ± 2	67	0,8	1°00'	5,5	1	7200	1.170
D - 15	160	75	270	450	185	380	95	190	10 ± 2	80	0,8	1°00'	175	2	14300	2.280
D - 17	195	90	330	560	225	462	115	232	12 ± 2	100	0,8	1°00'	550	4	28600	4.300
D - 18	225	100	380	630	265	542	155	232	12 ± 2	100	0,8	1°00'	970	5,6	40000	6.150

1) Os acoplamentos podem ser fornecidos com os furos acabados (tolerância ISO) ou com furos simplesmente desbastados. Para usinagem dos furos, a centração deve ser em relação ao diâmetro externo D.

2) Para velocidades periféricas, no diâmetro D, acima de 28 m/seg, recomendamos balanceamento dinâmico.

3 e 4) Um alinhamento correto aumenta a vida dos elementos elásticos.

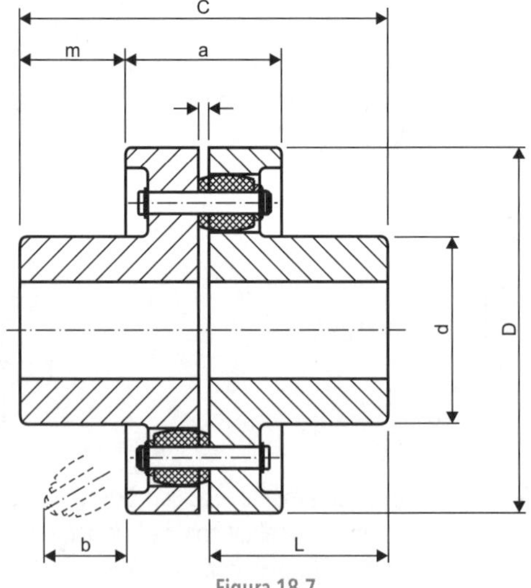

Figura 18.7

Tabela 18.2

Fator T aplica-se para tempo de serviço. até 2 h/dia = 0,9 2 - 8 h/dia = 1,0 8 - 16 h/dia = 1,06 16 - 24 h/dia = 1,12		Misturadores Guinchos Máquinas para madeiras Monta-cargas Fornos e cilindros rotativos Betoneiras	1,6
Fator M aplica-se para acionamento com motor de combustão de: 1 - 3 cilindros = 1,5 4 - 6 cilindros = 1,2 **Fator F** = R . T . M		Centrífugas Máquinas lavadeiras Bombas de pistão com volante Transportadores de corrente Moinhos em geral Tambores e moinhos rotativos Pontes rolantes Elevadores de prédio	1,8
Fator R refere-se à máquina acionada com motor elétrico ou turbina. Geradores de luz Ventiladores Bombas centrífugas	1,2	Vibradores Estiragem de arame Galgas Grupos de máquinas de papel Prensas e tesouras	2,2
Elevadores de canecas Exaustores e ventiladores Máquinas ferramentas rotativas Turbocompressores Transportadores de correia Hélices marítimas	1,4	Britadores Misturadores de borracha Bombas de pistão sem volante Marombas Laminadores para metais	3,0

18.1.1 Acoplamentos

Exercício Resolvido

1) O misturador da Figura 18.8 é acionado por um motor elétrico ① com potência P = 11kw (~15cv) e rotação n = 1750rpm acoplado a um redutor ② com relação de transmissão i = 10.

Determinar o acoplamento Teteflex para as ligações:

a) motor/redutor

b) redutor/misturador

Considere o mesmo fator para os dois casos. Serviço 12h/dia.

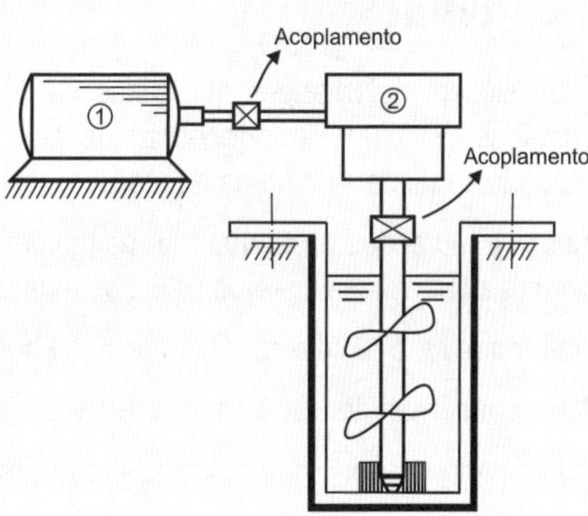

Figura 18.8

Resolução

a) Motor/redutor

Fatores:

R = 1,6 (misturador)

T = 1,06 (12h/dia)

M = Como a máquina é acionada por motor elétrico, o Fator M é desprezível.

FATOR F

$F = R \cdot T$

$F = 1,6 \cdot 1,06$

$F \cong 1,7$

Potência/rotação

$$\frac{P \cdot F}{n} = \frac{15 \cdot 1,7}{1750} \cong 0,015$$

Por meio da tabela Teteflex (Tabela 18.1) encontra-se que o acoplamento é o D – 3, pois $\frac{PF}{n} = 0,015 < 0,02$.

b) Redutor/misturador

Como os fatores são os mesmos, conclui-se que $F \cong 1,7$.

Potência/rotação

Com a relação de transmissão i = 10 conclui-se que a rotação do eixo árvore do misturador é:

$$n_{ea} = \frac{1750}{10} = 175\text{rpm, portanto } \frac{P \cdot F}{n} = \frac{15 \cdot 1,7}{175} \cong 0,15$$

Por meio da tabela Teteflex (Tabela 18.1), conclui-se que o acoplamento é o D-9, pois $p\frac{F}{n} = 0,15 < 0,25$ (trabalhe sempre o fator da segurança).

18.2 Acoplamento Elástico com Cruzeta Amortecedora de Borracha Nitrílica

18.2.1 Uniflex

- Consiste em dois flanges simétricos de ferro fundido, com dentes usinados e cruzeta amortecedora de borracha nitrílica à prova de abrasão e resistente a óleos naturais.
- Absorve vibrações e choques, trabalhando silenciosamente sem dar origem a forças axiais prejudiciais aos mancais.
- Apto para trabalho reversível em posição horizontal e vertical.
- Não requer manutenção nem lubrificação.
- Baixo peso unitário, resultando assim um momento de inércia (GD2) reduzido.

Figura 18.9

18.2.2 Furos Admissíveis

Os acoplamentos são fornecidos normalmente sem furos. A pedido podem ser executados com furos acabados conforme tolerância ISO H7. Para usinagem dos furos a centração deve ser feita em relação ao diâmetro externo D.

Recomendamos o uso de canal de chavetas para transmissão do torque. Um parafuso sem cabeça para fixação axial somente como elemento auxiliar, quando a aplicação o requer.

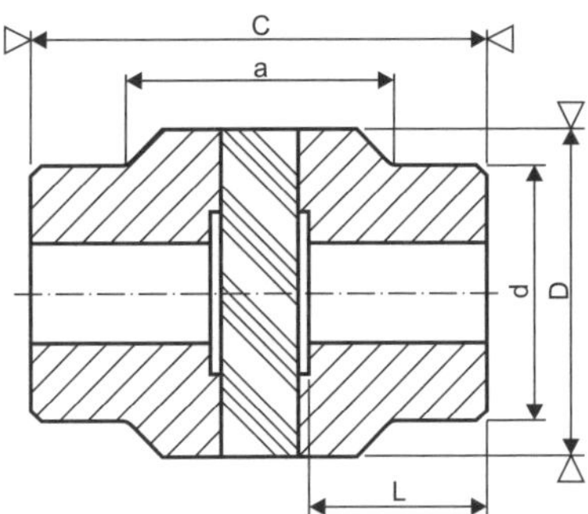

Figura 18.10

Tabela 18.3 - Dimensões

Tamanho	Furo máx.	a	C	d	D	L	Peso (N)
E-10	20	32,4	65,4	36	48	24,5	5
E-12	25	40	83	45	60	31,5	10
E-16	32	52	104	56	75	40	21
E-20	40	59	120	70	95	45	38
E-20L	40	59	142	70	95	56	44
E-25	50	74	148	85	116	55	70
E-25L	50	74	180	85	116	71	83

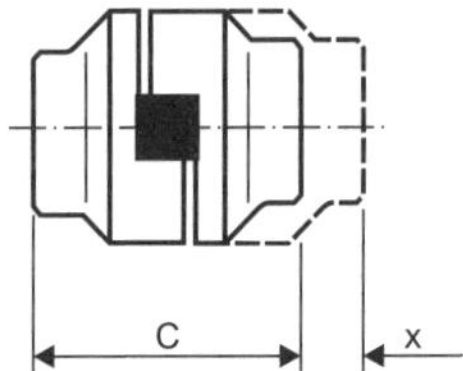

Figura 18.11 - Deslocamento axial.

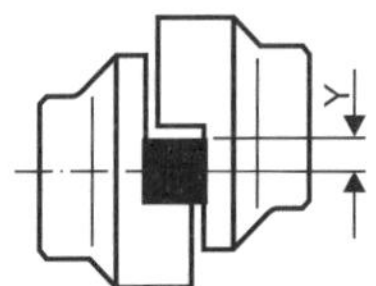

Figura 18.12 - Deslocamento paralelo.

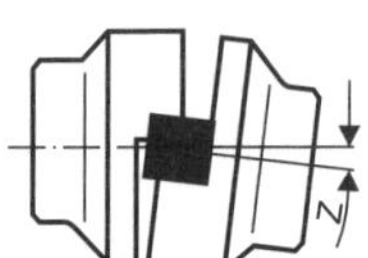

Figura 18.13 - Deslocamento angular.

Tabela 18.4 - Aplicação

Tamanho	X	Y	Z	$n_{máx.}$	$\frac{P}{n} \cdot R$	Mt	GD^2
E-10	0,8	±0,2	1° máx.	3500	0,00088	0,63	0,0085
E-12	0,8				0,00175	1,26	0,0015
E-16	1				0,0035	2,50	0,0049
E-20	1,25			3000	0,007	5,0	0,0130
E-20L							0,0152
E-25	1,6			2000	0,014	10,0	0,370
E-25L							0,0422

$n_{máx.}$ (rpm) - rotação máxima permitida

P (cv) - capacidade

Mt (mkgf) - momento de torção

GD^2 (kgf^2) - momento de inércia

Um alinhamento correto do acoplamento aumenta a vida do elemento elástico.

Para rotações próximas de $n_{máx}$ recomenda-se usinagem dos cubos de acoplamento.

Tabela 18.5 - Fator R

Refere-se à máquina acionada por motor elétrico Geradores de luz Ventiladores N/n 0,1 Bombas centrífugas	1,2
Elevadores de canecas Exaustores e ventiladores N/n 0,1 Máquinas ferramentas rotativas Transportadores de correia	1,4
Misturadores Guinchos Máquinas para madeiras Monta-cargas Fornos e cilindros rotativos Betoneiras	1,6
Centrífugas Máquinas lavadeiras Bombas de pistão com volante Transportadores de corrente Moinhos em geral Tambores e moinhos rotativos Pontes rolantes	1,8

Exemplo 1

Determine um acoplamento uniflex entre um motor elétrico com potência P = 7,5kw (~10cv) e uma bomba centrífuga que requer potência P = 6,3kw (~8,6cv).

1) Fator R

   Por meio da Tabela 18.5 de fator R encontra-se que para bomba centrífuga R = 1,2.

2) Escolha do acoplamento $\frac{P}{n} \cdot R = \frac{8,6}{1720} \cdot 1,2 = 0,006$. Pela Tabela 18.4 é escolhido o acoplamento E - 20.

18.3 Acoplamentos Flexíveis Peflex

18.3.1 Características Técnicas

Os acoplamentos flexíveis PTI modelo Peflex em seus 11 tamanhos reúnem características especiais que não são comuns aos acoplamentos tradicionais conhecidos no mercado. Podemos resumir nos seguintes pontos:

O elemento elástico está moldado em borracha natural que, como se sabe, é o material com maior grau de absorção de vibrações e melhor resposta elástica.

Figura 18.14

Sua forma compacta e a disposição dos parafusos roscados em aço SAE 1112, vulcanizados no corpo do elemento elástico, fazem com que o torque seja transmitido por compressão, portanto não tendo incidência os efeitos de tração e cisalhamento, como nos acoplamentos com elementos elásticos do tipo "pneu". Outra virtude devido ao seu projeto é não provocar empuxo axial dos eixos das máquinas acopladas, efeito muito comum proveniente da força centrífuga a altas rotações presentes nos acoplamentos do tipo "pneu". Ao contrário, os elementos elásticos dos acoplamentos Peflex, por suas características elásticas e flexíveis, absorvem as flutuações axiais dos eixos normalmente presentes.

Devido à fixação dos cubos nos elementos elásticos ser por meio de insertos metálicos, os parafusos de fixação não possuem contato físico com a borracha, preservando-a de um desgaste por atrito, e ao mesmo tempo, permitindo o torque adequado dos parafusos, proporcionando melhor transmissão de força.

A manutenção é muito rápida e simples, pois a substituição do elemento elástico se efetua sem precisar deslocar as máquinas acopladas.

Os elementos elásticos de reposição são vendidos com seus correspondentes parafusos de fixação de aço de alta resistência 1038, rosca NF.

Figura 18.15

18.4 Acoplamentos Modelo Peflex

Fórmula para seleção:

$$\text{POT EQUIVALENTE} = \text{POT REAL} \cdot \text{fs}$$

POT REAL: POTÊNCIA REAL transmitida na aplicação
fs: Conforme Tabela 18.6 - Fator de Serviço - Máquinas Acionadas
Para definição do tamanho do acoplamento, o resultado encontrado na fórmula anterior (POT EQUIVALENTE) deve ser menor que o valor indicado na Tabela 18.7 para a rotação correspondente de trabalho.

18.4.1 Seleção do Acoplamento

Elemento para Seleção		**Cálculo do Acoplamento**
cv	cavalo-vapor	$cv \times Fs$
kW	Kilowatt	Com o valor obtido, buscamos na linha rpm correspondente
rpm	Rotação por minuto	(Tabela 18.3) até superar este valor, encontrando no topo dessa coluna o acoplamento adequado.
Fs	Fator de serviço	
1,36	Coeficiente kW - cv	$kW \cdot 1{,}36 \cdot Fs$

Tabela 18.6 - Fator de serviço - máquinas acionadas - choques

Máquinas condutoras	Leves	Semipesadas	Pesadas	Extrapesadas	Reversão
Motor elétrico	1,2	1,5	2	2,5	3
Turbina	1,5	2	2,5	3	3,5
Motor a diesel	2	2,5	3	3,5	4

Tabela 18.7 - Seleção do acoplamento (usar múltiplos e submúltiplos de 100 p/ rpm que não figuram)

RPM	**Tamanho potência equivalente (cv)**										
	PE-1	**PE-2**	**PE-3**	**PE-4**	**PE-5**	**PE-6**	**PE-7**	**PE-8**	**PE-9**	**PE-10**	**PE-11**
100	0,4	0,6	1,3	3,6	6,3	10,9	14,8	32,1	94,9	163,4	281,3
580	2,3	3,6	7,3	21,1	38,4	63,2	85,8	186,3	550,7	947,5	1631,8
1170	4,7	7,2	14,7	42,5	73,5	127,4	173,2	375,7	1110,9	1911,3	3291,7
1450	5,9	8,9	18,2	52,6	91,1	157,9	214,6	465,7	136,7	2368,8	4079,5
1750	7,1	10,8	22	63,5	110,0	190,6	259,0	562,0	1661,5	2858,8	4923,6
2500	10,1	15,4	31,4	90,8	157,1	272,3	370,0	802,8	2373,6	4084,1	7033,6
3000	12,1	18,4	37,7	108,9	188,5	326,7	444,0	963,4	2848,4	4900,9	8440,4

Os tamanhos indicados pela linha grossa devem ser montados com os flanges para altas rotações, especialmente desenhadas pela PTI para esta finalidade.

Figura 18.16

a) Dimensional

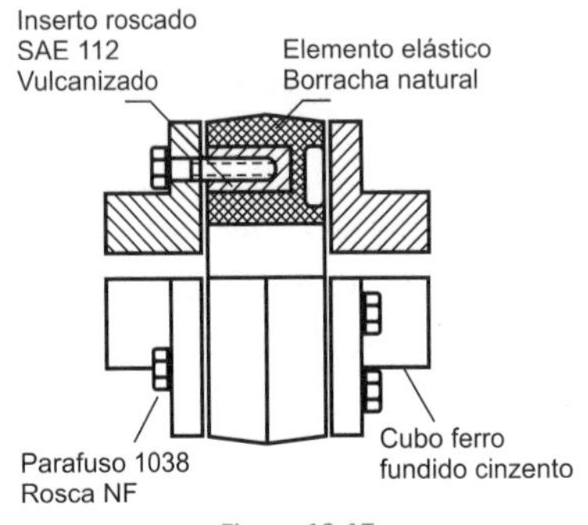

Figura 18.17

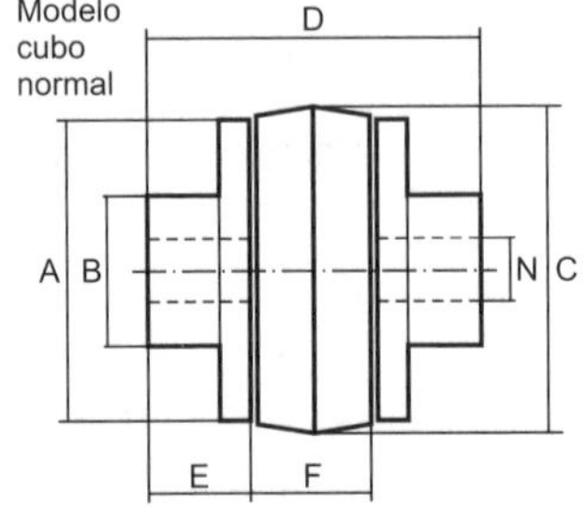

Figura 18.18

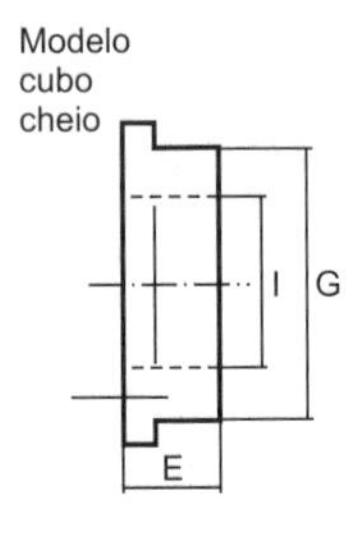

Figura 18.19

Tabela 18.8 - Medidas principais

Tamanho	A	B	C	D	E	F	G	H	I
PE-1	60	25	63	63	22	19	52	15	32
PE-2	73	36	78	78	24	30	64	22	40
PE-3	94	50	100	98	29	40	80	30	50
PE-4	124	70	132	130	40	50	110	43	68
PE-5	150	85	161	171	53	65	140	53	87
PE-6	168	106	180	185	60	65	147	66	90
PE-7	212	120	220	215	60	95	180	75	112
PE-8	235	140	243	255	80	95	200	87	125
PE-9	287	190	298	320	100	120	265	118	165
PE-10	355	230	368	395	120	155	315	140	195
PE-11	435	280	451	465	140	185	400	175	250

Tabela 18.9 - Dados técnicos

	PE-1	PE-2	PE-3	PE-4	PE-5	PE-6	PE-7	PE-8	PE-9	PE-10	PE-11
Torque nominal Nm	28,4	43	88	255	441	764	1039	2254	6664	11466	19747
Ângulo torção máxima (graus)	10	12	12	12	12	14	14	14	14	14	14
RPM máximo com carcaça AR com balanceamento dinâmico	5000	5000	5000	4800	4500	4500	4500	4500	4300	4000	3800
RPM máximo com carcaça AR com balanceamento dinâmico	3500	3500	3000	2500	2500	2500	1700	1700	1500	1000	1000
GD2 - Elemento elástico kgm	-	-	-	0,020	0,055	0,75	0,274	0,379	1,02	3,11	7,42
Peso elemento elástico	0,120	0,240	0,550	1,150	2,130	2,340	5,380	6,420	11,5	23	36,5
Peso cada cubo normal - Kg 2	0,180	0,330	0,690	1,650	2,940	4,680	7,280	11,5	25,5	42	80
Peso cada cubo cheio - Kg	0,350	0,590	1,170	2,750	5,320	8	11,5	19	-	-	-

Ao montar o acoplamento, certifique-se de que as faces dos elementos ajustem-se perfeitamente entre os cubos. Quanto menores forem o desalinhamento e o desvio angular dos eixos, maior será a vida útil dos acoplamentos. Revisar periodicamente os acoplamentos quanto ao alinhamento e ao torque de aperto dos parafusos.

b) Instruções de Montagem

Mecânica dos cubos: dimensões recomendadas: r Máx = 63% de ∅D (segundo dimensões de catálogo) rasgo chaveta normalizado, segundo DIN 6885.

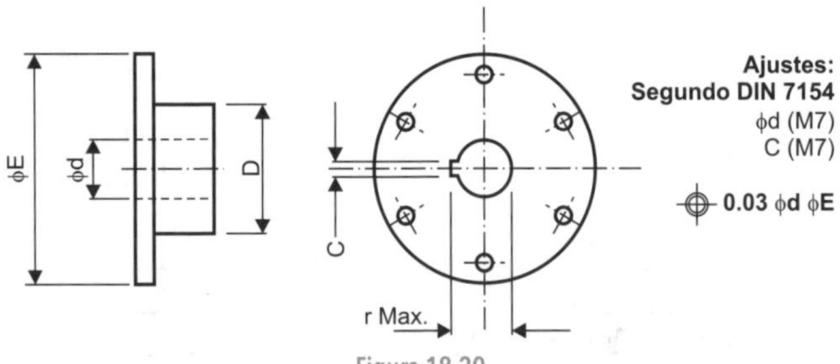

Figura 18.20

Tomar como referência para concentricidade entre diâmetros sobre o ∅E. Não tomar referência sobre ∅D. Recomenda-se ajustar por interferência tanto para o eixo como para o rasgo chaveta. Não se aconselha ajuste deslizante.

c) Montagem

Os cubos devem ser montados com as faces alinhadas com as pontas dos eixos, ou a 3mm sobressaindo no máximo.

O elemento elástico deve se alojar entre os cubos (F) com uma folga de até 0,2mm. Ajustar os parafusos e a fixação ao torque correspondente ao seu tamanho, sabendo que eles são de alta resistência.

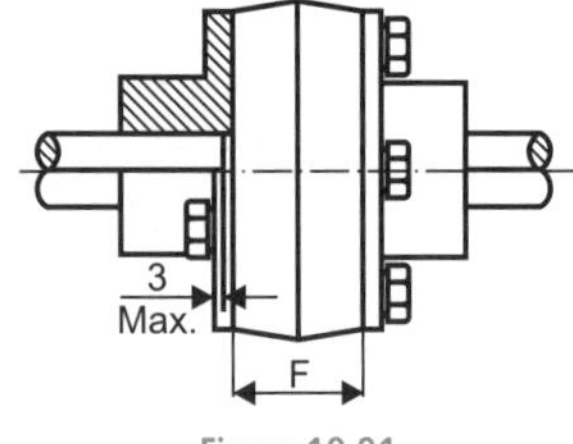

Figura 18.21

d) Alinhamento

O elemento elástico deve se alojar entre os cubos (F) com uma folga de até 0,2mm. A justar os parafusos de fixação ao torque correspondente ao seu tamanho, sabendo que eles são de alta resistência.

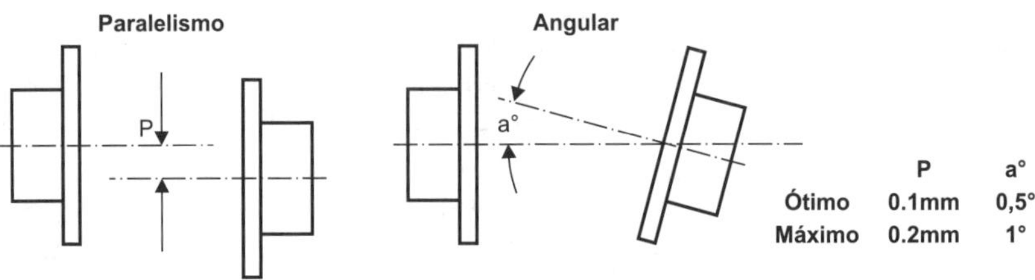

	P	a°
Ótimo	0.1mm	0,5°
Máximo	0.2mm	1°

Figura 18.22

> **Importante**
>
> Durante as paradas dos equipamentos, verificar o torque dos parafusos de fixação, dado que todo o sistema pode estar sujeito a vibrações, o que origina desajustes.

e) Instruções de Montagem

O elemento elástico deve se alojar entre o cubo e o espaçador de forma deslizante com uma folga até 0.2mm (F).

Os cubos devem estar montados segundo recomendações de montagem gerais dos acoplamentos Peflex, considerando a distância entre as extremidades dos eixos (D).

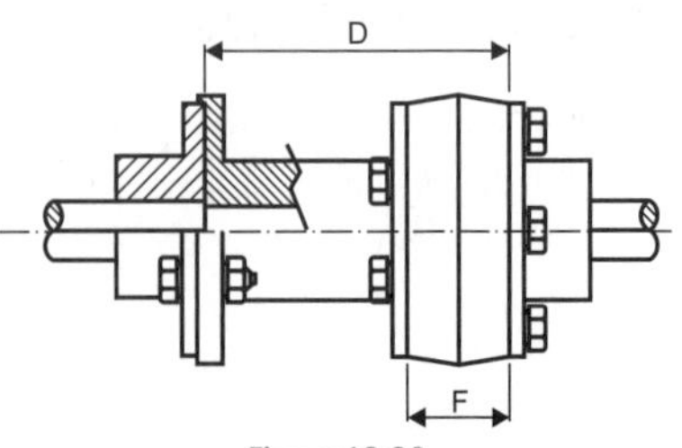

Figura 18.23

f) Alinhamento

Um alinhamento correto diminui as vibrações e aumenta a vida útil do elemento elástico.

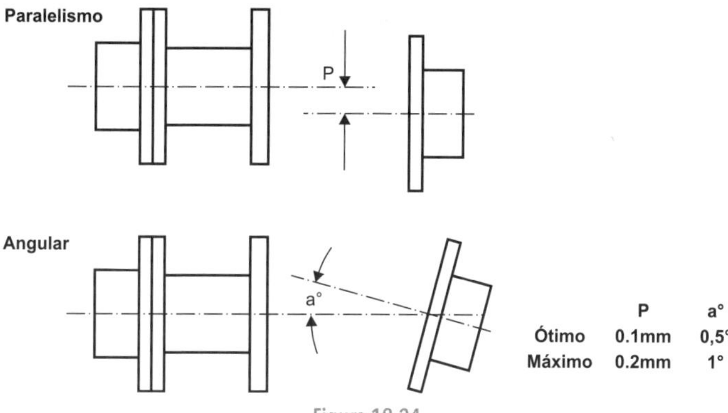

Figura 18.24

g) Configuração

Aplicação: cubo (normais, cheios, normal com cubo cheio)

O acoplamento PTI modelo Peflex apresenta três formas de montagem:

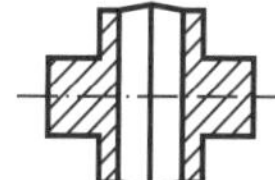

Figura 18.25 - Cubos normais.

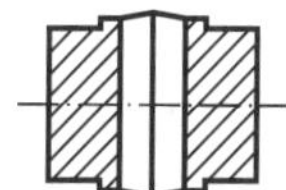

Figura 18.26 - Cubos cheios.

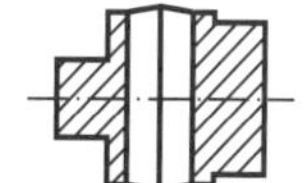

Figura 18.27 - Cubo normal com cubo cheio.

CODIFICAÇÃO PARA CUBOS

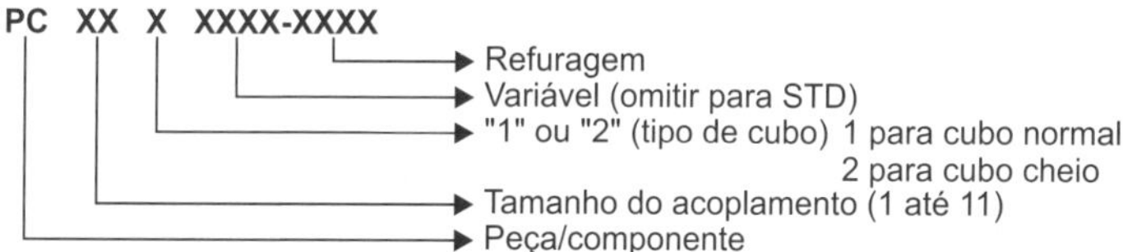

Cubos normais: a fixação ao centro do acoplamento é por meio de parafusos sextavados.

Cubos cheios: a fixação ao centro do acoplamento é por meio de parafusos Allen com cabeça cilíndrica e sextavado interno.

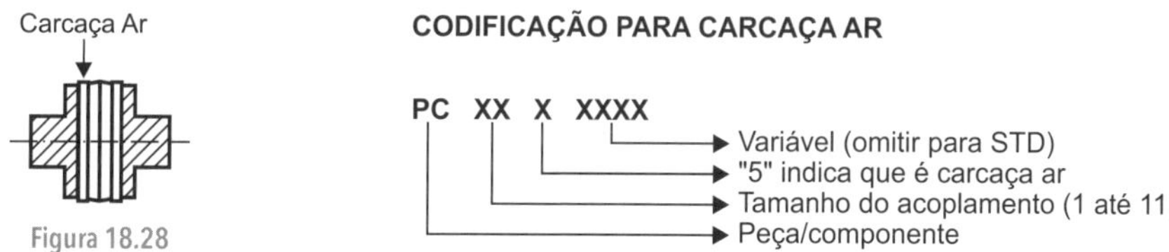

Figura 18.28

Essas carcaças estão colocadas entre o elemento elástico e os cubos.

h) Aplicação com Espaçador

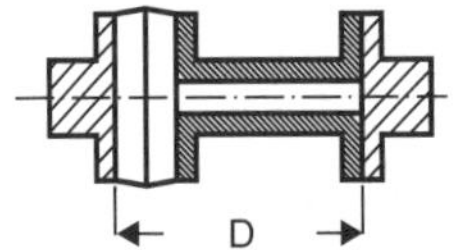

Figura 18.29 - Cubos normais.

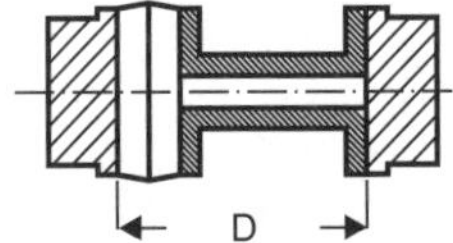

Figura 18.30 - Cubos cheios.

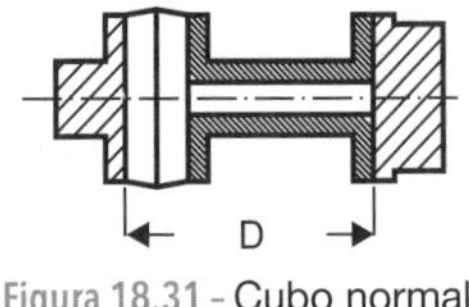

Figura 18.31 - Cubo normal com cubo cheio.

CODIFICAÇÃO PARA ESPAÇADORES

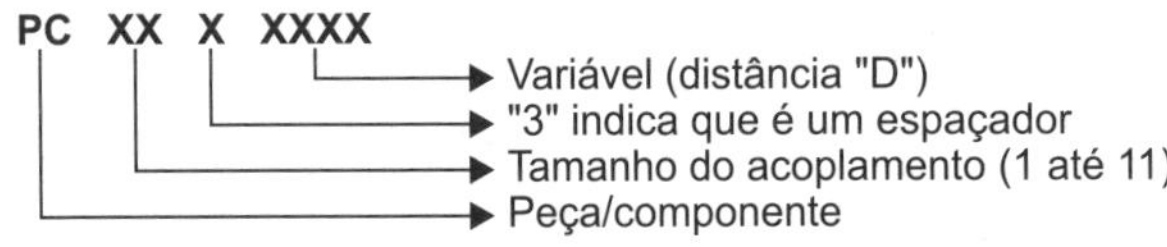

D = distância entre as extremidades dos eixos. Esta dimensão será especificada segundo o espaço livre existente entre a extremidade do eixo da máquina motor e o da máquina movida.

Tabela 18.10

Acoplamento	Distância entre pontas de eixo			
Tamanho	D = 100mm	D = 140mm	D = 180mm	D = 250mm
PE-1				
PE-2				
PE-3				
PE-4				
PE-5				
PE-6				
PE-7				
PE-8				
PE-9				

CODIFICAÇÃO PARA ELEMENTOS ELÁSTICOS

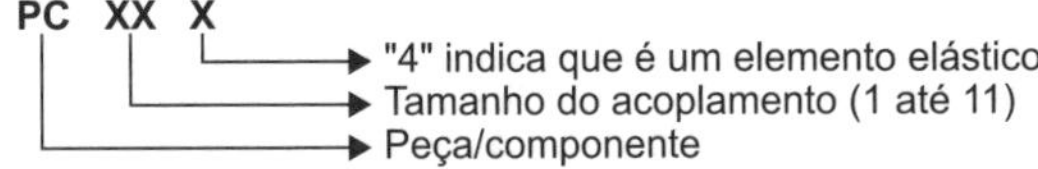

CODIFICAÇÃO PARA CONJUNTO MONTADO

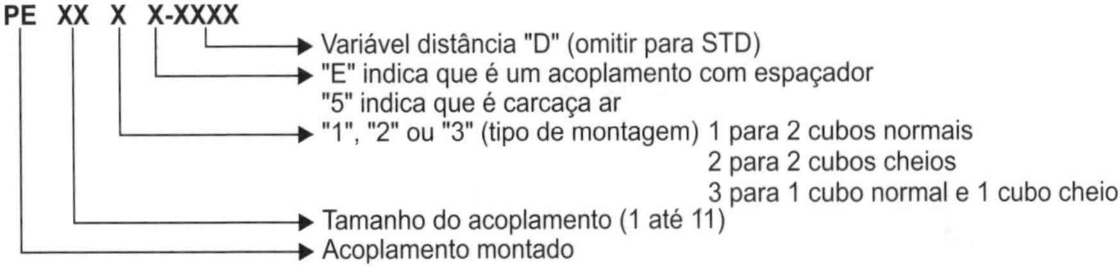

i) Parafusos

Cubos Normais

Parafusos UNF sextavados.

Material SAE 1038
Grau: 5 Segun SAE J429h
Dimensões conforme
ANSI B18.2.1
SAE J429

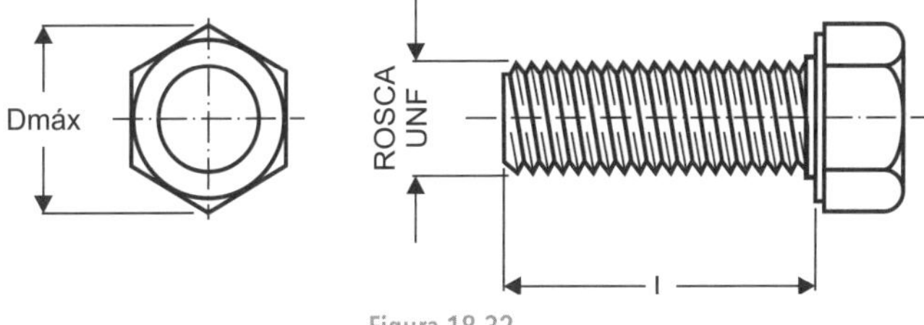

Figura 18.32

Cubos Cheios

Parafusos UNF Allen (com cabeça cilíndrica sextavada interna).

Material SAE 1038
Grau: 5 Segun SAE J429h
Dimensões conforme
ANSI B18.2.1
SAE J429

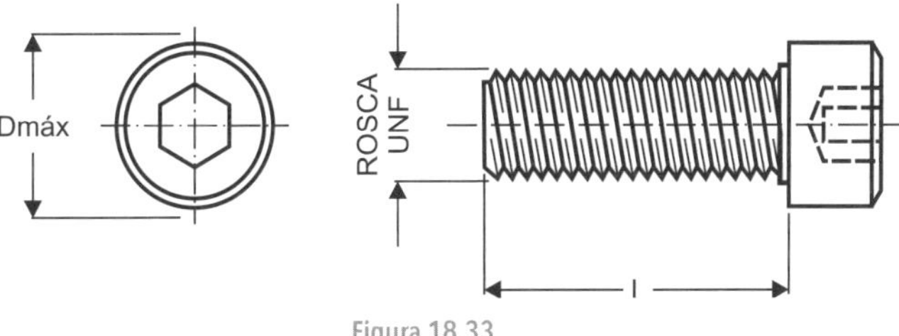

Figura 18.33

Tabela 18.11 - Dimensões e torque de ajuste de parafuso

Cubo normal					Cubo cheio				
Parafuso UNF sextavado				Torque	Parafuso UNF allen				Torque
Tamanho	Rosca	L mm-(in)	D máx. mm	Nm	Tamanho	Rosca	L mm-(in)	D máx. mm	Nm
PE 1	1/4" NF	15,87-(5/8")	12,83	15	PE 1	1/4"NF	19,05-(3/4")	9,52	26
PE 2	1/4" NF	19,05-(3/4")	12,83	15	PE 2	1/4" NF	25,4-(1")	9,52	26
PE 3	5/16" NF	22,22-(7/8")	14,66	24	PE 3	5/16" NF	31,75-(1.1/4")	11,95	52
PE 4	5/16" NF	25,4-(1")	14,66	24	PE 4	5/16" NF	38,1-(1.1/2")	11,95	52
PE 5	3/8" NF	31,75-(1.1/4")	16,51	42,5	PE 5	3/8" NF	50,8-(2")	14,22	96
PE 6	3/8" NF	31,75-(1.1/4")	16,51	42,5	PE 6	3/8" NF	50,8-(2")	14,22	96
PE 7	1/2" NF	38,1-(1.1/2")	22	104	PE 7	1/2" NF	63,5-(2.1/2")	19,05	237
PE 8	1/2" NF	38,1-(1.1/2")	22	104	PE 8	1/2" NF	63,5-(2.1/2")	19,05	237
PE 9	5/8" NF	50,8-(2")	27,5	207					
PE 10	3/4" NF	63,5-(2.1/2")	33	36	Parafuso UNF sextavado				Torque
PE 11	3/4" NF	63,5-(2.1/2")	33	36	PE 9	5/8" NF	114(4.1/2")	27,5	207

Exercício Resolvido

1) Selecionar o acoplamento Peflex (1) e (2) do triturador de material sintético a ser utilizado na reciclagem de plástico. A máquina é acionada por um motor elétrico com potência P = 11kW (~15cv) e rotação n = 1750rpm acoplado a um redutor com relação de transmissão i 1:10 com rendimento $\eta = 0{,}8$. Admita serviço pesado.

a) Seleção dos acoplamentos - Acoplamento (1) (motor/redutor)

Como o serviço foi admitido como pesado e o acionamento é por meio do motor elétrico, encontra-se na Tabela 18.6: Fs = 2,0.

Portanto, a potência equivalente (Pe) será:

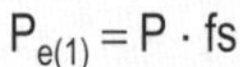

$$P_{e(1)} = P \cdot fs$$

$$P_{e(1)} = 15 \cdot 2$$

$$P_{e(1)} = 30cv$$

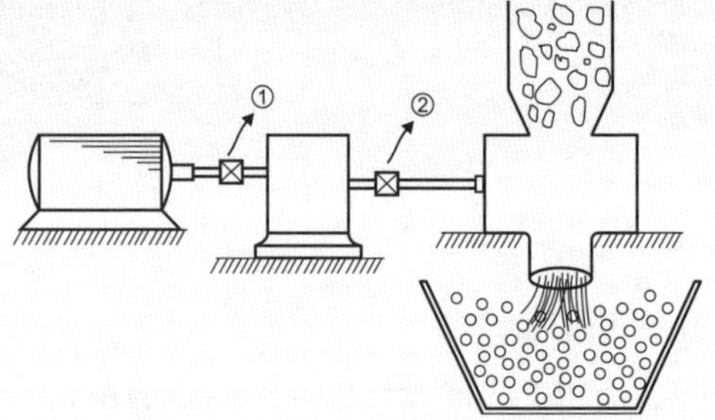

Figura 18.34

Por meio da potência equivalente $P_{e(1)} = 30cv$ e da rotação n = 1750, encontra-se na Tabela 18.11 o acoplamento Peflex PE–4 cuja potência equivalente é Pe(1) = 63,5cv.

Observação!

Escolha sempre o acoplamento ≥ ao valor calculado, desta forma a segurança do projeto estará confirmada.

b) Acoplamento (2) (reduto/triturador)

Como o rendimento do redutor é n = 0,8, a potência útil do dimensionamento será:

$$P_u = P_{motor} \cdot n$$

$$P_u = 15 \cdot 0{,}8$$

$$\boxed{P_u = 12cv}$$

Rotação no eixo de saída do redutor:

$$n_{saída} = \frac{n_{entrada}}{i} = \frac{1750}{10}$$

$$\boxed{n_{saída} = 175rpm}$$

portanto, a potência equivalente será:

$$P_{e(2)} = Pu \cdot fs$$

$$P_{e(2)} = 12 \cdot 2$$

$$\boxed{P_{e(2)} = 24_{cv}}$$

Por meio da potência equivalente $P_{e(2)} = 24cv$, de rotação e de saída do rotor $n_{saída} = 175rpm$, encontra-se na Tabela 18.7 que o acoplamento a ser utilizado é o Peflex PE - 8 cuja potência equivalente $P_e = 32{,}1cv$, a rotação n = 100rpm (rotação imediatamente inferior encontrada na Tabela 18.7).

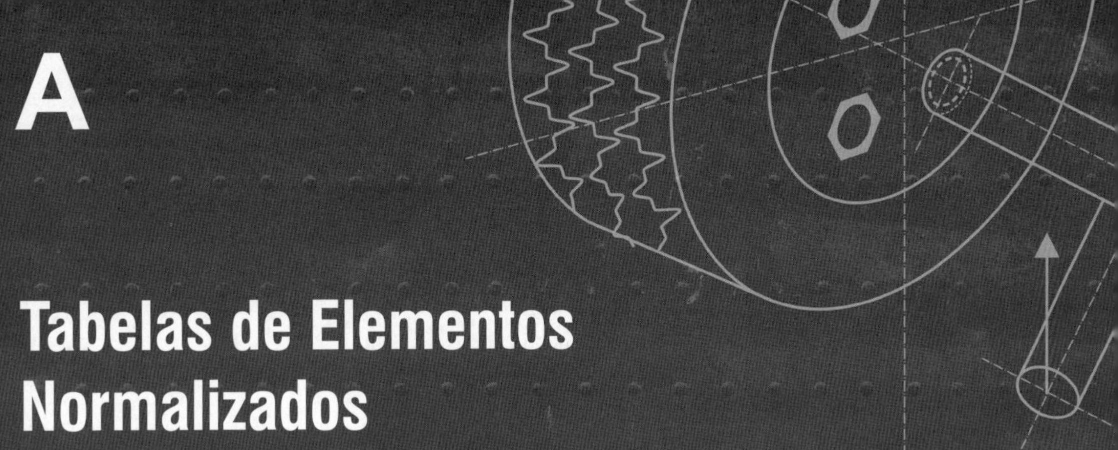

A

Tabelas de Elementos Normalizados

Tabela A.1 – Rebites de cabeça redonda para construções de aço DIN-124

Diâmetro do rebite em bruto	d	10	12	14	16	18	20	22	24	27	30	33	36
Diâmetro da cabeça	D	16	19	22	25	28	32	36	40	43	48	53	58
Altura da cabeça	k	6,5	7,5	9	10	11,5	13	14	16	17	19	21	23
Raio da cabeça	R ≈	8	9,5	11	13	14,5	16,5	18,5	20,2	22	24,5	27	30
Diâmetro do rebite acabado	d_1	11	13	15	17	19	21	23	25	28	31	34	37

d	10	12	14	16	18	20	22	24	27	30	33	36
Comprimento acabado	**Comprimento inicial do rebite**											
6	20											
7	22											
8	24	24										
9	24	26										
10	26	28	28									
11	26	28	28									
12	26	28	30	32								
13	28	30	32	32								
14	28	30	32	34	36							
15	30	32	34	36	38							
16	32	34	36	38	38	40						
17	32	34	36	38	40	42						
18	34	36	38	40	42	45	48					
19	36	38	40	42	45	48	48					
20	38	38	40	42	45	48	50					
22	40	40	42	45	48	50	52	55				
24	42	42	45	48	50	52	55	58				
26	45	45	48	50	52	55	58	60	62			
28	48	48	50	52	55	58	60	62	65			
30	50	50	52	55	58	60	62	65	68	70		
32	50	52	55	58	60	62	65	68	70	72		
34	52	55	58	60	62	65	68	70	72	75		
36	55	58	60	62	65	68	70	72	75	78	80	
38	58	60	62	65	68	70	72	75	78	80	82	
40	60	62	65	68	70	72	75	78	80	82	82	85
42	62	65	65	68	70	72	75	78	80	82	85	90
44		65	68	70	72	75	78	80	82	85	90	95
46		68	70	72	75	78	80	82	85	90	90	95
48		70	72	75	78	80	82	85	85	90	95	95
50			75	78	80	82	85	85	90	90	95	100
52			78	80	82	85	85	90	90	95	95	105
54				82	85	85	90	90	95	95	100	105
56				85	85	90	90	95	95	100	105	105
58				85	90	90	95	95	100	100	105	110
60				90	90	95	95	100	100	105	110	110
62				90	95	95	100	100	105	105	110	115
64					95	100	100	105	105	110	115	115

d	20	22	24	27	30	33	36
Comprimento acabado	**Comprimento inicial do rebite**						
66	100	105	105	110	110	115	115
68	105	105	110	110	110	115	120
70	105	110	110	110	115	120	120
72	110	110	110	115	115	120	125
74	110	110	115	115	120	125	125
76	110	115	115	120	120	125	130
78	115	115	120	120	125	130	130
80	115	120	120	125	130	130	135
82	120	120	125	130	130	135	135
84	120	125	130	130	135	135	140
86	125	130	130	135	135	135	140
88	130	130	135	135	135	140	140
90	130	135	135	135	140	140	145
92		135	135	140	140	145	145
94		135	140	140	145	145	150
96		140	140	145	145	150	150
98			145	145	150	150	155
100			145	150	150	155	155
102			150	150	155	155	160
104			150	155	155	160	160
106			155	155	160	160	165
108			155	160	160	165	165
110			160	160	165	165	170
112			160	165	165	165	170
114				165	170	170	175
116				170	170	170	175
118				170	175	175	180
120				175	175	175	180
122					175	180	180
124					180	180	185
126					180	185	185
128					185	185	190
130					185	190	190
132						190	190
134						190	195
136						195	200
138						195	200

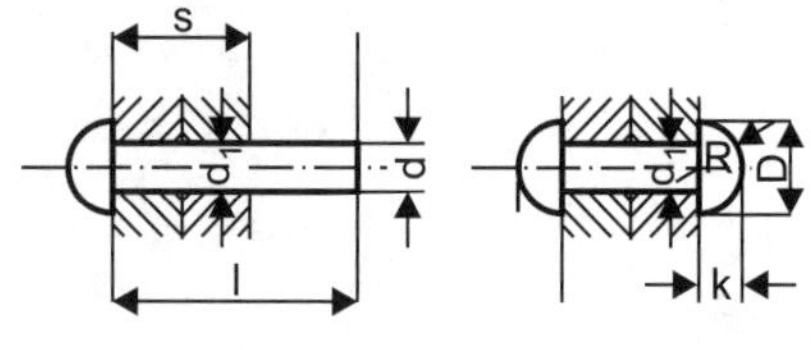

Figura A.1

Designação de um rebite com d = 14mm e comprimento $\ell = 60\text{mm}$

Rebite de cabeça redonda 14 · 60 DIN 124

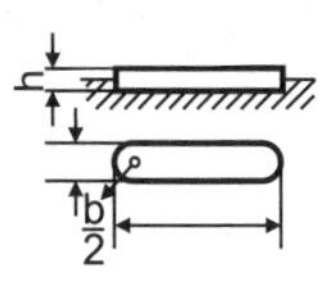

Figura A.2 – Chaveta redonda.

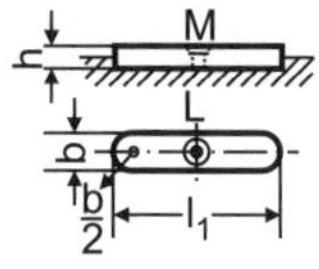

Figura A.3 – Chaveta redonda com parafuso de retenção.

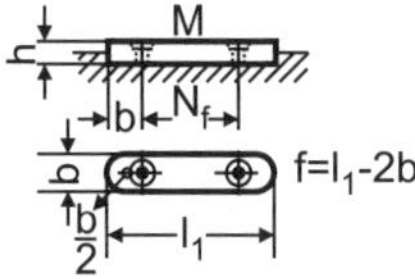

Figura A.4 – Chaveta redonda com parafusos de retenção e de pressão.

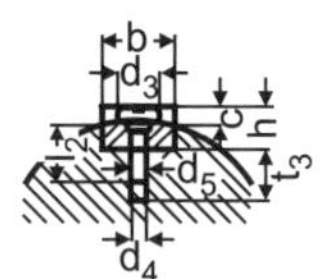

Figura A.5

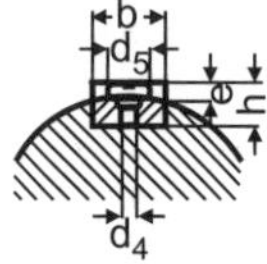

Figura A.6

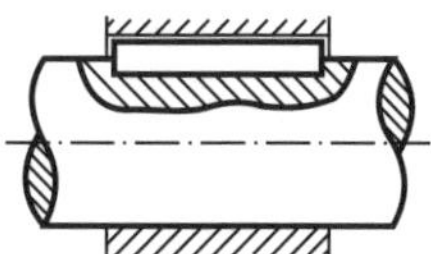
Figura A.7

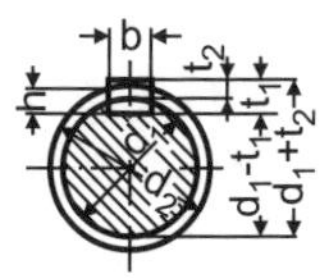

Figura A.8

Chanfro e Arredondamento

Chanfro

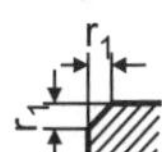

Arredondamento

Designação da chaveta de formato A de largura b = 20mm altura h = 12mm e comprimento ℓ = 48mm.

Chaveta 20 · 12 · 48 DIN 6885

Material: st 60 · 11 (ABNT 1045 com $\sigma_r = 600\text{MPa}$)

Tabela A.2 – Chavetas forma alta para máquinas-ferramenta, dimensões e aplicações DIN 6885

Secção da Chaveta		Largura b	4	5	6	8	10	12	14	16	18	20	22	25	28	32	36	40
		Altura h	4	5	6	7	8	9	9	10	11	12	14	14	16	18	20	22
Diâmetro do eixo d_1		de	10	12	17	22	30	38	44	50	58	65	75	85	95	110	130	150
		até	12	17	22	30	38	44	50	58	65	75	85	95	110	130	150	170
Rasgo do eixo	Largura b – assento fixo	P9	4	5	6	8	10	12	14	16	18	20	22	25	28	32	36	40
	Largura b – assento com folga	N9																
	Profundidade	t_1	3	3,8	4,4	5,4	6	6	6,5	7,5	8	8	10	10	11	13	13,7	14
		dif. adm.	+0,1	+0,2											+0,3			
Rasgo do cubo	Largura b – assento fixo	P9	4	5	6	8	10	12	14	16	18	20	22	25	28	32	36	40
	Largura b – assento com folga	J 9																
	Profundidade	t_2[4])	1,1	1,3	1,7	1,7	2,1	2,1	2,6	2,6	3,1	4,1	4,1	4,1	5,1	5,2	6,5	8,2
		dif. adm	+0,1								+0,2							
d_2		mínima	$d_1 + 3$	$d_1 + 3,5$	$d_1 + 4$	$d_1 + 4,5$	$d_1 + 5,5$	$d_1 + 6$	$d_1 + 7$	$d_1 + 8$	$d_1 + 8,5$	$d_1 + 11$	$d_1 + 12$	$d_1 + 12$	$d_1 + 14$	$d_1 + 15$	$d_1 + 18$	$d_1 + 22$
Arredondamento do chanfro		r_1	0,2		0,4			0,5				0,6			0,8			
		dif. adm.	+0,1	+0,2											+0,3			
Arredondamento da base do rasgo		r_2	0,2		0,4			0,5				0,6			0,6			
		dif. adm.	–0,1		–0,2										–0,3			
Comprimento l_1	dif. adm. macho	dif. adm. fêmea	Peso (7,85 kg dm^3) para forma Akg/1000 peças ≈ [7])															
10			1,15															
12			1,40	2,14														
14			1,65	2,54														
16			1,90	2,93	4,16													
18	–0,2	+0,2	2,15	3,32	4,73													
20			2,40	3,71	5,29	8,05												
22			2,65	4,11	5,86	8,92												
25			3,03	4,70	6,71	10,3	14,4											
28			3,41	5,29	7,55	11,6	16,3											
32			3,91	6,07	8,68	13,4	18,8	22,2										
36			4,41	6,85	9,84	15,1	21,3	25,2										
40			4,91	7,64	10,9	16,9	23,8	28,2	36,6									
45			5,54	8,62	12,3	19,1	27,0	32,0	41,5	52,2								
50	–0,3	+0,3		9,60	13,7	21,3	30,1	35,8	46,5	58,5	71,7							
56				10,8	15,4	24,9	33,9	40,3	52,4	66,0	81,0	97,9						
63					17,4	27,0	38,3	45,6	59,3	74,8	91,9	111	141					
70					19,4	30,1	42,7	50,9	66,2	83,7	103	124	158	177				
80						34,5	48,9	58,4	76,1	95,7	118	143	182	205	260			
90						39,9	55,2	65,9	86,0	109	134	162	207	232	296	369		
100							61,5	73,5	95,9	122	149	180	231	260	331	421	521	
110							67,8	81,0	106	134	165	199	235	287	366	466	578	701
125								92,3	121	153	188	227	291	328	419	534	662	804
140								104	135	172	212	256	237	370	471	602	747	908
160	–0,5	+0,5							155	197	243	293	376	425	542	692	860	1050
180										222	274	331	424	480	612	783	973	1180
200											305	369	473	535	682	873	1090	1360
220												406	521	589	752	964	1200	1460
250													593	672	859	1100	1370	1670

Recomendação: indicadas na construção de máquinas-ferramenta.

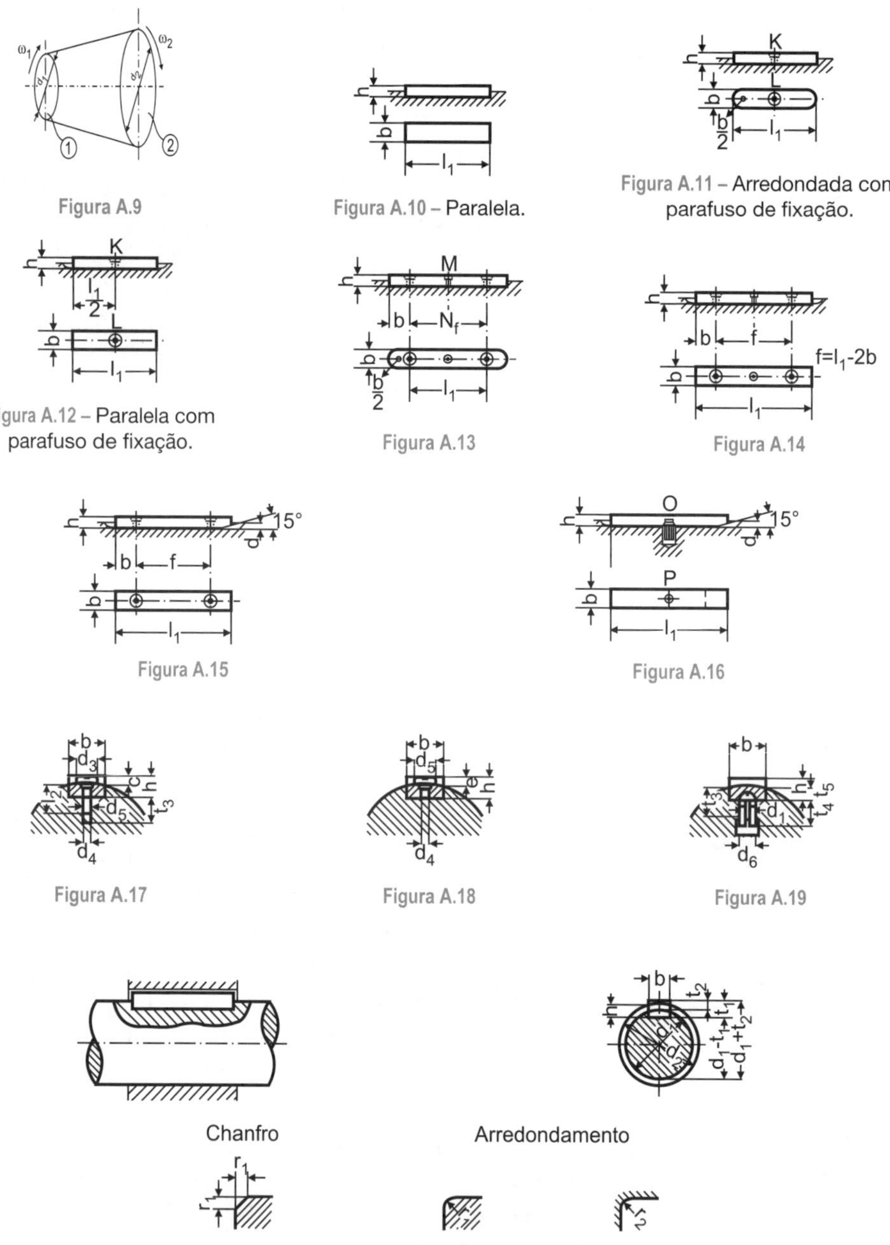

Figura A.9

Figura A.10 – Paralela.

Figura A.11 – Arredondada com parafuso de fixação.

Figura A.12 – Paralela com parafuso de fixação.

Figura A.13

Figura A.14

Figura A.15

Figura A.16

Figura A.17

Figura A.18

Figura A.19

Figura A.20

Designação de uma chaveta formato A de largura b = 12mm, altura h = 8mm e comprimento l = 48mm.

Chaveta A 12 · 8 · 4 DIN 6885

Material: st 60 · 11 (ABNT 1045 com $\sigma_r = 600\text{MPa}$)

Tabela A.3 – Chavetas forma alta, dimensões e aplicações DIN 6885

Secção da Chaveta		Largura b	2	3	4	5	6	8	10	12	14	16	18	20	22	25	28	32	36	40	45	50	56	63	70	80	90	100
		Altura h	2	3	4	5	6	7	8	8	9	10	11	12	14	14	16	18	20	22	25	28	32	32	36	40	45	50
Diâmetro do eixo d_1		de	6	8	10	12	17	22	30	38	44	50	58	65	75	85	95	110	130	150	170	200	230	260	290	330	380	440
		até	8	10	12	17	22	30	38	44	50	58	65	75	85	95	110	130	150	170	200	230	260	290	330	380	440	500
Rasgo no eixo – Largura b	assento fixo	P9	2	3	4	5	6	8	10	12	14	16	18	20	22	25	28	32	36	40	45	50	56	63	70	80	90	100
	assento com folga	N9																										
Rasgo no eixo – Profundidade t_1	com folga no aperto		1,1	1,7	2,4	2,9	3,5	4,1	4,7	4,9	5,5	6,2	6,8	7,4	8,5	8,7	9,9	11,1	12,3	13,5	15,3	17	19,3	19,6	22	24,6	27,5	30,4
		dif. adm.	+0,1				+0,2											+0,3										
Rasgo no cubo – Largura b[3])	assento fixo	P9	2	3	4	5	6	8	10	12	14	16	18	20	22	25	28	32	36	40	45	50	56	63	70	80	90	100
	assento com folga	J 9																										
Rasgo no cubo – Profundidade t_2	com folga no assento		1	1,4	1,7	2,2	2,6	3	3,4	3,2	3,6	3,9	4,3	4,7	5,6	5,4	6,2	7,1	7,9	8,7	9,9	11,2	12,9	12,6	14,2	15,6	17,7	19,8
		dif. adm	+0,1						+0,2													+0,3						
	com aperto		0,6	1	1,3	1,8	2,1	2,4	2,8	2,6	2,9	3,2	3,5	3,9	4,8	4,6	5,4	6,1	6,9	7,7	8,9	10,1	11,8	11,5	13,1	14,5	16,6	18,7
		dif. adm.	+0,1									+0,2										+0,3						
a			0,8	1,2	1,6	2	2,5	3	3	3	3,5	4	4,5	5	5,5	5,5	6,5	7	8	9	10	11	13	13	14	16	18	20
d_2		mínima	d_1 + 2,5	d_1 + 3,5	d_1 + 4	d_1 + 5	d_1 + 6	d_1 + 7	d_1 + 8	d_1 + 8	d_1 + 9	d_1 + 10	d_1 + 11	d_1 + 12	d_1 + 14	d_1 + 14	d_1 + 16	d_1 + 18	d_1 + 20	d_1 + 22	d_1 + 25	d_1 + 27	d_1 + 32	d_1 + 32	d_1 + 35	d_1 + 40	d_1 + 45	d_1 + 50
Arredondamento do chanfro		r_1	0,2				0,4		0,5					0,6			0,8		1		1,2		1,6		2,5			
		dif. adm	+0,1				+0,2										+0,3				+0,4		+0,5					
Arredondamento da base do rasgo		r_2	0,2				0,4		0,5					0,6			0,8		1		1,2		1,6		2,5			
		dif. adm	-0,1				-0,2										-0,3				-0,4		-0,5					
Comprimento l_1	dif. adm – macho	dif. adm – fêmea	Peso 7,85 (kg/dm^3) para forma B kg 1000 $\approx$ [7])																									
6	–0,2	+0,2	0,188	0,423																								
8			0,251	0,565	1,01																							
10			0,314	0,707	1,26	1,95																						
12			0,377	0,848	1,51	2,35																						
14			0,440	0,989	1,76	2,75	3,94																					
16			0,502	1,13	2,01	3,14	4,52																					
18			0,565	1,27	2,26	3,63	5,09	7,93																				
20			0,628	1,41	2,51	3,92	5,65	8,80																				
22				1,55	2,76	4,32	6,22	9,67	13,8																			
25				1,77	3,14	4,91	7,07	11,0	15,7																			
28				1,98	3,52	5,50	7,91	12,3	17,6	21,1																		
32	–0,3	+0,3		2,26	4,02	6,28	9,04	14,1	20,1	24,1																		
36				2,54	4,52	7,06	10,2	15,8	22,6	27,1	35,6																	
40					5,02	7,85	11,3	17,6	25,1	30,1	39,6																	
48					5,65	8,83	12,7	19,8	28,3	33,9	44,5	56,5																
50						9,81	14,1	22,0	31,4	37,7	49,5	62,8	77,7															
56						11,0	15,8	24,6	35,2	42,2	55,4	70,3	87,0	106														
63							17,8	27,7	39,6	47,5	62,3	79,1	97,9	119	152													
70							19,8	30,8	44,0	52,8	69,2	88,0	109	132	169	192												
80								35,2	50,2	60,3	79,1	100	124	151	193	220	281											
90	–0,5	+0,5						39,6	56,5	67,8	89,0	113	140	170	218	247	317	407										
100									62,8	75,4	98,9	126	155	188	242	275	352	452	565									
110									69,1	82,9	109	138	171	207	266	302	387	497	622	760								
125										94,2	124	157	194	235	302	343	440	565	706	863	1100							
140										106	138	176	218	264	338	385	492	633	791	967	1240	1540						
160											158	201	249	301	387	440	563	723	904	1110	1410	1760	2080					
180												226	280	339	435	495	633	814	1020	1240	1590	1980	2340	2750				
200													311	377	484	550	703	904	1130	1380	1770	2200	2600	3060	3800			
220														414	532	604	774	995	1240	1520	1940	2420	2860	3370	4180	5520		
250															604	687	880	1130	1410	1730	2210	2750	3250	3830	4750	6280	7880	
280																769	985	1270	1580	1930	2470	3080	3640	4290	5320	7030	8820	11000
315																	1110	1420	1780	2180	2780	3460	4100	4820	5990	7810	9920	12380
385																		1610	2010	2450	3140	3900	4620	5430	6750	8910	11180	13950
400																			2260	2760	3530	4400	5200	6120	7600	10040	12600	15720

Recomendação: são introduzidas nos rasgos dos eixos e dos cubos com interferência lateral, sendo especialmente recomendadas para F_oF_o e bronze.

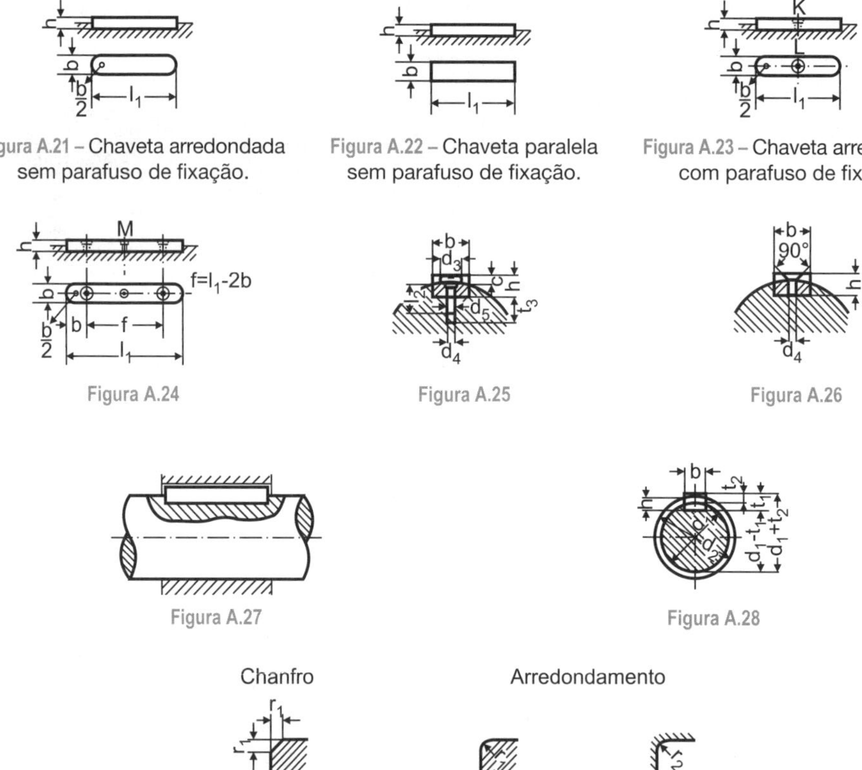

Figura A.21 – Chaveta arredondada sem parafuso de fixação.

Figura A.22 – Chaveta paralela sem parafuso de fixação.

Figura A.23 – Chaveta arredondada com parafuso de fixação.

Figura A.24

Figura A.25

Figura A.26

Figura A.27

Figura A.28

Figura A.29

Designação de uma chaveta de formato A com largura b = 12mm, altura h = 6mm e comprimento l = 70mm.

Chaveta A 12 · 6 · 70 DIN 6885

Material: st 60 (ABNT 1045 com σ_r = 600MPa)

Tabela A.4 – Chavetas forma baixa, dimensões e aplicações DIN 6885

Secção da Chaveta			Largura b	5	6	8	10	12	14	16	18	20	22	25	28	32	36
			Altura h	3	4	5	6	6	6	7	7	8	9	9	10	11	12
Diâmetro do eixo d_1			de	12	17	22	30	38	44	50	58	65	75	85	95	110	130
			até	17	22	30	38	44	50	58	65	75	785	95	110	130	150
Rasgo no eixo	Largura b	assento fixo	P9	5	6	8	10	12	14	16	18	20	22	2	28	32	36
		assento com folga	N9														
	Profundidade t_1[4]	com folga no aperto		1,9	2,5	3,1	3,7	3,9	4	4,7	4,8	5,4	6	6,2	6,9	7,6	8,3
			dif. adm.	+0,1		+0,2											
Rasgo no cubo	Largura b	assento fixo	P9	5	6	8	10	12	14	16	18	20	22	25	28	32	36
		assento com folga	J 9														
	Profundidade t_2[4]	com folga no assento		1,2	1,6	2	2,4	2,2	2,1	2,4	2,3	2,7	3,1	2,9	3,2	3,5	3,8
			dif. adm	+0,1									+0,2				
		com aperto		0,8	1,1	1,4	1,8	1,6	1,4	1,7	1,6	2	2,4	2,2	2,4	2,7	3
			dif. adm.	+0,1													
d_2			mínima	$d_1 + 3$	$d_1 + 4$	$d_1 + 5$	$d_1 + 6$	$d_1 + 6$	$d_1 + 6$	$d_1 + 7$	$d_1 + 7$	$d_1 + 8$	$d_1 + 9$	$d_1 + 9$	$d_1 + 10$	$d_1 + 11$	$d_1 + 11,5$
Arredondamento do chanfro			r_1	0,2	0,4			0,5				0,6			0,8		1
			dif. adm	+0,1	+0,2										+0,3		
Arredondamento da base do rasgo			r_2	0,2	0,4			0,5				0,6			0,8		1
			dif. adm	-0,1	-0,2										-0,3		

Peso (7,85 kg dm³) para forma B / kg/1000 peças ≈ [7])

Comprimento l_1	dif. adm macho	dif. adm fêmea	5	6	8	10	12	14	16	18	20	22	25	28	32	36
12	−0,2	+0,2	1,41													
14			1,65	2,63												
16			1,88	3,01												
18			2,12	3,39	5,65											
20			2,36	3,77	6,28											
22			2,59	4,14	6,91	10,4										
25			2,94	4,71	7,85	11,8										
28			3,30	5,28	8,79	13,2	15,9									
32	−0,3	+0,3	3,77	6,03	10,0	15,1	18,1									
36			4,24	6,78	11,3	17,0	20,3	20,2								
40			4,71	7,54	12,6	18,8	22,6	24,4								
45			5,30	8,48	14,1	21,2	25,4	29,7	39,6							
50			5,89	9,42	15,7	23,6	28,3	33,0	44,0	49,5						
56			6,59	10,6	17,6	26,4	31,6	36,9	49,2	55,4	70,3					
63				11,9	19,8	29,7	35,6	41,5	55,4	62,3	79,1	98				
70				13,2	22,0	33,0	39,6	46,2	61,5	69,2	87,9	109	124			
80					25,1	37,7	45,2	52,8	70,3	79,1	100	124	141	176		
90	−0,5	+0,5			28,3	42,4	50,9	59,3	79,1	89,0	113	140	159	198	249	
100						47,1	56,5	65,9	87,9	98,9	126	15	177	220	276	339
110						51,8	62,2	72,5	96,7	109	138	171	194	242	304	373
125							70,6	82,4	110	124	157	194	221	275	345	424
140							79,1	92,3	123	138	176	218	247	308	387	475
160								106	141	158	201	249	283	352	442	543
180									158	178	226	280	318	396	497	610
200										198	251	311	353	440	553	678
220											276	342	389	484	608	746
250												389	442	550	691	848
280													495	615	774	949
315														692	870	1070
355															981	1200
400																1360
Peso a deduzir para forma A			0,126	0,243	0,539	1,01	1,46	1,98	3,02	3,82	5,39	7,34	9,48	13,2	19,0	26,2
Furos para parafusos de retenção e parafusos de pressão	Furos das línguas de ajuste		d_3	-	5,9	7,4	9,4	9,4	9,4	10,4	10,4	10,4	13,5	16,5	16,5	19
			d_5	-	3,2	3,2	4,3	5,3	5,3	6,4	6,4	6,4	8,4	10,5	10,5	13
			c	-	2,2	2,2	3	3,7	3,7	4,2	4,2	4,2	5,3	6,3	6,3	7,3
	Prof. del taladro		f_3	-	7	8	10	10	10	12	12	13	14	17	17	19
Parafusos de retenção			d X l		M 3 X 8	M 3 X 10	M 4 X 10	M 5 X 10	M 5 X 10	M 6 X 12	M 6 X 12	M 6 X 15	M 8 X 15	M 10 X 18	M 10 X 20	M 12 X 22

Recomendação: são utilizadas de modo generalizado, especialmente em altas rotações.

Uniões por pressão com inclinação.

Chavetas: dimensões e aplicações.

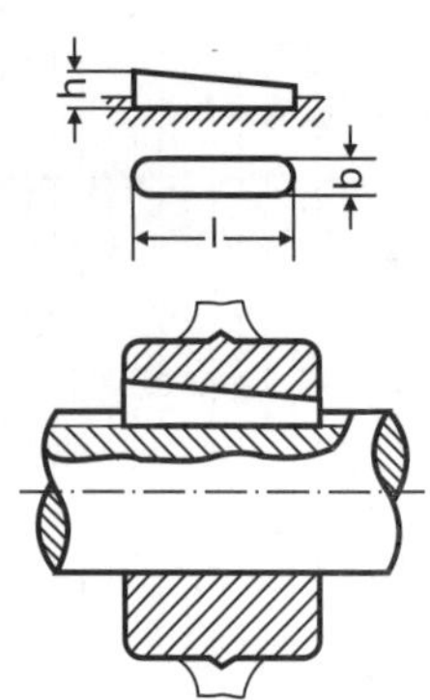

Figura A.30 – Inclinação 1:100

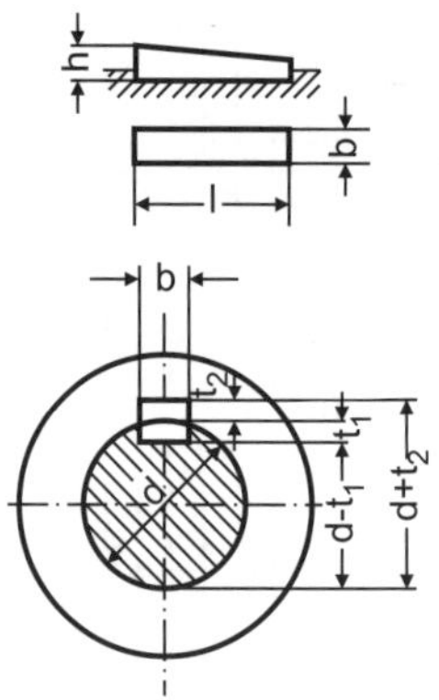

Figura A.31 – Inclinação 1:100

Designação de uma chaveta forma A de largura b = 20mm, altura h = 12mm e comprimento l = 185mm.

Chaveta A 20 · 12 · 185 DIN 6885

Figura A.32

Tabela A.5

Secção da chaveta	largura b		2	3	4	5	6	8	10	12	14	16	18	20	22
	altura b		2	3	4	5	6	7	8	8	9	10	11	12	14
Diâmetro do eixo	de		6	8	10	12	17	22	30	38	44	50	58	65	75
	até		8	10	12	17	22	30	38	44	50	58	65	75	85
Largura do rasgo	b D 10		2	3	4	5	6	8	10	12	14	16	18	20	22
Profundidade da chave no eixo	t_1		1,1	1,7	2,4	2,9	3,5	4,1	4,7	4,9	5,5	6,2	6,8	7,4	8,5
	dif. adm		+0,1					+0,2							
Profundidade da chaveta no cubo	t_2		0,6	1	1,3	1,8	2,1	2,4	2,8	2,6	2,9	3,2	3,5	3,9	4,8
	dif. adm.		-0,1										+0,2		
Arredondamento do chanfro	r_1		0,2				0,4				0,5			0,6	
	dif. adm		-0,1				-0,2								
Arredondamento da base do rasgo	r_2		0,2				0,4				0,8			0,6	
	dif. adm.		-0,1				-0,2								
Comprimento	dif. adm		Peso (7,85 kg/dm³) kg/dm³) kg/1000 peças ≈ para forma B												
l	macho	fêmea													
6			0,186												
8			0,246	0,558											
10			0,306	0,695	1,24										
12			0,366	0,831	1,48	2,32									
14			0,424	0,966	1,73	2,71									
16	−0,2	+0,2	0,482	1,10	1,97	3,09	4,46								
18			0,540	1,23	2,21	3,47	5,01								
20			0,598	1,37	2,45	3,84	5,90	8,66							
22				1,50	2,59	4,22	6,11	9,52							
25				1,69	3,04	4,78	6,92	10,8	15,5						
28				1,87	3,39	5,34	7,73	12,1	17,3						
32				2,14	3,86	6,08	8,80	13,7	19,7	23,6					
36				2,39	4,32	6,81	9,86	15,4	22,1	26,5					
40					4,77	7,54	10,9	17,1	24,5	29,4	38,7				
45					5,34	8,45	12,2	19,1	27,5	33,0	43,4	55,2			
50	−0,3	+0,3				9,32	13,5	21,2	30,4	36,5	48,1	61,2	75,9		
56						10,4	15,1	23,6	33,9	40,7	53,6	68,4	84,8	103	
63							16,8	26,4	38,0	45,6	60,0	76,5	95,1	116	149
70							18,6	29,2	42,0	50,4	66,5	84,8	105	128	165
80								33,2	47,7	57,3	75,6	96,5	120	146	188
90								37,0	53,3	64,0	84,6	108	134	163	211
100									58,8	70,4	93,5	119	148	181	233
110									64,3	77,2	102	131	163	198	256
125										86,9	115	147	183	223	289
140	−0,5	+0,5								96,3	125	163	204	248	322
160											144	185	231	281	365
180												206	257	314	407
200													283	246	449
220														376	490
250															550
Peso a deduzir para forma A			0,013	0,043	0,104	0,203	0,351	0,724	1,29	1,84	2,81	4,06	5,66	7,62	10,7

Material st 60 (ABNT 1045 com limite de resistência a tração σ_r = 600 MPa)

Recomendação: quando houver necessidade de excentricidade do cubo em relação ao eixo.

Suporta esforços axiais.

Conicidade 1:100.

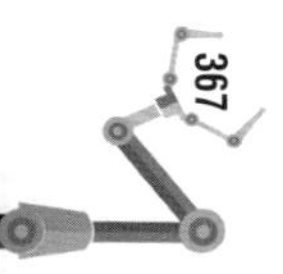

Tabela A.6 – Complemento para eixos árvore maiores DIN 6886

Secção da chaveta	largura b	25	28	32	36	40	45	50	56	63	70	80	90	100
	altura b	14	16	18	20	22	25	28	32	32	36	40	45	50
Diâmetro do eixo d_1	de	85	95	110	130	150	170	200	230	260	290	330	380	440
	até	95	110	130	150	170	200	230	260	290	330	380	440	500
Largura do rasgo	b D 10	25	28	32	36	40	45	50	56	63	70	80	90	100
Profundidade da chaveta no eixo	t_1	8,7	9,9	11,1	12,3	13,5	15,3	17	19,3	19,6	22	24,6	27,5	30,4
	dif. adm	+0,2		+0,3										
Profundidade da chaveta no cubo	t_2	4,6	5,4	6,1	6,9	7,7	8,9	10,1	11,8	11,5	13,1	14,5	16,6	18,7
	dif. adm.	+0,2						+0,3						
Arredondamento do chanfro	r_1	0,6	0,8		1		1,2		1,6		2,5			
	dif. adm	+0,2	+0,3				+0,4		+0,5					
Arredondamento da base do rasgo	r_2	0,6	0,8		1		1,2		1,6		2,5			
	dif. adm.	-0,2	-0,3				-0,4		-0,5					

Comprimento l	zul. Abw. keil	zul. Abw. nut	Peso (7,85 kg/dm3) kg 1000 peças ≈ para forma B												
70	-0,3	+0,3	187												
80			214	274											
90	-0,5	+0,5	239	308	397										
100			265	341	439	551									
110			290	374	482	605	741								
125			328	423	546	685	839	1080							
140			366	471	609	764	937	1200	1500						
160			415	535	691	868	1060	1370	1710						
180			463	597	773	973	1190	1530	1910						
200			510	659	854	1070	1320	1700	2120						
220			557	721	933	1170	1440	1860	2320						
250			626	811	1050	1320	1630	2100	2620						
280			692	899	1170	1470	1810	2330	2920						
315				1000	1300	1640	2020	2620	3270						
355					1450	1830	2260	2920	3660						
400						2040	2510	3250	4080						
Peso a deduzir para forma A			13,8	19,8	29,2	40,6	55,8	80,6	112						

Tabela A.7 – Chavetas com cabeças - dimensões e aplicações DIN 6887

Largura da chaveta	b h	4	5	6	8	10	12	14	16	18	20	22	25
Altura da chaveta	h	4	5	6	7	8	8	9	10	11	12	14	14
Diâmetro do eixo	de	10	12	17	22	30	38	44	50	58	65	75	85
	até	12	17	22	30	38	44	50	58	65	75	85	95
Altura da chaveta	h_1	4,1	5,1	6,1	7,2	8,2	8,2	9,2	10,2	11,2	12,2	14,2	14,2
	dif. adm		0,1						−0,2				
Altura da cabeça	h_2	7	8	10	11	12	12	14	16	18	20	22	22
Largura do rasgo	b D 10	4	5	6	8	10	12	14	16	18	20	22	25
Rasgo da chaveta no eixo	t_1	2,4	2,9	3,5	4,1	4,7	4,9	5,5	6,2	6,8	7,4	8,5	8,7
	dif. adm.	+0,1							+0,2				
Profundidade do rasgo da chaveta no cubo	t_2	1,3	1,8	2,1	2,4	2,8	2,6	2,9	3,2	3,5	3,9	4,8	4,6
	dif. adm.	-0,1							+0,2				
Arredondamento do chanfro	r_1	0,2			0,4				0,5			0,6	
	dif. adm.	−0,1							+0,2				
Arredondamento da base do rasgo	r_2	0,2			0,4				0,5			0,6	
	dif. adm	−0,1							−0,2				
Comprimento l	dif. adm	Peso (7,85 kg/dm³) kg / 1000 peças »											
14	−0,2	2,57	4,23										
16		2,82	4,62	7,15									
18		3,07	5,00	7,70									
20				8,25	14,1								
22		3,55	5,77	8,81	15,0								
25		3,92	6,35	9,64	16,3	24,5							
28		4,28	6,92	10,5	17,7	26,4							
32	−0,3	4,75	7,67	11,5	19,4	28,7	37,4						
36		5,25	8,42	12,6	21,1	31,2	40,0						
40		5,70	9,16	13,7	22,8	33,8	43,3	60,3					
45		6,27	10,1	15,0	24,9	36,8	47,1	65,2	86,3				
50			11,0	16,4	27,1	39,9	50,6	69,8	92,6	121			
56			12,0	18,0	29,5	43,4	54,8	75,4	100	130	166		
63				19,7	32,5	47,7	60,6	82,3	109	141	178	231	
70				21,5	35,4	51,7	64,7	88,7	117	151	191	249	294
80					39,4	57,6	71,7	98,2	129	166	209	271	320
90	−0,5				43,4	63,4	78,6	107	141	181	227	294	347
100						68,2	86,0	116	151	195	245	317	372
110						74,8	93,3	125	164	210	262	339	398
125							102	138	181	230	278	373	436
140							112	151	198	251	303	407	475
160								165	220	279	335	451	534
180									241	306	366	493	572
200										332	397	536	620
220											428	577	668
250												639	739
280													808

Designação de uma chaveta com cabeça de largura b =18mm, altura h = 11mm e comprimento l = 200mm.

Chaveta: 18 · 11 · 200 DIN 6887

Material st (ABNT 1045 com limite de resistência a tração 600MPa)

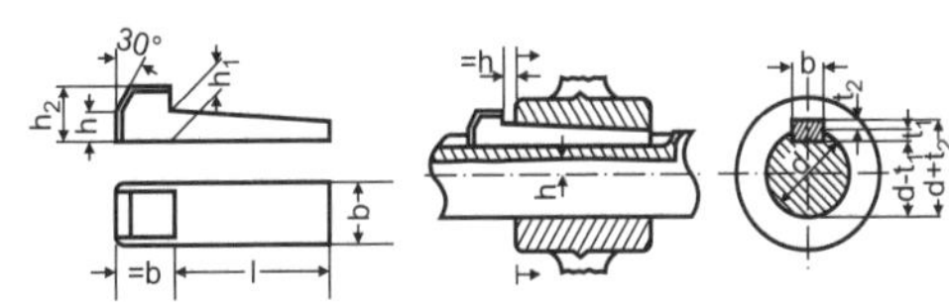

Figura A.33

Recomendação: utiliza-se quando houver dificuldade de montagem das chavetas convencionais.

Denominação: chaveta inclinada com cabeça.

Tabela A.8 – Complemento para eixos maiores DIN 6887

Largura da chaveta	b h	28	32	36	40	45	50	56	63	70	80	90	100
Altura da chaveta	h	16	18	20	22	25	28	32	32	36	40	45	50
Diâmetro do eixo	de	95	110	130	150	170	200	230	260	290	330	380	440
	até	110	130	150	170	200	230	260	290	330	380	440	500
Altura da chaveta	h_1	16,2	18,3	20,4	22,4	25,4	28,4	32,5	36,5	36,5	40,5	45,6	50,6
	dif. adm	–0,2		0,3									
Altura da cabeça	h_2	25	28	32	36	40	45	50	56	63	70	75	80
Largura do rasgo	b D 10	28	32	36	40	45	50	56	63	70	80	90	100
Profundidade do rasgo no eixo	t_1	9,9	11,1	12,3	13,5	15,3	17	19,3	19,6	22	24,6	27,5	30,4
	dif. adm.	-0,2	-0,3										
Profundidade do rasgo da chaveta no cubo	t_2	5,4	6,1	6,9	7,7	8,9	10,1	11,8	11,5	13,1	14,5	16,6	18,7
	dif. adm.	–0,2						–0,3					
Arredondamento do chanfro	r_1	0,8		1		1,2		1,6		2,5			
	dif. adm.	+0,3				+0,4		+0,5					
Arredondamento do fundo do rasgo	r_2	0,8				1,2		1,6		2,5			
	dif. adm	–0,3				–0,4		–0,5					
Comprimento (l)	dif. adm	Peso (7,85 kg/dm^3) kg / 1000 peças »											
80	–0,3	426											
90	–0,5	460	621										
100		493	665	874									
110		527	707	929	1190								
125		574	772	1010	1290	1710							
140		626	828	1090	1390	1840	2370						
160		690	920	1200	1520	2010	2580						
180		753	1000	1300	1650	2170	2780						
200		818	1080	1410	1780	2340	3000						
220		881	1170	1510	1910	2480	3210						
250		971	1290	1660	2100	2750	3520						
280		1060	1400	1810	2280	2980	3800						
315		1160	1540	1990	2470	3250	4150						
355			1640	2180	2730	3580	4550						
400				2390	3000	3920	4990						

Tabela A.9 – Chavetas redondas - dimensões e aplicação DIN 6888

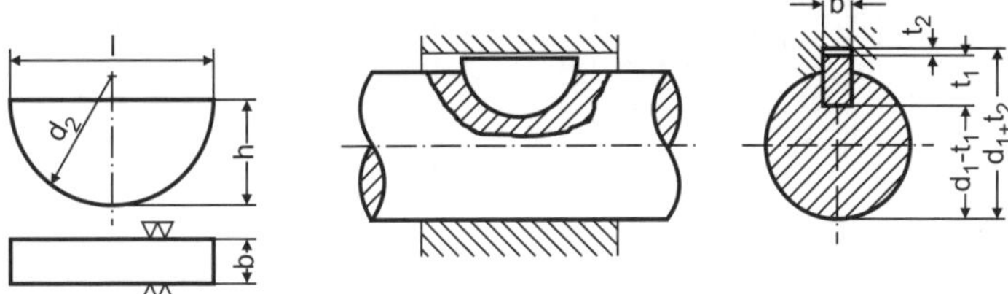

Figura A.34

Designação de uma chaveta redonda com largura b = 4mm, altura h = 5mm, chaveta redonda 4 · 5 DIN 6888.

Arestas iniciais, chanfros arredondados, escolha da ferramenta.

Arredondamento da chaveta para o eixo e o cubo.

Figura A.35

Material st 60 corresponde ao ABNT 1045 (aço com limite de resistência a tração 600MPa)

Recomendação: para transmissão de torques pequenos e médios.

Denominação: chaveta meia-lua (Woodruff)

Tabela A.10

Secção da Chaveta			largura b	1	1,5	2		2,5	3			4		
			altura h	1,4	2,6	2,6	3,7	3,7	3,7	5	6,5	5	6,5	7,5
Classificação	I	Diâmetro do eixo	de	3	4	5		8			-	10		-
			até	4	6	8		10			-	12		-
	II	Diâmetro do eixo	de	6	9	10		12				17		
			até	8	10	12		17				22		
Diâmetro			d_2	4	7	7	10	10	10	13	16	13	16	19
			dif. adm.	–0,1	–0,1	–0,1		–0,1	–01			–0,1		
Raio do arredondamento			r_1	0,2	0,2	0,2		0,2	0,2			0,2		
			dif. adm.	+0,1	+0,1	+0,1		+0,1	+0,1			+0,1		
Comprimento (l)				3,82	6,76	6,76	9,66	9,66	9,66	9,66	15,72	12,65	15,72	18,57
Peso (7,85 kg / dm3) kg / 1000 peças ≈				0,031	0,153	0,204	0,414	0,518	0,622	1,10	1,80	1,47	2,40	3,27
Profundidade do eixo	Largura b	Ajuste fixo P9		1	1,5	2		2,5	3			4		
		Ajuste com folga N9												
	Profundidade t_1	Série A		1	2	1,8	2,9	2,9	2,5	3,8	5,3	3,5	5	6
		Série B		1	2	1,8	2,9	2,9	2,8	4,1	5,6	4,1	5,6	6,6
		Dif. adm. para A e B		+0,1	+0,1	+0,1		+0,1	+0,1			+0,1		
	Diâmetro	d2 + 0,5		4	7	7	10	10	10	13	16	13	16	19
Profundidade no cubo	Largura b	Ajuste fixo P9		1	1,5	2		2,5	3			4		
		Ajuste com folga J9												
	Profundidade	Série A		0,6	0,8	1		1	1,4			1,7		
		Série B		0,6	0,8	1		1	1,1			1,1		
		Dif. adm. para A e B		+0,1	+0,1	+0,1		+0,1	+0,1			+0,1		
Arredondamento da base da chaveta			r_2	0,2	0,2	0,2		0,2	0,2			0,2		
			dif. adm.	–0,1	–0,1	–0,1		–0,1	–0,1			–0,1		

Tabela A.11 – Complementação para árvores maiores DIN 6888

Secção da Chaveta			largura b	5			6				8			10		
			altura h	6,5	7,5	9	7,5	9	(10)	11	9	11	13	11	13	16
Classificação	I	Diâmetro do eixo d_1	de	12		-	17			-	22		-	30		-
			até	17		-	22			-	30		-	38		-
	II	Diâmetro do eixo d_1	de	22			30				38					
			até	30			38				-					
Diâmetro			d_2	16	19	22	19	22	25	28	22	28	32	28	32	45
			dif. adm.	–0,1			–0,1		–0,2		–0,1	–0,2		–0,2		
Arredondamento			r_1	0,2			0,4				0,4			0,4		
			dif. adm.	+0,1			+0,2				+0,2			+0,2		
Largura (l)				15,72	18,57	21,63	18,57	21,63	24,49	27,35	21,63	57,35	31,43	27,35	31,43	43,08
Peso (7,85 kg / dm3) kg / 1000 peças ≈				3,01	4,09	5,73	4,91	6,88	8,64	10,6	9,17	14,1	19,3	17,6	24,1	39,9
Rasgo da chaveta no eixo	Largura b	Ajuste fixo P9		5							8			10		
		Ajuste com folga N9														
	Profundidade t_1	Série A		4,5	5,5	7	5,1	6,6	7,6	8,6	6,2	8,2	10,2	7,8	9,8	12,8
		Série B		5,4	6,4	7,9	6	7,5	8,5	9,5	7,5	9,5	11,5	9,1	11,1	14,1
		Dif. adm. para A e B		+0,1		+0,2	+0,1		+0,2					+0,2		
	Diâmetro	d2 + 0,5		16	19	22	19	22	25	28	22	28	32	28	32	45
Rasgo da chaveta no cubo	Largura b	Ajuste fixo P9		5			6				8			10		
		Ajuste com folga J9														
	Profundidade t_2	Série A		2,2			2,6				3			3,4		
		Dif. adm, para A		+0,1			+0,1				+0,1			+0,2		
		Série B		1,3			1,7				1,7			2,1		
		Dif. adm. para B		+0,1			+0,1				+0,1			+0,1		
Arredondamento da base da chaveta			r_2	0,2			0,4				0,4			0,4		
			dif. adm.	–0,1			–0,2				–0,2			–0,2		

DIN 931

Utilizando os parafusos de cabeça sextavada com as porcas sextavadas da DIN 934, aconselham-se os seguintes casamentos:

Tabela A.12 – Classe de resistência

Parafuso	Porca
4.6	5
5.6 e 5.8	5
8.8	8
10.9	10

Observação!

As porcas utilizadas no casamento com parafuso podem ser substituídas por outras de classe de resistência maior (ver DIN 267).

2) e 3) Consulte notas da tabela anterior desta norma.

5) Evitar, na medida do possível, os comprimentos intermediários. Os comprimentos superiores a 460mm devem ser escalonados de 20 em 20mm. Para as grandezas situadas acima da linha cheia divisória da tabela, vale a relação $b \approx \iota - a$ (a conforme DIN 76).

Esclarecimentos

Esta norma corresponde, em seu conteúdo, às seguintes recomendações da ISO:

ISO/R 272-1968: parafusos de cabeça sextavada e porcas sextavadas, aberturas de chave, alturas, série métrica.

ISO/R 733-1968: parafusos de cabeça sextavada e porcas sextavadas, série métrica - tolerâncias de aberturas de chave e alturas.

ISO/R 855-1968: raios sob a cabeça nos parafusos de utilização geral, série métrica.

ISO/R 888-1968: comprimentos nominais de parafusos e prisioneiros, comprimentos de roscas para parafusos de aplicação geral.

Parafusos de Cabeça Sextavada de Rosca Métrica Acabamento m e mg DIN 931

Veja nos esclarecimentos a correlação com as recomendações ISO.

Medidas em mm

Ponta ovalada a critério do fabricante.

Designação de um parafuso de cabeça sextavada de rosca d = M8, comprimento $l = 50$mm e classe de resistência 8,8:

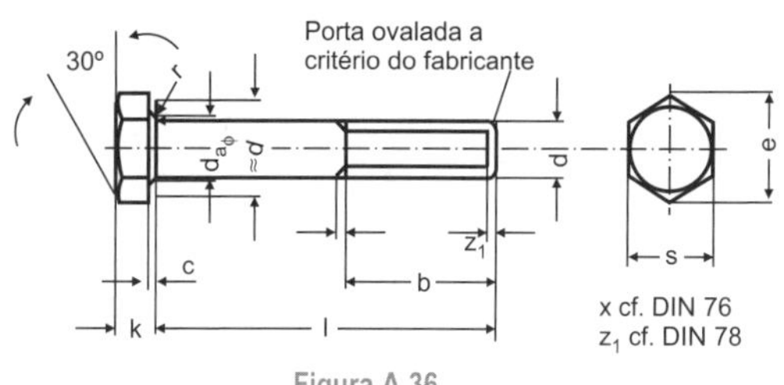

Figura A.36

Tabela A.13 – Parafuso de cabeça sextavada M8 · 50 DIN 931 - 8,8

d		M 1,6	M 1,7	M 2	M 2,3	M 2,5	M 2,6	M 3	(M 3,5)	M 4	M 5	M 6	(M 7)	M 8	M 10	M 12
b	1)	9	9	10	11	11	11	12	13	14	16	18	20	22	26	30
	2)	-	-	-	-	-	-	-	-	-	22	24	26	28	32	36
	3)	-	-	-	-	-	-	-	-	-	-	-	-	-	45	49
c		-	-	-	-	-	-	-	-	0,1	0,2	0,3	0,3	0,4	0,4	0,4
d_a	max.	2	2,1	2,6	2,9	3,1	3,2	3,6	4,1	4,7	5,7	6,8	7,8	9,2	11,2	14,2
e_{min}	m	3,48	3,82	4,33	4,95	5,51	5,51	6,08	6,64	7,74	8,87	11,05	12,12	14,38	18,90	21,10
	mg	-	-	-	-	-	-	-	-	-	-	-	-	-	-	20,68
k		1,1	1,2	1,4	1,6	1,7	1,8	2	2,4	2,8	3,5	4	5	5,5	7	8
r	min.	0,1	0,1	0,1	0,1	0,1	0,1	0,1	0,1	0,2	0,2	0,25	0,25	0,4	0,4	0,6
s		3,2	3,5	4	4,5	5	5	5,5	6	7	8	10	11	13	17	19
l		Peso (7,85 kg/dm^3) kg/1000 peças														
12		0,240	0,280	0,400												
(14)		0,272	0,315	0,450	0,610	0,770	0,790									
16		0,304	0,350	0,500	0,675	0,845	0,870									
(18)					0,740	0,920	0,950									
20					0,805	0,995	1,03	1,29								
(22)						1,07	1,11	1,40	2,03	2,82						
25						1,17	1,24	1,57	2,25	3,12						
(28)								1,74	2,48	3,41						
30										3,61	5,64	8,06	12,1			
35										4,04	6,42	9,13	13,6	18,2		
40										4,53	7,20	10,2	15,1	20,7	35,0	
45										5,03	7,98	11,3	16,6	22,2	38,0	53,6
50										5,52	8,76	12,3	18,1	24,2	41,1	58,1
55										6,02	9,54	13,4	19,5	25,8	43,8	62,6
60										6,51	10,3	14,4	21,0	27,8	46,9	67,0
65										7,01	11,1	15,5	22,5	29,8	50,0	70,3
70										7,50	11,9	16,5	24,0	31,8	53,1	74,7
75											12,7	17,6	25,5	33,7	56,2	79,1
80											13,5	18,6	27,0	35,7	62,3	86,3
(85)												19,7	28,5	37,7	65,4	88,0
90												20,8	30,0	39,6	68,5	92,4
(95)													31,5	41,6	71,6	96,9
100													33,1	43,6	77,7	100
110														47,5	83,9	109
120															90,0	118
130															96,2	127
140															102	136
150															108	145
160																153
170																162
180																171

Os parafusos acima da linha cheia têm rosca até próximo da cabeça e devem ser designados pela DIN 933.

d		(M 14)	M 16	(M 18)	M 20	(M 22)	M 24	(M 27)	M 30	(M 33)	M 36	(M 39)	M 42	(M 45)	M 48	(M 52)
b	1)	34	38	42	46	50	54	60	66	72	78	84	90	96	102	-
	2)	40	44	48	52	56	60	66	72	78	84	90	96	102	108	116
	3)	53	57	61	65	69	73	79	85	91	97	103	109	115	121	129
c		0,4	0,4	0,4	0,4	0,4	0,5	0,5	0,5	0,5	0,5	0,6	0,6	0,6	0,6	-
d_a	máx.	16,2	18,2	20,2	22,4	24,4	26,4	30,4	33,4	36,4	39,4	42,4	45,6	48,6	52,6	56,6
e_{min}	m	24,49	26,75	30,14	33,53	35,72	39,98	45,63	51,28	55,80	61,31	66,96	72,61	78,26	83,91	89,56
	mg	23,91	26,17	29,56	32,95	35,03	39,55	45,20	50,85	55,37	60,79	66,44	72,09	77,74	83,39	89,04
k		9	10	12	13	14	15	17	19	21	23	25	26	28	30	33
r	mín.	0,6	0,6	0,6	0,8	0,8	0,8	1	1	1	1	1	1,2	1,2	1,6	1,6
s		22	24	27	30	32	36	41	46	50	55	60	65	70	75	80
l		Peso (7,85 kg/dm³) kg/1000 peças														
50		82,2														
55		88,3	115													
60		94,3	123	161												
65		100	131	171	219											
70		106	139	181	231	281										
75		112	147	191	143	196	364									
80		118	155	201	255	311	382	511								
(85)		124	163	210	267	326	410	534								
90		128	171	220	279	341	428	557	712							
(95)		134	179	230	291	356	446	580	739							
100		140	186	240	303	370	464	603	767	951						
110		152	202	260	327	400	500	650	823	1020	1250	1510				
120		165	218	280	351	430	535	695	880	1090	1330	1590	1900	2260		
130		175	230	295	365	450	560	720	920	1150	1400	1650	1980	2350	2780	
140		187	246	315	389	480	595	765	975	1220	1480	1740	2090	2480	2920	
150		199	262	335	423	510	630	810	1030	1290	1560	1830	2200	2600	3010	3450
160		211	278	355	447	540	665	855	1090	1350	1640	1930	2310	2730	3160	3770
170		223	294	375	470	570	700	900	1140	1410	1720	2020	2420	2850	3300	3930
180		235	310	395	495	600	735	945	1200	1480	1900	2120	2520	2980	3440	4100
190		247	326	415	520	630	770	990	1250	1540	1980	2210	2630	3100	3580	4270
200		260	342	435	545	660	805	1030	1310	1610	2060	2310	2740	3220	3720	4330
220					590	720	870	1130	1420	1750	2220	2500	2960	3470	4010	4760
240									1530	1880	2380	2700	3180	3820	4290	5110
260									1640	2020	2540	2900	3400	4030	4570	5450

Os parafusos acima da linha cheia têm rosca até próximo da cabeça e devem ser designados pela DIN 933.

Evitar, na medida do possível, os tamanhos entre parênteses.

Esses parafusos são normalmente fabricados nas classes de resistência 5,6 e 8,8 no tamanho definido pela indicação de peso. Os tamanhos que aparecem em negrito na Tabela A.13 correspondem aos que normalmente existem em estoque no comércio, dada a frequência de sua utilização.

Condições técnicas do fornecimento DIN 267

Classe de Resistência (Materiais): 5,6

5,8 (somente até M4)
8,8
10,9 (somente até M39)

} conforme DIN 267 parte 3

Outras classes de resistência ou materiais mediante acordo específico.

Acabamento: m

mg a partir de M12 a critério do fabricante (conforme DIN 267) parte 2

Desejando proteção de superfície, completar a designação nos termos da DIN 267.

Se, em casos excepcionais, desejar-se um dos formatos B, K, Ko, L, S, Sb, Sk, Sz ou To, permissíveis conforme DIN 962, ou desejando um acabamento especial a partir de M12, deve ser explicitado na designação. Veja exemplos na DIN 962.

Para parafusos com acessórios inseparáveis até M14, designar explicitamente conforme DIN 6900.

Os parafusos feitos em torno, desde que mediante acordo, podem ser fabricados sem o rebaixo inferior à cabeça.

1) Para comprimentos até 125mm
2) Para comprimentos acima de 125 até 200mm
3) Para comprimentos acima de 200mm
4) Evitar, na medida do possível, os comprimentos intermediários. Escalonar de 20 em 20mm os comprimentos superiores a 260mm.

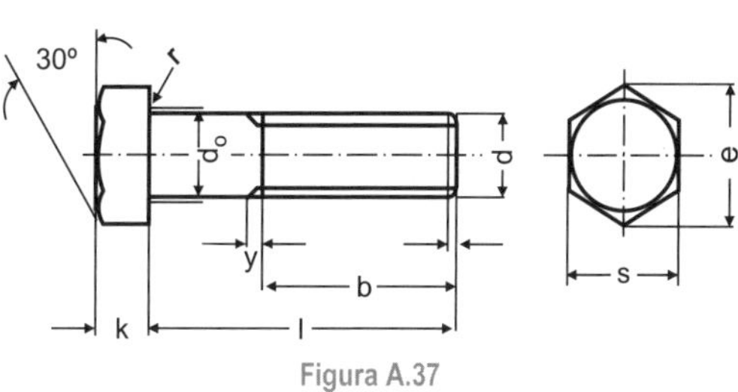

Figura A.37

Designação de um parafuso de cabeça sextavada de rosca d = M80 . 6, comprimento ι = 300mm, acabamento m e classe de resistência 5,6:

Tabela A.14 – Parafuso de cabeça sextavada M80 • 6 • 300 DIN 931-m 5,6

d		M 56	(M 60)	M 64	(M 68)	M 72 X 6	(M 76 X 6)	M 80 X 4	M 90 X 6	M 100 X 6	M 110 X 6	(M 120 X 6)	M 125 X 6	M 130 X 6	M 140 X 6	(M 150 X 6)
b	2)	124	132	140	148	156	164	172	192	-	-	-	-	-	-	-
	3)	137	145	153	161	169	177	185	205	225	245	265	275	285	305	325
d_a	máx.	63	67	71	75	79	83	87	97	107	117	127	133	137	147	157
e_{min}	m	95,07	100,72	106,37	112,02	117,67	123,32	128,97	145,77	162,72	174,02	190,97	202,27	207,75	224,70	236,00
	mg	94,47	100,12	105,77	111,42	117,07	122,72	128,37	145,09	162,04	173,34	190,29	201,59	206,96	223,91	235,21
k		35	38	40	43	45	48	50	57	63	69	76	79	82	88	95
r	mín.	2	2	2	2	2	2	2	2,5	2,5	2,5	2,5	2,5	2,5	2,5	2,5
s		85	90	95	100	105	110	115	130	145	155	170	180	185	200	210
l		Peso (7,85 kg/dm^3) kg/1000 peças														
100		3400														
110		3590	4240	4910												
120		3780	4460	5160	5890	6820	7780									
130		3970	4680	5420	6180	7130	8140	9140								
140		4160	4900	5670	6460	7450	8490	9530	12800							
150		4360	5120	5920	6750	7770	8850	9930	13300	17400						
160		4550	5350	6170	7030	8090	9200	10300	13800	18000	22100					
170		4170	5570	6430	7310	8410	9550	10700	14300	18700	22800	29600	32000			
180		4930	5700	6680	7600	8730	9900	11100	14800	19300	23600	30500	32900	36300		
190		5120	5920	6920	7860	9050	10300	11500	15300	19900	24300	31700	33800	37300	45100	
200		5300	6140	7160	8120	9360	10700	11900	15800	20500	25100	32300	34700	38300	46200	53600
220		5660	6580	7600	8620	9900	11300	12600	16700	21700	26400	34100	36500	40400	48400	56400
240		6030	7020	8100	9190	10500	12000	13300	17500	23000	28000	35900	38300	42400	50600	59200
260		6410	7460	8600	9760	11200	12600	14100	18500	25200	29500	37600	40100	44500	52800	62000
280		6800	7900	9100	10300	11700	13300	14900	19500	25300	31000	39400	42000	46600	55000	64800
300		7190	8350	9600	10900	12400	14000	15600	20500	26500	32500	41200	43900	48700	57200	67600
320				10100	11500	1300	14700	16400	21500	27700	34000	44000	45800	50800	59400	70400
340				10600	12000	13700	15400	17200	22500	28900	35400	45900	47700	52800	61700	73200
360				11100	12600	14300	16100	18000	23500	30100	36800	47700	49600	54800	64000	76000
380						15000	16900	18800	24500	31300	38200	49700	51500	56800	66400	78800
400						15600	17600	19600	25500	32500	39600	51500	53500	58800	68800	81600
420								20400	26500	33800	41000	53300	55400	60800	71200	84400
440								21200	27500	3500	42500	55100	57300	62800	73600	87100
460								2200	28500	36200	40000	57000	59200	64800	76000	89800

Evitar, na medida do possível, as grandezas entre parênteses.

Condições Técnicas do Fornecimento Conforme DIN 267

Classe de Resistência (Materiais): 4,6

5,6 conforme DIN 267 - parte 3

Outras classes de resistência ou materiais mediante acordo específico.

Acabamento: mg conforme DIN 267

m

Desejando proteção de superfície, completar a designação nos termos da DIN 267 - parte 9.

Parafusos Sextavados com Rosca até Próximo à Cabeça, Rosca Métrica, Acabamento m e mg DIN 933

Veja nos esclarecimentos a correlação com as recomendações ISO.

Medidas em mm

Ponta ovalada a critério do fabricante

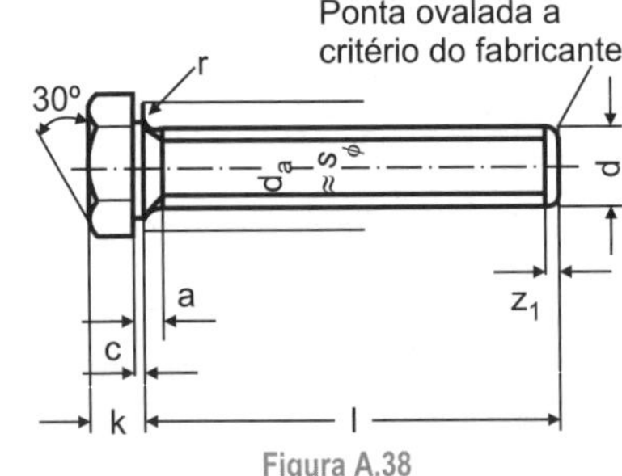

Figura A.38

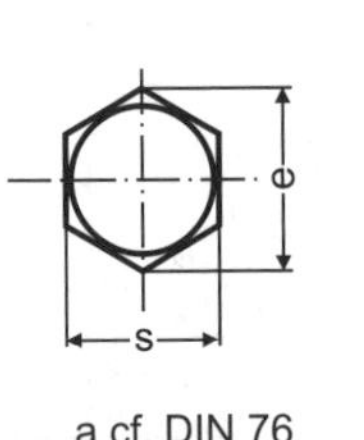

a cf. DIN 76
z_1 cf. DIN 78

Figura A.39

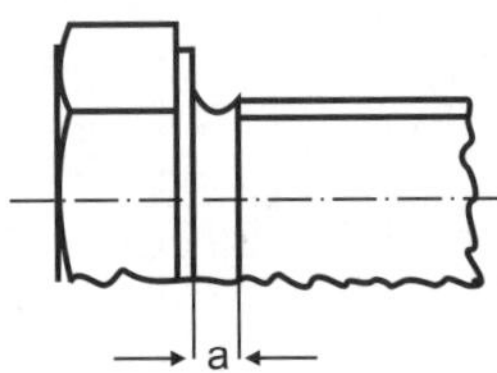

Formato a critério do fabricante

Figura A.40

Designação de um parafuso sextavado de rosca d = M8, comprimento ι = 10mm e classe de resistência 8,8:

Tabela A.15 – Parafuso sextavado M8 · 20 DIN 933-8,8

d	M 1,6	M 1,7	M 2	M 2,3	M 2,5	M 2,6	M 3	M 3,5	M 4	M 5	M 6	(M 7)	M 8	M 10	M 12
c	-	-	-	-	-	-	-	-	0,1	0,2	0,3	0,3	0,4	0,4	0,4
d_a máx.	2	2,1	2,6	2,9	3,1	3,2	3,6	4,1	4,7	5,7	6,8	7,8	9,2	11,2	14,2
e_{min} m	3,48	3,82	4,38	4,95	5,51	5,51	6,06	6,64	7,74	8,87	11,05	12,12	14,38	18,90	21,10
mg	-	-	-	-	-	-	-	-	-	-	-	-	-	-	20,88
k	1,1	1,2	1,4	1,6	1,7	1,8	2	2,4	2,8	3,5	4	5	5,5	7	8
r mín.	0,1	0,1	0,1	0,1	0,1	0,1	0,1	0,1	0,2	0,2	0,25	0,25	0,4	0,4	0,6
s	3,2	3,5	4	4,5	5	5	5,5	6	7	8	10	11	13	17	19
l	Peso (7,85 kg/dm³) kg/1000 peças ≈														
2	0,095	0,125													
3	0,105	0,135	0,201	0,290	0,370	0,383									
4	0,115	0,145	0,211	0,310	0,400	0,413	0,475								
5	0,125	0,155	0,231	0,340	0,430	0,443	0,525	0,840	1,26						
6	0,135	0,175	0,251	0,360	0,460	0,473	0,565	0,900	1,33	2,18	3,40	5,43			
7	0,145	0,185	0,271	0,390	0,490	0,513	0,615	0,960	1,41	2,26	3,57	5,68			
8	0,155	0,195	0,291	0,410	0,520	0,543	0,655	1,02	1,49	2,38	3,74	5,93	8,55	17,2	
(9)	0,165	0,215	0,311	0,440	0,550	0,573	0,695	1,08	1,56	2,51	3,91	6,18	8,85	17,7	
10	0,175	0,225	0,331	0,470	0,580	0,603	0,745	1,14	1,64	2,63	4,08	6,43	9,10	18,2	25,8
12	0,195	0,255	0,361	0,520	0,640	0,673	0,835	1,26	1,80	2,87	4,42	6,92	9,80	19,2	27,4
(14)		0,285	0,391	0,570	0,700	0,740	0,920	1,38	1,95	3,12	4,77	7,39	10,4	20,2	28,8
16		0,315	0,421	0,620	0,760	0,806	1,00	1,50	2,10	3,37	5,11	7,86	11,1	21,2	30,2
(18)				0,670	0,820	0,873	1,09	1,61	2,26	3,62	5,46	8,41	11,7	22,2	21,5
20				0,720	0,880	0,933	1,18	1,73	2,41	3,87	5,80	8,91	12,3	23,2	33,0
(22)					0,940	1,00	1,27	1,85	2,57	4,12	6,14	9,41	12,9	24,2	34,4

d	M 1,6	M 1,7	M 2	M 2,3	M 2,5	M 2,6	M 3	M 3,5	M 4	M 5	M 6	(M 7)	M 8	M 10	M 12
c	-	-	-	-	-	-	-	-	0,1	0,2	0,3	0,3	0,4	0,4	0,4
d_a máx.	2	2,1	2,6	2,9	3,1	3,2	3,6	4,1	4,7	5,7	6,8	7,8	9,2	11,2	14,2
e_{min} m	3,48	3,82	4,38	4,95	5,51	5,51	6,06	6,64	7,74	8,87	11,05	12,12	14,38	18,90	21,10
mg	-	-	-	-	-	-	-	-	-	-	-	-	-	-	20,88
k	1,1	1,2	1,4	1,6	1,7	1,8	2	2,4	2,8	3,5	4	5	5,5	7	8
r mín.	0,1	0,1	0,1	0,1	0,1	0,1	0,1	0,1	0,2	0,2	0,25	0,25	0,4	0,4	0,6
s	3,2	3,5	4	4,5	5	5	5,5	6	7	8	10	11	13	17	19
l	Peso (7,85 kg / dm³) kg / 1000 peças ≈														
25					1,02	1,09	1,40	2,03	2,80	4,49	6,65	10,1	13,9	25,7	36,6
(28)							1,53	2,21	2,94	4,86	7,16	10,8	14,8	27,2	38,7
30									3,19	5,11	7,51	11,4	15,5	28,2	40,2
35									3,57	5,73	8,37	12,6	17,1	30,7	43,8
40									3,96	6,35	9,23	13,9	18,7	33,2	47,4
45									4,34	6,99	10,1	15,1	20,3	35,7	51,0
50									4,73	7,59	11,0	16,4	21,8	38,2	54,5
55									5,12	8,21	11,9	17,6	23,4	40,7	58,1
60									5,50	8,83	12,7	18,8	25,0	43,3	61,7
65									5,89	9,45	13,6	20,1	26,6	45,8	65,3
70									6,28	10,1	14,4	21,3	28,2	48,3	68,9
75										10,7	15,3	22,6	29,8	50,8	72,5
80										11,3	16,2	23,8	31,4	53,3	76,1
(85)											17,0	25,1	33,0	55,8	79,7
90											17,9	26,3	34,6	58,3	83,3
(95)												27,6	36,1	60,8	86,9
100												28,8	37,7	63,3	90,5
110													40,9	68,4	97,5
120														73,4	105
130														78,4	112
140														83,4	119
150														88,4	126

d	(M 14)	M 16	(M 18)	M 20	(M 22)	M 24	(M 27)	M 30	(M 33)	M 36	(M 39)	M 42	(M 45)	M 48	(M 52)
c	0,4	0,4	0,4	0,4	0,4	0,5	0,5	0,5	0,5	0,5	0,6	0,6	0,6	0,6	-
d_a máx.	16,2	18,2	20,2	22,4	24,4	26,4	30,4	33,4	36,4	39,4	42,4	45,6	48,6	52,6	56,6
$e_{mín}$ m	24,49	26,75	30,14	33,53	35,72	39,98	45,63	51,28	55,80	61,31	66,96	72,61	78,26	83,91	89,56
$e_{mín}$ mg	23,91	26,17	29,56	32,95	35,03	39,55	45,20	50,85	55,37	60,79	66,44	72,09	77,74	83,39	89,04
k	9	10	12	13	14	16	17	19	21	23	25	26	28	30	33
r mín.	0,6	0,6	0,6	0,8	0,8	0,8	1	1	1	1	1	1,2	1,2	1,4	1,6
s	22	24	27	30	32	36	41	46	50	55	60	65	70	75	80
l	Peso (7,85 kg/dm³) kg/1000 peças ≈														
10	38,0														
12	40,0	52,9													
(14)	42,0	55,6													
16	44,0	58,3	82,7	107	133	173	246								
(18)	46,0	60,9	85,6	112	137	178	253								
20	48,0	63,5	87,9	116	143	184	261								
(22)	50,0	66,2	92,9	120	148	190	269								
25	53,0	70,2	96,5	126	155	199	280								
(28)	55,9	74,2	101	132	161	208	292								
30	57,9	76,9	105	136	168	214	310								
35	62,9	83,5	113	147	181	229	319	424	543	680	869				
40	67,9	90,2	121	157	193	244	338	448	572	724	910	1090	1330	1590	
45	72,9	97,1	129	167	206	259	358	472	601	758	951	1130	1380	1650	
50	77,9	103	137	178	219	274	377	496	630	793	992	1180	1430	1710	2090
55	82,9	110	146	188	232	289	397	519	659	827	1030	1230	1490	1770	2170
60	87,8	117	154	199	244	304	416	543	688	861	1070	1270	1540	1830	2240
65	92,8	123	162	209	257	319	435	566	717	896	1110	1310	1600	1890	2310
70	97,8	130	170	219	269	334	454	590	746	930	1160	1370	1650	1950	2390
75	102	137	178	229	282	348	473	614	775	964	1200	1420	1710	2020	2460
80	107	144	187	240	295	363	492	637	806	1000	1240	1460	1760	2080	2450
(85)	112	150	195	250	308	378	512	661	837	1030	1280	1510	1810	2140	2610
90	117	157	203	260	321	393	531	685	866	1070	1320	1550	1870	2200	2680
(95)	122	164	211	271	333	408	550	708	891	1100	1360	1600	1920	2260	2750
100	127	170	219	281	346	423	569	732	920	1150	1400	1650	1980	2320	2830
110	137	184	236	302	371	453	608	779	978	1210	1480	1740	2090	2450	2970
120	147	197	252	322	397	483	647	827	1040	1270	1560	1840	2190	2570	3120
130	157	210	269	343	421	513	685	874	1090	1340	1650	1930	2300	2690	3260
140	167	224	285	364	448	543	724	921	1150	1410	1730	2020	2410	2820	3410
150	177	237	301	384	473	572	762	969	1210	1480	1810	2120	2520	2940	3550
160			317	404	498	602	801	1010	1270	1550	1890	2210	2630	3060	3700
170			333	424	523	632	839	1060	1330	1620	1970	2300	2740	3190	3850
180			349	444	548	662	875	1110	1390	1690	2050	2400	2850	3310	4000
190			365	464	573	692	911	1160	1440	1760	2140	2490	2960	3440	4150
200			381	484	598	722	947	1210	1500	1820	2220	2590	3060	3560	4300

Evitar, na medida do possível, os tamanhos entre parênteses.

Esses parafusos são normalmente fabricados nas classes de resistência 5,6 e 8,8 no tamanho definido pela indicação de peso. Os tamanhos que aparecem em negrito na tabela correspondem aos que normalmente existem em estoque no comércio, dada a frequência de sua utilização.

Condições Técnicas do Fornecimento DIN 267

Classe de Resistência (Materiais): 5,6

5,8 somente até M4 conforme DIN 267 - parte 3

8,8 somente até M39

10,9 somente até M39

Outras classes de resistência ou materiais mediante acordo específico.

Acabamento: m

mg a partir de M12 a critério do fabricante, conforme DIN 267 - parte 2.

Desejando proteção de superfície, completar a designação nos termos da DIN 267 parte 9.

Se, em casos excepcionais, desejar-se um dos formatos B, K, Ko, L, S, Sb, Sk, ou To, permissíveis conforme DIN 962, ou desejando um acabamento especial a partir de M12, deve ser explicitado na designação. Veja exemplos na DIN 962.

Para parafusos com acessórios inseparáveis até M14, designar explicitamente conforme DIN 6900.

Parafusos de Cabeça Sextavada sem e com Porca Sextavada Acabamento g DIN 601

Sem porca sextavada.

Medidas em mm

Com porca sextavada cf. DIN 555

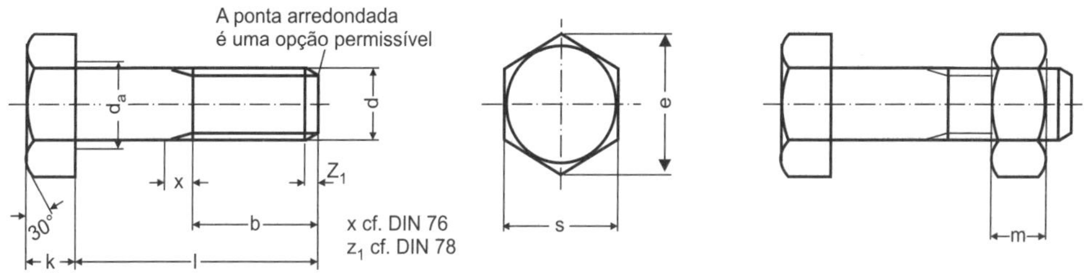

Figura A.41

Designação de um parafuso de cabeça sextavada de rosca d = M10, comprimento ℓ = 70mm, sem porca: parafuso de cabeça sextavada M10 · 70 DIN 601.

Designação de um parafuso de cabeça sextavada de rosca d = M10, comprimento ℓ = 70mm, com porca sextavada (Mu): parafuso de cabeça sextavada M10 · 70 Mu DIN 601.

Tabela A.16

d	M5	M6	M8	M10	M12	M16	M20	M24	(M27)	M30	(M33)	M36	(M39)	M 42	(M 45)	M 48	(M 52)
b 2)	16	18	22	26	30	37	46	54	60	66	72	78	84	90	96	102	-
b 3)	-	-	28	32	36	44	52	60	66	72	78	84	90	96	102	108	116
b 4)	-	-	-	-	-	57	65	73	79	85	91	97	103	109	115	121	129
d_a máx.	6	7,2	10,2	12,2	15,2	19,2	24,4	28,4	32,4	35,4	38,4	42,4	45,4	48,6	52,6	56,6	63
e mín	8,63	10,89	14,20	18,72	20,88	26,17	32,95	39,55	42,20	50,85	55,37	60,79	66,44	72,09	77,74	83,39	89,04
k	3,5	4	5,5	7	8	10	13	15	17	19	21	23	25	26	28	30	33
m	4	5	6,5	8	10	13	16	19	22	24	26	29	31	34	36	38	42
s	8	10	13	17	19	24	30	36	41	46	50	55	60	65	70	75	80
l	Peso (7,85 kg/dm³) kg/1000 peças ≈																
16	4,48	7,43	15,9	32,1								Os parafusos sem porca até M24 acima da linha escalonada devem ser designados nos termos da DIN 558					
20	5,98	8,12	17,1	34,1	48,9												
25	6,60	8,97	18,7	36,6	52,5												
30	7,37	10,1	20,7	39,1	56,1	107	186										
35	8,04	11,2	22,7	42,2	57,7	114	196										
40	8,81	12,3	24,7	45,3	64,1	121	207	347									
45	9,58	13,4	26,7	48,4	68,5	128	217	362									
50	10,3	14,5	28,7	51,5	72,9	136	227	377									
55		15,6	30,7	54,6	77,3	144	238	392									
60		16,7	32,7	57,7	81,7	152	251	407	570								
65		17,8	34,7	60,8	86,1	160	264	422	589								
70		18,9	36,7	63,9	90,5	168	277	440	608								
75		20,0	38,7	67,0	95,0	176	290	458	630								
80		21,1	40,7	70,1	100	182	303	476	653	853	1080						
90			44,7	76,3	109	198	329	511	698	908	1150						
100			48,7	82,5	118	214	355	547	743	963	1220	1520	1870				
110				88,7	127	230	381										
120				94,9	136	246	407	618	833	1070	1350	1680	2060	2450			
130				101	145	262	433										
140				107	154	278	459	689	923	1180	1480	1840	2250	2670	3160		
150				113	163	294	485	725	968	1230	1550	1920	2340	2780	3280	3860	
160				119	172	310	501	760	1010	1290	1620	2000	2430	2890	3400	4000	
170				125	181	326	527										
180				131	190	342	553	831	1100	1400	1750	2160	2620	3110	3650	4280	5130
190				137	199	358	579										
200				143	208	374	605	902	1190	1510	1880	2320	2810	3330	3900	4560	5460
Peso da porca kg/1000 peças ≈	1,11	2,32	4,82	10,9	15,9	30,8	60,3	103	154	216	271	369	472	610	750	924	1130

Os tamanhos entre parênteses devem ser evitados na medida do possível.

Os parafusos feitos em torno, mediante acordo, podem ser fabricados sem o rebaixo inferior à cabeça.

1) Evitar, na medida do possível, os comprimentos intermediários. Escalonar de 20 em 20 comprimentos superiores a 200mm.

Esclarecimentos

Esta norma está de acordo, em seu conteúdo, com as seguintes recomendações da ISO:

ISO/R 272-1968: parafusos de cabeça sextavada e porcas sextavadas, aberturas de chave, alturas, série métrica.

ISO/R 733-1968: parafusos de cabeça sextavada e porcas sextavadas, série métrica - tolerâncias de aberturas de chave e alturas.

ISO/R 855-1968: raios sob a cabeça nos parafusos de utilização geral, série métrica.

ISO/R 888-1968: comprimentos nominais de parafusos e prisioneiros, comprimentos de roscas para parafusos de aplicação geral.

Bibliografia

CAMPOS, G. O. N. **Engrenagens**. São Paulo: Escola Politécnica, 1975.

CIMAF. **Catálogo de Cabos de Aço**. Disponível em: <https://bit.ly/2O0XDdj>. Acesso em: 23 out. 2018.

DIN. **Norma 124**. Berlim, 2011. Disponível em: <https://bit.ly/2EDyrdv>. Acesso em: 23 out. 2018.

______. **Norma 6885**. Berlim, 1968. Disponível em: <https://bit.ly/2CBiX7h>. Acesso em: 23 out. 2018.

______. **Norma 6886**. Berlim, 1967. Disponível em: <https://bit.ly/2CzS2IR>. Acesso em: 23 out. 2018.

______. **Norma 6888**. Berlim, 1956. Disponível em: <https://bit.ly/2CZgzIh>. Acesso em: 23 out. 2018.

______. **Norma 931**. Berlim, 2010. Disponível em: <https://bit.ly/2Anufdx>. Acesso em: 23 out. 2018.

______. **Norma 267**. Berlim, 2017. Disponível em: <https://bit.ly/2EHXex8>. Acesso em: 23 out. 2018.

______. **Norma 601**. Berlim, 2004. Disponível em: <https://bit.ly/2O0tyuy>. Acesso em: 23 out. 2018.

______. **Norma 862**. Berlim, 2015. Disponível em: <https://bit.ly/2ApYX5U>. Acesso em: 23 out. 2018.

______. **Norma 867**. Berlim, 1986. Disponível em: <https://bit.ly/2Pee62B>. Acesso em: 23 out. 2018.

______. **Norma 780**. Berlim, 1977. Disponível em: <https://bit.ly/2NXt6gl>. Acesso em: 23 out. 2018.

______. **Norma 1705**. Berlim, 1997. Disponível em: <https://bit.ly/2D0Iwzn>. Acesso em: 23 out. 2018.

______. **Norma 1716**. Berlim, 1997. Disponível em: <https://bit.ly/2yvOy7j>. Acesso em: 23 out. 2018.

______. **Norma 2016**. Berlim, 2016. Disponível em: <https://bit.ly/2EP4PtU>. Acesso em: 23 out. 2018.

DOBROVOLSKI et al. **Elementos de Construções de Máquinas**. Moscou: Mir Moscou, 1976.

DUBBEL. **Manual do Engenheiro Mecânico**. Vol. I-VI. São Paulo: Hemus, 1980.

GATES DO BRASIL. **Manual de Transmissões por correias em "V"**. Disponível em: <https://bit.ly/2R9tmuN>. Acesso em: 23 out. 2018.

HOLOWENKO, L. H. **Elementos Orgânicos de Máquinas**. Nova York: McGraw-Hill, 1970.

ISHIDA, L. H. **Mancais de Deslizamento (Friction Bearings)**. São Paulo: FATEC-SP.

MELCONIAN, S. **Mecânica Técnica e Resistência dos Materiais**. São Paulo: Érica, 1999.

NIENANN, G. **Elementos de Máquinas**. Vol. I, II e III. São Paulo: Edgard Blucher, 1971.

PROVENZA, F. **Mecânica Aplicada**. Vol. I, II e III. São Paulo: Escola Protec, 1975.

ROLAMENTOS FAG. **Catálogo WL 41 520/3 PB**. Disponível em: <https://bit.ly/2yZ4hLP>. Acesso em: 23 out. 2018.

SHIGLEY, J. E. **Elementos de Máquinas**. Vol. I, II e III. Nova York: McGraw-Hill, 1984.

STIPKOVIC FILHO, M. **Engrenagens**. Nova York: McGraw-Hill, 1973.

VILLARES. **Catálogo de Aços para Construção Mecânica**. Disponível em: <https://bit.ly/2yyVC37>. Acesso em: 23 out. 2018.

Marcas Registradas

Algumas imagens e tabelas utilizadas neste livro foram gentilmente cedidas pelas empresas: CIMAF Empresa Belgo-Mineira, Rolamentos FAG Ltda., Gates do Brasil S.A. e GKW Fredenhagem S.A.

Todos os nomes registrados, marcas registradas ou direitos de uso citados neste livro pertencem aos seus respectivos proprietários.